U0191257

WILEY

氢能与燃料电池技术及应用系列

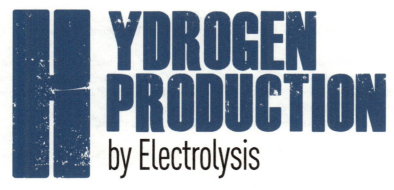

水电解制氢

[波兰] 阿加塔·戈杜拉-乔佩克 ／ 著

（Agata Godula-Jopek）

饶洪宇　薛青　黄宇涵 ／ 译

机械工业出版社

CHINA MACHINE PRESS

本书首先概述了基于碱性电解和质子交换膜电解制氢和制氧的技术，简要介绍了该技术的历史背景和总体概念，包括电解槽的电化学性能、将单电解槽堆叠成大容量电堆的技术以及这些电堆的性能和特点；再详细介绍了两种相关技术的工艺流程、配套及辅助设备情况；最后，介绍了当前电解水制氢的应用和技术发展，对现有技术局限性、技术难点及未来前景也做了介绍和讨论。此外，本书对高温蒸汽电解制氢技术进行了深入的研究，详细介绍了该技术所涉及的固态电化学基础、电解槽的性能和耐久性、现有局限性、技术难点及具体的运行模式。

本书可供立足于氢能源行业，尤其是从事燃料电池技术研究的工程师阅读参考，也可以作为相关专业高校师生的参考读物。

北京市版权局著作权合同登记　图字：01-2022-6771 号。

图书在版编目（CIP）数据

水电解制氢 /（波）阿加塔·戈杜拉 - 乔佩克（Agata Godula-Jopek）著；
饶洪宇，薛青，黄宇涵译 . —北京：机械工业出版社，2024.4（2024.9 重印）
（氢能与燃料电池技术及应用系列）
书名原文：Hydrogen Production by electrolysis
ISBN 978-7-111-75048-2

Ⅰ .①水…　Ⅱ .①阿…②饶…③薛…④黄…　Ⅲ .①水溶液电解 –
应用 – 制氢 – 研究　Ⅳ .① TE624.4

中国国家版本馆 CIP 数据核字（2024）第 050421 号

机械工业出版社（北京市百万庄大街 22 号　邮政编码 100037）
策划编辑：何士娟　　　　　　责任编辑：何士娟　徐　霆
责任校对：潘　蕊　梁　静　　责任印制：单爱军
北京虎彩文化传播有限公司印刷
2024 年 9 月第 1 版第 2 次印刷
184mm×260mm · 20.25 印张 · 9 插页 · 388 千字
标准书号：ISBN 978-7-111-75048-2
定价：199.90 元

电话服务　　　　　　　网络服务
客服电话：010-88361066　机 工 官 网：www.cmpbook.com
　　　　　010-88379833　机 工 官 博：weibo.com/cmp1952
　　　　　010-68326294　金 书 网：www.golden-book.com
封底无防伪标均为盗版　机工教育服务网：www.cmpedu.com

序

氢能最大的特点是在各种应用场景下都有其用武之地，且清洁无污染。20 世纪 70 年代，人们在高油价冲击的压力下对氢能进行了研究，认为氢能与光伏等清洁能源具有可比性。但在随后的一些年里，油价持续下跌又使得氢能研究被边缘化，这种状况直到零排放的燃料电池在汽车工业界获得应用时才有所改观。现如今，可再生能源（如风力发电、光伏发电等）的应用已经达到了能够赢利的水平。由此，在交通运输业使用氢能的思路不仅显露出了科技和生态的意义，更具备了一定的经济价值。使用风能和光伏发电，通过电解水规模化制氢的意义非常重大。

近年来，在汽车行业中，燃料电池汽车已经由研发转入生产，不少厂商也纷纷宣布将在未来几年内跟进。燃料电池汽车可以快速、方便地加注氢燃料，获得比肩现在燃油车的续驶里程。目前，汽车行业普遍认为氢是燃料电池汽车的最佳燃料。因此，采用电解水制氢这一目前业界所熟知的最重要的制氢方法，显得尤为重要和及时。

这本书对于传播电解水制氢的先进科学技术及其面临的困难和挑战做出了巨大的贡献。

德特勒夫·斯托尔滕

2014 年 7 月

德国 居里希

前　言

"低成本的氢将催生一个以氢为基础的可持续能源的新时代。"

在过去几十年中，全球碳氢化合物能源经济受到了来自经济和环境等方面的严重制约。能源需求不断增长，化石燃料产能不断下降，不仅威胁了全球能源供应，也给环境带来了巨大压力。因此，寻找碳氢燃料的替代品是一项至关重要的工作。氢就是一种很有前途的替代品，优点颇多。氢在化石能源、核能、可再生能源与电能之间架起了一座桥梁，为能源生产和最终的用途链添加了灵活性。人们可以利用可再生能源生产的电力电解制氢，氢可以成为一种低碳足迹的能源载体。此外，氢在工业中应用广泛，电解制氢的经济意义同样重大。氢也是将二氧化碳转化为合成含碳燃料这一工艺过程的必要元素。因此，如何以可持续、高效和环保的方式制氢，是氢经济中最重要的一个环节。

由于全球能源形势的影响，电解水制氢一直是一个快速发展的领域。它在将零碳电力源转化为各种终端用途的零碳氢和零碳氧方面潜力巨大。这一点，在过去十年中重新引起了人们的重视，不少国家已经拟定了发展规划并开展了各种研究，以发展新的可再生能源利用技术。但"氢经济"的全球化转型不可能一蹴而就，公共投入支持的研发和氢能基础设施的部署将有助于实现这一愿景。近年来，欧盟制定了应对 2020 年及以后能源和气候变化的目标。该目标雄心勃勃，对能源和交通运输系统的脱碳之路做了长期规划。同时，能源供应安全问题也是一项重要的政治议题。这些战略目标都已反映在欧盟委员会"地平线2020"议案中，该议案是"欧洲 2020 计划"的研究内容和创新部分的主体。燃料电池和氢能技术有可能为实现这些目标做出贡献，而且它们也是欧盟能源和气候议题的技术主体构成部分——即 SET 计划的一部分。在过去十年，这些技术在效率、耐久性和降本方面都取得了重大进展。预计在 2015—2020 年左右，它们能实现与现有技术同等的竞争力，欧盟为此制定了精细的绩效目标，期待在研发方面付出足够的努力后可以实现这些目标。氢能的商业化应用已经开始，2012 年的市场规模为 7.85 亿美元，市场规模增长迅速，预计在未来 10～20 年间，每年可达到 430 亿～1390 亿美元，这种增长可以创造出数十万个工作岗位。

现在的问题是，欧洲如何才能在这个新兴市场中占据最大的份额，以及在接下来的几年必须要做哪些工作。在这一背景下，电解水制氢，尤其是聚合物电解质膜电解水制氢技术有望发挥越来越大的作用。

由此出现了对电解制氢的需求。电解水制氢是将瞬态的电能转换为易于储运的化学燃料的最佳选择。目前，新技术不断被创造出来，现有技术也不断得到优化，还开发出了众多耐高温的新材料。

电解水制氢技术很适合使用可再生能源来制氢，该技术可以根据制氢系统的输入功率调整设备的功耗。电解水制氢还具有技术可扩展的优势，允许系统在千瓦到兆瓦的功率范围内运行。与其他大多数储能技术（如电池储能、飞轮储能等）有所不同的是，电解水制氢可以将电能和储能分离，这在为能源需求与能源供应不匹配的地区设计能源系统时是非常有用的。

本书首先概述了基于碱性电解和质子交换膜电解制氢和制氧的技术，简要介绍了该技术的历史背景和总体概念，包括电解槽的电化学性能、将单电解槽堆叠成大容量电堆的技术，以及这些电堆的性能和特点；再详细介绍了两种相关技术的工艺流程、配套及辅助设备情况；最后，介绍了当前电解水制氢的应用和技术发展，对现有技术的局限性、技术难点及未来前景也做了介绍和讨论。此外，本书对高温蒸汽电解制氢技术进行了深入的研究，详细介绍了该技术所涉及的固态电化学基础、电解槽的性能和耐久性、现有局限性、技术难点及具体的运行模式。本书还针对美国能源部（DOE）设定的现有限制和远景目标，分析了不同储氢方案的利弊。

让读者认识到可再生能源与电解水系统的耦合所带来的困难与挑战是很重要的。本书对电解水系统设计、电力电子技术和过程控制的影响进行了全面回顾，包括从氢产能、效率和系统寿命等方面分析间歇性对电解水制氢系统性能和可靠性的影响；根据选定的关键标准，对质子交换膜电解水制氢、碱性电解水制氢和高温蒸汽电解水制氢等技术与可再生能源进行耦合的适用性进行了定性比较。

本书作者的目标是在这一领域出版一本参考书，讨论该技术领域现有的一些局限性和对未来的展望。因此，本书全面回顾了最新技术，涵盖了电解水和高温电解（材料、技术）的方方面面，并在性能、成本方面与现有技术进行比较。

最后，我要感谢所有作者的出色合作，及时提交稿件和修改。非常感谢 Waltraud Wuest 博士、Heike Noethe 博士，他们在编写这本书的手稿方面做了出色的工作，感谢来自德国魏因海姆的 Wiley VCH 帮助出版了本书。

阿加塔·戈杜拉-乔佩克

2014 年 10 月

德国 慕尼黑

目 录

第1章 引言

阿加塔·戈杜拉-乔佩克

我们发现自己正处在历史上一个新纪元的风口浪尖上，在这个新纪元里，每一种可能性都是一种选择。氢，作为恒星和太阳的基本物质，现在正被我们智慧地应用于人类的目的。如果我们要使氢时代的伟大理想成为我们子孙后代切实可行的现实，并成为我们留给后代的宝贵遗产，那么在一开始就制定正确的路线图计划便至关重要。

杰里米·里夫金

氢被认为是未来重要的能源载体，能量储运很方便。在标准条件（1013hPa，0℃）下，氢为气态，无色、无味、无毒，比空气轻。空气中氢的化学计量体积分数为 29.53%。氢元素在地球上非常丰富，它无处不在，是宇宙中最简单的元素，占所有物质的 75% 质量分数（或 90% 体积分数）。氢虽可以作为一种能量载体，但其本身并不是一种能源，它需要通过不同的能源转换过程，从其他能源中生产，如化石燃料、可再生能源或核能。氢与氧的燃烧反应形成水（燃烧热为 $1.4 \times 10^8 \mathrm{J/kg}$），燃烧过程不向大气排放含碳温室气体。表 1.1 给出了氢的某些物理性质（由范·诺斯特兰德出版社提供）。

表 1.1　氢气的部分物理特性

氢气的部分物理特性	数值	单位
分子量	2.016	mol
熔点	13.96	K
沸点（1atm）	14.0	K
4.2K 时的固体密度	0.089	$\mathrm{g \cdot cm^{-3}}$
20.4K 时的液体密度	0.071	$\mathrm{g \cdot cm^{-3}}$
气体密度（0℃，1atm）	0.0899	$\mathrm{g \cdot L^{-1}}$
气体导热系数（25℃）	0.00044	$\mathrm{cal \cdot cm \cdot s^{-1} \cdot cm^{-2} \cdot ℃^{-1}}$

（续）

氢气的部分物理特性	数值	单位
气体黏度（25℃，1atm）	0.0089	cP
总燃烧热（25℃，1atm）	265.0339	$kJ \cdot g^{-1} \cdot mol^{-1}$
净燃烧热（25℃，1atm）	241.9292	$kJ \cdot g^{-1} \cdot mol^{-1}$
自燃温度	858	K
在氧气中的可燃性极限	4~94	%
在空气中的可燃性极限	4~74	%

注：1atm=101.325kPa；1cal=4.1868J；1cP=10^{-3}Pa·s。

低热值氢的比能量为33.3kW·h/kg，或者写成120MJ/kg；高热值氢的比能量为39.4kW·h/kg，或者写成142MJ/kg。高热值与低热值之间的差值即水的摩尔汽化焓，为44.01kJ/mol。当氢燃烧产生水蒸气时，可获得高热值，而当产物水冷凝回液体时，可获得低热值。

得益于氢气高的质量能量密度，在过去的100年里，它被应用于许多领域，并且从它的生产和使用中积累了大量的经验，成为人们可选燃料的佼佼者。氢在交通运输中的应用由来已久，最早可追溯到18世纪的巴黎进行的人类首次载人氢气球飞行。雅克·查尔斯和尼古拉斯·罗伯特在一个名为"氢气浮空器"的氢气球上进行了飞行距离达21km的首次试飞，氢气球飞行了约45min。

1807年1月，瑞士的弗朗索瓦兹·伊萨克·德·里瓦兹发明了一辆可以使用氢和氧混合燃料的内燃机汽车，这也是人类史上第一辆内燃机驱动的汽车。1945年，美国开始了对液态氢推进装置的第一次实验研究，到了20世纪60年代氢开始应用于核潜艇、飞艇和航天发射系统。后来，氢成为火箭和航天发射器的首选燃料。氢燃料电池的开发是氢在交通运输领域成功应用的又一个重要里程碑。目前，基于聚合物电解质膜燃料电池的氢动力汽车已经开始在全世界范围内进行展示。车辆使用氢燃料电池可以带来明显的优势，如高效节能的传动系统、静音的操作模式和高的燃油效率（从油井到车轮）。

与甲醇、汽油、柴油或煤油等相比，氢的比能量明显高于其他任何燃料。氢的质量能量密度很高（大约是汽油、柴油或煤油的3倍），因此处理起来会带来一定的危险。氢气的燃烧范围很大，但只要在通风良好的区域，就不会有达到该极限的风险，而且氢的自燃温度相对较高，为858K，而汽油的自燃温度为501K。总之，氢易燃，能在氧气或空气的混合物中燃烧。

与大多数碳氢化合物相比，氢的燃烧范围要宽得多。氢在空气中的燃烧下限为4%体积分数，燃烧上限为75%体积分数；在氧气中的燃烧下限为4%体积分数，燃烧上限为95%体积分数；氢在空气中的爆燃范围为11%~59%体积分数。氢气的燃烧范围随温度升高而增大。燃烧下限从4%体积分数（20℃，1atm），降低至3%体积分数（100℃，1atm），爆燃范围也随之扩大。在25℃、1bar（1bar=10^5Pa）的情况下，氢在空气中的最小点火能为0.017MJ，氢在氧气中的最小点火能为0.0012MJ。相比之下，大多数可燃物的最小点火能在0.1~0.3MJ的范围内，并且伴随氧的浓度至少还可以低一个数量级（表1.2）。

与汽油和柴油燃料不同，氢气的密度低，它不会在地面聚集，而是在空气中迅速消散。亚当森和皮尔逊对氢和甲醇这两种燃料的安全性、经济性和排放等方面进行了评估。在密闭区域及通风区域发生事故风险的比较分析表明，氢气和甲醇都比汽油安全，但在某些情况下，氢气可能比甲醇的风险要高。火灾情况下，火焰辐射出的热量的比例是一个重要因素。从表1.2中可以看出，由于氢气和甲醇的辐射热值较低，因此相比汽油，氢气更不容易着火。

表1.2　与其他燃料相比，氢气的部分特性

燃料	质量能量密度		体积能量密度		燃烧极限	爆炸极限	燃烧辐射热占比
	MJ·kg^{-1}	kW·h·kg^{-1}	MJ·L^{-1}	kW·h·L^{-1}	% 体积分数	% 体积分数	
氢气 200bar	120	33.3	2.1	0.58	—	—	—
液氢	120	33.3	8.4	2.33	4~75	18.3~59.0	17~25
甲醇	19.7	5.36	15.7	4.36	6~36.5	6~36	17
汽油	42	11.36	31.5	8.75	1~7.6	1.1~3.3	30~42
柴油	45.3	12.58	35.5	9.86	—	0.6~7.5	—
煤油	43.5	12.08	31.0	8.6	—	0.7~5	—

Hake等人就汽油、柴油、甲醇、甲烷和氢气的安全特性，对典型乘用车的不同燃料和燃料储存系统进行了比较。根据基础设施的不同，氢燃料可能存在风险，而柴油和汽油的情况则不同。虽然氢的物理特性已经很明确，但实际风险和危害一定要通过实物系统和长期运行经验来确定。目前缺乏此类氢气应用系统的运行经验，确实也是其应用中的一个重大障碍。全世界已经通力合作，制定规章、守则和标准。例如欧盟在EIHP2项目中介绍了在欧洲以及全球层面开展的标准化活动，从而使氢燃料车辆及加氢站能够安全运营，还为加氢站制定了一份基于风险的维护守则。同时，一项研究确定了在独立电力系统（H-SAPS）中采用氢能技术的潜力。该研究选了一些额定功率为8~100kW的现有中小型氢能发电系统（希腊8kW，英国100kW，挪威30kW，西班牙11kW），分析了该新技术在应用和推广过程中遇到的障碍、获得的收益及未来的市场潜力。结果表明，为了在独立电力系统中引入氢能技术，应将可再生能源纳入系统中；系统的设计容量应扩大以满足电力需求，这样多余的电力可以用来制氢。研究结果还表明，在全年都有负荷需求的电力系统中，用氢替代传统电源可能比季节性电力需求的电力系统更经济可行。具有季节性电力需求的电

力系统需要季节性储能，因此，水电解槽和储氢装置的尺寸应该设计得足够大。由于不断增加的燃料运输成本，偏远地区的化石燃料成本较高，因此，用氢能设备替代传统的动力设备，从经济角度来看是有利的。此外，此类系统可以成功地用于中小型市场，并具有一定的环境优势，尤其是在偏远地区。氢能预计将在未来的全球能源系统中发挥相当大的作用。正如麦考迪所说，"任何时代、任何民族或任何群体的文明程度，都是通过利用能源促进人类进步或满足人类需求的能力来衡量的。"在亚洲、美国、欧洲等地，氢燃料电池汽车的成功示范也得到了普遍的认可。据报道，氢燃料汽车的燃料效率（以氢燃料罐到车轮的评判标准）比汽油汽车的效率高 1.5 ~ 2.5 倍，性能良好且零排放；续驶里程可达 500km 以上，只需要几分钟即可完成加氢。戴姆勒公司的 B 级燃料电池汽车如图 1.1 所示。

图 1.1　戴姆勒公司的 B 级燃料电池汽车，带有压缩氢气罐

由于向氢燃料和氢燃料电池过渡仍然面临诸多困难和挑战，因此可能需要一个中间过渡阶段，即在同一辆汽车中同时使用氢和传统燃料。如相关文献所述，"为满足这一过渡要求的解决方案，可以使用当前的内燃机技术制造既使用氢气又使用汽油的双燃料汽车……这种双燃料方式将促进加氢网络的建立，从而实现向氢动力汽车经济的全面过渡"。据预测，双燃料系统的汽车中，氢燃料可以维持 200 ~ 300km 的续驶里程，汽油可以维持 500km 左右的续驶里程。表 1.3 给出了市场上几种氢燃料内燃机汽车和 Alset 公司推出的双燃料原型车的比较。

表 1.3　市场上几种车辆与 Alset 生产的双燃料原型车之间的比较

型号	发动机	容量 /L	功率		转矩 /N·m	比功率	
			hp	kW		hp/L	kW/L
宝马 Hydrogen7	V12 双燃料	6.0	260	191.23	390	43.3	31.87
福特 C-Max	直列 4 缸单一燃料	2.2	112	82.32	—	49.8	37.42
Quantum 普锐斯 H2-Hybrid	直列 4 缸混合动力	1.5	71	52.18	111	47.4	34.78
福特 E-450	V10 单一燃料	6.8	272	199.0	1110	40.0	29.39
Alset H2 Bi-Fuel 1.0	直列 4 缸双燃料	2.0	150	110.25	390	75.2	55.125

部署全新的交通基础设施是技术、经济和金融领域的关键挑战之一。可充电汽车（纯电动汽车和插电式混合电动汽车）市场需要新的基础设施，需要多地各级政府部门和私营公司一起发力。法国是电动汽车市场发展的先行国家之一，到 2020 年有望占据 10% 的市场份额。为了应对未来氢经济的发展，人们必须找到一种高效、安全的储氢方式，包括移动式、固定式和便携式，以应对不同应用场景的需求。储氢方式包括高压气态储氢（CGH$_2$）、低温液态储氢（LH$_2$）和固态储氢（SSH$_2$）。车载储氢技术是阻碍轻型氢燃料汽车商业化的关键基础性障碍之一。目前，储氢主要是依托低压储罐材料及技术，可使每辆车的续驶里程超过 500km，这意味着需要携带超过 5kg 的氢气。为了与市场同类续驶里程的车辆相比具备竞争力，氢能汽车必须满足储氢、成本、安全和性能等各方面的严格要求。美国能源部目前针对轻型汽车的车载储氢系统的目标要求是，到 2017 年，对应于氢的可用比能量为 1.8kW·h/kg 的前提下，车辆携氢的质量比容量要达到 5.5% 质量分数，体积比容量要达到 0.04kg/L。美国能源部关于轻型车辆车载储氢系统的技术指标（包括储罐、材料、阀门、调节器和管道在内的完整系统）见表 1.4。

表 1.4　轻型车辆车载储氢系统的选定 DoE 技术目标

存储参数	单位	2010 年	2017 年	终极目标
系统质量容量	kW·h/kg	1.5	1.8	2.5
氢系统可用比能量	kgH$_2$/kg 系统	0.045	0.055	0.075
系统体积容量	kW·h/L	0.9	1.3	2.3
氢气可用能量密度	kg H$_2$/L 系统	0.028	0.040	0.070
储氢系统成本	$/kW·h net	4	TBD	TBD
燃料成本	$/gge[①]加注	3 ~ 7	2 ~ 4	2 ~ 4
	min	4.2	3.3	2.5
系统加注时间	kgH$_2$/min	1.2	1.5	2.0
最低满负荷流量	G·s^{-1}·kW^{-1}	0.02	0.02	0.02
运行环境温度	℃	−30/50（sun）	−40/60（sun）	−40/60（sun）
最低 / 最高运行温度	℃	−40/85	−40/85	−40/85
运行周期寿命	循环	1000	1500	1500
燃料纯度	%H$_2$	99.97% 干燥基准 SAE J2719 和 ISO/PDTS 14687-2		

① gge，每加仑汽油等效能量 =1.3 × 10^{8}J。

将氢引入能源系统的愿景，在欧洲氢能路线图项目中发挥了重要作用。如果将氢引入能源系统，到 2030 年，二氧化碳的单位减排成本将减少 4%，到 2050 年将减少 15%（其中约 85% 的减排与公路运输有关）。预计到 2050 年，公路运输的二氧化碳排放量将减少 50%（图 1.2）。

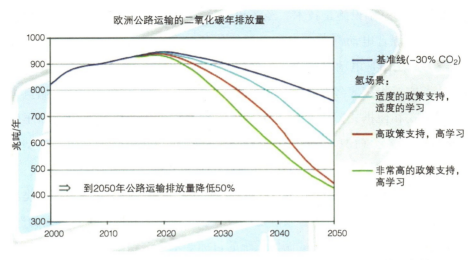

图1.2 欧洲公路运输的年度 CO₂ 排放水平，目前的状况和 2050 年前基于政策支持的几种氢方案的预测（适度、高和非常高）

将氢能引入交通运输（轿车、轻型车辆、重型货车等）也将对大气中的非二氧化碳排放产生重大影响。对一氧化碳、氮氧化物、挥发性有机成分和颗粒物（PM）排放的预测表明，氮氧化物和其他污染物的排放将减少 70% 以上。氢终端应用的主要市场是客运、轻型车辆和城市公交车。交通运输行业大约一半的人预计将转向氢燃料车。重型运输（货车）和长途汽车预计将改用替代燃料。氢在普通居民和其他部门的应用，预计将局限于偏远地区和特定的某些小众应用，并且前提必须是在这些地区已经有了一些氢基础设施。将氢气引入能源系统的主要挑战仍然是降低道路运输的应用成本。此外，政策支持仍然是一个问题——欧洲氢能路线图项目发现了一个关键现象，在政策制定者们的议程上，氢的地位还不够高，需要更多的示范项目，以提高人们对氢能前景的认识。

图 1.3 显示了部署阶段、目标（2020 年建成欧洲氢和燃料电池平台的目标）和 2050 年之前需要采取的主要行动的概述。"Snapshot 2020"指的是产量显著增加的时间点（突破每年至少 10 万台的水平），"Snapshot 2030"指的是氢和燃料电池与市场上其他技术完全竞争的最大增长点。

根据欧洲氢能路线图项目的调查结果，人们已经制定了移动式和固定式氢及燃料电池的几个关键研发领域。这些措施包括大幅降低氢动力系统的成本（改进质子交换膜燃料电池及其外围组件、车载存储、氢内燃机集成和系统优化）、降低制氢链的成本、氢系统的系统集成以及加强氢能技术标准的制定。最后，遵守长期可持续性要求（用可再生能源、化石燃料、碳捕获和储存、核能和封闭的燃料循环来生产氢）非常重要。美国能源部所列出的主要困难和挑战总结如下：氢目前比汽油更贵；在不占用额外空间的情况下，汽车的氢

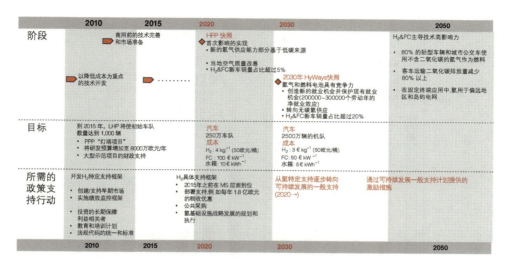

图 1.3　2050 年前的部署阶段、目标和主要行动摘要

存储系统目前无法满足预期的续驶里程，即 300mile（约 480km）以上；就目前技术水平而言，输氢基础设施的各种风险依然很高。德国 HyTrust 项目分析了公共部门对氢能的接受现状。根据访谈、小组会议等代表性调查结果显示，德国人对氢动力汽车的态度是非常积极的，认为氢动力汽车可以在不损害环境的情况下行驶。人们对氢或氢汽车没有安全顾虑，并认为用于燃料电池电动汽车的氢将由基于可再生能源的电力生产。有趣的是，人们对氢和氢动力汽车没有任何安全顾虑，因为人们对德国的技术有很深的信任度。项目还对氢能的前景进行了详细分析，相关案例基于德国议会研究委员会的《全球化和自由化背景下的天然能源研究》（德国议会研究委员会 2002 年的最终报告）、《2002—2003 年欧洲能源运输趋势》和《国际能源机构能源运输展望》（第二期）。这三个案例对氢在未来能源系统中的前景做出了不同的估计。在德国，氢作为能源载体预计将在 2020 年之后进入终端应用市场，到 2050 年将达到总燃料消费量 2% 左右；氢的使用将集中在乘用车和公共汽车的燃料电池上；大约 25% 的氢气将用于发电。根据欧盟委员会的数据，对氢等新能源运载工具的需求将会增长，但在 2030 年之前不会有太大的增长，因为像燃料电池电动汽车这样的新能源汽车在市场上的份额并不大。这也是缺乏足够的氢储运和分销的基础设施造成的。另一方面，国际能源署展望了氢用于发电的前景。据估计，到 2030 年，全球能源使用量将稳步增长；从 2000 年到 2030 年，全球一次能源需求预计每年增长 1.7%，达到每年 650 EJ 的水平；在这种情况下，将天然气转化为氢用于燃料电池发电，成为一种新的电能来源，特别是在 2020 年之后。以上这三个场景如图 1.4 ~ 图 1.6 所示。

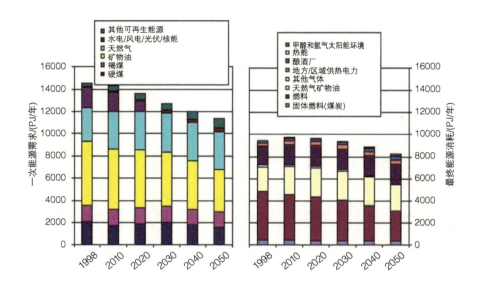

图 1.4　德国的一次能源需求和最终能源消耗及氢气

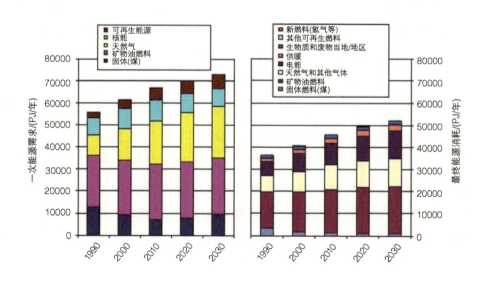

图 1.5　欧盟 15 国一次能源需求和最终能源消耗的基线情景

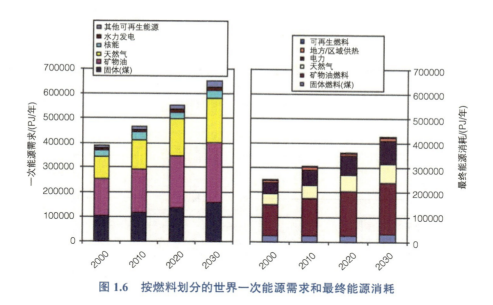

图 1.6　按燃料划分的世界一次能源需求和最终能源消耗

1.1　制氢方法的技术概况

制氢是向氢经济过渡的主要步骤，在氢经济中，氢将取代化石燃料。氢气可以通过利用多种初级能源来生产，如化石燃料（煤、原油、天然气等）、核燃料（如氘、钍、铀）、地热（储存在地下溪流或地下热岩中的热量）以及太阳能、风能和潮汐能。这些能源也可以分为两类：可再生能源（不会耗竭，如太阳能、风能等）和不可再生能源（资源有限可耗竭，如化石燃料）。本节将简要概述目前制氢的方法，如重整制氢、电解水制氢或高温蒸汽电解制氢，以及一些尚处于研发阶段的新工艺、新方法。主要的制氢技术是从化石燃料、生物质或水中制氢。从图 1.7 中可以看出，通过天然气的蒸汽重整、天然气的热裂解、重馏分的部分氧化或煤的气化，从化石燃料，以及从生物质通过燃烧、发酵、热解、气化、液化，或生物中产生氢气；通过电解、光解、热化学过程、热分解以及生物、热和电解过程的组合，从水中提取氢气。更多关于不同制氢路线的详细信息，可参考相关文献。

氢可以用于内燃机，也可以通过燃料电池（主要是 PEMFC）转化为电能为电动机提供动力。在交通运输方面，氢被用于乘用车、公共汽车和轻型车辆。图 1.8 展示了氢的供需链的总体示意图以及终端用户的分类。

1.1.1　重整制氢

重整制氢工艺，特别是蒸汽重整工艺，与化石燃料相结合，是当今制氢的主要工艺。重整制氢典型的原料是天然气，也可以使用汽油等液态烃。本文简要介绍三种重整方法：

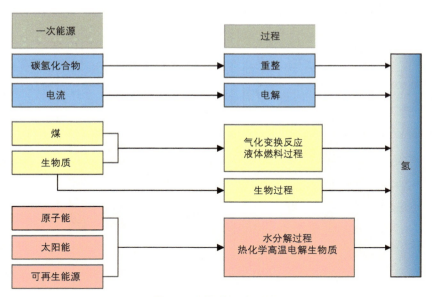

图 1.7　制氢的一般途径

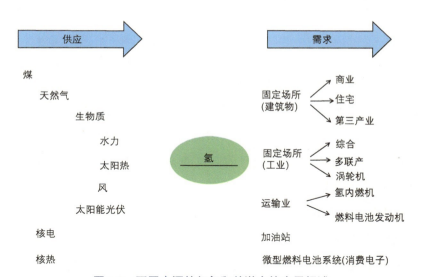

图 1.8　不同来源的氢气和其潜在的应用领域

催化蒸汽重整（CSR）、重馏分的部分氧化重整（POX）和自热重整（ATR）。Kolb 详细介绍了燃料处理方法的化学原理、燃料处理应用的催化剂技术现状、燃料处理反应装置和装置辅助控制系统等。天然气蒸汽重整是目前成本最便宜、技术和商业成熟的制氢方法，主要用于石化和化工行业。蒸汽重整制氢的成本很大程度上取决于天然气原料的成本和可用性。

蒸汽重整具有很强的吸热性，在使用以 Al_2O_3 和 $MgAl_2O_4$ 为载体的铁基或镍基催化剂的情况下，气相转化需要较高的反应温度，通常高于 600K，压力为 2～3MPa，转化才能发生。

蒸汽重整的效率约为 65% ~ 70%，轻烃的蒸汽重整也是一种成熟的工业工艺。使用甲醇重整的好处之一是反应可以在较低的温度下进行，在 Co-Zn 催化剂上，吸热蒸汽重整可以在 300℃左右进行，而碳氢化合物的蒸汽重整则需要 800℃左右的高温。理论上，甲醇的水蒸气重整可在 100% CO_2 选择性下产生 75% 的氢气浓度。在实际应用中，使用各种催化剂产生的氢气浓度也可以超过 70%。由于乙醇的 C–C 键，乙醇的蒸汽重整需要更高的温度（850 ~ 1500℃）。重馏分的部分氧化重整（POX）是一种放热反应，它使用近似量的氧气（通常来自空气）将燃料转化为含氢气的气流。所使用的次等量的氧气导致大量的一氧化碳（CO）产生。这个过程比蒸汽重整要快得多，并且在有催化剂或无催化剂的情况下均可进行。非催化德士古工艺在 3MPa 以上压力，1200 ~ 1500℃的温度范围内运行。重馏分的部分氧化重整（POX）使用的温度较低，约为 1000℃，但对于生产纯氢而言，它的效率较低，成本也高于蒸汽重整。其催化剂包括负载型镍（NiO-MgO）、镍改性六铝酸盐、铂族金属 Pt、Rh、含铈载体上的钯 / 氧化铝或二氧化钛。重馏 POX 工艺中，反应只需要燃料和进料空气；没有典型的副产物甲烷的蒸发过程。POX 工艺的缺点是由于生成积炭和一氧化碳，会导致催化剂失活。自热重整（ATR）或氧化蒸汽重整将吸热蒸汽重整过程与放热的 POX 反应结合起来。在这种结合中，重馏分的部分氧化反应产生的能量为蒸汽重整反应提供能量。这些系统可以非常高效，能够快速启动，并已在甲醇、汽油和天然气的重整制氢中得到验证。自热重整具有改进的热集成度、更快的启动速度和更低的操作温度等优点。与重馏分的部分氧化（POX）产品流的情况一样，自热重整（ATR）产物流中含有一氧化碳，氢气被从空气中加入的氮气进一步稀释。在各种液体燃料的车载式制氢方法中，氧化甲醇重整被认为是最有希望在车内为质子交换膜燃料电池提供氢气的方法。氧化甲醇重整反应是重馏分的部分氧化与蒸汽重整的结合，总体反应是热中性或适度放热的。结果表明，使用 Pd-ZnO 催化剂，提高了甲醇转化过程的活性和制氢的高选择性。各重整反应如下：

蒸汽重整：

$$C_nH_m + nH_2O \longrightarrow \left(\frac{m}{2} + n\right)H_2 + nCO; \quad \Delta H^0_{298} > 0$$

$$CO + H_2O \longrightarrow CO_2 + H_2; \quad \Delta H^0_{298} = -40.4kJ \cdot mol^{-1}$$
$$（水煤气变换反应）$$

水煤气变换反应（WGSR）提高了重整产物的氢浓度。它发生在两个阶段，即 350℃左右的高温移动（HTS）和 200℃左右的低温移动（LTS）。理想情况下，WGS 反应应该将 CO 水平降低到 5000×10^{-6} 以下。

重馏分的部分氧化（POX）：

$$C_xH_yO_z + \frac{(x-z)}{2}(O_2 + 3.76N_2) \longrightarrow xCO + \frac{y}{2}H_2 + 3.76\frac{(x-z)}{2}N_2$$

自热重整（ATR）：

$$C_xH_yO_z + n(O_2 + 3.76N_2) + (x-2n-z)H_2O \longrightarrow xCO +$$

$$\left(x-2n-z+\frac{y}{2}\right)H_2 + 3.76N_2$$

1.1.2 电解

本节介绍了目前最先进的碱性和质子交换膜水电解槽及相关制造商，以及相关技术的详述，包括操作原理、特点、应用、限制、困难与挑战。尽管碱性电解工艺有超过 100 年的运行经验，全世界有数千家工厂，但能够提供最先进的碱性电解技术的并不多见，表 1.5 给出了几个例子。根据 Carmo 等人和 Mergel 等人的研究，主要是因为电能成本的原因。电解氢的成本目前无法与传统化石燃料蒸汽重整制氢的成本竞争。碱性电解工艺过程还涉及系统寿命及维护成本。目前，人们对质子交换膜电解技术越来越感兴趣，在过去 20 年中，市场上出现了一些新公司并在该领域建立了新的项目。质子交换膜技术的效率可以达到 55% ~ 70%。表 1.6 给出了质子交换膜（PEM）电解槽领域的全球主要厂商。由于采用铂族催化剂和质子交换膜，质子交换膜电解水的成本仍然很高。然而，质子交换膜（PEM）电解很适合与风能和太阳能耦合。

表 1.5 碱性电解槽生产商

制造商	额定功率 /kW	氢气产量 /（Nm³/h）	电能消耗 /（kW·h/Nm³）	最大压力	地点
Brown Bovery（KIMA）	165000	33000	—	—	Aswan-Egypt
De Nora	150000	30000	4.6	atm	Nangal-India
Norsk Hydro	140000	28000	4.1	atm	Ryukan-Norway
Norsk Hydro	135000	27000	4.1	atm	Ghomfjord-Norway
Que Que	105000	21000	—	—	Zimbabwe
Electrolyser Inc.	76000 ~ 105000	15200 ~ 21000	4.9	atm	Trail-Canada
Lurgi	22500	4500	4.3	3bar	Cuzco-Peru
IHT	511.5 ~ 3534	110 ~ 760	4.65 到 4.3	32bar	Switzerland
NEL Hydrogen	43 ~ 2150（$10 ~ 500）	—	4.3	atm	Norway
Technologies-Statoil ELT（Barisic）	13.8 ~ 1518	3 ~ 330	4.6 到 4.3	atm	Germany

（续）

制造商	额定功率 /kW	氢气产量 / （Nm³/h）	电能消耗 / （kW·h/Nm³）	最大压力	地点
Linde	—	5 ~ 250	—	25bar	Germany
AccaGen	6.7 ~ 487	1 ~ 100	6.7 ~ 4.87	10（可选 30 和 200）bar	Switzerland
Idroenergy	3 ~ 377	0.4 ~ 80	7.5 ~ 4.71	1.8 ~ 8bar	Italy
Hydrogenics	54 ~ 312	10 ~ 60	5.4 ~ 5.2	10（可选 25）bar	Canada
Teledyne Energy Systems	—	2.8 ~ 56	—	10bar	USA
H2Logic	3.6 ~ 213	0.66 ~ 42.62	5.45 ~ 5	4（可选 12）bar	Denmark
Claind	—	0.5 ~ 30	—	15bar	Italy
Erredue	3.6 ~ 108	0.6 ~ 21.3	6 ~ 5.1	2.5 ~ 4bar	Italy
PIEL,division of ILT Technology	2.8 ~ 80	0.4 ~ 16	7 ~ 5	1.8 ~ 18bar	Italy
Sagim	5 ~ 25	1 ~ 5	5	10bar	France
Avalence	2 ~ 25	0.4 ~ 4.6	5.43 到 5	448bar	USA

资料来源：EFCF Luzern 2013，www.efcf.com。

表 1.6　主流 PEM 电解槽生产商

制造商	额定功率 /kW	氢气产量 / （Nm³/h）	电能消耗 / （kW·h/Nm³）	最大压力 /bar	地点
Proton Onsite	1.8 ~ 174	0.265 ~ 30 （概念 90）	7.3 ~ 5.8	13.8 ~ 15 （可选 30）	USA
ITM Power	3 ~ 40	0.6 ~ 7	4.9 ~ 5.5	15	UK
Giner	20	3.7	5.4	85	USA
H-TEC Systems	1.5 ~ 20	0.3 ~ 3.6	5 ~ 5.5	30	Germany
Hydrogenics	7.2	1	7.2	7.9	Canada
Siemens	—	20	—	50	Germany
Treadwell Corp.	—	1.2 ~ 10.2	—	75.7	USA

资料来源：EFCF Luzern 2013，www.efcf.com。

1.1.3　气化

基于气化的系统可以利用煤炭、石油焦、生物质及城市的危废物。原则上，该过程类似于重油的重馏分的部分氧化，包括以下主要步骤：在 1000 ~ 1500℃高温下，氧化剂（通常为氧气或空气和蒸汽）将煤原料转化为合成气，在气化反应器中，催化变换反应并净化产生的氢气。根据气化技术，合成气中可能存在一些水、二氧化碳和甲烷，还有一些微量成分，如氰化氢、氯化氢气体、硫化氢和羰基硫化物。合成气既可以直接用于发电，也可以进一步加工成纯氢，用于石油加氢裂化或合成氨生产（图 1.9）。

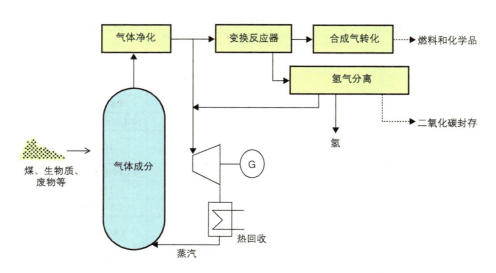

图 1.9　基于气化的能源转换选项

生物质在热解过程中，反应器中没有空气，工作压力为 0.1 ~ 0.5 MPa，加热温度为 370 ~ 550℃。生物质转化为液体油、固体炭和气体化合物。多种生物质已被应用于热解制氢，例如颗粒状的花生壳，塑料、地沟油、混合生物和合成聚合物，甘蔗渣、杏仁枝条和果壳混合物，其中包括 40% 的杏仁坚果壳、40% 的杏仁枝条和 20% 的核桃壳。

1.1.4　生物质和生物质衍生燃料的转化

生物质和生物质衍生燃料是可再生能源，能够以可持续的方式生产氢。一般来说，生物质原料可以分为四种主要类型：①能源作物，包括草本、木质、工业、农业和水作物；②农业残留物和废弃物；③森林废弃物和残余物；④工业和城市废物。使用各种生物质代替化石燃料来生产氢气，会减少向大气中排放的二氧化碳，因为生物质气化时释放的二氧化碳就是以前从大气中吸收的，并通过生长中的植物的光合作用固定下来。据估计，当今世界能源供应的 12% 左右来自生物质，而发展中国家的这个比例要高得多，约为 40% ~ 50%。将生物质转化为氢气的技术有很多种，如图 1.10 所示，过程可分为热化学和生物（发酵）等技术路线。未来，氢可以通过光生物过程产生，如在蓝藻和藻类中的光合作用。

氢可以通过纯生物途径生产，如通过生物质的微生物发酵制氢，或直接利用蓝藻、紫色细菌和微藻产氢。所有生物制氢过程都依赖于产氢酶（固氮酶、铁氢化酶和镍铁氢化酶）。藻类和一些微生物发酵利用光合作用产生氢。其他发酵过程和直接生产氢的蓝藻可以在没有光的情况下制氢。表 1.7 列出了不同生物制氢途径的优缺点。

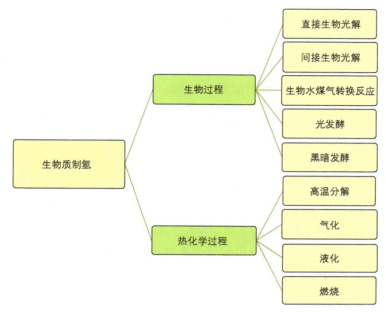

图 1.10　生物质制氢技术

表 1.7　不同微生物类型的产氢生物工艺的优缺点

微生物类型	优点	缺点
绿藻 莱茵衣藻 莫氏衣藻 斜生栅藻	可以从水中产生 H_2 太阳能转化能量比树木、农作物增加 10 倍	生产氢气需要光 O_2 对系统可能有危险 需要去除摄取氢化酶以阻止 H_2 的降解
蓝藻 满江红鱼腥藻 加利福尼亚州鱼腥藻 圆柱形鱼腥藻 念珠藻 发菜	可以从水中产生 H_2 固氮酶主要产生 H_2 具有固定大气中 N_2 的能力	需要阳光 约 30% 的 O_2 存在于与 H_2 的气体混合物中 气体中存在 CO_2 O_2 对氮化有抑制作用
光合细菌 球形红杆菌 荚膜红杆菌 嗜硫化红杆菌 球形红假单胞菌 长红假单胞菌 荚膜红假单胞菌 红色红毛菌 盐卤杆菌 绿藻 橙色绿弯菌 蔷薇硫衣	可以使用不同的材料，例如乳清、酿酒厂废水可以使用宽光谱的光	生产氢气需要光 发酵液导致的水污染问题

（续）

微生物类型	优点	缺点
发酵菌 产气肠杆菌 阴沟肠杆菌 丁酸梭菌 巴氏梭菌 普通脱硫弧菌 埃氏马嘎莎拉 中间柠檬酸杆菌 大肠杆菌	无需光照即可全天产生 H_2 可以利用不同的碳源，例如淀粉、纤维二糖、蔗糖、木糖等不同类型的原材料 可以产生有价值的代谢物，例如副产物丁酸、乳酸 无氧过程，因此没有氧气限制问题	发酵液需进一步处理后方可处置；否则会造成水污染问题 气体中存在 CO_2

越来越多的人投入到对生物质发酵制氢的研究，特别是对嗜热细菌和氢化酶的研究。光生物制氢工艺似乎很有前途，但在未来几年内不太可能成为商业应用。光生物制氢是基于细菌和绿藻的光合作用。目前，光生物制氢受到能量转换效率过低的制约。Markov 等人回顾了生物反应器的发展现状，根据析氢反应的性质将其分为两类。一类是基于光生氢的光生物反应器，包括三种类型：含有蓝藻的光生物反应器、含有绿藻的光生物反应器、含有紫色细菌的光生物反应器。属于第二类的生物反应器基于无光环境下的厌氧制氢，有三种类型：含有紫色细菌的"水煤气变换反应"生物反应器、含有化学营养细菌的厌氧发酵生物反应器、带有固定化酶的生物反应器。目前生物制氢过程仍处于起步发展阶段，受实验规模的限制。然而，目前正在进行深入的研究，以找到提高氢气产量和产氢率的方法。

1.1.5 水分解

分解水也可以产生氢，分为电解、光化学过程和热化学循环三种方式。电解水和蒸汽分解过程将在本书的相应章节中详细讨论。在热化学循环中，为了获得显著的解离率，水需在 2500℃以上的温度下，通过大量吸热和放热化学反应直接分解成氢和氧，光用于照亮浸入水电解质或水中的半导体光催化剂。通过电解和热化学步骤，利用热化学循环（如硫 - 碘或 UT-3）和混合循环制氢。这个过程需要大量的热量或电能，因此可以由核电站产生的热量提供。据估计，在大规模制氢方面最有希望的热化学循环之一是硫 - 碘（S-I）循环，最初由通用原子公司开发，其热效率为 52%，东京大学开发的绝热 UT-3 循环（钙 - 溴循环）的效率约为 50%。

硫 - 碘循环（S-I 循环）可能是研究得最多的热化学循环。它由两个连续的反应组成，分别发生在 180℃和 400℃。这种制氢方式在聚光太阳能（CSP）技术中尤为有趣。

$$I_2 + SO_2 + 2H_2O \rightarrow 2HI + H_2SO_4 \quad 2HI \rightarrow H_2 + I_2$$

在对一个制氢工厂的商业可行性研究中，日本的 UT-3 循环显示氢气的产能为

$20000 Nm^3 \cdot h^{-1}$。日本原子能研究所的目标是将核系统与制氢的化学过程结合起来。利用核能的高温蒸汽电解制氢，没有与热化学过程相关的腐蚀情况发生，也没有与碳氢化合物过程相关的温室气体排放。相关文献报道了300多种水裂解工艺，工作温度可以从2500℃往下降，但工作压力则需更高，如在保罗·舍勒研究所开发的太阳能反应器中，Ispra Mark工艺、硫酸分解工艺以及氧化锌还原和甲烷重整的合成工艺都属此类。与太阳能耦合的热化学循环可以在较低的温度下工作（大约1200～1800℃），多年来，在中试级规模上进行了各种研究和实验演示。德国航空航天中心自20世纪70年代以来一直致力于研究直接利用太阳能制氢，包括光伏和太阳热能，以及铁基热化学循环过程。在科隆DLR成功进行太阳能热化学制氢中试（HYDROSOL-2项目）后，该工艺被引入西班牙的太阳能阿尔梅里亚平台（PSA）。他们通过操作一个太阳能接收器和反应器演示了该工艺，该工艺可在多个循环中重复制氢。Neises对该工艺进行了总结，还讨论了使用涂有锌铁氧体氧化还原系统的碳化硅多孔材料进行两步热化学循环的研究。另一个概念是光电化学电池（PEC电池）。在光电化学电池中，氧化和还原发生在分离的电极上。但此设备结构复杂、造价高昂是该系统的弊端之一，而另一个更主要的困难和挑战是对高效光催化剂的要求。该催化剂应该价格便宜、易于生产且无毒，不应含有稀缺或昂贵的化学元素。Ashokkumar对各种光催化剂的潜力进行了综述，在相关文献中可以找到使用氧化钛生产氢气的光催化水分解的综述和最新进展。与钙钛矿型相关的氮氧化物催化剂，它提供了吸收可见光并通过原子缺陷和替换来适应要求的可能性。实验表明，在光电化学电池中用作光阳极的 $LaTiO_2N$ 的活性可以通过替代来提高，并且微观结构和粒度的改变会影响其性能。

1.2　总结和制氢成本概览

来自法国格勒诺布尔的 CEA/LITEN 机构的 Cyril Bourasseau 和 Benjamin Guinot 为本章内容提供了支持。需要指出的是，表1.9和表1.10以及图1.11中给出的信息分别由 Cyril Bourasseau 和 Benjamin Guinot 撰写。氢经济最重要的部分是以可持续、高效和环保的方式生产氢。不同的制氢方法面临的关键挑战是如何降低成本，"低成本的氢将开创一个以氢为基础的能源可持续的新时代"。表1.8显示了美国能源部通过选定的工艺流程制氢的目标和成本。表1.9概述了不同工艺的氢气生产成本，并考虑了众多文献来源。表1.10仅关注电解制氢成本。

从表1.9和表1.10可以看出，轻烃蒸汽重整和电解的成本窗口略有重叠，使得电解在某些特定情况下较蒸汽重整具有竞争力，这两个表的内容也强调了氢生产成本的巨大差异。

这些问题可以根据作者所做的不同假设给出解释。已确定的影响因素主要有：技术成熟度（中试工厂、工业工厂）；不同设备的投资、运营、维护和更换成本；生产工厂的规模；能源成本（煤炭、电力、天然气等）；工厂的效率、产能系数和寿命；氢气的纯度。

表 1.8 能源部从各种原料中制氢的技术目标

利用生物来源的可再生液体分布式生产氢气				
	单位	2006	2012	2017 目标
生产单位能源效率	%	70.0	72.0	65～75
资本成本（未安装）	$	1.4M	1.0M	600K
氢气总成本	$/gge	4.40	3.80	<3.00
天然气分布式制氢				
	单位	2003	2006	2010	2015
生产单位能效	%（LHV）	65.0	70.0	72.0	75.0
生产单位资本成本（未安装）	$	12.3M	1.1M	900K	580K
氢气总成本	$/gge H$_2$	5.00	3.00	2.50	2.00
分布式水电解制氢				
	单位	2003	2006	2012	2017 目标
氢气成本	$/gge	5.15	4.80	3.70	<3.00
电解槽资本成本	$/gge（$/kW）	—	1.2（665）	0.70（400）	0.30（125）
不适用电解槽能源效率	%（LHV）	—	62	69	74
中央风水电解				
	单位	2006	2012	2017 目标
氢气成本（出厂）	$/gge	5.90	3.10	<2.00
电解槽资本成本	$/gge（$/kW）	2.20（665）	0.80（350）	0.20（109）
电解槽能源效率	%（LHV）	62	69	74
生物质气化 / 热解制氢				
	单位	2005	2012	2017 目标
氢气成本（出厂）	$/gge	<2.00	1.60	1.10
总资本投资	$M	<194	150	110
能源效率	%	>35	43	60
太阳能驱动的高温热化学制氢				
	单位	2008	2012	2017 目标
氢气成本（HTTC）	$/gge H$_2$	10.00	6.00	3.00
定日镜资本成本	$/m^2	180	140	80
过程能源效率	%	25	30	>35
光化学产氢				
	单位	2003	2006	2013	2018 目标
可用半导体带隙	eV	2.8	2.8	2.3	2.0
化学转化过程效率	%	4	4	10	12
工厂太阳能制氢效率	%	—	—	8	10
耐久性	h	—	—	1000	5000
生物光解水制氢				
	单位	2003	2006	2013	2017 目标
太阳光利用效率	%	10	15	15	20
光 - 氢转化效率	%	0.1	0.1	2	5

（续）

利用生物来源的可再生液体分布式生产氢气					
	单位	2003	2006	2013	2017 目标
持续光解时间	时间单位	—	—	30min	4h
O_2 耐受性（空气中半衰期）	时间单位	1s	1s	10min	2h

暗发酵产氢					
	单位	2003	2006	2013	2018
葡萄糖产氢量	mol H_2/mol 葡萄糖	2	2	4	6
原料成本	cents/lb 糖	13.5	13.5	10	8
连续生产时间	时间单位	17d	17d	3mo	6mo

光合细菌产氢					
	单位	2003	2006	2013	2018
光氢转化效率	%	1.9	1.9	3.0	4.5
碳氢摩尔产量（取决于有机底物）	%最大值	42	42	50	65
持续光合时间	时间单位	6d	6d	30d	3mo

表 1.9　不同工艺制氢的概况

工艺	生产成本 /（€/kgH₂）	评论	来源
轻质烃的蒸汽重整	[1.06;2.08]		[28,51,52]
重烃的部分氧化	[0.72;1.41]	根据 [53]，技术发展可能使未来煤制氢成本下降到 0.54€/kg（工厂设计和执行理念的标准化，可靠性的提高，气体冷却器设计等）	[28,51-53]
生物质热化学转换	[1.03;5.39]	这些费用是根据评估得出的，主要是由于对生物质成本和使用试验工厂或工业工厂的假设而降低的	[51,54,55]
微生物光解	[0.40;9.47]	这些成本是基于评估和差异主要取决于假设的氢存储容量，压缩的要求或光生物反应器的成本	[56]
光解水制氢	[1.07;13.5]	这些成本是基于评估的，差异主要取决于工艺使用、效率、设备寿命和光电化学反应器成本的假设	[42]
热解离水制氢	—	发生离解反应所需的高温制氢 需要非常耐腐蚀的材料。由于这些要求，这种氢生产方法仍处于研究阶段；因此，无法对成本进行可靠的估计	—
热化学循环制氢	[2.66;9.40]	这些成本估算基于氧化镉和硫 - 碘循环。差异可归因于电力成本、资本成本和容量因素等假设	[57,58]

表 1.10　电解制氢成本概述

电解技术	制氢成本 /（€/kgH₂）	备注	来源
碱性和 PEM	[1.94;8.60]	这些费用主要是由于假设而有所不同	[59-64]
电解槽		电解槽的规格（从 100W 到几兆瓦）电能的来源和成本（与风电、光伏电、电网电等直接耦合） 电解槽效率（技术、系统设计等）	
高温电解槽	[2.00;3.5]	以核能为电和热源的评价。成本的变化取决于核反应堆的性质以及对性能和耐用性的假设	[65-67]

统计表明，每年全世界生产的氢有 4500 万～5000 万 t。如图 1.11 所示，大部分生产来自轻烃的重整或重烃的氧化，电解制氢只占总制氢量的很小一部分（4%）。前面提到的其他技术所生产的氢气量可以忽略不计。

在所有这些不同的制氢方式中，其中一些从工业角度来看是实用的（尽管成熟度不同），并具有生产清洁氢气的优势，也解决了与轻烃重整制氢相关的环境问题或重烃的氧化问题。在此，可以分为水电解、生物质的热化学转化、光合微生物、

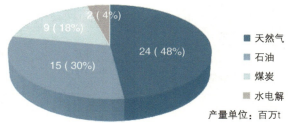

图 1.11　2008 年世界生产氢气来源占比

水的光电解和热化学循环等制氢工艺。需要再次指出的是，只有当使用的电力来自可再生能源时，电解才能被认为是一种可持续的制氢方法。要使热化学循环符合清洁制氢的标准，所需要的热量也必须来自可再生能源，或者来自工业过程中的废热。因此，当地因素在制氢的最终成本（进口所需设备的成本、当地能源成本等）中也起着重要作用。

此外，值得一提的是，比较不同的生产方式的困难在于，所得到的氢在压力和纯度方面可能具有不同的特性。一些工业过程可能需要非常纯的氢气，例如，没有净化步骤就不能直接从蒸汽重整装置中得到氢。与之类似，某些应用可能需要加压氢气。例如，为了减小氢燃料车的储罐尺寸，氢要在高压下储存，需要一台达到 350bar 或 700bar 的压缩机进行气体压缩。因此，比较不同的制氢方法需要定义一个通用的功能单位，该单位不仅包括氢气质量单位（例如 1kg），还包括压力和纯度方面的规格。

除了成本之外，还必须考虑一次能源转换过程对温室气体排放的贡献，这最终会导致气候变化。毫无疑问，二氧化碳是对气候变化影响最大的气体，其次是甲烷、氮氧化物和含氟气体（氢氟碳化合物、全氟碳化合物和六氟化硫）。Stolten 等人总结了不同温室气体的全球变暖潜势随时间（20、100 和 500 年）的变化规律。从碳排放状况来看，大部分来自能源部门，占 37%，这其中发电又占了很大份额，达到 30%；11% 的排放来自居民；约 31% 来自工业（19%）、贸易和商业（4%）以及农业（8%）。

如图 1.12 所示，从天然气，尤其是从煤炭中制氢会产生大量 CO_2（约 550g CO_2/kW·h H_2）。二氧化碳捕获和存储可以显著降低排放水平。核能或太阳能的排放量接近零。得益于行业的成熟度，天然气制氢的成本最低，煤炭制氢的成本略高；而从可再生燃料产生能源的费用则相当高，因为技术还没有完全发展到进入市场水平。由于当前的目标是减少温室气体和有害气体排放，因此只有可再生或碳减排的能源载体可以被视为未来能源部门的长期选择。

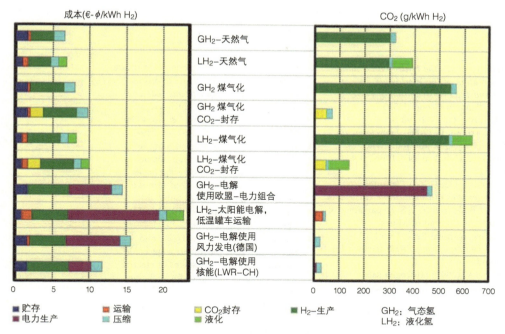

图 1.12　不可再生能源（天然气、煤炭）和可再生能源（太阳能和核能）生产氢气的
成本和每千瓦时 H_2 的 CO_2 排放量

与传统燃料相比，基于可再生能源的制氢成本显著增加。例如，在德国，从生物质中制氢是免税的，从再生电力中制氢是免税的，而作为燃料的氢是按天然气的矿物油税率征税的，为 13.9 欧元 /MW·h，这一税率将持续到 2020 年。如图 1.13 所示，近三分之二的德国人鼓励以环保的方式生产氢气。普遍的意见是，氢必须从一开始就是绿色的，以便有助于减少二氧化碳排放。大多数人也倾向于采用分布式制氢方式。

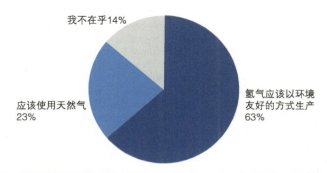

图 1.13　德国人对环保氢气生产的期望（2013 年 1 月调查，样本数 1012）

通过对独立电力系统中氢能技术的分析，似乎与主电网电力系统没有链接的独立电力系统将是市场上的第一个应用，在这种应用中，氢在技术和经济上都是可行的，临时性的使用也是可行的。研究表明，最适合应用于自主电力系统的氢是基于可再生能源的电解水制氢，然后是生物燃料的重整制氢，最后是化石燃料的重整制氢。

参考文献

1. Rifkin, J. (2002) *The Hydrogen Economy. The Creation of the Worldwide Energy Web and the Redistribution of Power on Earth*, Penguin Group (USA) Inc., New York, ISBN: 1-58542-193-6.

2. Van Nostrand, R. (2005) *Encyclopaedia of Chemistry*, 5th edn, John Wiley & Sons, Inc., Hoboken, NY, ISBN: 0-471-61525-0.

3. Zabetakis, M.G. (1965) *Flammability Characteristics of Combustible Gases and Vapors*, Bulletin 627, U.S. Department of the Interior, Bureau of Mines.

4. HySafety. Biennial Report on Hydrogen, *http://www.hysafe.org/BRHS* (accessed 4 September 2014).

5. Molkov, V. (2007) Hydrogen safety research: state-of-the-art. Proceedings of the 5th International Seminar on Fire and Explosion Hazards, Edinburgh, Scotland, 2007, pp. 28–43.

6. Kuchta, J.M. (1985) *Investigation of Fire and Explosion Accidents in the Chemical, Mining and Fuel Related Industries*, vol. **680**, Bulletin/U.S Department of the Interior, Bureau of Mines.

7. Adamson, K.-A. and Pearsons, P. (2000) Hydrogen and methanol: a comparison of safety, economics, efficiences and emissions. *J. Power Sources*, **86**, 548–555.

8. Hake, J.-F., Linssen, J., and Walbeck, M. (2006) Prospects for hydrogen in the German energy system. *Energy Policy*, **34**, 1271–1283.

9. L-B Systemtechnik GmbH (2004) European Integrated Hydrogen Project – Phase 2 Joint Final Technical Report 36 Month, Publishable Version, 30 April 2004. ENK6-CT2000-00442, L-B Systemtechnik GmbH.

10. Zoulias, E.I. (2008) Techno-economic analysis of hydrogen technologies integration in existing conventional autonomous power Systems – case studies, in *Hydrogen Based Autonomous Power Systems* (eds N. Lymberopoulos and E.I. Zoulias [Buchverf.]), Springer, London. ISBN: 978-1-84800-246-3.

11. MacCurdy, G.G. (1924) *Human Origins: A Manual of Prehistory*, D. Appleton and Company, New York.

12. Ogden, J. (2013) Introduction to a future hydrogen infrastructure, in *Transition to Renewable Energy Systems* (eds D. Stolten and V. Scherer [Buchverf.]), Wiley-VCH Verlag GmbH & Co. KGaA, Weinheim, ISBN: 978-3-527-33239-7.

13. Galindo, J.I. (2010) Transitioning to the future of hydrogen mobility, in *Sustainable Automotive Technologies 2010: Proceedings of the 2nd International Conference* (eds A. Subic, M. Leary, and J. Wellnitzeds [Buchverf.]), Springer-Verlag.

14. Lucchese, P. (2013) Low FCEV and infrastructure deployment: what could be learned from early stages of electric infrastructures in France for rechargeable vehicles. 4th European PEFC and H2 Forum, Luzerne, Switzerland, July 2–5, 2013.

15. US Department of Energy (2009) Targets for Onboard Hydrogen Storage Systems for Light-Duty Vehicles, September 2009, *http://www1.eere.energy.gov/ hydrogenandfuelcells/storage/pdfs/ targets_onboard_hydro_storage _explanation.pdf* (accessed 4 September 2014).

16. HyWays *www.hyways.de* (accessed 4 September 2014).

17. European Commission (2008) HYWAYS – The European Hydrogen Roadmap. Contract No. SES6-502596.

18. US Department of Energy (2007) Hydrogen, Fuel Cells and Infrastructure Technologies Program Multi-Year Research, Development and Demonstration Plan Planned Program Activities for 2005–2015, October 2007. DOE/GO-102007-2430.

19. Zimmer, R., Welke, J., and Kaiser, M. (2013) Full steam ahead? Public acceptance of hydrogen technology. 4th European PEFC and H2 Forum, Luzerne, Switzerland, 2–5 July 2013.

20. Godula-Jopek, A., Jehle, W., and Wellnitz, J. (2012) *Hydrogeh Storage Technologies. New Materials, Transport and Infrastructure*, Wiley VCH Verlag & Co. KGaA, Weinheim, ISBN: 978-527-32683-9.

21. Hocevar, S. and Summers, W. (2008) Hydrogen production, in *Hydrogen Technology. Mobile and Portable Applications* (ed. A. Leon [Buchverf.]), Springer-Verlag, Berlin, Heilderberg, ISNB: 978-3-540-79027-3.

22. Sorensen, B. (2005) *Hydrogen and Fuel Cells*, Elsevier Academic Press, ISBN: 0-12-655281-9.

23. Mergel, J., Carmo, M., and Fritz, D. (2013) Status on technologies for hydrogen production by water electrolysis, in *Transition to Renewable Energy Systems* (eds D. Stolten and V. Scherer [Buchverf.]), Wiley VCH & Co. KGaA, Weinheim, ISBN: 978-3-527-33239-7.

24. Agrafiotis, C., von Storch, H., Roeg, M., and Satter, C. (2013) Hydrogen production by solar thermal methane reforming, in *Transition to Renewable Energy Systems* (eds D. Stolten and V. Scherer [Buchverf.]), Wiley VCH & Co. KGaA, Weinheim, ISBN: 978-3-527-33239-7.

25. F. Muller-Langer, A. Grongroft, S. Majer, S. O"Keeffe and M. Klemm. Options for biofuel production – status and perspectives D. Stolten and V. Scherer [Buchverf.]. *Transition to Renewable Energy Systems*. Weinheim Wiley VCH & Co. KGaA, ISBN: 978-3-527-33239-7, 2013.

26. Millet, P. (2012) Water electrolysis for hydrogen generation, in *Electrochemical Technologies for Energy Storage and Conversion*, vol. 2 (eds L. Zhang, X. Sun, H. Liu, J. Zhang, and R.-S. Liu [Buchverf.]), Wiley-VCH Verlag & Co. KGaA, Weinheim, ISBN: 978-3-527-32869-7.

27. Kolb, G. (2008) *Fuel Processing for Fuel Cells*, Viley-VCH Verlag GmbH & Co, Weinheim, ISBN: 978-3-527-31581-9.

28. French Association of Hydrogen and Fuel Cell (2011) Production d'hydrogene a partir des procedes de reformage et d'oxidation partielle, Memento de l'hydrogene Fiche 3.1.1, French Association of Hydrogen and Fuel Cell.

29. Wieland, S., Melin, T., and Lamm, A. (2002) Membrane reactors for hydrogen production. *Chem. Eng. Sci.*, **57**, 1571–1578.

30. Ghenziu, A.F. (2002) Review of fuel processing for hydrogen production in PEM fuel cell systems. *Curr. Opin. Soild State Mater. Sci.*, **6**, 389–399.

31. Onsan, Z.I. (2007) Catalytic processes for clean hydrogen production from hydrocarbons. *Turk J. Chem.*, **31**, 531–550.

32. Liu, S., Takahashi, K., and Ayabe, M. (2003) Hydrogen production by oxidative methanol reforming on Pd/ZnO catalyst: effects of Pd loading. *Catal. Today*, **87**, 247–253.

33. Carmo, M., Fritz, D., Mergel, J., and Stolten, D. (2013) Water electrolysis for hydrogen production. Paving the way to renewables. 4th European PEFC and H2 Forum, Lucerne Switzerland, July 2–5, 2013.

34. Evans, R., Boyd, L., Elam, C., Czernik, S., French, R., Feik, C., Philips, S., Chaornet, E., and Patern, Y. (2003) Hydrogen from Biomass-Catalytic Reforming of Pyrolysis Vapors. FY 3003, Hydrogen, Fuel Cells, and Infrastructure Technologies, Progress Report, National Renewable Energy Laboratory.

35. Yeboah, Y.D., Bota, K.B., and Wang, Z. (2003) Hydrogen from Biomass for Urban Transportation. FY 2003, Hydrogen, Fuel Cells, and Infrastructure Technologies, Progress Report, National Renewablw Energy Laboratory.

36. Abedi, J., Yeboah, Y.D., Realff, M., McGee, D., Howard, J., and Bota, K.B. (2001) An integrated approach to hydrogen production from agricultural residues for use in urban transportation. Proceedings of the 2001 DOE Hydrogen Program Review, NREL/CO-570-30535, National Renewable Energy Laboratory.

37. Czernik, S., French, R., Evans, R., and Chornet, E. (2003) Hydrogen from Post-Consumer Residues. FY 2003, Hydrogen, Fuel Cells, and Infrastructure Technologies, Progress Report, National Renewable Energy Laboratory.

38. Bowen, D.A., Lau, F., Zabransky, R., Remick, R., Slimane, R., and Doong, S. (2003) Techno-Economic Analysis of Hydrogen Production by Gasification of Biomass. FY 2003 Progress Report, Hydrogen, Fuel Cells, and Infrastructure Technologies, National Renewable Energy Laboratory.

39. Ni, M., Leung, D.Y.C., Leung, M.K.H., and Sumathy, K. (2006) An overview of hydrogen production from biomass. *Fuel Process. Technol.*, **87**, 461–472.

40. Markov, S., Eivazova, E., and Stom, D. (2013) Bioreactors for hydrogen production. 4th European PEFC and H2 Forum, Luzerne, Switzerland, July 2–5th, 2013.

41. French Association of Hydrogen and Fuel Cell (2011) Photo-electrolyse de l'eau. Memento de l'Hydrogene Fiche 3.2.3, French Association of Hydrogen and Fuel Cell.

42. (2009) Technoeconomic Analysis of Photoelectrochemical (PEC) Hydrogen Production. Deliverable Task 5.1: Draft Project Final Report, Directed Technologies Inc.

43. French Association of Hydrogen and Fuel Cell (2012) Production d'hydrogene par dissociation de l'eau partir d'un reacteur nucleaire. Memento de l'Hydrogene Fiche 3.2.2, French Association of Hydrogen and Fuel Cell.

44. Marchetti, C., Spitalnik, J., Hori, M., Herring, J.S., O'Brien, J.E., Stoots, C.M., Lessing, P.A., Anderson, R.P., Hartvigsen, J.J., Elangovan, S., Vitart, X., Martinez Val, J.M., Talavera, J., Alonso, A., Miller, A.I., and Wade, D.C. (2004) *Nuclear Production of Hydrogen – Technologies and Perspectives for Global Deployment*, International Nuclear Societies Council, ISBN: 0-89448-570-9.

45. Evers, A.A. (2009) A new approach to a flexible power system. 8th European Fuel Cell Forum, Luzerne, PA, 2009. C0007-Abstract 001.

46. Neises, M. (2011) *Investigations of Mixed Oron Oxides Coated on Ceramic Honeycomb Structures for Thermochemical Hydrogen Production*, VDI Verlag GmbH, Dusseldorf, ISBN: 0178-3-138-392103-4.

47. Ashokkumar, M. (1998) An overview on semiconductor particulate systems for photoproduction of hydrogen. *Int. J. Hydrogen Energy*, **23** (6), 1–14.

48. Meng, N., Leung, M.K.H., Leung, D.Y.C., and Sumathy, K. (2007) A review and recent developments in photocatalytic water-splitting using TiO2 for hydrogen production. *Renew. Sustain. Energy Rev.*, **11**, 401–425.

49. Pokrant, S., Maegli, A., Trottmann, M., Sagarna, L., Otal, E., Hisatomi, T., Steier, L., Grätzel, M., and Weidenkaff, A. (2013) Photocatalytic water splitting with modified LaTiO2N. 4th European PEFC and H2 Forum, Luzerne, Switzerland.

50. Dincer, I. and Naterer, G. (2010) Novel hydrogen production technologies and applications, editorial. *Int. J. Hydrogen Energy*, **35**, 4787.

51. Carbon Counts (2010) CCS Roadmap for Industry: High Purity CO2 Sources, Sectoral Assessment – Final Draft Report, 025 CCS Roadmap for Industry, Carbon Counts Company (UK) Ltd.

52. US DOE (2012) Hydrogen Production Cost Using Low-Cost Natural Gas, US Department of Energy, Record 12024.

53. Brown, B. *http:/hamptonroadshydrogen.com* (accessed 01 April 2014).

54. French Association of Hydrogen and Fuel Cell (2003) Production de bio-hydrogene par transformation thermochimique de la biomasse. Memento de l'Hydrogene Fiche 3.3.1, French Association of Hydrogen and Fuel Cell.

55. US National Renewable Energy Laboratory (2011) Hydrogen Production Cost Estimate Using Biomass Gasification, NREL/MP-560-35593, US National Renewable Energy Laboratory.

56. US National Renewable Energy Laboratory (2004) Updated Cost Analysis of Photobiological Hydrogen Production from Chlamydomonas Reinhardtii Green Algae, NREL/MP-560-35593, US National Renewable Energy Laboratory.

57. (2011) Solar Thermochemical Hydrogen Production Research (STCH), SAND 2011–3622, Sandia National Laboratories.

58. Baerecke, T., Mansilla, C., Avril, S., Bouchon-Meunier, B., Detyniecki, M., and Werkhoff, F. (2011) Fuzzy sets for assessing the profitability of hydrogen production by the sulphur-iodine thermochemical cycle. *Int. J. Hydrogen Energy Environ. Econ.*, **19** (1–2) 119–132.

59. (2008) The Impact of Increased Use of Hydrogen on Petroleum Consumption and Carbon Dioxide Emissions.

SR/IOAF-CNEAF/2008-04, US Energy Information Administration.

60. French Association of Hydrogen and Fuel Cell (2006) Etude Technico-Economique Prospective sur le cout de l'Hydrogene. Memento de l'Hydrogene Fiche 3.3.1, French Association of Hydrogen and Fuel Cell.

61. Current (2009) State-of-the-Art Hydrogen Production Cost Estimate Using water Electrolysis. NREL/BK-6A1-46676, US National Renewable Energy Laboratory.

62. Wind Electrolysis (2011) Hydrogen Cost Optimisation, NREL/TP-5600-50408, US national Renewable Energy Laboratory.

63. ITM Power. Hydrogen Costs Below EU 2015 Targets. *http://www.itm-power.com/news-item/hfuel-cost-structure* (accessed 01 April 2014).

64. FCH JU (2014) Development of Water Electrolysis in the European Union, Fuel Cells and Hydrogen Joint Undertaking.

65. Hauch, A., Ebbesen, S.D., Jensen, S.H., and Mogensen, M. (2008) Highly efficient high temperature electrolysis. *J. Mater. Chem.*, **18**, 2331–2340.

66. Int. En. Agency (2008) Task 25: High Temperature Hydrogen Production Process, International Energy Agency, IEA/HIA.

67. Rivera-Tinoco, R. and Mansilla, C. (2008) Hydrogen production by high temperature electrolysis coupled with EPR, SFR or HTR: techo-economic study and coupling possibilities. *Int. J. Nucl. Hydrogen Prod. Appl.*, **1**, 249–266.

68. Stolten, D., Edmonds, B., Grube, T., and Weber, M. (2013) Hydrogen as an enabler for renewable energies, in *Transition to Renewable Energy Systems* (eds D. Stolten and V. Scherer [Buchverf.]), Wiley-VCH Verlag GmbH & Co. KGaA, Weinheim, ISBN: 978-3-527-33239-7.

69. Winter, C.-J. (2009) Hydrogen energy – abundant, efficient, clean: a debate over the energy system of change. *Int. J. Hydrogen Energy*, **34**, S1–S52.

70. Zoulias, E.I. and Lymberopoulos, N. (2008) *Hydrogen-Based Autonomous Power Systems, Techno-Economic Analysis of the Integration of Hydrogen in Autonomous Power Systems*, Springer-Verlag, London. ISBN: 978-1-84800-246-3.

第2章

水电解的基本原理

皮埃尔·米勒

2.1 水分解反应热力学

2.1.1 热力学状态函数

液态水可以分解成元素形式（氢分子和氧分子）：

$$H_2O(l) \longrightarrow H_2(g) + \frac{1}{2}O_2(g) \qquad (2.1)$$

在298K、1bar的温度和压力条件下，水为液态，H_2 和 O_2 是气态（反应式中分别用 l 和 g 表示）。

反应式（2.1）的焓、熵和吉布斯自由能标准变化分别为：

$$\Delta H_d{}^\circ(H_2O(l)) = +285.840 kJ \cdot mol^{-1}$$

$$\Delta S_d{}^\circ(H_2O(l)) = +163.15 J \cdot mol^{-1} \cdot K^{-1}$$

$$\Delta G_d{}^\circ(H_2O(l)) = \Delta H_d{}^\circ(H_2O(l)) - T \cdot \Delta S_d{}^\circ(H_2O(l)) = +237.22 kJ \cdot mol^{-1}$$

尽管反应式（2.1）生成了 1.5mol 的气态物质，导致了（对反应正方向）有利的熵增，但由于反应的焓变是强烈吸热的，因此吉布斯自由能变化是正的，反应是非自发的。

水蒸气也可以根据以下条件分解成气态氢和氧：

$$H_2O(vap) \rightarrow H_2(g) + \frac{1}{2}O_2(g) \qquad (2.2)$$

反应式（2.2）的焓、熵和吉布斯自由能自由能标准变化分别为：

$$\Delta H_d°(H_2O(vap)) = +241.80kJ \cdot mol^{-1}$$

$$\Delta S_d°(H_2O(vap)) = +44.10J \cdot mol^{-1} \cdot K^{-1}$$

$$\Delta G_d°(H_2O(l)) = \Delta H_d°(H_2O(l)) - T \cdot \Delta S_d°(H_2O(l)) = +228.66kJ \cdot mol^{-1}$$

$$H_2O(l) \longrightarrow H_2O(vap) \tag{2.3}$$

式（2.3）是标准条件下水汽化反应，引起的焓变差为：

$$\Delta H_d°(H_2O(l)) - \Delta H_d°(H_2O(vap)) = +44.04kJ \cdot mol^{-1}$$

而 $\Delta S_d°(H_2O(l)) - \Delta S_d°(H_2O(vap)) = +119.05J \cdot mol^{-1} \cdot K^{-1}$ 是水蒸发而产生的熵变差。

图 2.1 绘制了 1bar 压力条件下的反应式（2.1）的状态函数随温度的变化。在实际反应温度范围内，分解 1mol 水所需的总能量 ΔH 几乎是恒定的。熵变 ΔS 也近似为常数，且为正，熵（$T \cdot \Delta S$）随温度升高而增加。吉布斯自由能变化 $\Delta G = \Delta H - T \cdot \Delta S$ 为正，但随工作温度的升高而降低。ΔG 在高温（>2500K）下变为负值。实际上很少有材料能维持这样的条件，因此，水的直接热分解在实际应用中是不考虑的（需要 ΔG 为负，反应才能自然发生）。在 100℃观察到的 ΔH（100℃，1bar）和 $T \cdot \Delta S$（100℃，1bar）的不连续性变化是由于水汽化造成的。焓不连续的大小正好等于水蒸发的标准焓（约 +45kJ $\cdot$ mol^{-1}）和熵的减小。$T \cdot \Delta S$（T）在 100℃前后的斜率差反映了水蒸发后的熵值变化。在图 2.1 中，100℃和 250℃之间的实线表示 100℃以上的液态水电解情况（压力型液态水的电解）。

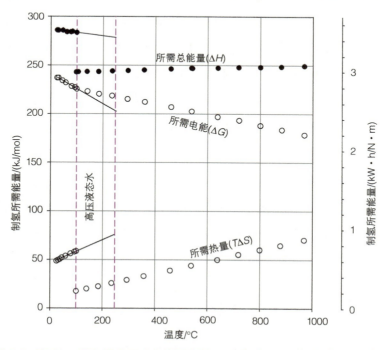

图 2.1　在 1bar 压力条件下水电解反应的 $\Delta G(T)$，$\Delta H(T)$ 和 $T\Delta S(T)$

注：250℃以下加压液态水的数据。

总之，较高的工作温度通过降低电解电压。常温下，电解水所需总能量的 15% 来自热，85% 来自电。1000℃下，电解水所需总能量的三分之一来自热，三分之二来自电。这就是为什么在可以利用热能的地方高温电解水非常吸引人，因为它需要更少的电（电的价格比热高）。

2.1.2   工作温度的选择准则

由图 2.1 可知，电解水可以在不同的工作温度下进行。问题是，最佳温度是多少？在任意工作温度 T 下，$\Delta H(T)$ 是分解 1mol 水所需要的总能量，$\Delta G(T)$ 是所需的电功，$T \cdot \Delta S(T)$ 是所需热量。它们满足以下关系：

$$\Delta H(T,1) = \Delta G(T,1) + T \cdot \Delta S(T,1) \tag{2.4}$$

ΔH（分离 1mol 水所需的总能量）与温度无关，但工作温度越高，可使用的热量越多，所需电量越少。可用于选择工作温度的第一个标准是制氢的千瓦时电成本比，通常接近 3 ~ 5。事实上，当工业上用热发电时，整体效率接近卡诺效率，约为 30%。在欧洲，工业供热成本约为 10 ~ 15 欧元 /MW·h，工业用电成本约为 50 ~ 100 欧元 /MW·h。因此，高温电解的运营费用低于低温电解。低温（4 ~ 6 kW·h/Nm³ H₂，PEM/ 碱性技术）下的耗电量高于高温（3.4kW·h/Nm³ H₂，固体氧化物水电解技术）下的耗电量。高温水电解的另一个优点是，它有可能被用来评估工业热废物的价值（200 ~ 300℃足以使液态水汽化，汽化热是水分解反应中的重要能量项）。第二个标准（技术的成熟度）不利于高温技术，它面临着几个问题和限制：一是从材料科学的角度来看，不同膨胀度和相互渗透导致不可承受的高衰减率）；二是由于材料的极限导致的泄漏问题，导致未来压力型高温水电解技术的发展和应用受限。下面几节将对这些问题进行更详细的讨论。

2.1.3   电化学水分解

热力学告诉我们，水分解反应是一种非自发的转变。然而，它可以通过外部驱动如电力，为系统提供能量。驱使这个过程的设备是电解槽，它包含至少一个电解池，每个电解池有两个电极（电子导体）面对面放置，被一薄层离子导体（电解液）隔开。在水电解池中，通过电功将水分子分解为气态氢和氧。具体发生的半电池反应（及相关机理）取决于电解质 pH 值。在酸性介质中，水分解根据以下条件发生：

$$阳极：H_2O(l) \longrightarrow \frac{1}{2}O_2(g) + 2H^+ + 2e^- \tag{2.5}$$

$$阴极：\quad 2H^+ + 2e^- \longrightarrow H_2(g) \tag{2.6}$$

$$总反应：H_2O(l) \longrightarrow H_2(g) + \frac{1}{2}O_2(g) \tag{2.7}$$

式（2.5）为析氧反应（OER），式（2.6）为析氢反应（HER）。在水介质中，产氧阳极上形成的质子被溶解形成水合氢离子 H_3O^+。由于在电解池中设置了电场，H_3O^+ 物质通过电解液向下迁移到阴极，在那里它们被还原为氢分子，而溶剂水分子被释放。就质量平衡角度出发，阳极处每消耗一个水分子，两个电极/电解质界面就会产生气体。从能量的角度出发，根据热力学第一原理和式（2.7），在平衡状态下分解 1mol 水所需的电荷量（nFE）等于水解离反应的吉布斯自由能变化量（ΔG_d）：

$$\Delta G_d - nFE = 0 \quad 当 \Delta G_d > 0 \tag{2.8}$$

式中，$n=2$，是一个水分子电化学裂解过程中交换的电子数；F 约 96485C·mol^{-1}，是法拉第常数，即 1mol 电子的电荷；E 是与反应有关的自由能电解电压（V）。ΔG_d 是与反应有关的自由能变化（J·mol^{-1}）。

对于在恒定温度 T 和恒定压力 P 下发生的变换，可以写成：

$$\Delta G_d(T,P) = \Delta H_d(T,P) - T\Delta S_d(T,P) > 0 \tag{2.9}$$

$\Delta H_d(T, P)$、$\Delta S_d(T, P)$ 和 $\Delta G_d(T, P)$ 分别为反应式（2.7）在 T 和 P 发生时的焓变（J·mol^{-1}）、熵变（J·mol^{-1}·K^{-1}）和吉布斯自由能（J·mol^{-1}）。如图 2.1 所示，分解 1mol 水需要 ΔG_d（J·mol^{-1}）电和 $T·\Delta S_d$（J·mol^{-1}）热量。

通常用两种不同的热力学电压来表征电解水的特性。

自由能电解电压 E 定义为：

$$E(T,P) = \frac{\Delta G_d(T,P)}{nF} \tag{2.10}$$

焓或热中性电压 V 定义为：

$$V(T,P) = \frac{\Delta H(T,P)}{nF} \tag{2.11}$$

根据施加在电解槽上的槽电压 $U(T, P)$ 的值，会出现不同的情况。

当 $U(T, P) < E(T, P)$ 时，电解不会开始。当 $E(T, P) < U(T, P) < V(T, P)$ 时，有足够的电能来启动这个过程，但不足以保持等温。因为电解槽是一个开放的系统，所以电解池往往会从周围环境中吸收过程所需的热量。否则，内部温度应降低。事实上，当 $U(T, P) > E(T, P)$ 时，电流开始流动，并且热量是由不同的不可逆源在内部产生的。

此外，在这个电压范围内进行电解没有实际意义，因为电流密度如此之低，以至于电解成本将会非常昂贵。最后，当 $U(T, P) > V(T, P)$ 时，电流密度增加，产生的热量也增加，电解反应得以维持。

参考电解电压通常在 298K、1bar 的温度和压力标准状况下计算。水是液体，H_2 和 O_2 是气体，反应式（2.7）的标准自由能、焓和熵变为：

$$\Delta G_d^\circ(H_2O) = +237.22 kJ \cdot mol^{-1} \Rightarrow E^\circ = \frac{\Delta G_d^\circ(H_2O)}{2F} = 1.2293V \approx 1.23V$$

$$\Delta H_d^\circ(H_2O) = +285.840 kJ \cdot mol^{-1} \Rightarrow V^\circ = \frac{\Delta H_d^\circ(H_2O)}{2F} = 1.4813V \approx 1.48V$$

$$\Delta S_d^\circ(H_2O) = +163.15 J \cdot mol^{-1} \cdot K^{-1}$$

应该注意的是，在标准条件下（这是一种假设的状态，因为液态水在这种条件下是稳定的）水蒸气的电解电压值小于液态水的电解电压值：

$$\Delta G_d^\circ(H_2O(vap)) = +241.80 kJ \cdot mol^{-1} \Rightarrow E^\circ = \frac{\Delta G_d^\circ(H_2O)}{2F} \approx 1.18V$$

2.1.4 水分解电压的 pH 相关性

在酸性介质中，半电池反应由式（2.5）和式（2.6）给出。在阳极方面，使用能斯特方程，可以得到：

$$E^+ = E_{H_2O/O_2}^\circ + \frac{R_{PG}T}{nF} Ln \frac{(a_{H^+}^2)(f_{O_2}^{1/2})}{a_{H_2O}} \tag{2.12}$$

式中，a_{H^+} 是质子在电解质相中的活度；f_{O_2} 是阳极室中氧的逸度；a_{H_2O} 是水的活度。

通过以下假设，可以得到一个准确而且简化的表达式：

- 酸性电解质被充分稀释到可以假设质子的活度系数接近于 1；因此，它们的活度等于它们的摩尔浓度，并且仅与 pH 值有关。

- 电解过程中放出纯氧（忽略饱和水蒸气的影响），逸度等于分压，分压等于 1bar。

- 水的活度接近于 1，因为电解质被稀释了（在 1mol 质子溶液中，有 98% 的水分子）。

基于这三个假设，式（2.12）简化为（参考为普通氢电极）：

$$E^+ \approx 1.23 - 0.06pH \tag{2.13}$$

在阴极方面：

$$E^- = E_{H_2/H^+}^\circ + \frac{R_{PG}T}{nF} Ln \frac{a_{H^+}^2}{f_{H_2}} \approx -0.06pH \tag{2.14}$$

采用与前面相同的假设，在 298K 时，当理想气体状态的氢气在 298K、1bar 的温度及压力下，式（2.14）简化为：

$$E^- \approx -0.06\text{pH} \tag{2.15}$$

因此，在酸性介质中分解水所需的小室电压是一个与 pH 值无关的常数：

$$E_{\text{cell}} = E^+ - E^- = 1.23\text{V} \tag{2.16}$$

在碱性介质中，会发生以下半电池反应：

$$阳极：\quad 2\text{OH}^- \longrightarrow \text{H}_2\text{O} + \frac{1}{2}\text{O}_2(\text{g}) + 2\text{e}^- \tag{2.17}$$

$$阴极：\quad 2\text{H}_2\text{O} + 2\text{e}^- \longrightarrow \text{H}_2(\text{g}) + 2\text{OH}^- \tag{2.18}$$

$$总反应：\quad \text{H}_2\text{O}(\text{l}) \longrightarrow \text{H}_2(\text{g}) + \frac{1}{2}\text{O}_2(\text{g}) \tag{2.19}$$

从能斯特方程可以看出：

$$E^+ = E_{\text{H}_2\text{O/O}_2}{}^\circ + \frac{R_{\text{PG}}T}{nF}\text{Ln}\frac{(a_{\text{H}_2\text{O}})\left(f_{\text{O}_2}^{1/2}\right)}{a_{\text{HO}^-}^2} \tag{2.20}$$

当理想气体状态的氧气在 298K、1bar 的温度及压力条件下，式（2.20）简化为：

$$E^+ \approx 1.23 + \text{pKe} - 0.06\text{pH}$$

在阴极上：

$$E^- = E_{\text{H}_2\text{O/H}_2}{}^\circ + \frac{R_{\text{PG}}T}{nF}\text{Ln}\frac{a_{\text{H}_2\text{O}}^2}{f_{\text{H}_2}a_{\text{HO}^-}^2} \tag{2.21}$$

当理想气体状态的氢气在 298K、1bar 的温度及压力条件下，式（2.21）简化为：

$$E^- \approx \text{pKe} - 0.06\text{pH} \tag{2.22}$$

因此，在碱性介质中分解水所需的电压为：

$$E_{\text{cell}} = E^+ - E^- = 1.23\text{V} \tag{2.23}$$

因此，将水分解成氢气和氧气所需的自由能电解电压与 pH 值无关。碱性介质和酸性介质之间的唯一区别是，每个电极的电位作为电解质 pH 值的函数（图 2.2）都沿着电位轴移动。区别只在于电极材料的稳定性。在酸性介质中，大多数金属会被腐蚀，因此需要铂族金属（PGMs）。HER 通常采用无载体铂或碳载体铂纳米粒子，OER 通常采用二氧化铱。在碱性介质中，镍和钴被钝化，氧化物 / 氢氧化物具有电化学活性。

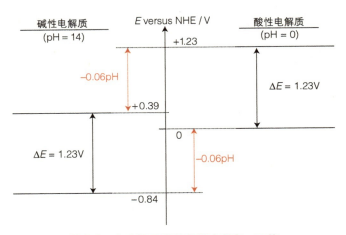

图 2.2　水分解反应的电极电位与 pH 值

2.1.5　水分解电压的温度相关性

如上所述，与水分解反应相关的焓、熵和自由能变化是温度和压力（水电解的两个主要实验参数）的函数。因此，热力学电压（焓电压和自由能电压）也是工作温度和压力以及能量效率的函数。电解池效率的精确测定需要对热力学电压的温度和压力依赖关系有定量的认识。下面，我们将重点讨论低温过程。

在常压下，液态水在 0 ~ 100℃的温度范围内被电解，水蒸气在 100℃以上被电解。$\Delta H(T,1)$ 和 $\Delta G(T,1)$ 的定义如下：

$$\Delta H(T,1) = \frac{V(T,1)}{2F} = H_{H_2}(T,1) + \frac{1}{2}H_{O_2}(T,1) - H_{H_2O}(T,1) \tag{2.24}$$

$$\Delta G(T,1) = \frac{E(T,1)}{2F} = G_{H_2}(T,1) + \frac{1}{2}G_{O_2}(T,1) - G_{H_2O}(T,1) \tag{2.25}$$

$H_2(g)$ 和 $O_2(g)$ 的生成焓和熵由下列多项式表达式得到（系数列于表 2.1）：

$$H_i(T,1) - H_i^\circ = a(T - T_0) + \frac{b}{2}10^{-3}(T^2 - T_0^2) - \\ c10^5\left(\frac{1}{T} - \frac{1}{T_0}\right) - \frac{e}{2}10^8\left(\frac{1}{T^2} - \frac{1}{T_0^2}\right) \tag{2.26}$$

$$S_i(T,1) - S_i^\circ = a(LnT - LnT_0) + b10^{-3}(T - T_0) - \frac{c}{2}10^5\left(\frac{1}{T^2} - \frac{1}{T_0^2}\right) - \\ \frac{e}{3}10^8\left(\frac{1}{T^3} - \frac{1}{T_0^3}\right) \tag{2.27}$$

表 2.1　式（2.26）和式（2.27）使用的系数

成分	a	b	c	e
$H_2(g)$	26.57	3.77	1.17	—
$O_2(g)$	34.35	1.92	−18.45	4.06

　　水的生成焓和熵可从蒸汽表中获得。数据如图 2.1 所示。它们可以直接用于计算 $E(T,1)$ 和 $V(T,1)$。文献中也报道了 $V(T, P)$ 和 $E(T, P)$ 的一些经验表达式。它们仅适用于液态水的电解（$T > 100℃$、压力足够高，以避免水蒸发）。

$$V(T) = 2F\Delta H(T) = 1.485 - 1.49 \times 10^{-4} * (T - T^0) - 9.84 \times 10^{-8} * (T - T^0)^2 \qquad (2.28)$$

$$E(T) = 2F\Delta G(T) = 1.5184 - 1.5421 \times 10^{-3} * T + 9.523 \times 10^{-5} * T * Ln(T) + 9.84 \times 10^{-8}T^2 \qquad (2.29)$$

　　式（2.28）和式（2.29）中的 $E(T)$ 和 $V(T)$ 绘制在图 2.3 中，趋势与 $\Delta G(T)$ 和 $\Delta H(T)$ 的趋势相似。自由能电解电压 $E(T)$ 从 25℃时的 1.23V 降至 100℃时的 1.18V，再降至 1000℃时的 0.9V。

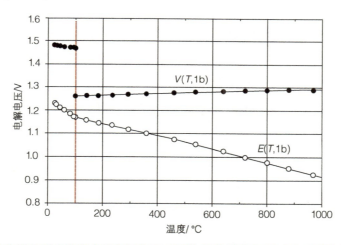

图 2.3　工作温度对水的自由能电解电压 $E(T)$ 和电解电压 $V(T)$ 的影响（P=1bar）

　　从实用的角度来看，低温电解制氢技术所能达到的最高温度（约 100～130℃）来自于材料的约束，而不是来自于水的汽化的问题，这个问题通过适当的加压很容易解决。例如，在质子交换膜电解制氢技术中，最高温 90℃（与燃料电池应用相同），因为水合聚合物（如全氟磺酸膜 Nafion®）在 100℃以上失去所有的机械稳定性。即使使用更稳定的材料（例如使用最初由陶氏化学开发的短侧链材料或基于 PBI 的材料）可以将工作温度范围扩展到 150℃，但高工作温度总是对膜电极组件和催化层的稳定性及耐久性产生负面影响。

2.1.6　水分解电压的压力相关性

　　无论是移动应用还是固定应用，氢的存储都是一个关键问题。在不同的工艺中，压缩氢气的储存可能是最简单、最直接的一种。能够承受高达 700bar 压力的压力容器已经应用于汽车行业。为向此类储罐中注入电解级氢气，有两种选择。

第一种方法是在大气压下进行水电解，然后使用外部压缩机将气态氢压缩至所需值。第二种方法是开发压力型水电解槽，该电解槽可以直接输送高压氢（通过直接电化学压缩）。为了确定最佳方案，需要综合考虑诸如资本支出、运营成本、效率等因素。为了更准确地比较这两个过程，有必要评估运行压力对水分解反应的热力学和动力学的作用（考虑常压下将液态水注入压力型电解槽所需的能量）。通常，最好的解决方案是两种方案的混合，压力型电解槽以中等压力值（15 ~ 50bar）输送压缩氢气，然后通过机械压缩达到目标压力值。这么做是因为低压下需求的压缩能量在比高压下更大。虽然工业上普遍使用压力型碱性电解水（工作压力在 1 ~ 50bar 范围内），但下面的讨论主要基于 PEM 电解水，高达数百大气压的压力下工作的原型机已经开发出来并成功测试。

2.1.6.1　压力相关性简述

从基本热力学考虑，自由能电解电压 E 的压力依赖关系为：

$$\left(\frac{\partial E}{\partial P}\right)_{\mathrm{T}} = \frac{1}{nF}\left(\frac{\partial \Delta G}{\partial P}\right)_{\mathrm{T}} = \frac{\Delta \overline{V}}{nF} \tag{2.30}$$

式中，ΔV 是与压缩相关的摩尔体积变化。考虑到压力对凝聚相体积的影响很小，ΔV 可以通过只考虑气态组分来表示。在低压下，理想气体定律占主导地位（对于更高的压力，需要更精确的状态方程），并且

$$\Delta \overline{V} = \sum_i v_i \frac{R_{\mathrm{PG}}T}{p_i} \tag{2.31}$$

式中，p_i 是物质 i 的分压；v_i 是化学计量因子。

因此

$$\left(\frac{\partial E}{\partial P}\right)_{\mathrm{T}} = \sum_i v_i \frac{R_{\mathrm{PG}}T}{nFp_i} \equiv \sum_i \left(\frac{\partial E}{\partial p_i}\right)_{\mathrm{T}} \tag{2.32}$$

式（2.32）积分后给出：

$$E = E^\circ + \sum_i v_i \left(\frac{R_{\mathrm{PG}}T}{nF}\right)\mathrm{Ln}\left(\frac{p_i}{p^\circ}\right) \tag{2.33}$$

将式（2.33）应用于水电解得到：

$$E = E^\circ + \frac{R_{\mathrm{PG}}T}{2F}\mathrm{Ln}\left(\frac{p_{\mathrm{H_2}}}{p^0} \cdot \sqrt{\frac{p_{\mathrm{O_2}}}{p^\circ}}\right) \tag{2.34}$$

设 P 为工作压力（PEM 电解槽可以在不同的压力下工作，但这里不考虑这种情况）。电解运行中，在每个小室里产生纯氢和纯氧。主要杂质是水（在操作温度 T 处饱和）、氢中的微量氧和氧中的微量氢（由于交叉渗透效应），以及碱性工艺中的微量 KOH。忽略这些杂质的影响，则阳极处的 $p_{O_2} = P$，阴极处的 $p_{H_2} = P$，得到如下关系式：

$$E = E^{\circ} + \frac{3R_{PG}T}{4F}\text{Ln}(P) \tag{2.35}$$

当电解压力从 P_1 变化到 P_2 时，槽压变化 ΔE 为

$$\Delta E = \frac{3R_{PG}T}{4F}\text{Ln}\left(\frac{P_2}{P_1}\right) \tag{2.36}$$

在式（2.36）中，将参考压力 P_1 设置为 1bar，可以得到：

$$E(T,P) = E(T,1) + \frac{3R_{PG}T}{4F}\text{Ln}(P) \tag{2.37}$$

图 2.4 绘制了温度在 298K 和 373K 时，不同工作压力下根据式（2.37）计算的自由能电压（E）。使用更精细的状态方程可以进行更准确的计算，特别是在压力高于 10bar 时，理想气体定律会出现显著差异。图 2.4 显示，由于电化学压缩（298K，120mV，压力约为 $1 \sim 60$bar）而产生额外的能量成本显著低于在高电流密度下运行时出现的电荷转移过电压（在 $1A \cdot cm^{-2}$ 时，阳极过电压约为 $400 \sim 800$mV）。这就是为什么电化学压缩引起了人们的兴趣，尽管它对成本的影响可能相当大。

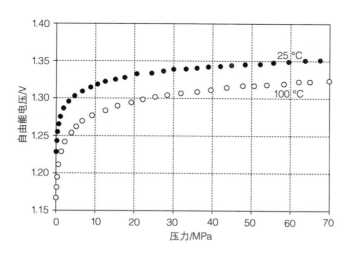

图 2.4　不同工作温度下水电解自由能电压随压力变化的曲线图，基于理想气体假设的数据

2.1.6.2 压力相关性详述

式（2.37）为低压（<10bar）的 $E(T,P)$ 提供了一个简单而良好的近似。对于 10 ~ 15bar 以上的工作压力，需要使用更详细的状态方程进行更准确的计算。这样的表达式可以从 $V(298,1)$ 和 $E(298,1)$ 的值中获得，如下所示：

$$\Delta H(T,P) = H_{H_2}(T,P) + \frac{1}{2}H_{O_2}(T,P) - H_{H_2O}(T,P) \tag{2.38}$$

$$\Delta S(T,P) = S_{H_2}(T,P) + \frac{1}{2}S_{O_2}(T,P) - S_{H_2O}(T,P) \tag{2.39}$$

$$\Delta G(T,P) = \Delta H(T,P) - T\Delta S(T,P) = G_{H_2}(T,P) + \frac{1}{2}G_{O_2}(T,P) - G_{H_2O}(T,P) \tag{2.40}$$

$H_i(T,P)$，$S_i(T,P)$ 和 $G_i(T,P)$ 值的计算分为两步，首先计算 1bar 恒压下的温度效应，然后计算目标温度下的压力效应：

$$H_i(T,P) = [H_i(T,P) - H_i(T,1)] - [H_i(T,1) - H_i(298,1)] \tag{2.41}$$

$$S_i(T,P) = [S_i(T,P) - S_i(T,1)] - [S_i(T,1) - S_i(298,1)] \tag{2.42}$$

$$G_i(T,P) = [G_i(T,P) - G_i(T,1)] - [G_i(T,1) - G_i(298,1)] \tag{2.43}$$

根据式（2.26）和式（2.27），可获得 1bar 压力下 $H_2(g)$ 和 $O_2(g)$ 生成的焓和熵。1bar 压力下 $H_2O(l)$ 生成的焓和熵可从蒸汽表中获得。工作压力的作用考虑如下：通常，经典维里展开式（H.Kamerlingh Onnes 于 1901 年引入，作为理想气体定律的推广）作为密度中的幂级数被用来表达一个多粒子系统在平衡状态下的压力。维里系数 B_i 以压力的维里膨胀系数的形式出现，从而为理想气体定律提供了系统的修正，它们是粒子间相互作用势的特征，通常取决于温度。第二维里系数仅取决于粒子间的对相互作用，第三维里系数取决于两体和非加性三体相互作用，依此类推。ΔH 和 ΔG 的压力变化由以下状态方程给出：

$$H(T,P) - H(T,1) = \left(B - T\frac{\partial B}{\partial T}\right)P + \frac{C - B^2 - 0.5T\left[\frac{\partial C}{\partial T} - 2B\frac{\partial B}{\partial T}\right]}{R_{PG}T}P^2 \tag{2.44}$$

$$G(T,P) - G(T,1) = R_{PG}\,T\,\mathrm{Ln}\,P + BP + \frac{C - B^2}{2R_{PG}T}P^2 \tag{2.45}$$

维里常数 B 和 C 可以近似为温度的函数：

$$B = b_1 + \frac{b_2}{T}(\mathrm{cm^3mol^{-1}}) \tag{2.46}$$

$$C = c_1 + \frac{c_2}{T^{\frac{1}{2}}} (\mathrm{cm^6 \cdot mol^{-2}}) \qquad (2.47)$$

$$\frac{\mathrm{d}B}{\mathrm{d}T} = -\frac{b_2}{T^2} (\mathrm{cm^3 \cdot mol^{-1}K^{-1}}) \qquad (2.48)$$

$$\frac{\mathrm{d}C}{\mathrm{d}T} = -\frac{c_2}{T^{\frac{3}{2}}} (\mathrm{cm^6 \cdot mol^{-2}K^{-2}}) \qquad (2.49)$$

表 2.2 显示了压力高达 1000atm 的 H_2（g）和 O_2（g）维里常数；水（1）的焓和熵随压力的变化由蒸汽表得到。由上述方程组得到的 $E(T, P)$ 和 $V(T, P)$ 分别绘制在不同工作温度下的图 2.5 和图 2.6 上。

表 2.2   式（2.46）~ 式（2.49）所使用的系数

化合物	b_1	b_2	c_1	c_2
H_2（g）	20.5	−1857	−351	12760
O_2（g）	42.6	−17400	−2604	61457

图 2.4 和图 2.5 的比较表明，理想气体假设可用于近似评估压力对自由能电压的影响，但不是非常精确。虽然压力对自由能电压 E（当压力从 1bar 升至 700bar 时，为 +200mV@25℃）的影响很大，但其对焓电压 V 的影响仍然有限。从这些更准确的数据中得出的主要结论是，电化学压缩消耗的能量成本非常有限，并且明显低于在高电流密度下运行期间出现的电荷转移过电压。

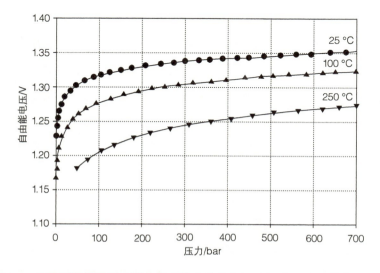

图 2.5   三种不同操作温度下电解水的自由能电压 $E(P)$ 随压力的变化曲线

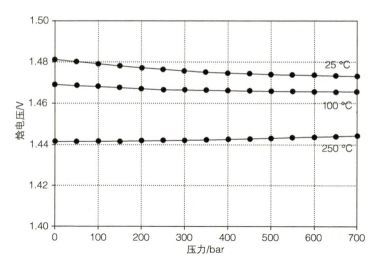

图 2.6　在三种不同的工作温度下，水电解的焓电压 $V(P)$ 随压力变化的曲线图

2.2　电化学水分解的效率

2.2.1　水分解电解槽 / 小室：一般特性

电解槽是用于进行能量转换（以电功形式吸收能量的非自发化学反应）的装置。电解槽包含几个（或多达数百个）串联的基本电解池（通常优选压滤配置以增加紧凑性并减少寄生欧姆损失）。电解槽基本上是一个平面几何形状的电流链，包含两个面对面放置的金属电极，并夹住一个薄的电解质层（溶解在液体极性溶剂或离子导电聚合物或氧离子导电陶瓷中的离子）。在这种电化学链中，有两个串联放置的金属 / 电解质界面。在操作过程中，连续电流流过电解槽。在通向电极的外部电路中，载流子是电子，而在电解质中，载流子是可移动的离子。电子可以穿过界面并诱导相关的氧化还原转化（在水电解的情况下析出氧气和氢气）。基本上，工业设备中使用了三种不同的电解槽概念（图 2.7）。第一个概念（图 2.7a）被称为"间隙电解槽"。这是一种最传统、最简单的结构，将两个平面电极（通常是一个廉价的电子导电基板，表面覆盖一层薄的昂贵的电催化剂）面对面地放置在液体电解质中。在极性间隙中引入隔板（通常是一个浸有电解质的多孔隔膜），以防止反应产物的自发复合。在水电解的情况下，在每个界面上形成气态气泡。电极和隔膜之间的距离必须足够大以使气体自由逸出，但又不能太大以减少欧姆损耗。当气泡浓度增加时，气泡有在电极表面上形成连续且高电阻性的气膜的趋势，因此这种电解槽的最大工作电流密度通常受到限制（几百 $mA \cdot cm^{-2}$）。使用电解槽的第二个概念（所谓的"零间隙电解槽"如图 2.7b 所示），可以在

一定程度上改善这种情况，这更适用于析气电极。在这种电解槽中，多孔电极直接压在隔膜上，以尽可能减少阳极和阴极之间的距离（以及相应的欧姆损耗）。气态产物通过背面的孔隙释放。即使没有显著的额外电压损失的情况下，也可以达到更大的电流密度。该概念已应用于先进、现代化的碱水电解槽中。然而，仍然需要液体电解质，并且这种电解槽设计不适合在酸性介质中运行。第三个概念被称为"质子交换膜电解槽"（图 2.7c）。PEM 是质子交换膜或聚合物电解质膜的缩写。电解槽隔膜是一种薄的离子导电聚合物薄膜，用于将电荷（质子交换膜电解水时的质子）从阳极输送到阴极，并分离气体产物。这种电解池中没有液体电解质循环。20 世纪 50 年代，在美国太空计划开始之际，首次提出了 H_2/O_2 燃料电池的概念，以解决与电化学装置在低重力环境中运行相关的问题，以及由于金属在酸性介质中腐蚀而产生的问题。这一想法后来被用于水电解槽的开发。在质子交换膜水电解槽中，多孔催化层被涂覆在膜表面的每一侧。电触点是通过按压每一侧的多孔集电器获得的。没有液体电解质，只有去离子水在阳极室中循环以供给电化学反应。在高温下可以使用相同的电解槽概念，隔膜和电解质是一种薄的氧化物离子导电陶瓷膜（即高温电解槽）。

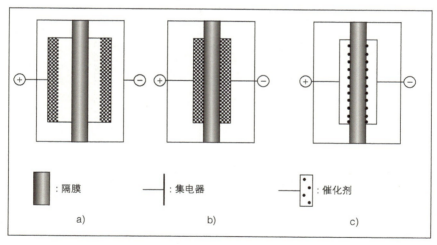

图 2.7　间隙电解槽、零间隙电解槽和质子交换膜电解槽的二维示意图

需要注意的是，虽然 PEM 电解槽比液体电解质电解槽更高效，但 PEM 电解槽概念增加了更多的几何约束。在使用液体电解质（碱性电解技术）的零间隙电解槽中，不需要精确调整电解槽组件之间的距离：液体电解质充满整个极间区域，确保电流线均匀分布。在 PEM 电解槽中，情况就不同了，电解质被限制在膜内，需要非常精确地调整所有电解槽组件的厚度、表面状态、尺寸和位置。为了确保压力的均匀分布，还需要对电解槽电堆的力学特性给予足够的重视，这对于电流线的均匀分布至关重要。这种差异也导致聚合物电解质技术更加昂贵。

2.2.2 电化学装置的主要能耗来源

电解槽的中最主要的电力（>60%）是用于吸热部分的吉布斯自由能变化。然而，在水电解槽中存在多种能量衰减源（电能转化为热能），它们的大小取决于电解槽的设计。图 2.8 显示了带有液体电解质的间隙电解槽的横截面以及运行期间的相关电势分布。由于内阻（1，1'）的存在，电势分布于体电极内部，在溶液中，电活性层并不总是良好的电子导体（2，2'），在电荷转移过程发生的界面（3，3'），当涉及传质现象或形成气态物质（4，4'）时，通过块电解质（5，5'）中的离子传输，并穿过电解槽隔板，穿过靠近电极表面的扩散层（6），在零间隙电解槽和质子交换膜电解槽中也发现了类似的情况。

图 2.9 显示了在 1bar、25℃的温度及压力条件下，电解水时测得的极化曲线的大致形状。

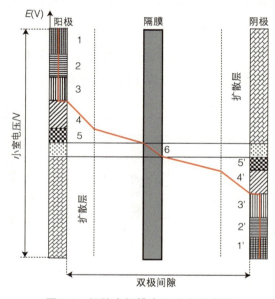

图 2.8　间隙电解槽电位分布示意图

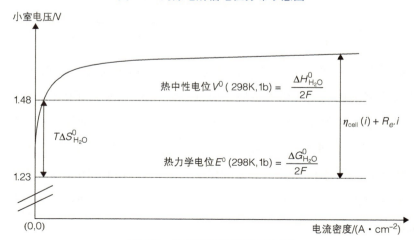

图 2.9　水电解极化曲线示意图

自由能电解电压为 1.23V。高于此电压值时，电流开始流过电解池。额外的电力用于克服一些内部电阻，电能以热量的形式散发到周围环境中。在低电流密度下，欧姆电压降很小，而电荷转移过电位最大。极化曲线的对数形状是由于阳极和阴极处的这些电荷转移现象造成的。在水电解的情况下，由于 OER 的动力学远远低于 HER，阳极过电压明显大于阴极过电压。然后，随着电流密度的增加，电荷转移电阻减小，极化曲线呈线性。形状由电解槽的欧姆电阻（电子电阻和离子电阻之和）决定，因此欧姆电阻是一个关键的动力学参数。这在具有较大表面积的工业系统中尤其如此，在这些系统中，寄生欧姆损耗会对电解槽的能耗产生非常负面的影响，尤其是在没有液体电解质的 PEM 电解槽中。由于电解槽组件（双极板、集电器等）之间的电接触不足，可能会出现额外的寄生欧姆损耗。这最终会导致不可接受的电解槽电压。电解槽的质量必须通过其能源效率和长期保持良好电化学性能的能力（在 104～105h 时间间隔的上限范围内）来衡量。

需要注意的是，当工作电流密度满足式（2.50）：

$$2F(\eta_{cell} + R_e \cdot i) = T\Delta S_d \tag{2.50}$$

这样就不需要将周围环境的热量转移到电解槽中。这就是工作点 V_d（T，P）$= \Delta G_d / 2F + T\Delta S_d / 2F = \Delta H_d / 2F$ 被称为电解池的"热中性电解电压"（常温常压下为 1.48V）的原因。

2.2.3　水电解槽的能量效率

在水电解槽中，在（T，P）处拆分 1mol 水所需的理论能量 W_t 由热力学计算得出。然而，热力学与平衡条件有关。为了减少资本支出（即电解槽成本），需要在高电流密度下操作电解槽。随着电流密度的增加，提供给电解槽的电功越来越多地被分解为热量。这是低效率和增加运营支出（即耗电量）的一个来源。从实际角度来看，资本支出和运营支出必须平衡，1A·cm^{-2} 的电流密度是一个很好的参考值。电子电导率、界面电荷转移过程和电解质中的离子输运是能量衰减的三个主要来源。

水电解槽的效率衡量的是理论能量 W_t 与分解 1 mol 水所需的实际能量 W_r 之比。由于热衰减，$W_r > W_t$。电解池效率定义为：

$$\varepsilon = \frac{W_t}{W_r} \tag{2.51}$$

式中，$W_r = (U_{cell} \cdot I \cdot t)$。$U_{cell}$ 是以伏特为单位的实际小室电压，I 是以安培为单位的电流，t 是以秒为单位的持续时间。W_t 可以由自由能电压 E：$W_{t, \Delta G} = (E \cdot I \cdot t)$ 定义。W_t 也可以

由热中性电压 $V:W_{t,\,\Delta H}=\left(V\cdot I\cdot t\right)$ 定义。

因此，可以使用两种不同的定义来计算水电解槽的效率。因为 E 和 V 都是工作温度 T 和工作压力 P 的函数，而且 U_{cell} 也是工作电流密度 j 的函数，所以两种不同的电解池效率也可以表示为 T、P 和 j 的函数：

$$\varepsilon_{\Delta G}(T,P,j)=\frac{E(T,P)}{U_{cell}(T,P,j)}\quad \varepsilon_{\Delta H}(T,P,j)=\frac{V(T,P)}{U_{cell}(T,P,j)} \qquad （2.52）$$

在低电流密度下，电解槽效率接近 100%。电流密度越大，效率越低。例如，在传统的 PEM 水电解槽中，在 $1A\cdot cm^{-2}$、$T=90℃$ 和 $P=1bar$ 时，$\varepsilon_{\Delta H}$ 约为 70%。

最后，应注意的是，在低温水电解技术中，电解液态水电效率应使用反应的高热值来计算。在高温工艺中，对水蒸气进行电解，电效率应使用反应的低热值来计算。高温水电解的一个有趣之处是，可以利用废热源使水汽化。

2.2.4 水电解槽的法拉第效率

法拉第效率 ε_F 用于测量流过电解池的电流的效率。每个界面的法拉第效率可以单独测量。在水电解槽中，每个电极的电流和化学气体产量之间的关系定义为：

$$\left(\varepsilon_F\right)^{anodic}=F\frac{(dn_{O_2}/dt)}{i}\times100 \qquad （2.53a）$$

$$\left(\varepsilon_F\right)^{cathodic}=F\frac{(dn_{H_2}/dt)}{i}\times100 \qquad （2.53b）$$

理想情况下，ε_F 应该尽可能接近统一。在水电解槽中，阳极（氧）和阴极（氢）界面都会形成气态物质。必须将它们分开收集，并避免它们在极间区因相互扩散而自发复合。自发的化学复合会以热的形式释放吉布斯自由能变化，这是传递到电解槽的无效率的电功的来源。分离器用于防止氢/氧复合。在碱性水电解槽中，隔板是一种浸渍电解质的隔膜（使用石棉，直到由于安全原因被禁用，并被各种聚合物材料取代）。在 PEM 水电解槽中，隔膜是聚合物膜（一种双相有机/水材料，由水浸渍的全氟磺酸全氟聚合物制成）。在高温水电解中，隔膜是氧化物离子导电陶瓷。

理想情况下，电解槽隔板应该是完全不透气的。在实际情况下，气体（氢气和氧气）在电解液中的溶解度通常是有限的，但不是零。传质发生在隔板上，特别是在高电流密度和/或高工作压力下。例如，这两种气体都可溶于 KOH 水溶液，多孔隔膜具有一定的渗透性。PEM 电解槽中的聚合物电解质也是如此，而无孔陶瓷则不易发生气体相互扩散。因此，氢气可以通过隔膜从阴极扩散到阳极，氧气从阳极扩散到阴极，其流量与它们各自在介质中的扩散系数成正比。到达阳极室的氢要么与氧发生化学反应，要么在阳极处被电子氧化；到达阴极室的氧气可以与气态或溶解的氢反应，或者可以在阴极处被电化学还原。从整体来看，这就好像寄生电流降低了电解池的化学或法拉第效率。为了优化电解槽设计和提高电解槽效率，必须测量法拉第效率。

2.3　水分解反应动力学

在没有质量传输限制的情况下，任何金属/电解质界面上的电荷转移过程的动力学遵循 Butler-Volmer 关系：

$$i = \vec{i} + \overleftarrow{i} = i_0 \left\{ \exp\left[\frac{\beta n F}{RT} \eta \right] - \exp\left[-\frac{(1-\beta) n F}{RT} \eta \right] \right\} \quad (2.54)$$

式中，i_0 为半电池过程的交换电流密度（A·cm^{-2}）；β 是对称因子；$n = 2$，是一个水分子电化学分裂过程中交换的电子数；F 约为 96485C·mol^{-1}，是法拉第常数，即 1mol 电子的电荷；$R = 8.314$J·mol^{-1}·K^{-1}，是理想气体的常数；h 是电荷转移过电压（V）；T 是绝对温度（K）。

由式（2.54）可知，决定电荷转移过程效率的主要动力学参数是交换电流密度 i_0。电流密度越大，反应越可逆，电荷转移过程越有效。最好的电催化剂是那些对半电池反应具有较高交换电流密度的催化剂。交换电流密度以几何电极/电解质界面的单位表面来表示。应该注意的是，可以通过开发粗糙的（三维）界面来增加表观交换电流密度。

2.3.1　酸性介质中的半电池反应机理

2.3.1.1　析氢反应

在早期的实验电化学和理论电化学中，酸性介质中的 HER 机制得到了广泛的研究，这是一个高度可逆的反应，可以用可复制的方式设置电极电位。在 Frumkin、Conway 和 Parsons 等先驱电化学家的扩展工作的基础上，目前认为在酸性介质中只可能发生两个反应路径，每个机理涉及两个步骤，如表 2.3 所述，其中 H$_{ad}$ 表示表面吸附的氢原子。

表 2.3　酸性介质中铂的两种主要 HER 机理

机理 1	机理 2
H$^+$+1e$^-$+M ⟶ MH$_{ad}$^{surface}（步骤 1）	H$^+$+1e$^-$ + M ⟶ MH$_{ad}$^{surface}（步骤 1′）
2MH$_{ad}$^{surface} ⟶ H$_2$（g）+2M（步骤 2）	H$^+$+1e$^-$ + MH$_{ad}$^{surface} ⟶ H$_2$（g）+M（步骤 2′）

H$_{ad}$ 物质是通过质子电化形成的（Volmer 步骤 1）。分子氢（气态）可以通过表面氢原

子和原子的直接化学复合（Tafel 步骤 2）或电化学复合（Heyrovsky 步骤 2'）得到。当 Pd 或 Pd 基材料用作电催化剂时，HER 与氢插入反应（HIR）竞争，这会带来两个额外的反应步骤：

$$MH_{ad}^{surface} \longleftrightarrow M + H_{ab}^{sub\text{-}surface} \quad （步骤 3）$$

$$H_{ad}^{sub\text{-}surface} \longleftrightarrow H_{bulk} \quad （步骤 4）$$

式中，H_{ab} 为亚表层吸收的氢原子。完全氢化的 Pd 颗粒也是良好的 HER 催化剂。根据 Frumkin 的研究，步骤 1 和步骤 3 形成一个单独的步骤，而根据 Bockris 等人的研究，它们是单独的步骤。在酸性介质中，铂的 HER 机制是快速质子放电，然后是速率决定的化学脱附（机理 1）。在酸性介质中，HER 在铂上的交换电流密度为 $10^{-3}A \cdot cm^{-2}$。PEM 电解槽阴极的情况与此类似，即使用碳负载的 Pt 纳米颗粒代替大块 Pt 颗粒：由于催化粉末的几何形状，表面氢原子的平均扩散路径限制在纳米级，由于碳 - 氢相互作用强和氢扩散率低，碳表面扩散不太可能发生。

2.3.1.2 析氧反应

文献中报道了许多不同的机理来解释，金属氧化物上，最常被引用的酸性介质中 OER 的动力学被列在了表 2.4 中。

表 2.4 Pt 和 IrO_2 上的两种主要 OER 机理（S = 反应位点）

机理 1：oxide 路径（Pt）	机理 2：Krasil'shchikov 路径（IrO_2）
$4Pt + 4H_2O \longrightarrow 4PtOH + 4H^+ + 4e^-$（步骤 1）	$S + H_2O \longrightarrow S - OH + H^+ + 1e^-$（步骤 1）
$4PtOH \longrightarrow 2PtO + 2PtH_2O$（步骤 2）	$S - OH \longrightarrow S - O^- + H^+$（步骤 2）
$2PtO \longrightarrow O_2 + 2Pt$（步骤 3）	$S - O^- \longrightarrow S - O + e^-$（步骤 3）
	$S - O \longrightarrow S + \frac{1}{2}O_2$（步骤 4）

在铂电极上，机理 1 通常占主导地位。高电流密度下 OER 反应和氧还原反应（ORR）的实验传递系数均接近 0.5（对应于 25℃时 118mV·decade^{-1} 的 Tafel 斜率和 80℃时 130mV·decade^{-1} 的 Tafel 斜率）整个反应中交换了四个电子，对应的化学计量数为 $v = 4$，这个值与机理 1 一致，第一步为 rds。然而，Pt 不是 OER 的良催化剂（因此从未用于 PEM 水电解槽），交换电流密度（约 $10^{-9}A \cdot cm^{-2}$，每平方厘米的实际界面面积）太小了。金属铱或氧化铱被认为是酸性介质中最佳的 OER 催化剂。在光滑的铱电极上测得的交换电流密度，大约是 Pt 电极上的 1000 倍（实际界面面积上，约为 $10^{-6}A \cdot cm^{-2}/cm^2$）。根据文献，这是表 2.4 中的 Krasil'shchikov 路径，最常见于氧化铱电极。

2.3.1.3 动力学

表 2.5 和表 2.6 汇总了在酸性介质中，使用 PGM 催化剂的低温（最高 80℃）HER 和 OER 的 Tafel 参数。当根据电极的粗糙度校正电流密度时，其值与在光滑电极上测量的值相似。根据表 2.5 和 表 2.6 的数据，计算得到光滑 PGM 表面上 HER 和 OER 的过电压 - 电流密度关系如图 2.10 所示。绘制了氢氧化反应（HOR）曲线和燃料电池模式下对应的 ORR 曲线。虽然沿电位轴的曲线形状由指数项决定，但过电压的大小仅取决于每个反应的交换电流密度值。

表 2.5 析氢反应的 Tafel 参数

电极（℃）	$\mathrm{d}\eta^{cathodic}/d(\log i)$（mV）	α	i_0（A cm^{-2}）电流密度（几何面积）	i_0（A cm^{-2}）电流密度（真实面积）	粗糙度
Pt					
25	125	0.54	0.17	8×10^{-4}	213
80	105	0.45	0.14	8×10^{-4}	175
Pd					
25	—	0.54	—	1×10^{-3}	—
80		0.45		1×10^{-3}	

表 2.6 析氧反应的 Tafel 参数

电极（℃）	$\mathrm{d}\eta^{anodic}/d(\log i)$（mV）	α	i_0（A cm^{-2}）电流密度（几何面积）	i_0（A cm^{-2}）电流密度（真实面积）	i_0（A cm^{-2}）[17]
		Pt			
25	110	0.54	1×10^{-7}	6×10^{-10}	1×10^{-9}
80	130	0.45	2×10^{-5}	1×10^{-7}	—
		Ir			
25	110	0.54	2×10^{-4}	1×10^{-6}	1×10^{-6}
80	130	0.45	6×10^{-3}	4×10^{-5}	

在水电解过程中，HER 过电压保持较低，而 OER 过电压较大（图 2.11）。在任意给定电流密度 $i*$ 大到足以忽略反项时，η^+（阳极过电压）与 η^-（阴极过电压）的关系由式（2.54）得到：

$$\frac{\eta^+}{\eta^-} = \frac{\mathrm{Ln}(i*/i_0^+)}{\mathrm{Ln}(i*/i_0^-)} \tag{2.55}$$

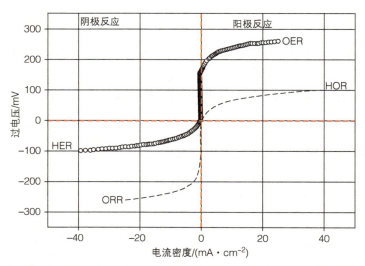

图 2.10　光滑表面上的过电压 - 电流密度关系：OER=1 上的析氧反应，
HER=Pt 上的析氢反应，ORR=Pt 上的氧还原反应和 HOR=Pt 上的氢氧化反应

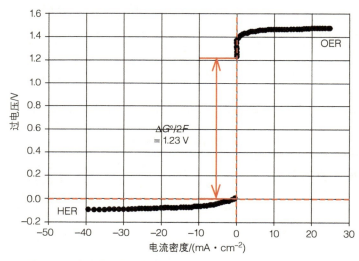

图 2.11　在 25℃时由式（2.54）计算出的过电压 - 电流密度
（用于在光滑的 Pt 和 Ir 表面上的酸性介质中的水分解反应）

在 $1A \cdot cm^{-2}$ 时使用光滑的界面时，$i_0(HER)/i_0(OER)$ 约 1000，η^+/η^- 约 2.0。

2.3.2　碱性介质中的半电池反应机理

在碱性水电解槽中，镍通常用作电极材料。半电池反应包括：

$$阳极（+）：2OH^- \longrightarrow H_2O + \frac{1}{2}O_2(g) + 2e^- \tag{2.17}$$

$$阴极（-）：2H_2O + 2e^- \longrightarrow H_2(g) + 2OH^- \tag{2.18}$$

在25℃碱性介质中，光滑镍箔上HER的交换电流密度为i_0约$7.4 \times 10^{-6} \, \text{A} \cdot \text{cm}^{-2}$。使用3D电极（例如，在60℃下，30wt%氢氧化钾中的镍涂层碳纤维），已获得$40 \sim 50 \times 10^{-6} \, \text{A} \cdot \text{cm}^{-2}$范围内的交换电流密度（对应的粗糙度系数约为7）。

图2.12提供了碱性水电解槽的一些参考数据。一些商用碱性水电解槽的性能见表2.7。

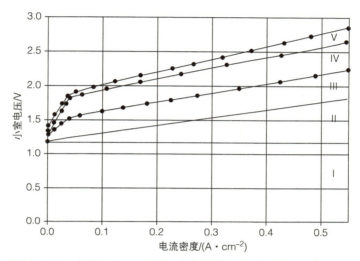

图2.12 常规碱性"膜小室"水电解槽在**90℃**下的电化学性能：（Ⅰ）热力学电压（**1.18V**）；（Ⅱ）横跨电解液的离子欧姆降；（Ⅲ）阳极（**O_2**）过电压；（Ⅳ）阴极（**H_2**）过电压；（Ⅴ）电极的电子欧姆降

表 2.7　部分市售碱性水电解槽的主要特点

生产厂家（型号）	氢气产量/（$\text{Nm}^3 \cdot \text{h}^{-1}$）	生产压力/bar	总功率/kW	系统电耗/（$\text{kW} \cdot \text{h} \cdot \text{Nm}^{-3}$）	电解槽电耗/（$\text{kW} \cdot \text{h} \cdot \text{Nm}^{-3}$）	效率（%）
Stuart（IMET 1000）	60	25	290	4.8	4.2	73
Teledyne（EC 750）	42	4~8	235	5.6	—	63
Proton（Hogen 380）	10	14	63	6.3	—	56
Norsk Hydro（5040）	485	30	2330	4.8	4.3	73
Avalence（Hydro filler 175）	4.6	接近700	25	5.4	—	64

2.3.3　工作温度对动力学的影响

如上所述，HER是一个快速的过程，而OER在低温下则更加缓慢。H^+/H_2氧化还原系统是完全可逆的，但H_2O/O^2氧化还原系统不是。将水电解槽和燃料电池在两种不同温度下的极化曲线绘制在同一幅图上，可以更清楚地看出这一情况（图2.13）。在90℃时，水/氢/氧系统的动力学特征是那些不可逆的系统。电流需要一个显著的电压变化（约500mV），才能看到它的符号变化，并从水电解转换到燃料电池操作。尽管平衡电压随温度而降低（从90℃时的约1.23V对应于$\Delta G = 238 \text{kJ} \cdot \text{mol}^{-1}$下降到1000℃时的约0.9V对应于

$\Delta G = 177\text{kJ} \cdot \text{mol}^{-1}$），但当工作温度升高时，情况逐渐改变，系统变为可逆。在 1000℃（SOWE 和固体氧化物燃料电池，SOFC，运行）下，水电解和燃料电池电流 - 电压极化曲线之间存在一个连续过渡。

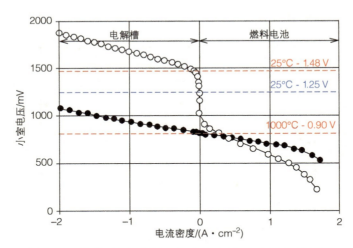

图 2.13　实验水电解极化曲线：（○）90℃；（●）1000℃

2.3.4　工作压力对动力学的作用

从热力学角度来看，温度和压力对电解电压的作用是相反的。自由能电解电压降低约 $-0.8\text{mV} \cdot ℃^{-1}$ 并增加约 $+0.3\text{mV} \cdot \text{bar}^{-1}$。从动力学的角度来看，较高的运行压力通常对动力学的影响有限，即使在反应高度可逆的阴极也是如此。在某些情况下（取决于电解槽设计和集电器的孔隙率），较高的运行压力可以促进气泡的运输，从而起到积极的作用。最近和更精确的测量表明，这种影响是有限的，至少在 1～50bar 的范围内是这样（图 2.14）。

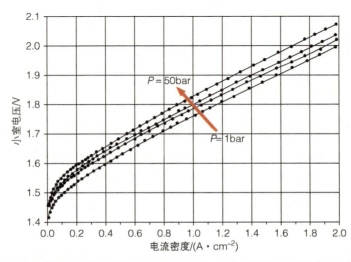

图 2.14　操作压力对 PEM 电解槽极化曲线的作用（铂作为阴极催化剂和铱作为阳极催化剂）

可以得出结论，无论是在碱性介质还是酸性介质中，与常压水电解相比，压力型水电解并不会增加显著的能源成本，因此，只要资本支出不受到太大的负面影响，就为直接储存压缩气体提供了一些有趣的机会。

2.4 结论

如前几节所述，水电解可以在很宽的工作温度范围内进行（从室温到 800℃）并使用不同 pH 值的电解质。不同的技术，每一种都有特定的优点和缺点，以便在这些不同的条件下运行。在低温下（$T < 150℃$）基于零间隙电解槽和液体电解质的碱性技术是比较成熟的工艺。基于聚合物电解质电解槽概念的酸性质子交换膜技术是最近才发展起来的，并且越来越多地显示出是不久的将来的水电解技术方向。与此同时，随着研发的进展，不同的（电解质和电催化剂）材料已经面世。能够在更高温度（高达 250～300℃）下运行的聚合物正在变得可用。工作下限为 650℃ 的氧化物离子导电材料已经面世，在中等温度范围内工作的质子导电陶瓷也正得到广泛的研究。更多细节将在接下来的章节中提供。

参考文献

1. Liu, R.S. Sun, X Liu, H. Zhang, L. and Zhang, J. (2011) 'Electrochemical Technologies for Energy Storage and Conversion', *chapter 9, Water electrolysis for hydrogen generation*, (ed. J. Wiley&Sons).

2. Meyer, C.A. (1993) *ASME Steam Tables: Thermodynamic and Transport Properties of Steam*, American Society of Mechanical Engineers, New York.

3. LeRoy, R.L., Bowen, C.T., and Leroy, D.J. (1980) The thermodynamics of aqueous water electrolysis. *J. Electrochem. Soc.*, **127**, 1954.

4. Mauritz, K.A. and Moore, R.B. (2004) State of understanding of nafion. *Chem. Rev.*, **104**, 4535–4585.

5. Onda, K., Kyakuno, T., Hattori, K., and Ito, K. (2004) Prediction of production power for high-pressure hydrogen by high-pressure water electrolysis. *J. Power Sources*, **132**, 64–70.

6. Divisek, J. and Murgen, J. (1983) Diaphragms for alkaline water electrolysis and method for production of the same as well as utilization thereof. US Patent 4,394,244.

7. Vandenborre, H., Leysen, R., Nackaerts, H., Van der Eecken, D., Van Asbroeck, P., Smets, W., and Piepers, J. (1985) Advanced alkaline water electrolysis using inorganic membrane electrolyte (I.M.E.) technology. *Int. J. Hydrogen Energy*, **10** (11), 719–726.

8. Hamann, C.H., Hamnett, A., and Vielstich, W. (1998) *Electrochemistry*, Wiley-VCH Verlag GmbH, Weinheim.

9. Bockris, J.O.'.M. and Reddy, A.A.K. (1982) *Comprehensive Treatise of Electrochemistry*, Plenum Press E.

10. Grigoriev, S.A., Mamat, M.S., Dzhus, K.A., Walker, G.S., and Millet, P. (2011) Platinum and palladium nano-particles supported by graphitic nano-fibers as catalyst for PEM water electrolysis. *Int. J. Hydrogen Energy*, **36**, 4143.

11. Frumkin, A.N. (1963) in *Advances in Electrochemistry and Electro- Chemical Engineering*, vol. **3** (ed. P. Delahay), Interscience, New York.

12. Bockris, J.O'M., McBreen, J., and Nanis, L. (1965) The hydrogen evolution kinetics and hydrogen entry into a-iron. *J. Electrochem. Soc.*, **112**, 1025.

13. Millet, P., Durand, R., and Pineri, M. (1989) New solid polymer electrolyte composites for water electrolysis. *J. Appl. Electrochem.*, **19**, 162–166.

14. Marshall, A., Børresen, B., Hagen, G., Tsypkin, M., and Tunold, R. (2009) Hydrogen production by advanced proton exchange membrane (PEM) water electrolyzers-reduced energy consumption by improved electro-catalysis. *Int. J. Hydrogen Energy*, **34**, 4974–4982.

15. Bockris, J.O.'M. (1956) Kinetics theory of adsorption intermediates in electro-chemical catalysis. *J. Chem. Phys.*, **24**, 817.

16. Millet, P., Durand, R., and Pinéri, M. (1990) Preparation of new solid polymer electrolyte composites for water electrolysis. *Int. J. Hydrogen Energy*, **15**, 245.

17. Damjanovic, A., Dey, A., and Bockris, J.O.'M. (1966) Electrode kinetics of oxygen evolution and dissolution on Rh, Ir and Pt-Rh alloy electrodes. *J. Electrochem. Soc.*, **113**, 739.

18. Krasil'shchikov, A.I. (1963) *Zh. Fiz. Khim*, **37**, 273.

19. Boodts, J.F.C., Alves, V.A., Da Silva, L.A., and Trasatti, S. (1994) Kinetics and mechanism of oxygen evolution on IrO2 – based electrodes containing Ti and Ce acidic solutions. *Electrochim. Acta*, **39**, 1585.

20. Trasatti, S. (1990) The oxygen evolution reaction, in *Electrochemical Hydrogen Technologies* (ed. H. Wendt), Elsevier, Amsterdam.

21. Millet, P., Alleau, T., and Durand, R. (1993) Characterization of membrane-electrodes assemblies for Solid Polymer Electrolyte water electrolysis. *J. Appl. Electrochem.*, **23**, 322–331.

22. Grigoriev, S., Ilyukhina, L.I., Middleton, P.H., Millet, P., Saetre, T.O., and Fateev, V.N. (2008) A comparative evaluation of palladium and platinum nanoparticles as catalysts in PEM electrochemical cells. *Int. J. Nucl. Hydrogen Prod. Appl.*, **1-4**, 343–354.

23. Matsuda, A. and Ohmori, T. (1962) *J. Res. Inst. Catal., Hokkaido Univ.*, **10**, 203.

24. Pierozynski, B. (2011) On the hydrogen evolution reaction at nickel-coated carbon fibre in 30 wt. % KOH solution. *Int. J. Electrochem. Sci.*, **6**, 63–77.

25. Schug, C.A. (1998) Operational characteristics of high pressure, high efficiency, water-hydrogen electrolysis. *Int. J. Hydrogen Energy*, **23**, 1113–1120.

26. Engel, R.A., Chapman, G.S., Chamberlin, C.E., and Lehman, P.A. (2004) Development of a high pressure PEM electrolyzer: enabling seasonal storage of renewable energy. Proceeding of the 15th Annual U.S. Hydrogen Conference, Los Angeles, CA, April 26–30, 2004.

27. Marangio, F., Pagani, M., Santarelli, M., and Calì, M. (2011) Concept of a high pressure PEM electrolyser prototype. *Int. J. Hydrogen Energy*, **36**, 7807–7815.

第3章

质子交换膜水电解

皮埃尔·米勒

3.1 导言及历史背景

从历史的角度来看，固体聚合物电解质（SPE）电解槽的概念是在 20 世纪 50 年代初美国太空计划开始时提出的，当时被认为是开发新一代氢氧燃料电池的创新方法，可以在零重力环境下高效运行。在太空探索的先锋时期，太空中的操作条件给电化学装置带来了新的限制。特别是由于缺乏重力，禁止使用倾向于形成气泡的液体电解质。在开放系统中运行的均相液需要昂贵、复杂且耗能的技术（如离心）。当时，在开发浸渍有液体电解质的固体基质方面取得了重大进展，使得使用酸性介质成为可能，质子比碱性技术中使用的氢氧根离子更具流动性。这一努力最终导致了离子聚合物的合成。离子聚合物是一类含有与有机主链共价键合的周期性部分电离的聚合物。20 世纪 60 年代，美国杜邦公司开发的磺化四氟乙烯基含氟聚合物，迈出了决定性的一步，该共聚物以 Nafion® 品牌而闻名。Nafion® 产品形成了一类具有吸引人的微观结构和物理性能的软物质材料，引起了科学家们的兴趣，并引发了从燃料电池到水电解槽等多种技术的发展和应用。膜当量（EW）即一个当量电荷（即单位电荷）的膜的质量，是表征质子膜的最重要参数。就水电解而言，这些全氟材料具有化学稳定性，并已证明其能够在高度氧化的环境中长期运行。尽管 Nafion® 产品的水膨胀性和机械性能限制其在低于 100℃ 的条件下运行，但在 SPE 技术中，Nafion® 产品被广泛用作质子导电聚合物材料。这主要归因于它们提高了质子电导率和优良的化学、机械稳定性。在现代电化学文献中，SPE 电解池被称为质子交换膜或聚合物电解质膜（PEM）电解池。在 PEM 电解池中，一层薄薄的（50～250μm）质子导电膜被用作"固体"电解质。这样的结果是，获得了非常薄的电解槽，并提高了电流密度。根据文献，水电解槽电流密度在 1A·cm^{-2} 时可以达到 80% 的效率（基于高热值氢气计算）。由于这些聚合物中存在高酸性环境，因此需要铂族金属（PGM）作为电催化剂。否则，酸性会引起其他金属催化剂的溶解。

PEM 水电解槽（每小时制氢达几十标准立方米）最早是为在潜艇等无氧环境中生产电解级氧气而开发的。与碱性电解工艺相比，PEM 电解工艺成本更高。产生这一额外成本应归因于昂贵的材料（聚合物电解质、催化剂，以及其他电解槽组件），部分原因是因为电解质被限制在聚合物膜中，电解槽组件尺寸的公差要求更高，需要复杂的机械工具。但是对于无氧环境中的应用，PEM 有几个决定性的优势：电解槽更紧凑（PEM 水电解槽可在数个 A·cm^{-2} 电流密度范围内操作，碱性电解槽电流密度往往小于 1A·cm^{-2}），在高电流密度下更高效（简化了热管理），更安全（不需要腐蚀性液体电解质），并提供了在压力下更安全地运行的可能性，以便在车载条件下存储或清除车载氢气。

20 世纪七八十年代，在第一次石油危机的后续行动中，引入了氢气作为替代能源载体，从技术和财务两方面展望了 PEM 电解水大规模制氢的前景。与大规模部署的碱性工艺相比，成本高昂和缺乏工业成熟度无疑是两个主要缺点。目前已经确定，对于大型生产设备来说，运营费用（opex）是关键因素，由于能源需求的显著差异，水制氢的吸引力一直都不如甲烷制氢（即天然气制氢）。最近，对大规模二氧化碳排放和相关的环境负面影响的担忧，催生了雄心勃勃的计划，以增加可再生能源在我们的能源结构中的份额，PEM 水电解再次引起了关注。21 世纪初，工业化国家开始提供大规模公共财政支持，启动了氢经济的发展（一种新的全球能源基础设施，其中从无碳来源产生的氢可以用作促进太阳能的能源载体），该技术被确定为将零碳电力资源转化为供各种最终用途的零碳氢和氧供应的关键。在欧洲，欧盟委员会通过一系列框架方案为这一技术提供了支持，最终促成了氢技术方面的联合——燃料电池和氢（FCH）联合项目。最近，在欧洲未来 5 年的研发计划"地平线 2020"（Horizon 2020）框架下，这一努力得到了延续。PEM 水电解是一种高效、耐用且非常灵活的技术，可以维持连续的通电/断电循环（使用例如相变化合物的热缓冲，以去除掉功率峰值，并在瞬态功率负载下保持高效率水平），因此非常适合使用间歇电源进行水分解，也适用于利用非峰值核电生产氢气。氢现在被认为是流动性和季节性储能应用的无碳能源载体。这两个新兴市场都需要压缩气体，而压力型质子交换膜水电解（已成功开发出在数百巴的压力下运行的原型）为此类应用提供了一些有趣的新视角。

3.2 固体聚合物电解质电解槽的概念

PEM 水电解槽的一般特征如图 3.1 所示。在质子交换膜电解槽中，没有液体电解质，只有去离子水才能循环。电解槽的中心部分是一层薄薄的质子传导聚合物电解质膜（约 0.2mm 厚）。这种电解槽结构紧凑，水分解效率很高。该膜具有携带离子电荷（溶剂化质子）和隔开电解产物（分子氢和分子氧）的双重用途，从而防止它们自发放热复合成水。在这些电解槽中，最常用的固相萃取材料是磺化四氟乙烯基含氟聚合物 - 共聚物。它是由杜邦公司在 20 世纪 60 年代后期开发的，并以其品牌 Nafion® 而闻名。对有机主链（图 3.2）进行氟化处理的双重目的是使末端的磺酸基完全电离（水合 Nafion 膜的酸度类似于 1mol 硫酸水溶液），并提供适当的化学稳定性，特别是在存在严重氧化条件的阳极侧。在膜的两侧，包覆了两个多孔催化层。这些催化层连接到外部的直流电源，为反应提供电功。在电解过程中，会发生以下半电池反应：

$$阳极：H_2O(l) \longrightarrow \frac{1}{2}O_2(g) + 2H^+ + 2e^- \tag{3.1}$$

$$阴极：2H^+ + 2e^- \longrightarrow H_2(g) \tag{3.2}$$

$$总反应：H_2O(l) \longrightarrow H_2(g) + \frac{1}{2}O_2(g) \tag{3.3}$$

隔膜
阳极
阴极
O2
2 H2
2 H2O
4 (H+, nH2O)
4 H+ + 4 e−
4 (H+ + 4 e− + O2)
2 H2
2 H2O
(+)
(−)
4 e−
直流电源

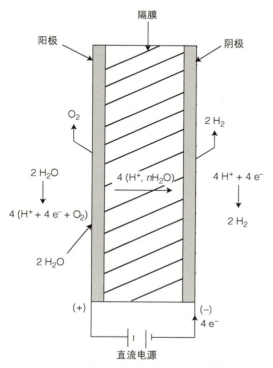

图 3.1 PEM 水电解小室和半电池反应的横截面示意图

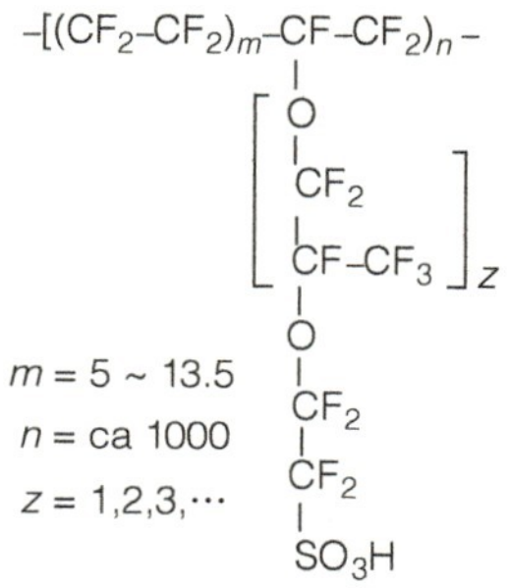

–[(CF2–CF2)m–CF–CF2)n–
O
CF2
CF–CF3
z
O
m = 5 ~ 13.5
n = ca 1000
z = 1,2,3,···
CF2
CF2
SO3H

图 3.2 Nafion® 质子交换膜的化学成分

在这些电解槽中，直流电流用于在阳极上将液态水分解为气态氧和质子，见式（3.1）。作为对电解槽中设置的电场的响应，溶剂化质子向下迁移到阴极，在那里它们被去溶剂化并还原为分子氢，见式（3.2）。穿过电解槽的水流称为电渗阻力（水与质子的摩尔比是 EW 的函数）。

3.3　PEM 电解槽 / 小室

3.3.1　概述

PEM 电解槽（图 3.3）包含多个组件。电化学活性中心部件是膜电极组件（MEA），由 SPE 膜（1）组成，每侧涂有两层多孔电催化剂（2），一层位于阳极（a），用于析氧反应（OER），另一层位于阴极（c），用于析氢反应（HER）。MEA 通常夹在两个由烧结钛颗粒制成的多孔电流分散层（3）之间。两个中空双极板（4）用于将电流传送到电解池并分隔两个相邻的电解池。通道用于将给水输送至阳极，并收集每个电解池室中的液体 - 气体混合物。电流集电极和电催化层（5）之间的接触点是关键的；接触点之间的平均距离必须足够小（通常为几微米）才能在界面处获得良好的电流线分布。端板连接到外部直流电源。

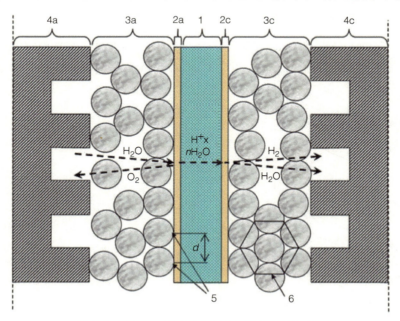

图 3.3　PEM 水电解槽小室的示意图（截面图）

1—质子交换膜　2—电催化层（a—阳极，c—阴极）　3—多孔集流板（a—阳极，c—阴极）　4—双极板（a—阳极侧，c—阴极侧）　5—在集电板和电催化层之间的触点　d—集电体和催化层之间接触点的平均距离
6—具有紧密六方堆叠颗粒层的截面

需要使用弹性垫片（此处未显示）来密封电解槽。如图 3.3 所示，挑战在于优化电解槽设计，有如下要求：①非 MEA 电解池组件（双极板和电流分散层）的电阻尽可能低，以便外部施加的小室电压仅用于克服 MEA 阻力；②液态水可以以最小的压降通过阳极室；③液态水可以通过孔隙均匀地转移到阳极，同时气态氧可以逆时针方向从阳极流向阳极双极板。在阴极室中，情况比较简单，因为液态水（电渗阻力）和气态氢从阴极到阴极双极板呈线性流动。所有这些约束主要通过控制电流分散层的孔隙结构来满足，而电流分布器的孔隙结构必须考虑最大电流密度（产气速率）和额定工作压力（气泡直径随压力变化）。

3.3.2 膜电极组件

3.3.2.1 电催化剂

在 PEM 水电解中，碳负载的铂纳米粒子（图 3.4），用作阴极的电催化剂，以促进 HER：

$$H_3O^+ + 1e^- \longrightarrow H_2O + 1/2H_2 \tag{3.4}$$

导电炭黑被用作电子载体。它们通常通过烃类的热分解（乙炔黑）或部分氧化（乙炔炭黑）制备。乙炔炭黑的商业例子有 Vulcan® 或 black Pearls（卡博特公司）和 Ketjen®black（阿克苏诺贝尔公司）。这些碳质衬底的不同制造方法，导致了不同等级石墨和无定形/非晶态碳的炭黑，其比表面积范围是 $10 \sim 2000\text{m}^2 \cdot \text{g}^{-1}$。炭黑含有非常小的颗粒（$10 \sim 40\text{nm}$ 厚），在合成过程中，这些颗粒往往会形成 $20 \sim 100\text{nm}$ 宽的聚集体。孔隙网络包括颗粒本身的孔隙以及这些颗粒聚集形成颗粒间

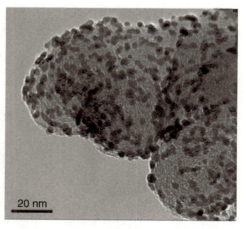

图 3.4 铂碳催化剂的扫描电子显微镜照片

的孔隙。在燃料电池技术中，人们希望使用密集的小（纳米范围）铂颗粒，这些铂颗粒是通过化学还原某些铂前驱体（如六氯铂酸）获得的。在阳极一侧，几乎没有任何电子载体可用。铱（金属或氧化物）是酸性介质中 OER 最有效和稳定的催化剂：

$$H_2O \longrightarrow 2H^+ + 2e^- + 1/2O_2 \tag{3.5}$$

用离子聚合物链浸渍的无载体氧化铱颗粒（图 3.5），通常是用来形成阳极催化层的。

3.3.2.2 涂层工艺

文献中报道了大量用于制造 MEA 的涂层工艺。形成电催化剂层有以下选择：它们可以直接沉积在 SPE 上或沉积在电流分散层上，然后将其热压在膜上。第一种方法现在已被广泛使用，一些制造商正在销售用于 PEM 水电解应用的 MEA。在 20 世纪 80 年代，文献报道了几种对阴离子型或阳离子型铂前驱体进行化学还原的方法。浸渍还原法是

图 3.5　OER 催化剂 IrO_2 的扫描电镜照片

一种湿法（化学镀）工艺。在第一步中，首先将四胺铂盐水溶液泵入电镀槽（图 3.6），将阳离子铂前驱体并入膜中。然后使用适当的化学还原剂（如硼氢化钠）将前驱体还原。因此，一层薄而均匀的活性铂层沉积在 SPE 的活性部分上。如今，人们使用了不同的方法。湿法工艺可以沉积大块铂颗粒，但为了降低成本，需要使用碳支撑的纳米颗粒。将包含负载催化剂颗粒分散体的催化油墨，通过超声处理分散在醇溶剂和全氟磺化离子链的混合物中，喷洒在 MEA 的表面（图 3.7），然后风干以去除溶剂。该技术非常适合制造大表面积 MEA（1200～1500cm^2 的 MEA 即将面世），并可实现自动化。因此，在 SPE 表面形成了均匀而牢固的沉积物。

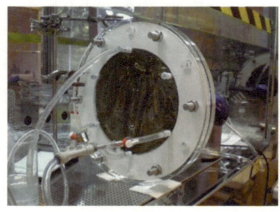

图 3.6　用于将铂化学沉积到膜电极上的电解小室

图 3.7　用于向 SPE 喷射催化油墨的打印机的照片

3.3.2.3 电催化层

催化层的结构，对于降低水电解操作期间的电荷转移过电压，以及满足市场要求的耐久性至关重要。这种情况比在燃料电池技术中要简单一些，因为气体是从液体界面中析出

的，并且没有浸没界面的风险。然而，在设计不当的质子交换膜电解槽中确实会出现气体屏蔽现象，因此有必要注意此类问题，并设计适当的 3D 配置（三点式催化位置由共存的离子、电子导电相、用于水和气体传输的孔组成）。图 3.8 是根据文献得到的类 Nafion 膜的 SPE 微观结构的示意图。离子化的末端磺酸基，倾向于聚集成纳米尺度的水合网络。几微米厚的催化层包含了浸渍有离子聚合物链的负载型或非负载型催化剂颗粒（图 3.9）。被困在 SPE 亚表面内的纳米级大颗粒有助于固定催化层，但也有助于防止与气体交叉渗透现象等相关不良影响，并促进渗透氢的催化氧化和减少渗透氧（见第 3.4.5 节）。

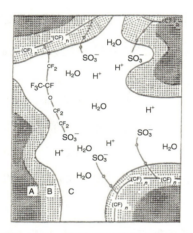 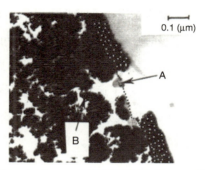

图 3.8　在类 Nafion 膜的 SPE 中发现的微观结构示意图　图 3.9　Pt/Nafion 界面微观结构的 TEM 图像

3.3.3　电流 - 气体分散层

PEM 电解槽中使用的毫米级电流 - 气体分散层通常由烧结钛颗粒制成。这些关键电解槽组件的孔隙率需要非常仔细地调整，因为它们在双极板和催化层之间的质量传输中起着核心作用；同时对于电解池的机械压缩和催化器界面处电流线的均匀分布也非常重要。关于质量传输，阴极室中的情况相当简单，因为液态水（电渗阻力）和气态氢以相同的方式从催化层流向双极板阴极侧。但在阳极室中，情况更具有挑战性，因为液态水从双极板阳极侧流向阳极催化层，而气态氧则相反（从催化层流向双极板）。关于机械性能，应避免使用过于多孔的结构。更紧凑的单元更坚固，不易发生尺寸变化，并有助于压缩力在整个单元上的均匀分布。关于电流，需要通过减少孔隙率来降低板的内部欧姆电阻，并注意与活性催化层的界面结构，这对均匀电流线的分布至关重要。实际上，由于催化层的厚度很小（通常为几分之一微米），因此需要足够多的接触点，以避免热点的形成，尤其是在高电流密度下运行时。从制造的角度来看，孔隙网络的尺寸和结构可以通过使用尺寸均匀的颗粒（图 3.10）或通过混合两种不同尺寸的颗粒（图 3.11）来调整。

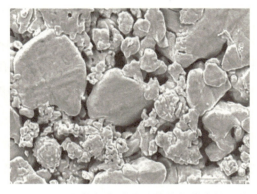

图 3.10　具有均匀粒度的多孔集流体的扫描电镜图像　　**图 3.11　不同粒径多孔集流体的扫描电镜图像**

根据文献，常压下，当工作电流密度达到 $2A \cdot cm^{-2}$，最佳孔隙率应该在 30% ~ 50% 范围内，更高的电流密度需要更多的多孔结构。

在工作过程中，阳极的主要情况可以用图 3.12 ~ 图 3.14 来举例说明。图 3.12 显示了由球形钛颗粒制成的 $250cm^2$ 钛圆盘的照片；图 3.13 所示为极端表面的钛颗粒被压在催化层上；图 3.14 显示了运行后的 IrO_2 催化层的表面视图。多孔集电器再次挤压 MEA，形成球形坑，周围可以观察到裂纹。这是一个区域，在该区域中，不断析出的氧气被收集，并通过电流收集器向后排出。

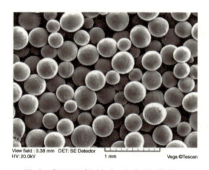

图 3.12　一个 $250cm^2$ 的多孔集流体的显微照片　　**图 3.13　具有球形颗粒的多孔集流体的 SEM 图像**

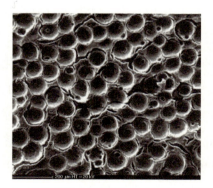

图 3.14　工作后的 IrO_2 催化层表面的 SEM 图像

3.3.4 垫片

在质子交换膜电解槽中，需要管理一个与集电器平行的空隙部分，通过该空隙部分可以泵送液态水，并收集气态反应产物。有几种技术可供选择。第一个类似于燃料电池技术中使用的技术：带有机槽的厚双极板，并配有流道。另一种选择（图 3.15）是使用足够厚的电解槽隔板（例如钛网格）。考虑到工作的额定电流密度和工作压力，需要对网孔结构进行优化。在垫片周围，使用具有适当机械性能的聚合物密封剂，以确保水密性和气密性，用于注水和气体收集，并促进压滤机配置中压缩力的分布。

图 3.15　网格隔离片 + 注水 / 气体收集

3.3.5 双极板

块状的钛板通常用作相邻电解槽之间的双极板。尽管钛的整体电导率远低于其他金属（如不锈钢），但有趣的是，钛在 PEM 水电解槽的环境中（接触电阻率为 $10 \sim 18 M\Omega \cdot cm$ 的高去离子水）最容易发生表面氧化，化学稳定性也最稳定。图 3.16 显示了在 80℃ 下，在氧饱和去离子水中，经过 1 个月后，在钛板上测量的 XPS 光谱。表面蚀刻（在两个连续光谱之间用氩离子进行 100s 蚀刻）提供了有关钝化表面层的结构和厚度的信息。这是一种纳米级厚度的均匀二氧化钛薄膜，可以防止金属溶解。下一层包含 TiO 和 Ti_2O_3，它们可能在蚀刻过程中形成。下面的层是大块钛金属层。在电解过程中，这种表面氧化层在极化下的行为尚不完全清楚，但钛板的整体腐蚀不是一个问题。表面涂层有时被认为是一个有趣的选择，它可以减少寄生接触欧姆电阻和提高性能耐久性。薄贵金属（金、铂）、碳化钛或氮化物可用于此目的。在阴极，即使在低温下，也可能形成氢化钛，但对双极板和电流分散层的耐久性的影响并不重要。

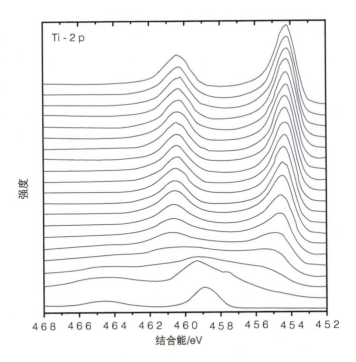

图 3.16　XPS 剖面与表面蚀刻的关系

3.4　PEM 电解槽 / 小室的电化学性能

3.4.1　极化曲线

　　如上所述，碳载铂纳米颗粒用作 HER 的电催化剂，而铱（Ir，金属或氧化物）用于常规 PEM 水电解槽中的 OER。对于 HER，使用铂（Pt）载量为 $0.5mg \cdot cm^{-2}$，对于 OER 使用 Ir 载量约 $2mg \cdot cm^{-2}$，可以获得最佳电解效率。由于使用贵金属，PEM 水电解仍然被认为是一种昂贵的技术，但详细的成本分析表明，PGM 催化剂在系统层面的成本较低，仅有整个成本的几个百分点。例如，铂钯合金可以降低铂族金属（PGM）的含量，钯也可以用于阴极，铱基混合氧化物也可以用于阳极。

　　图 3.17 在同一张图上显示了 PEM 氢氧燃料电池和 PEM 水电解池的典型极化曲线。在这两种情况下，观察到三个不同的域：①在低电流密度下（当欧姆电阻的影响可以忽略时），这是激活域，由于 Butler-Volmer 电荷转移动力学得到对数关系；②在中间范围内，形状主要是线性的，这是一个电位域，其中电荷转移电阻变得非常低，并且电池电阻转为占主导

地位；③在高电流密度下，有达到极限电流密度的趋势。在燃料电池中，这是由于气体向界面的大量传输，而在水电解槽中，这通常是由于气体屏蔽效应和多孔电流分散层的传质限制所导致。

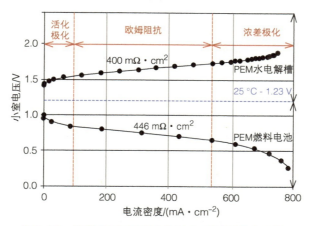

图 3.17　典型 PEM 燃料电池和水电解池极化曲线

图 3.18 显示了两条参考极化曲线，它们是现代 PEM 水电解槽性能的特征。图中间的灰色矩形区域描绘了现代电解槽满足的性能范围；在电流密度为 $1A \cdot cm^{-2}$ 条件下，实际可以达到 80% 的焓效率，至少在实验室规模上是这样。为了进一步提高对该技术的吸引力，需要增加电流密度（更紧凑的系统将有助于降低资本支出）并降低工作小室电压（导致更高的效率和更好的耐用性）。这可以通过开发更高效的电催化剂和使用更薄的 SPE 来实现，以减少膜上的欧姆降（图 3.19）。然而，这种进展是有限制的，尤其是在使用更薄的 SPE 时，因为在传统的膜材料中，当运行压力升高时，气体交叉渗透效应往往会增加得更快，并且这种膜只能用于在常压操作。

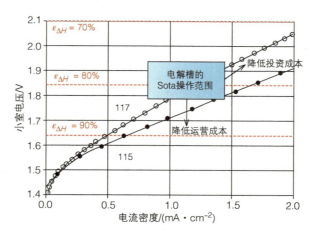

图 3.18　PEM 水电解槽的参考极化曲线

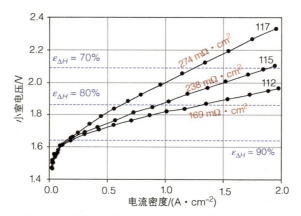

图 3.19　用不同厚度的钠离子膜测得的极化曲线

3.4.2　单电极的特性

在液体电解质电解槽中，可以使用参考电极，分别研究单电极 / 电解质界面的电化学特性。质子交换膜电解槽非常紧凑，使用非常薄（不到 1mm 厚）的固体 MEA，因此，不可能引入传统的（例如饱和甘汞电极）参考电极，甚至毛细管来分别探测阳极或阴极响应。然而，文献中描述的几种技术，使用所谓的"内部参考电极"来绕过这个问题。图 3.20 所示为配备该参考电极的 PEM 电解

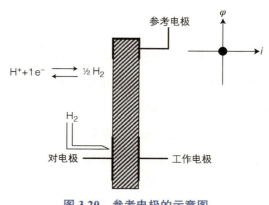

图 3.20　参考电极的示意图

槽的原理图。电解槽本身位于膜片底部，参考电极（通常是铂沉积）位于膜片的顶部。当向参考电极供应氢气时，电位通常是稳定的和明确的（对应于正常的氢电极）。这种结构对研究实验室电解槽的行为很有用，（但不太容易在工业级应用中实现），分别探测静态和电流循环下的阳极和阴极行为。

图 3.21 显示了在 90℃时，小室电压如何随工作电流密度变化。90℃时的自由能电解电压（参见水电解基础部分）接近 1.18V。

SPE 的离子电阻和非 MEA 电解槽组件的电子电阻引入了两个损耗项，它们随工作电流密度线性增加。需要一层薄膜和一个适当的电解槽设计来保持这些电阻尽可能低（在 $1A \cdot cm^{-2}$，电池电阻为 x m$\Omega \cdot cm^2$ 时，电压降为 x mV）。由于反应动力学较高，HER 过电压 ηH_2 通常较低。然而，阳极过电压 ηO_2 通常要高得多，是能量损失的最主要来源（IrO_2 是一种很好的 OER 催化剂；RuO_2 更好，但在相关阳极电位下不稳定，而 Pt 是一种较差

的催化剂）。电压降随工作温度而变化（图 3.22）。PEM 水电解槽的最佳运行温度在 60 ~ 90℃之间，但衰减率往往会随着运行温度的升高而增加。

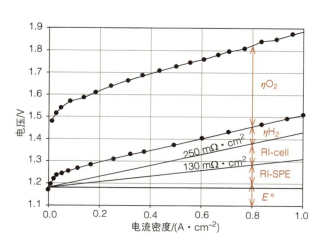

图 3.21　受限的 0 ~ 1A·cm^{-2} 范围内，图 3.18 中极化曲线的单个电压项，T = 90℃，P = 1bar

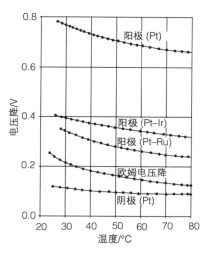

图 3.22　小室电压组件的温度依赖性

3.4.3　电荷密度和电极粗糙度

决定 PEM 电解槽中催化层电催化活性的主要参数有两个：催化剂的化学成分（通常是铂用于 HER，氧化铱 IrO_2 用于 OER）和催化剂／电解质界面的表面积。表面特性通常通过测量每个电极的粗糙度系数来确定。粗糙度系数 r_f 是实际表面积与几何面积的无量纲比。当使用光滑电极时，r_f = 1，对于粗糙的界面可以达到数百。循环伏安法提供了一种测量粗糙度系数的便捷方法，因为加载／卸载界面电容所需的电荷与界面表面成正比。

3.4.3.1　半电池反应特性

图 3.23 显示了使用内部参考电极在 PEM 水电解槽阴极处测量的循环伏安图。在光滑的铂箔上，在 1mol 的硫酸水溶液中，测量的 CV 也被绘制出来，以进行比较。

由于以下几个原因，PEM 电解槽上测量的 CV 有些失真：①溶解氧的痕迹（由于来自阳极的氧交叉渗透）难以消除，在阴极，它们在循环伏安实验中被电化学还原，电极电位越低，还原电流越高，这往往会使 CV 曲线向负电流弯曲；②在阴极使用大表面积的碳载体进行 HER 时，会产生高电容响应，这往往会使铂的特征变得平滑，尤其是在循环的氢吸附区；③SPE 很难被完整地清洁，电镀过程中使用的微量醇往往会吸附在铂颗粒表面，难以去除。然而，图 3.23 显示，PEM Pt 阴极的主要特征已经足够明显，可以估计（至少近似）界面的粗糙度系数 r_f，即总的铂 - 电解质界面（以 cm^2 为单位）除以 MEA 几何表面

（以 cm² 为单位）的无量纲比，对光滑的 Pt 表面取 210μC·cm⁻² 的参考电荷。基于该假设，图 3.23 中测得的粗糙度系数约为 380。当然，使用高粗糙度系数的电极有一个直接的优点，r_f 主要取决于催化剂颗粒形状、催化层厚度和涂层参数。在传统的 MEA 中，PEM 正极的粗糙度系数通常在 100～600 范围内，超过这个值并不是一件容易的事。为此，需要大量的纳米颗粒。纳米颗粒可以单独合成，然后涂在膜上。它们也可以直接在膜表面合成，例如，使用上面提到的浸渍/还原方法。在这种情况下，纳米粒子直接在膜的表面下形成。聚合物基体倾向于阻止生长和团聚。在这种情况下（图 3.24），可以观察到粗糙度系数和贵金属载量之间的关系，在较高的加载值时，粗糙度系数趋于最大值。

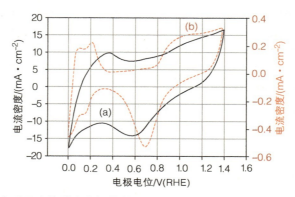

图 3.23 （a）在质子交换膜水电解槽的 C-Pt 阴极测得的典型循环伏安（CV）曲线；（b）在光滑的 Pt 箔（1mol H₂SO₄）上测得的 CV，v=50mV·s⁻¹

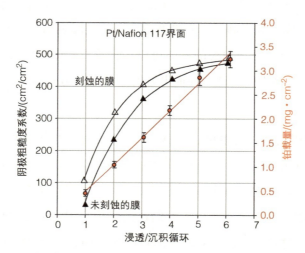

图 3.24 粗糙度系数与 PEM 水电解槽阴极铂负载的函数关系图

半电池测量也可用于探测阳极，阳极是 PEM 水电解槽中最关键的电极（由于电荷转移过电位较大且催化剂容易快速劣化）。如图 3.25 所示，在不同扫描速率下，在 PEM 水电解阳极上测量的典型 CV，该阳极含有无支撑的 IrO₂ 颗粒。对 100～1200mV 的循环伏安图进行积分，并与 $310\mu C \cdot cm^{-2}$ 的参考电荷进行比较，可以估算出粗糙度系数。与图 3.25 的 CV 相关的粗糙度系数约为 730，接近于在阴极上获得的值（差异通常是由于阳极上的高 PGM 负载）。一个有趣的观察结果是，当电位扫描速率增加时，r_f 值往往会显著降低，这表明，对于电荷转移反应，一些反应位点比其他位置更难接近。

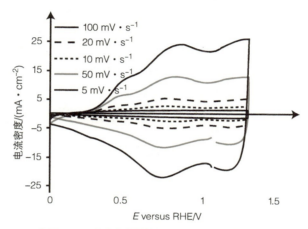

图 3.25 典型 PEM 水电解槽的 IrO_2 阳极循环伏安（CV）曲线

3.4.3.2 全电池反应特性

并不总是可以使用内部参考电极来分别研究 PEM 水电解阳极和阴极的行为，尤其是在电堆中。然而，仍然可以进行循环伏安法实验当使用三电极恒电位仪时，参考电极与对电极短接，并在这两个短路电极和工作电极之间施加电位差）。扫描的电位范围必须小于吉布斯自由能电解电压（标准条件下为 1.23V），通常为 ±1V。图 3.26 提供了一个典型示例。但是库仑电荷对单个峰的物理意义的详细分析超出了本章的范围，对电位扫描

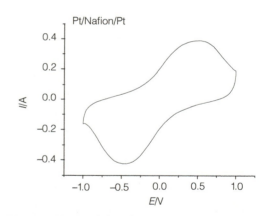

图 3.26 使用浮动参考点在 Pt/Nafion/Pt MEA 上测量的循环伏安（CV）曲线

值之间的循环伏安图进行积分，由此获得的库仑电荷提供了有关阳极 / 电解质和阴极 / 电解质界面总面积的有价值的信息，从而得到了阳极和阴极的累积粗糙度系数。例如，在酸性环境中，使用光滑的铂阴极和光滑的铱阳极测量参考电荷值，可以估计电解槽的粗糙度并跟踪退化过程。

可以从整个电堆级别执行相同的测量（图 3.27）。从定性的角度来看，单个电解池循环伏安图的叠加提供了有关不同电解池之间电荷密度差异的信息。电荷的分布可能是由于

不同膜电极组件（MEA）之间的差异，或来自电堆中不同的电气环境的差异所致。我们需要优化电解池内部的几何结构和电解池的堆叠工艺，以尽可能减少电解池之间的电荷差异。该方法还可用于维护操作，提供在耐久性测试中分析单个电解池行为的可能性。

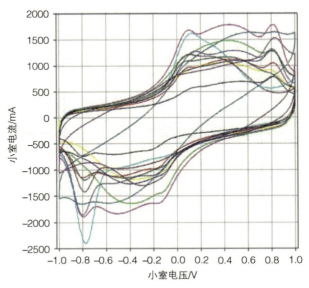

图 3.27　使用浮动参考点在 12 个小室堆叠的 MEAs 上测量的循环伏安曲线

3.4.4　电化学阻抗谱（EIS）特性

电化学阻抗谱（EIS）是另一个有用的工具，可以用来分析质子交换膜水电解槽的行为。当参考电极可用时，电化学阻抗谱（EIS）可用于测量单个电解池界面。当没有可用的参考电极时，电化学阻抗谱（EIS）可用于在实际水电解条件下，测量电解池在不同极化情况下的整体阻抗。测量时存在一个实验级别的限制，即所能达到的最大电流密度的大小，尤其是在表征大型膜电极组件（MEA）时。现代频率分析仪可以与电流放大器耦合，电流放大器可提供高达 100A 的电流。图 3.28a 显示了一个典型的 PEM 电解池的横截面（单个组件的厚度并不按比例画）。位于中心（1）的 PTFE（聚四氟乙烯）增强固体聚合物电解质（SPE）电解池，及其两个催化层（2 和 2′），夹在含碳阴极气体扩散层（GDL）和阳极多孔钛电流分散层（3 和 3′）之间。靠近端板（5 和 5′）放置的两个格栅垫片（4 和 4′）用于管理水循环和气体收集的空隙。

反映质子交换膜电解池不同特性的等效电路如图 3.28b 所示。不同的电路元件是：

1）$R^c\Omega$ 和 $R^a\Omega$（$\Omega \cdot cm^2$）：分别为在阴极和阳极处的导电金属电解池组件（双极板、隔板和集电器）的电子电阻。

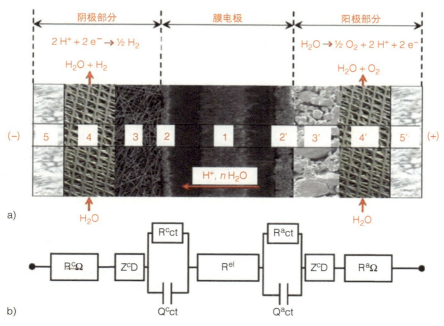

图 3.28　PEM 水电解电池的横截面以及等效电路

2）R^{el}（$\Omega \cdot cm^2$）：SPE 的离子电阻。

3）R^c_{ct}（$\Omega \cdot cm^2$）：和 HER 相关的阴极极化（电荷转移）电阻。

4）R^a_{ct}（$\Omega \cdot cm^2$）：与 OER 相关的阳极极化（电荷转移）电阻。

5）Q^c_{dl}（$F \cdot cm^{-2}$）：阴极恒相元素，用于解释多孔催化层和电解质之间的带电和 3D 界面的赝电容行为。

6）Q^a_{dl}（$F \cdot cm^{-2}$）：阳极恒相元素，用于解释阳极 / 电解质界面的赝电容。

7）Z^c_D（$\Omega \cdot cm^2$）：阴极扩散阻抗，由氢气通过多孔的阴极电流分散层从阴极传输过程中产生。

8）Z^a_D（$\Omega \cdot cm^2$）：阳极扩散阻抗，由 O_2 从阳极传输和（或）通过多孔阳极电流分散层向阳极传输 H_2O。

在小室电压低于自由能电解电压（标准条件下为 1.23V，80℃时为 1.18V）时，在 PEM 水电解池上测量的实验阻抗图是赝电容形状的。当使用粗糙的电化学界面时会出现赝电容。它们使用恒相元素（CPE）建模。标注为 Q 的 CPE 的阻抗 Z_Q 为：

$$Z_Q = \frac{1}{T(j\omega)^n} \tag{3.6}$$

式中，T 是 $F \cdot cm^{-2} \cdot s^{n-1}$ 中与频率无关的常数；n 是介于 0 和 1 之间的因子。$r_f = 1$ 等效于 $n = 1$。在这种情况下，T 的行为类似于纯电容。当小室电压增加时，电流开始流过电解池，阻抗谱的低频极限朝着实轴向下弯曲（图 3.29）。低频时在实轴上测得的电阻等于在相同电流密度下极化曲线的斜率。在低电流密度范围内，欧姆贡献较小，通常只观察到一个电弧，可以用两个凹陷的半圆来描述。随着电流密度的增加，电弧逐渐向实轴上的一个点收缩，即欧姆小室电阻的值（图 3.30）。

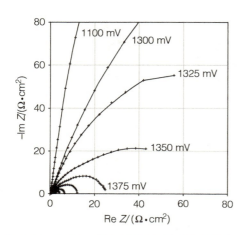

图 3.29　在 23cm² 的质子交换膜水电解槽上，在不同槽压和 80℃下测量的 EIS 阻抗谱（Nyquist 坐标）

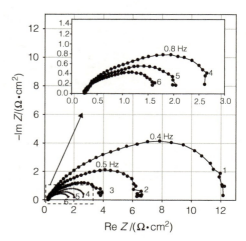

图 3.30　EIS 阻抗谱放大图，E_{cell}（mV）分别为：1—1400mV；2—1425mV；3—1450mV；4—1475mV；5—1500mV；6—1525mV

在较高的电流密度下，当使用的电流分散层的孔隙率适当时，没有质量传输限制，因此可以通过忽略扩散阻抗（Z_D^c，Z_D^a）来简化图 3.28b 的等效电路。半电池的测量结果表明，与阴极 HER 相关的电荷转移电阻通常远低于与 OER 相关的阳极电荷转移电阻（图 3.21）。这表明两个凹陷的半圆都可以归因于 OER，这是一个双电子电荷转移过程。

$$Z_{cell} \approx R_{\Omega} + \cfrac{1}{j\omega Q_{HF} + \cfrac{1}{R_{HF}}} + \cfrac{1}{j\omega Q_{LF} + \cfrac{1}{R_{LF}}} \tag{3.7}$$

因此，可以使用一个简化电路对实验阻抗图进行建模，该电路只包含两个（电阻 // CPE）电路，这些电路与欧姆电解槽电阻串联：

其中 $j = \sqrt{-1}$ ；ω 是以 rad·s⁻¹ 为单位的角频率；R_{Ω}（单位 $\Omega \cdot cm^2$）$= R_{\Omega}^c + R^{el} + R_{\Omega}^a$，是电解槽的欧姆电阻，从阻抗谱的高频截距与奈奎斯特坐标中的实轴确定；R_{HF} 和 R_{LF}（单位 $\Omega \cdot cm^2$）分别是高（HF）和低（LF）频率凹陷半圆的极化电阻；Q_{HF} 和 Q_{LF}（单位 $F \cdot cm^{-2} \cdot s^{n-1}$）是它们的 CPE。

实验观察结果与文献中报道的氧化铱 OER 的 Krasil' shchikov 机制一致（表 3.1），因此全电池 EIS 测量可用于测量阳极的特征，在 PEM 水电解槽中的两个电极是最容易退化的一种。

表 3.1　Pt 和 IrO₂ 上的两种主要 OER 机制（S= 反应位点）

机制 1: oxide path (Pt)	机制 2: Krasil' shchikov path (IrO₂)
$4Pt + 4H_2O \longrightarrow 4PtOH + 4H^+ + 4e-$（步骤 1） $4PtOH \longrightarrow 2PtO + 2PtH_2O$（步骤 2） $2PtO \longrightarrow O_2 + 2Pt$（步骤 3）	$S + H_2O \longrightarrow S - OH + H^+ + 1e^-$（步骤 1） $S - OH \longrightarrow S - O^- + H^+$（步骤 2） $S - O^- \longrightarrow S - O + e^-$（步骤 3） $S - O \longrightarrow S + 1/2O_2$（步骤 4）

3.4.5　压力型水电解和交叉渗透现象

3.4.5.1　交叉渗透现象的产生

如上所述，在水电解槽中用作小室隔板的聚合物膜应完全不透气。在实际情况中，情况并非如此。气体（氢气和氧气）在全氟磺化材料（例如杜邦 Nafion 产品）中的溶解度通常是有限的，但不为零。这就是为什么在 PEM 电解池阳极产生的氧气中的氢含量不为零的原因，反之，在阴极产生的氢气中的氧含量也不为零。这种情况是由于这些两相聚合物材料的微观结构造成的，这是一个由聚簇和相互连接的亲水区域组成的网络，并其中发生质子电传导。它们被连续的全氟聚合物主链包围（图 3.31）。根据该模型，有直径约为 40Å 的磺酸盐封端全氟烷基醚基团簇，形成反胶团，排列在晶格上。这些胶束通过大小约为 10Å 的孔或通道连接。这些 SO_3^- 包覆的通道被用来解释阳离子的簇间转移和离子电导率。

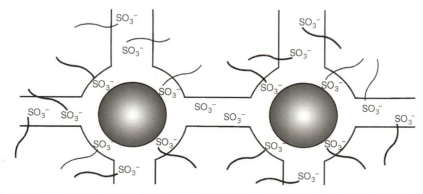

图 3.31　根据 Gierke 开发的模型得出的 Nafion 微观结构，显示了主要有机相内聚集的亲水区域网络

溶解气体从电解池一侧转移到另一侧的驱动力是操作过程中 SPE 上的化学势梯度，这是由压力梯度（浓度）引起的。传质机制主要受扩散控制的（对流也有报道，但由于 SPE 中离子团簇的尺寸非常小，对流的作用不那么重要）。到达阳极室的氢气可以与氧气发生化学反应，也可以在阳极处被电子氧化；到达阴极室的氧气可以与气态或溶解的氢反应，或者可以在阴极处被电化学还原。从整体来看，这就好像寄生电流降低了电解池的化学或法拉第效率。为了优化电解池设计并提高电解池效率，必须测量法拉第效率。

3.4.5.2 质子膜中的氢和氧溶解度

H_2 和 O_2 的亨利定律常数主要是聚合物的 EW、水含量、温度和压力的函数。Nafion 产品似乎在低于约 50℃时表现出类似水的性质，但在 50℃以上不表现出水的性质，也报道了离子电导率。气体在水中的溶解度值可以作为气体在 Nafion 中的溶解度的第一近似值。对于 H_2，在 0~100℃温度范围和 1~10atm 压力范围内可以使用以下关系式：

- for $0℃ < T < 45℃$:

$$H_{H_2}^{H_2O} = 7.9 \times 10^6 \exp\left(\frac{-545}{T}\right) \times (1 + 0.000071 p_{H_2}^3) \quad 单位为atm \cdot mol^{-1} \cdot cm^3 \tag{3.8}$$

- for $45℃ < T < 100℃$:

$$H_{H_2}^{H_2O} = 8.3 \times 10^5 \exp\left(\frac{-170}{T}\right) \times (1 + 0.000071 p_{H_2}^3) \quad 单位为atm \cdot mol^{-1} \cdot cm^3 \tag{3.9}$$

对于 O_2，在 0 ~ 100℃温度范围内，在 1atm 下，可以使用以下关系式：

- for $0℃ < T < 45℃$:

$$H_{O_2}^{H_2O} = 1.3 \times 10^8 \exp\left(\frac{-1540}{T}\right) 单位为atm \cdot mol^{-1} \cdot cm^3 \tag{3.10}$$

- for $45℃ < T < 100℃$:

$$H_{O_2}^{H_2O} = 5.1 \times 10^6 \exp\left(\frac{-500}{T}\right) 单位为atm \cdot mol^{-1} \cdot cm^3 \tag{3.11}$$

3.4.5.3 Nafion 膜对氢和氧的渗透性

气体渗透性 P^m 将气体通过膜的流量与膜上设定的压力差联系起来：

$$P^m = \frac{v}{\Delta P} \frac{L}{A} 单位为cm^2 \cdot Pa^{-1} \cdot s^{-1} \tag{3.12}$$

式中，v 是气体渗透率（$N \cdot cm^3 \cdot s^{-1}$）；$\Delta P$ 是跨膜设定的气体压力差（Pa）；L 是膜的厚度（cm）；A 是膜的截面（cm^2）。水电解 SPE 的结构如图 3.31 所示。

这是一种 3D 双相介质，其中包含大量有机相，均匀嵌入了一个渗透和亲水离子团簇网络。氢气和氧气的 P^m 值随聚合物电解质的工作温度和含水量而显著变化（图 3.32）。它们包含在 PTFE 上测量的结果，这是 SPE 有机主链和液态水的特征（类似于 SPE 的亲水质子传导簇）。这些测量清楚地表明，氢和氧在 SPE 膜上的传输是一个受扩散控制的过程，涉及水溶解的 H_2 和 O_2 分子。气体通过有机基质的传输可以忽略不计。PEM 水电解槽完全水合，因此，H_2 和 O_2 渗透率达到最大值。渗透率流动与 Fickian 扩散系数 D_i（单位为 $cm^2 \cdot s^{-1}$）的关系如下：

$$D_i = P_i^m \, R_{PG} \, T \, C_i \tag{3.13}$$

式中，R_{PG} 是理想气体的常数；T 是以 K 为单位的温度；C_i 是物质 i 的溶解度。表 3.2 汇总了不同工作温度下 Nafion 117 中的氢和氧扩散系数。在 PEM 水电解槽的 $0 \sim 100\,℃$ 工作温度范围内，D_{H_2} 大约是 D_{O_2} 的两倍，因此，氧气流中的氢气含量通常大于氢气流中的氧气含量。

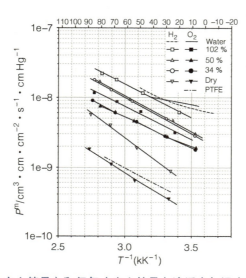

图 3.32　氢气（空心符号）和氧气（实心符号）渗透率与温度和含水量的关系

表 3.2　不同温度下完全水合的 Nafion117 的 H_2 和 O_2 渗透率和扩散系数

$T/℃$	10	20	40	60	85
$p_{O_2}^m/(\,cm^2 \cdot Pa^{-1} \cdot s^{-1}\,)$	2.1×10^{-12}	2.3×10^{-12}	3.7×10^{-12}	5.3×10^{-12}	8.4×10^{-11}
$D_{O_2}/(\,cm^2 \cdot s^{-1}\,)$	2.1×10^{-7}	2.5×10^{-7}	4.2×10^{-7}	6.5×10^{-7}	1.1×10^{-6}
$p_{H_2}^m/(\,cm^2 \cdot Pa^{-1} \cdot s^{-1}\,)$	3.8×10^{-12}	4.6×10^{-12}	7.6×10^{-12}	1.2×10^{-11}	2.0×10^{-11}
$D_{H_2}/(\,cm^2 \cdot s^{-1}\,)$	3.9×10^{-7}	4.9×10^{-7}	8.7×10^{-7}	1.5×10^{-6}	2.6×10^{-6}
D_{H_2}/D_{O_2}	1.9	2.0	2.1	2.3	2.4

3.4.5.4　考虑气体交叉渗透的简单模型

气体交叉渗透的主要特征可由以下简化的渗透模型确定。该模型基于简化假设，将污染水平（O_2 中的 H_2 以摩尔百分比或体积百分比来表示）与膜的含水量联系起来。模型假设如下：①传质受扩散控制；②扩散过程遵循菲克第一扩散定律；③在给定的电流密度、温度和压力下，阴极聚合物中溶解的氢浓度 C_{H_2} 是恒定的，并假设法拉第效率是统一的。然后，Φ_{H_2}，即穿过厚度为 L 的膜的氢气流量（以 $mol \cdot cm^2 \cdot s^{-1}$ 为单位）由下式给出：

$$\Phi_{H_2i} = D_{H_2} \frac{\Delta C_{H_2}}{L} \tag{3.14}$$

利用式（3.12），式（3.14）可以改写为：

$$\Phi_{H_2} = \frac{D_{H_2}(P_1 - P_2)}{H_{H_2}} \quad \text{单位为} mol \cdot s^{-1} \cdot cm^{-2} \tag{3.15}$$

令 j 为流过 PEM 电解池的电流密度（单位为 $A \cdot cm^{-2}$）。阳极每秒和每平方厘米产生的氧气摩尔数为 $n_{O_2} = j/2F$，其中 F 是法拉第常数。通过交叉渗透到达阳极室的氢气摩尔数由式（3.15）给出。在稳态条件下（电流密度、温度和压力为恒值），O_2 中 H_2 的摩尔百分比为：

$$\frac{n_{H_2}}{n_{H_2} + n_{O_2}} \times 100 \tag{3.16}$$

这个简化模型的主要结果是 O_2 中的 H_2 含量与电流密度成反比（在恒定温度和压力下）。但实验表明，情况并非完全如此，尤其是在低电流密度下（图 3.33）。

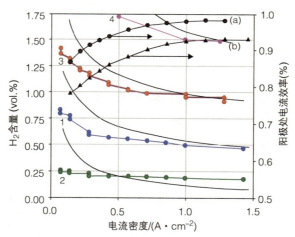

图 3.33 阳极氧气 - 水蒸气混合物中的氢气含量，在不同压力下测量，作为工作电流密度的函数；$50cm^2$ 的单槽；Pt 用于 HER、Ir 用于 OER 的 Nafion117，$T = 85℃$
1—1Bar 集流板镀铂　2—1Bar 集流板未镀铂　3—6Bar 集流板镀铂　4—30Bar 集流板未镀铂　全线条—使用式（3.13）
的最佳拟合：见正文
（a）—2Bar　（b）—30Bar，作为工作电流密度的函数

在低电流密度下，应观察到相反的关系，实验数据和模型之间存在很大的差异。这可以归因于阳极的法拉第效率。部分通过交叉渗透到达阳极的氢被重新氧化成质子。再氧化的氢气比例取决于阳极 /SPE 界面的几何形状。该过程的完整质量平衡可用于确定每个电极

的法拉第效率，通过考虑法拉第效率，可以获得更好的拟合。然而，该模型没有普遍的有效性，因为它在很大程度上取决于实验中使用的 MEA 的特定微观结构。当压力升高时，这些影响会被放大。图 3.34 显示，随着工作压力的升高，氧气中的氢含量和法拉第效率会显著降低。文献中报道了一些解决方案，以尽量减少这些负面影响。由式（3.15）可知，减小氢的交叉渗透流量主要是通过减小扩散系数、增大溶解度或增大膜厚度来实现的，但每种方法都会带来额外的负面影响。更厚的 SPE 或在 SPE 中引入 PTFE 纤维（图 3.28a）对交叉渗透有积极影响，但同时会增加电池电阻。当无机填料（如二氧化硅或氧化锆）掺入 SPE 时，也会出现同样的情况。在 SPE 中加入二氧化锆颗粒最多可以将 D_{H_2} 降至 1/10，具体取决于填料浓度，但膜的机械性能也会受到影响。最后还有一个方法，可用于减少释放氧气中的氢含量并有助于管理安全问题（但不会降低法拉第效率），是在内部促进 H_2 与 O_2 的催化重组。这可以使用所谓的内部气体重组器来实现，例如，通过在膜内添加 Pt 颗粒（重组位点）。无论使用哪种溶液，所要付出的代价总是 SPE 较低的离子电导率，也即电解过程中额外的欧姆项和较低的电解池效率。

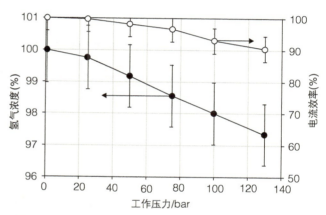

图 3.34　阴极室中的氢气纯度（●，vol%）和电流效率（○，%）与工作压力的关系

3.4.6　耐久性问题：衰减机制和缓解策略

质子交换膜水电解槽的资本支出直接关系到质子交换膜电解槽的耐久性。市场需要能够在额定操作条件下将电化学性能维持在 104～105h 以上的技术。根据文献，PEM 水电解槽的耐用性已经相当出色，在间歇运行超过 50000h 的堆叠水平上进行了耐久性测试，没有出现明显的性能损失。一些结果如图 3.35 所示。

与燃料电池技术一样，衰减率可以方便地以 $\mu V \cdot h^{-1}$ 表示。使用内部参考电极，可以分别记录小室电压以及阳极和阴极电极电位。在这里报道的案例中（实验室规模级别的实验中使用 $1.8M\Omega \cdot cm$ 去离子水，并严格监控进水的纯度），退化过程主要是由于阳极失去活性。事实上，性能下降的主要原因有两个：一组可逆的物理过程和一组不可逆的现象，往往会破坏 MEA 和其他电解池组件的完整性。第一种类型的例子是，由于在 SPE 中加入微量的杂金属阳离子而逐渐丧失电化学性能。这些阳离子通过电解模块的不锈钢管与高去离子水接触释放出来。通过与膜的质子进行离子交换，将其掺入 SPE。作为对内部电场的响应，这些杂质倾向于迁移到阴极，在那里它们可以在铂颗粒上形成欠电位沉积物。因此，阴极过电压随时间增加，电堆的能耗增加。通常，这种问题可以通过严格监控进水的质量和时不时的维护操作来控制。第二种退化过程的例子是催化层的逐渐侵蚀和活性位点的丧失，由于局部热点的形成，SPE 发生化学退化（这可能是由于通过电解池的电流线的不均匀重新分配或在静止时形成过氧化氢造成的）。这种退化机制非常关键，因为它们最终会导致 MEA 和电解槽的突然穿孔和破坏。参考文献中报道了一些例子。定期维护可避免退化现象带来的负面影响。

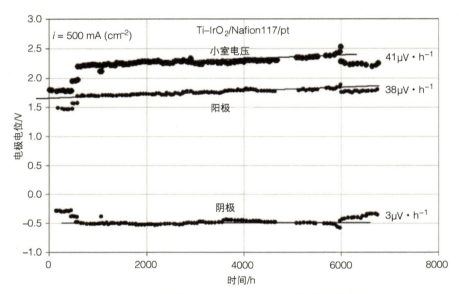

图 3.35　显示单个电极行为的 PEM 水电解槽的长期性能

3.5　电解槽电堆

3.5.1　电解槽电堆的不同配置

　　单个质子交换膜电解槽的产能有限。单个电解槽通常堆叠在一起，以根据工艺要求调整电解槽的生产能力。电堆的主要概念如图 3.36 所示。

　　单极设计（图 3.36a）是 PEM 电解

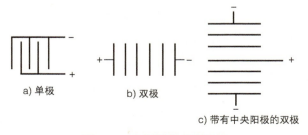

图 3.36　电解槽的串联连接

池并联的设计。更好的设计是将这些电解池串联起来。最流行且最简单的设计是在两个端板之间直接施加堆叠电压（图3.36b），或者可以使用中心阳极或阴极（图3.36c）。图3.37显示了堆叠在一起的两个MEA的横截面。多孔电流分散层被用于每个电解池小室（2）；双极板由压缩碳粉制成，带有用于水循环的内置通道（3）。在阳极一侧，双极板表面涂有一层用于防止表面氧化的钽薄膜。

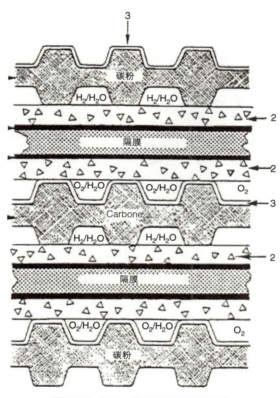

图 3.37　PEM 水电解堆的横截面

3.5.2　PEM 电解槽电堆设计

将单个PEM水电堆叠起来形成更大产能的电解槽（图3.38）。这里面的挑战是使用一种适当的设计，以确保液态水在阳极催化层的整个表面积上的均匀分布，并有效收集生产的液气混合物，以便在后续步骤中分离。另一个关键挑战是，电流在整个电堆中的均匀分布，需要适当地管理它，以避免不可接受的高衰减率。这通常是通过确保机械力压缩在整个堆叠中均匀分布来实现的。在PEM水电解堆中，基于聚合物的密封剂用于调整压缩力并描绘单个电解槽的体积。它们还用于承受电解槽和大气压之间的压差。传统的密封剂允许在高达几巴的压力下运行，在此水平以上会便出现泄漏，如要在更高的运行压力下运行，则需采用其他方法。一个单独的 PEM 堆可以安装在单独的加压室上，或者两个堆可以封装在增压筒中。图 3.38 中的两个 PEM 水电解堆（13 个 MEA，每个 250cm²，在 1.2A·cm⁻² 时，最大输出 1.6Nm³·h⁻¹H₂）安装在增压筒中，如图 3.39 所示。进水口和液气混合物出口位于前法兰上。出于安全原因，最好在电解过程中确保加压惰性气体流经加压容器，以清除泄漏的氢气和/或氧气，否则这些氢气和/或氧气可能会积聚在容器内。在电解过程中，两台高压泵用于阳极室和阴极室中加压液态水的循环。

图 3.38　两个 PEM 水电解堆的照片，每个 1.6Nm³·h⁻¹H₂　　图 3.39　加压质子交换膜水电解双堆照片，3.2Nm³·h⁻¹H₂，60bar

3.5.3　电解槽电堆的性能

在 PEM 电解水堆的设计中，主要的挑战是要保证阳极电解槽内液态水的均匀分布以及整个堆中电流线的均匀分布。判断电堆是否正常运行的最佳评价函数之一是单个电解池极化曲线的集合。例如，图 3.40 提供了在图 3.28 的两个堆栈中的一个（配备 PTFE 增强 MEA 以在高压下运行）测量的一组此类数据。在低电流密度下（当只有阳极和阴极的电荷转移电阻占优势时），可以看到一些微小的差异。这是 MEA 不均匀运行的第一个迹象，但很难判断这是来自内在差异（例如不同的粗糙度系数）还是来自各自单元中的个体环境（例如与电流分散层的异质接触）。在中等电流密度范围内，极化曲线表现出不同的欧姆斜率，如图 3.18 所示。因为所有 MEA 均采用相同的膜材料制成，这强烈表明单个电解池的电阻是并不相同。这可能是由于某些钛电解池组件或电阻型 MEAs 的表面氧化。在高电流密度范围内，小室电压意外上升表明可以获得 450 ~ 500mA·cm⁻² 的极限电流密度。这表明正在发生气体屏蔽效应，并且可能当前分散层没有牢固地压在 MEA 上（因此解释了强欧姆斜率）。当堆叠适当收紧时，屏蔽效果就消失了。现在，新的质子交换膜水电解槽需要一段激活期，在此期间达到热平衡，夹紧的 MEA 完全水合，气体通过电流分散层。在这段时间之后（图 3.41），系统运行更加均匀。

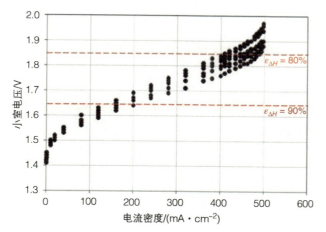

图 3.40　由 12 个小室组成的 PEM 水电解堆的一些极化曲线

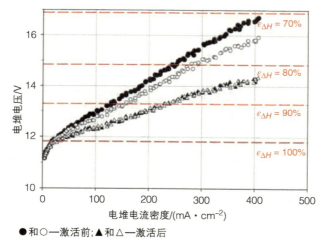

●和○—激活前；▲和△—激活后

图 3.41　加压双堆极化曲线

3.5.4　诊断工具与维护

随着 MEA 尺寸的增加，当前的同质性问题往往变得更加严重。图 3.42 描绘了一个 PEM 水电解堆，产能高达 $10Nm^3 \cdot h^{-1}H_2$（配备 $600cm^2 MEA$）。同样，挑战在于使单个电解池在相同条件下运行（性能差异会影响全局性能，但也会影响耐用性问题）。图 3.43 显示了电堆中每个单独电解槽的库仑电荷密度（通过循环伏安法测量）和内部电阻（通过电化学阻抗谱测量的高频电阻）的曲线图。

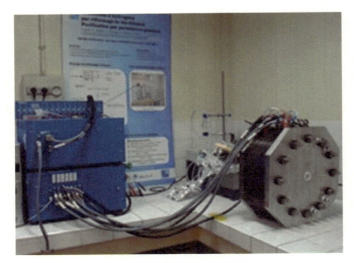

图 3.42　PEM 水电解堆的图片

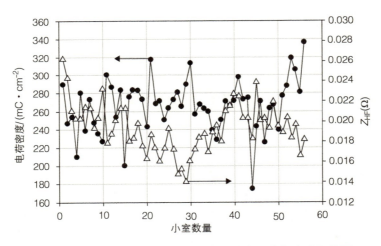

图 3.43　电堆中单个小室的阳极电荷密度和高频电池阻抗图

　　为了评估一些组装工具对电堆性能的影响，在一个用简化程序组装的电解槽原型上进行了测量。在这种情况下，测量结果表明，数据明显分散，表明各个 MEA 的电化学环境相当不均匀。电荷密度的分散可能来自单个 MEA 性能的分散（例如水合不均匀），但也可能源于它们都经历了不均匀的单独电化学环境，这可能是因为各自具有不同的电池电阻。由 EIS 测量的内阻分布进一步证实了这一点。当更好地控制电堆的内部机制时，数据的分散度就会降低（图 3.44）。要获得更高的效率和更好的耐久性，需要的是高的粗糙度因子和各个单元之间的低的数据分散。

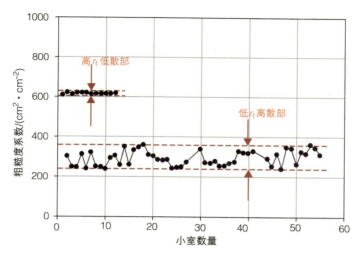

图 3.44　12 小室堆（顶部，250cm² MEAs）和 56 小室堆（底部，600cm²）的粗糙度系数（r_f）与电池数量和分布的函数图

3.6　辅助（BoP）系统

3.6.1　概述

如前一节所述，人们对进行加压水电解很感兴趣。有几种方案，最直接的一种是对阳极和阴极都加压。质子交换膜技术也证明了其在显著压差下运行的能力。一个有趣的结构是在常压下工作的加压阴极和阳极。这种设计最初是为了在无氧环境中产生氧气而开发的，例如，用于潜艇上的呼吸。压缩氢气更容易处理。对于氢经济应用而言，在压差下运行 PEM 电解槽的优势主要在于安全问题，氧气在大气中产生和释放的话，危险性就大大降低了。

对称加压 PEM 水电解装置的工艺流程图如图 3.45 所示。

纯化后（需要 0.1 ~ 1MΩcm 范围内的水电阻率），在惰性气体气氛下储存在储罐中的去离子工艺用水通过注入泵以常压泵入阳极工艺回路（高压注水需要特定的设这是加压水电解的能源，这是高压应用的一个限制）。液态水通过阳极室和阴极室泵送，水/气两相混合物在重力分离器中分离。对工艺气体进行净化（通常使用被动自催化重组器，即表面涂覆铂纳米颗粒，促进氢和氧自发重组成水），并根据下游工艺应用调整压力。脱氢后，液态水从阳极流到阴极（由于阴极室中出现的水的电渗透阻力，质子去溶剂化产生），必须循环至给水箱或阳极回路。

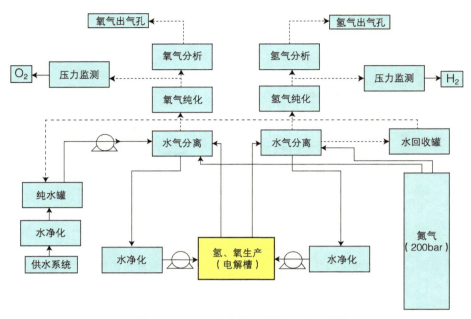

图 3.45　PEM 水电解装置的工艺流程图

3.6.2　成本分析

现场安装的 PEM 水电解槽的成本目标为约 500 美元 /kW。图 3.46 提供了传统 PEM 水电解槽的成本明细。电堆的成本大约占整个系统成本的 50%（偏差取决于系统制造商）。电堆中，双极板和电流分散层是主要成本因素。其余材料成本中，MEA 仅占四分之一，其中聚合物电解质是最昂贵的成本来源。

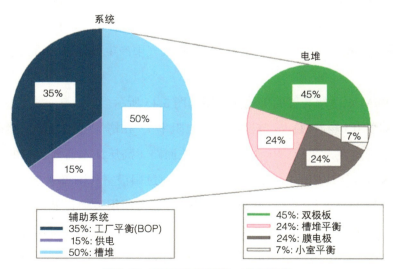

图 3.46　PEM 水电解槽：成本细分

表 3.3 汇总了使用不同技术和不同氢源原料的氢的预计交付成本。尽管可以预期，从长远来看，具有相似产能的蒸汽甲烷重整装置（SMR）和水电解装置的资本支出不会有显著差异，但由于两者之间的显著差异，水制氢现在仍比甲烷制氢更昂贵。从甲烷中提取 1mol 氢气的吉布斯自由能在标准条件下为 +41kJ，而从水中提取 1mol 氢气的吉布斯自由能在标准条件下为 +237kJ。关于甲烷等碳氢化合物制氢的成本，据称，CCS（碳捕和碳储）成本的加入对这种情况没有影响（基于最先进的估计）。当然，使用可再生能源作为一次能源也会增加氢的成本。

表 3.3 不同制氢路线的预计 H₂ 交付成本（2010 年，不含税，取决于规模）

生产路径	效率（%LVH basis）	成本（€/kg）
2015 年能源部的绿氢目标	—	1.5 ~ 2.5
无 CCS 的天然气制氢（大规模生产）	70 ~ 75	1 ~ 2
来自天然气的氢气，CCS（大规模生产）	70 ~ 75	1 ~ 4
无 CCS 的天然气制氢（加油站蒸汽重整）	70 ~ 75	2 ~ 3
天然气制氢（偏远蒸汽重整 + 货车运输）	70 ~ 75	3.5 ~ 5
无 CCS（大规模生产）的煤气化氢	—	0.5 ~ 0.9
利用 CCS（大规模生产）从煤气化中获得氢气	—	0.9 ~ 1.1
生物质制氢（离站气化 + 输送）	70 ~ 75	1.5 ~ 3.5
风能制氢（陆上和离网电解水）	30	5 ~ 7
太阳能制氢（离网水电解）	WE：75（1.0A·cm⁻²）Solar：15	6.5 ~ 8.5
核能产生的氢气（离站电解水）	WE：75（1.0A·cm⁻²）33	4.5 ~ 6.5
核能产生的氢（大规模热化学循环）	WE：75（1.0A·cm⁻²）50	4 ~ 5.5
太阳能制氢（大规模热化学循环）	50	4.5 ~ 6.5

3.7 主要供应商、商业发展历程和应用

3.7.1 商业地位

表 3.4 列出了活跃于该领域的一些国际供应商和公司的名单，由于持续的研发努力和新兴市场的出现，情况往往会迅速变化调整。

表 3.4 PEM 水电解槽的一些制造商和系统特性

制造商	原产国	容量范围/(Nm³·h⁻¹)	压力/bar	能耗/（kW·h/Nm³）（热力学效率）
Hydrogen	Norway	0 ~ 20	1 ~ 16	—
Technologies AS		0 ~ 6	1 ~ 15	
Proton Energy	United States	0 ~ 50	1 ~ 15	—

（续）

制造商	原产国	容量范围 /（Nm³·h⁻¹）	压力 /bar	能耗 /（kW·h/Nm³）（热力学效率）
Systems		0 ~ 230	1 ~ 30	4.2（84%）
Hydrogenics	Canada	0 ~ 2	1 ~ 8	4.9（72%）
Hélion/AREVA	France	0 ~ 10	1 ~ 50	—
CETH2	France	0 ~ 5	1 ~ 16	5.0（70%）
		0 ~ 20	1 ~ 16	5.2（65%）
ITM-Power	United Kingdom	0 ~ 5	1 ~ 200	6.25 ~ 7.14（57% ~ 50%）

从图 3.47 可以看出，现代 PEM 水电解槽包含大的电解槽组（ > 1000cm²，最多 100 个电解槽 / 电堆）。自运行系统是集装箱化的（图 3.48），几个电堆用于调整容量以满足工艺要求，并在必要时方便维护操作的管理。

图 3.47　10Nm³·h⁻¹H₂ 质子交换膜水电解堆（来源：由 CETH2 公司提供）

图 3.48　模块化（四堆）24Nm³·h⁻¹H₂ 质子交换膜水电解堆（来源：由 CETH2 公司提供）

3.7.2　市场和应用

氢市场包含三个主要部分（图 3.49）：工业中的化学应用氢气、氢流动性（加油站）和储能用氢（地方需求和电网调节需要中型系统，可再生能源的季节性储存需要大型系统）。在成本方面，电解级氢气无法与甲烷制氢竞争。尽管现代变压吸附（PSA）氢气纯化器倾向于提供适当的纯度，但工业领域中现有的一些市场应用需要不含碳的纯氢气。水电解的主要优点是工艺灵活性和现场模块化生产的可能性。如果氧气也可以用于附近的生产过程，这是另一个优势。然而，如果主电源来自可再生能源，则需要存储单元。

用于移动应用的加氢站被视为一个新兴市场，水电解槽可以为传统 SMR 提供替代解决方案。

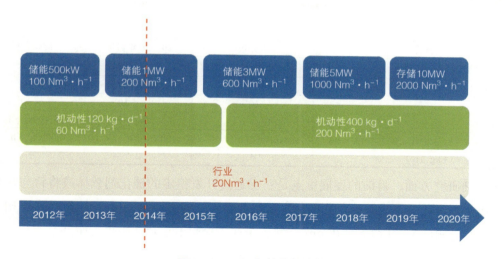

图 3.49 2020 年的市场趋势

3.8 局限、挑战和前景

在目前的技术水平下，PEM 水电解技术已经是一种高效的工艺：在 1A·cm^{-2} 的实验室规模下，焓效率高达 80%～85%（根据氢气的较高热值计算）。市场应用的主要缺点来自以下事实：需要更大的电解槽（短期内至少需要 10kgH$_2$·h^{-1} 的氢产能来为加氢站供应氢气）以数个 A·cm^{-2} 电流密度运行并具有更长的耐用性，并且市场需求正在呼唤价格低至 500 美元 /kW 范围的系统。表 3.5 汇总了 PEM 水电解器的最新性能、短期目标和最终潜力。这是一个快速发展的领域，如果在公共资金机构的资助下做出适当的研发努力，可能会比预期更快地达到里程碑。在电堆层面，需要为所有电解池组件开发创新材料以提高性能。更换铂族催化剂和昂贵的 SPE 仍然是一个具有挑战性的问题，但所有电解池组件都受到关注。

表 3.5 目前最先进的、短期目标和终极 PEM 水电解规格

特性	最先进	20～30 年目标	终极目标
工作电流密度 /（A·cm^{-2}）	0～1	0～2	0～5
工作温度 /℃	50～80	80～120	100～150
工作压力 /bar	1～50	1～350	1～700
PGM 催化剂的焓变效率	80% at 1A·cm^{-2}	80% at 2A·cm^{-2}	80% at 4A·cm^{-2}
使用非铂族金属催化剂的焓效率	30%～40% at 1A·cm^{-2}	60% at 1A·cm^{-2}	60% at 1A·cm^{-2}
膜电极电压降 /（mV，1A·cm^{-2}）	150	100	67
膜电极离子电导率 /（80℃，s·cm^{-1}）	0.17	0.20	0.30
膜电极氢气渗透性 /（cm^2·s^{-1}·Pa^{-1}）（80℃，全湿度）	10^{-11}	10^{-9}	10^{-9}

（续）

特性	最先进	20~30年目标	终极目标
阴极铂含量 /（mg·cm^{-2}）	1.0~0.5	0.5~0.05	< 0.05
阳极 PGM（铱、钌）含量 /（mg·cm^{-2}）	1.0~2.0	0.5~0.1	< 0.1
耐久性 /h	10^4	10^4~5.10^4	> 10^5
制氢量	1kg·h^{-1}	> 10kg·h^{-1}	> 100kg·h^{-1}
能耗 /（kW·h·kg^{-1}H$_2$，80℃，1A·cm^{-2}）	（≈10Nm^3·h^{-1}）56	（≈100Nm^3·h^{-1}）< 50	（≈1000Nm^3·h^{-1}）48
非能源成本 /（€kg^{-1}H$_2$）	5	2	1

在基础研究方面，目前的发展重点是：①通过开发稳定的催化剂载体或将钌与铱和惰性氧化物（锡、钛等）合金化，减少阳极的铱载量；②开发无贵金属催化剂（PGM 用于电化学性能基准测试）；③研究替代 SPE（研发主要由燃料电池行业的需求驱动）。

在应用研究方面，重点是使用碳载体和 / 或特定的印刷方法（如丝网印刷）减少阴极的铂含量，以及钛双极板和集电器的表面处理，以降低接触电阻（铂涂层价格昂贵，但氮化物、碳化物等可被视为有趣的替代品）。PEM 电解水的主要挑战是识别和合成性能与目前先进技术相似的替代材料。

3.8.1　用非贵金属电催化剂替代铂

近年来，不同的化合物已被确定为替代 PEM 水电解槽阴极铂用于 HER 的潜在候选物。在碱性技术中，镍和钴是 HER 和 OER 的合适元素。大块金属颗粒无法承受 PEM 电解池的酸性环境。米利及其同事提出的想法是使用含有钴、镍或铁活性中心的单核分子化合物，取得了一些有意义的结果。特别是，吸附在大表面积碳质电子载体表面的硼封三钴络合物已成功实施。图 3.50 绘制了使用此类阴极和 IrO$_2$ 阳极 PEM 电解水期间获得的一些典型结果。

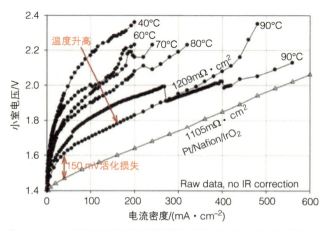

图 3.50　在一个 250cm^2 PEM 水电解槽不同温度下测得的极化曲线，该电解槽包含一个 IrO$_2$ 阳极和一个碳 - 硼覆盖的三（乙二醛）钴配合物阴极

在获得最佳电解槽性能之前，需要一个激活过程。工作温度和电流密度逐渐升高，几小时后，电解槽完全激活（在低电流密度下观察到的额外电荷转移过电压趋于降低）。激活电解槽的极化曲线接近于在带有铂阴极的同一电解槽中测得的参考曲线。尽管在 HER 中，钴 - 共轭螯合物阴极的效率仍然低于铂，但仍然获得了有趣的电化学性能。当电流密度为 $500mA \cdot cm^{-2}$，温度为 90℃时，电解槽效率 $\varepsilon_{\Delta H}$ 约为 80%。

此外，与铂相比，这种阴极更不容易受到表面污染，并且可以使用纯度较低的给水进行操作。图 3.51 显示了工艺耐久性方面的一些结果。在加速老化测试期间，电解槽由 $0 \sim 2A \cdot cm^{-2}$ 的阶跃电流负载供电。在老化周期结束时，每 8h 记录小室电压的条件为 $1A \cdot cm^{-2}$。使用相同的 Nafion117 SPE，用常规 Pt/IrO$_2$ MEA 测量的参考耐久性曲线也被绘制出来进行比较。尽管测试条件恶劣，图 3.51 显示测试期间性能保持相当稳定。这说明有一些可靠的替代方案可以替代此类电解池中的铂（当然，在阳极替代二氧化铱的情况更具挑战性）。

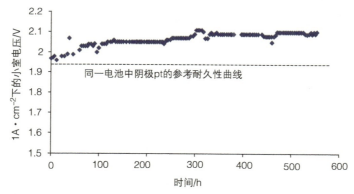

图 3.51 在 $1A \cdot cm^{-2}$，80℃下对 PEM 水电解槽进行的耐久性试验，该电解槽包含一个 IrO$_2$ 阳极和一个碳 - 硼覆盖的三（乙二醛）钴配合物阴极

3.8.2 用非贵金属电催化剂替代铱

在 PEM 电解池的阳极上替换 PGM（铱）是一个更具挑战性的任务。一些研究方法倾向于从自然光合作用中获得灵感，尽管操作条件（氧气反应中心的操作潜力、ORC 和周转）完全不同。在自然析氧系统中，OER 位于光系统Ⅱ。最近发现，水的氧化过程中涉及有一个锰钙团簇。锰基双核和三核配合物，例如混合价物质的 $[Mn_2O_2L_2]^{3+}$ 已在 PEM 水电解槽中作为 OER 催化剂进行了测试。虽然发现这些化合物的化学稳定性足够，但发现它们作为催化剂在酸性介质中促进 OER 的效率不足，迄今为止，使用钌配合物获得了最重要的结果。

3.8.3 在更高温度下运行的质子膜

传统 SPE（杜邦公司的 Nafion® 产品）仅限于低于 90℃的工作温度。除此之外，这些材料的水膨胀特性导致含水量过高，膜失去其机械性能。这是所有 PEM 技术都关心的问题。汽车用氢氧燃料电池的发展推动了这一领域的研究。在 PEM 燃料电池中，大约 50% 的水形成反应的自由能变化，并以热量的形式释放到周围环境中。与内燃机（ICE）驱动的汽车相比，在常规（80～90℃）温度下的车载操作需要更大的热交换器。工作温度接近 150℃将是更合适的。Nafion® 的替代全氟磺酸（PFSA）材料（例如短链 PFSA，如 Solvay 公司的 Aquivion®）在这样的温度下是稳定的。它们在 PEM 水电解槽中的应用也很有趣（图 3.52）。燃料电池技术的另一个问题来自水管理问题。原料气体必须适当水化，阴极氧气还原产生的水必须除去，以避免冷凝、溢流效应和性能损失。这些问题至关重要，一个新的研究趋势是开发新的聚合物，包括新的质子传导机制，并在准干燥条件下运行。磷酸浸渍聚苯并咪唑（PBI）材料可用于将工作温度延长伸 250℃。可以预期，如果化学稳定性增加，所有这些研究的结果也将有利于 PEM 水电解。

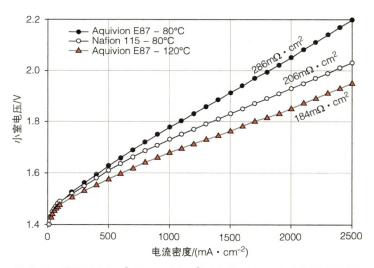

图 3.52　使用 Nafion® 和 Aquivion® SPEs 的 PEM 水电解极化曲线

3.8.4 高电流密度运行

传统碱性水电解槽的工作电流高达 200～400mA·cm^{-2}，而传统 PEM 水电解槽的工作电流高达 0.8～1.0A·cm^{-2}。在 2.0～2.5A·cm^{-2} 范围内运行的 PEM 系统已经开发并成功测试，但从图 3.53 中可以看出，PEM 水电解槽可以维持更高的工作电流密度，尤其是当电解槽加压时，气相的体积分数降低。在图 3.53 的实验中，电池的欧姆电阻仍然很高

（250mΩ·cm^{-2}，而使用适当的非MEA电解槽组件可实现小于100mΩ·cm^{-2}）。在如此高的电流密度下运行PEM电解池具有明显的经济优势，即使焓效率下降到60%以下。这里有两个主要的挑战：①开发设计出能够承受这种条件的电解池；②高于2.0V情况下，电解池组件往往会迅速腐蚀，电解池耐用性受到显著影响。

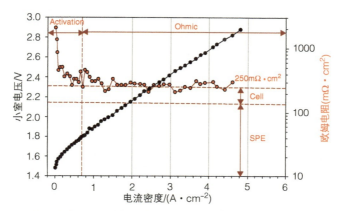

图3.53　在连续电力负载下测得的PEM水电解极化曲线和电池欧姆电阻

3.8.5　高压操作

PEM水电解是一种可以直接输送压缩氢气的技术。表3.6汇总了图3.39中PEM双堆在1～130bar压力范围内获得的一些结果。测量在固定条件下进行，电流密度为500mA·cm^{-2}，平均工作温度为88℃。

表3.6　在稳定运行条件下使用高压PEM水电解堆获得的测试结果

参数	单位	工作压力下的测量值 /bar					
		1	25	50	75	100	130
电流	A	123.5	126.5	125.5	124.5	125.0	124.0
工作温度	℃	86	87	85	89	84	88
氢气产率	Nm^3·h^{-1}	0.68	0.69	0.68	0.65	0.64	0.63
氢气纯度（重组前）	%vol	99.98	99.76	99.18	98.56	98.01	97.34
氢气纯度（重组后）	%vol	99.999	99.999	99.997	99.995	99.993	99.991
小室电压	V						
1		1.70	1.70	1.71	1.71	1.72	1.73
2		1.68	1.69	1.70	1.71	1.71	1.72
3		1.71	1.71	1.71	1.72	1.71	1.71
4		1.70	1.71	1.71	1.73	1.74	1.74
5		1.71	1.70	1.71	1.71	1.73	1.74
6		1.69	1.69	1.70	1.71	1.73	1.73

（续）

参数	单位	工作压力下的测量值 /bar					
		1	25	50	75	100	130
7		1.70	1.69	1.69	1.70	1.72	1.73
8		1.68	1.70	1.70	1.73	1.74	1.74
9		1.68	1.69	1.71	1.72	1.73	1.74
10		1.69	1.69	1.71	1.73	1.73	1.74
11		1.70	1.71	1.71	1.72	1.73	1.74
12		1.68	1.69	1.70	1.72	1.73	1.74
13		1.69	1.71	1.71	1.71	1.72	1.74
槽电压	V	22.01	22.08	22.17	22.32	22.44	22.54
功耗	kW	2.72	2.79	2.78	2.78	2.81	2.79
比能耗	$kW \cdot h\,Nm^{-3}$	4.03	4.08	4.12	4.31	4.38	4.47
电流效率	%	99.98	99.68	98.13	96.57	92.91	90.45
能量效率 $\varepsilon_{\Delta G}$	%	72.6	72.4	72.1	71.6	71.2	70.9

前文讨论的交叉渗透现象是法拉第效率损失、气体污染和安全问题的主要原因。随着运行压力的升高，由于气体穿透增加，氢气纯度从大气压下的 99.98% 下降到 97.34%（在130bar 下）。空气中氢的爆炸极限为 4vol%（体积分数），这种情况可能会导致危险。正如其他地方已经指出的，内部气体重组器的使用提供了一种简单而有效的方法来管理爆炸危害，并将氢气的最终纯度维持在 > 99.99% 的水平，即远高于爆炸混合物的阈值。

3.9 结论

本章的目的是回顾目前最先进的 PEM 水电解技术，找出现有技术的一些局限性，并对未来的市场应用提出一些展望。PEM 水电解是一项比较年轻的技术，出现在 20 世纪 70年代，当时合适的聚合物电解质材料已经商业化。该技术主要用于一些特殊应用，尤其是无氧环境中的制氧。产能高达 $10Nm^3 \cdot h^{-1}H_2$ 的系统已成功开发。这项技术的主要优点是：①不需要腐蚀性和泄漏的电解质；②在高电流密度下运行的可能性（可达 $A \cdot cm^{-2}$ 数量级）；③在高压下安全运行的可能性（已成功测试了运行在 100bar 以上的原型机）；④很好地适应瞬态功率负载下的运行。在过去的几十年里，我们以碳氢化合物为基础的能源经济出现了严重的经济和环境约束。从目前的情况和短期预测来看，可再生能源在我们的能源结构中所占的份额越来越大。电解级氢的新市场正在出现，因为水分解似乎是将瞬态电力负荷曲线转换为"易于储存和分配"的化学燃料的最佳选择。氢似乎也是将二氧化碳转化为合成含碳燃料的一种优良化学品。在短期内，预计将在工业国家部署加氢站，为市民提供选择生态交通方式的可能性。从长远来看，部署大型水电解槽用于季节性储能的可能性也在考虑之中。向这种全球"氢经济"的过渡预计不会在几年内发生，但公众支持的研发工作和氢基础设施的部署肯定会有助于实现这一愿景。近年来，欧盟制定了雄心勃勃的2020年及以后能源和气候变化目标，对能源和运输系统的脱碳道路做出了长期承诺。能源供应安全也是政治议程上的重要议题。这些战略目标已反映在欧盟委员会关于"地平线2020"的提案中。"地平线2020"是欧洲2020年的研究和创新支柱，其重点是提供从基础研究到市场引入的支持。FCH技术有可能有助于实现这些目标，而且它们是欧盟能源和气候政策的技术支柱——SET计划的一部分。在过去10年中，这些技术在效率、耐用性和成本降低方面取得了重大进展。预计2015—2020年将与现有技术竞争并已为此目的制定了绩效目标，并认为通过充分重视研发是可以实现的。一些小众应用的商业化已经开始，这反映在一个快速增长的市场，预计在未来10～20年每年将达到430亿美元和1390亿美元，2012年预计为7.85亿美元。这种增长可能会创造数十万个就业机会。现在的问题是，欧洲如何才能在这个新生行业中占据最大份额，以及在未来几年内必须做些什么。

在这种大背景下，水电解，更具体地说，PEM水电解预计将发挥越来越大的作用。第一个能够以$100Nm^3 \cdot h^{-1}H_2$的产能输送加压氢气的系统现已上市。一些市场驱动的新应用正在推动研发，活跃在该领域的主要商业供应商正计划在短期内将兆瓦级的系统推向市场。PEM电解水的潜力尚未得到充分证明。有迹象表明，未来的系统将在更高的电流密度下运行。

参考文献

1. Grubb, W.T. (1959) Batteries with solid ion-exchange electrolytes. *J. Electrochem. Soc.*, **106**, 275–281.
2. Mauritz, K.A. and Moore, R.B. (2004) State of understanding of nafion. *Chem. Rev.*, **104**, 4535–4585.
3. Rasten, E., Hagen, G., and Tunold, R. (2003) Electrocatalysis in water electrolysis with solid polymer electrolyte. *Electrochim. Acta*, **48**, 3945–3952.
4. Millet, P., Durand, R., and Pinéri, M. (1989) New solid polymer electrolyte composites for water electrolysis. *J. Appl. Electrochem.*, **19**, 162–166.
5. (1981) Solid polymer Electrolyte Water Electrolysis Technology Development for Large-Scale Hydrogen Production. US Department of Energ DOE/ET/26 202–1.

6. (2003) Hydrogen Energy and Fuel Cells. Directorate General for Research, Report EUR 20719 EN, European Commission, Brussels.

7. Millet, P., de Guglielmo, F., Grigoriev, S.A., and Porembskiy, V.I. (2012) Cell failure mechanisms in PEM water electrolyzers. *Int. J. Hydrogen Energy*, **37**, 17478–17487.

8. Takenaka, H. and Torikai, E. (1980) Pd structural catalyst for oxygen reduction reaction and its single cell performance. Japanese Patent n° 55,38934, March 18th.

9. Millet, P., Durand, R., and Pinéri, M. (1990) Preparation of new solid polymer electrolyte composites for water electrolysis. *Int. J. Hydrogen Energy*, **15**, 245–253.

10. Millet, P., Durand, R., Dartyge, E., Tourillon, G., and Fontaine, A. (1993) Precipitation of metallic platinum into Nafion ionomer membranes- experimental results. *J. Electrochem. Soc.*, **140**, 1373.

11. Millet, P., Andolfatto, F., and Durand, R. (1995) Preparation of solid polymer electrolyte composites. Investigation of the ion-exchange process. *J. Appl. Electrochem.*, **25**, 227–232.

12. Millet, P., Andolfatto, F., and Durand, R. (1995) Preparation of solid polymer electrolyte composites. Investigation of the precipitation process. *J. Appl. Electrochem.*, **25**, 233–239.

13. Grigoriev, S.A., Millet, P., Volobuev, S.A., and Fateev, V.N. (2009) Optimization of porous current collectors for PEM water electrolysers. *Int. J. Hydrogen Energy*, **34**, 4968–4973.

14. Millet, P., Mbemba, N., Grigoriev, S.A., Fateev, V.N., Aukauloo, A., and Etievant, C. (2011) Electrochemical performances of PEM water electrolysis cells and perspectives, *Int. J. Hydrogen Energy*, **36**, 4134–4142.

15. Marshall, A., Børresen, B., Hagen, G., Tsypkin, M., and Tunold, R. (2009) Hydrogen production by advanced proton exchange membrane (PEM) water electrolyzers-reduced energy consumption by improved electrocatalysis. *Int. J. Hydrogen Energy*, **34**, 4974–4982.

16. Millet, P. (1994) Water electrolysis using EME technology: electric potential distribution inside a Nafion membrane during electrolysis. *Electrochim. Acta*, **39**, 2501.

17. Trasatti, S. and Petri, O.A. (1992) Real surface area measurement in electrochemistry. *J. Electroanal. Chem.*, **327**, 353–376.

18. Savinell, R.F., Iii, R.L.Z., and Adams, J.A. (1990) Electrochemically active surface area voltammetric charge correlations for ruthenium and iridium dioxide electrodes. *J. Electrochem. Soc.*, **137**, 1–6.

19. Rozain, C. and Millet, P. (2014) Electrochemical characterization of polymer electrolyte membrane water electrolysis cells. *Electrochim. Acta*, **131**, 160–167.

20. Brug, G.J., Van Den Eeden, A.L.G., Sluyters-Rehbach, M., and Sluyters, J.H. (1984) The analysis of electrode impedances complicated by the presence of a constant phase element. *J. Electroanal. Chem. Interfacial Electrochem.*, **176**, 275.

21. Gierke, T.D., Munn, G.E., and Wilson, F.C. (1981) The morphology in Nafion perfluorinated membrane products, as determined by wideand small-angle x-ray studies. *J. Polym. Sci., Part B: Polym. Phys.*, **19**, 1687–1704.

22. Grigoriev, S.A., Porembskiy, V.I., Korobtsev, S.V., Fateev, V.N., Auprêtre, F., and Millet, P. (2011) High-pressure PEM water electrolysis and corresponding safety issues. *Int. J. Hydrogen Energy*, **36**, 2721–2728.

23. Ferry, A., Doeff, M.M., and DeJonghe, L.C. (1998) Transport property measurements of polymer electrolytes. *Electrochim. Acta*, **43**, 1387–1393.

24. Mann, R.E., Amphlett, J.C., Peppley, B.A., and Thurgood, C.P. (2006) Henry's law and the solubilities of reactant gases in the modeling of PEM fuel cells. *J. Power. Sources*, **161**, 768–774.

25. Sakai, T., Takenaka, H., Wakabayashi, N., Kawami, Y., and Torikai, E. (1985) Gas permeation properties of Solid Polymer Electrolyte (SPE) membranes. *J. Electrochem. Soc.*, **132**, 1328–1332.

26. Grigoriev, S.A., Millet, P., Korobtsev, S.V., Porembskiy, V.I., Pepic, M., Etiévant, C., Puyenchet, C., and Fateev, V.N. (2009) Hydrogen safety aspects related to

high-pressure polymer electrolyte membrane water electrolysis. *Int. J. Hydrogen Energy*, **34**, 5986–5991.

27. Goodridge, F. and Scott, K. (1995) *Electrochemical Process Engineering: A Guide to the Design of Electrolytic Plant*, Plenum Publishing Corporation.

28. Wendt, H. and Kreysa, G. (1999) *Electrochemical Engineering: Science and Technology in Chemical and Other Industries*, Springer.

29. Millet, P., Grigoriev, S.A., and Porembskiy, V.I. (2013) Development and characterisation of a pressurized PEM Bi-stack electrolyzer, *Int. J. Energy Res.*, **37**, 449–456.

30. Cerri, I., Lefebvre-Joud, F., Holtappels, P., Honegger, K., Stubos, T., and Millet, P. (2012) Scientific Assessment in support of the Materials Roadmap Enabling Low Carbon Energy Technologies, Coordination: Hydrogen and Fuel Cells. JRC Scientific and Technical Reports, Report EUR 25293 EN, European Commission, Brussels.

31. Pantani, O., Anxolabéhère, E., Aukauloo, A., and Millet, P. (2007) Electroactivity of cobalt and nickel glyoximes with regard to the electro-reduction of protons into molecular hydrogen in acidic media. *Electrochem. Commun.*, **9**, 54–58.

32. Pantani, O., Naskar, S., Guillot, R., Millet, P., Anxolabéhère, E., and Aukauloo, A. (2008) Cobalt clathrochelate complexes as hydrogen-producing catalysts. *Angew. Chem. Int. Ed.*, 9948–9950.

33. Millet, P., Rozain, C., Villagra, A., Ragupathy, A., Ranjbari, A. and Guymont, M. (2014) Implementation

of cobalt clathrochelates in polymer electrolyte water electrolysers for hydrogen evolution. *Chem. Engineering. Trans*, **41**, in press.

34. Ferreira, K.N., Iverson, T.M., Maghlaoui, K., Barber, J., and Iwata, S. (2004) Architecture of the photosynthetic oxygen-evolving center. *Science*, **303**, 1831–1838.

35. Mishra, A., Wernsdorfer, W., Abboud, K., and Christou, G. (2005) The first high oxidation state manganese-calcium cluster: relevance to the water oxidizing complex of photosynthesis. *Chem. Commun.*, 54–56.

36. Medhoui, T., Anxolabehere, E., Aukauloo, A., and Millet, P. (2006) Biomimetic approaches for the development of non-noble metal electrocatalysts. Application to PEM water electrolysis. Proceeding of the 16th World Hydrogen Energy Conference, Lyon, France, June 13–16, 2006.

37. Mbemba, N., Herrero, C., Ranjbari, A., Aukauloo, A., Grigoriev, S.A., and Millet, P. (2013) Ruthenium-based molecular compounds for oxygen evolution in acidic media. *Int. J. Hydrogen Energy*, **38–20**, 8590–8596.

38. Grigoriev, S.A., Porembskiy, V.I., Korobtsev, S.V., Fateev, V.N., Auprêtre, F., and Millet, P. (2011) High-pressure PEM water electrolysis and corresponding safety issues. *Int. J. Hydrogen Energy*, **36**, 2721–2728.

39. Ströbel, R., Oszcipok, M., and Fasil, M. (2002) The compression of hydrogen in an electrochemical cell based on a PEM fuel cell design. *J. Power Sources*, **105**, 208–215.

第 **4** 章

碱性水电解

尼古拉斯·吉列特，皮埃尔·米勒

4.1　历史背景

1789 年，在 J.Cuthberston 的协助下，Paets Van Troostwyk 和 Deinman 发表了一篇文章，进行关于水通过放电分解为"可燃空气"（也称为氢气）和"生命空气"（也称为氧气）实验的首次观察结果。在 19 世纪，随着电动式发电机的改进，如 1869 年的克拉姆发电机，水电解法成为一种经济的制氢方法。俄罗斯物理学家 D.Latchinof 教授、法国巴黎法兰西学院的 d'Arsonval 博士和法国沙莱军事航空研究所所长 Renard 博士共同开发了通过水电解制氢和制氧的装置。

1885—1887 年间，d'Arsonval 在法兰西学院利用电解槽产生纯氧，用于生理学实验研究。一个带孔的铁圆筒被用作阳极，放入一个用作隔膜的布袋中。使用 30% 的 KOH 溶液作为电解质。一个圆柱形容器（直径 20cm，高 60cm）被用作阴极。施加的最大外电流为 60A，相当于阴极的电流密度为 16mA·cm^{-2}（阴极的额定工作电流密度在 5 ~ 8mA·cm^{-2} 之间）。只收集氧气，该设备每天产生 100 ~ 150Nm^3 氧气，该设备的主要局限性是需要经常更换隔膜。

Renard 博士开发了一种水电解槽，为气球充气提供氢气。他试验了酸性（27wt%$^{\ominus}$）和碱性电解质（NaOH 15wt%），电极由 2mm 厚的铁板制成，内电极作为阳极，直径 17.4cm，高 3.29m。它被打了 300 个孔（直径 10mm），并放在一个石棉袋中。外电极直径 30cm，高 3.404m，既是阴极又是电解液槽。在 36A 时，内阻约为 7.5mΩ，电压约为 2.7V（阴极的额定工作电流密度为 12mA·cm^{-2}）。该装置制氢产能为 158NL·h^{-1}。

　　$\ominus$　wt% 表示质量分数。

Latchinov 教授开发了第一台使用多个双极电极的机器，电极由铁罐中的羊皮纸隔开。他在 10% 的 NaOH 电解质液中使用铁电极。该装置被插入一个 2m 长的密封木箱中，该装置被铁电极板分隔成一系列的电化学小室。在这些电极板之间放置着羊皮纸的隔膜。盒子内最多可放置 44 块电极（高 1.4m，宽 21cm）。这两块外板与电流源相连。施加的电流强度约为 100mA·cm^{-2}（300A），平均小室电压为 2.5V（外部小室间施加的电压为 110V）。Latchinov 教授也被认为是第一个开发加压水电解槽的人。

1900 年，Schmidt 博士提出了一项专利，根据该专利生产出了第一台基于压滤机设计的工业电解槽（图 4.1）。Schmidt 的装置采用边缘有橡胶加固的石棉布作为隔膜。提出了两种不同的类型：用于 110V 外加电压的 44 个电池类型和用于 65V 的 26 个电池类型（每个电池的平均电压为 2.5V）。每种类型有五种尺寸，电流为 15 ~ 150A（对应制氢产能为163 ~ 2750NL·h^{-1}）。

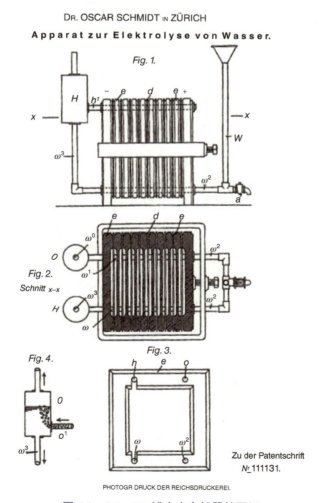

图 4.1　Schmidt 博士水电解器的图纸

Schmidt 双极电解槽由 Maschinenfabril Oerlikon（瑞士）公司于 1902 年制造并商业化。20 世纪初，有 400 多台工业电解槽投入运行（图 4.2）。这种电解槽主要用于工业应用，最终目的是获取高温的氢氧火焰，为焊接或切割应用（冶金、玻璃器皿生产、珠宝等）生产氢气和氧气。

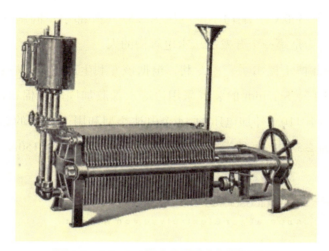

图 4.2　Schmidt 博士发明的电解槽示意图

在 20 世纪 20 年代和 30 年代，随着哈伯法（$N_2 + 3H_2 \rightarrow 2NH_3$）的实施，需要越来越多的氢来生产肥料（硝酸盐）和炸药（硝酸铵）。这种对氢的需求，加上山区国家水力发电的低成本，促进了水电解技术的发展，工业市场由三家主要公司主导：Oerlikon（瑞士）、Norsk Hydro（挪威）和 Cominco（加拿大）。1927 年，Norsk Hydro 公司在 Rjukan 的 Vemork（Telemark，挪威）建造了第一个大型电解槽。这个 125MW 的工厂氢气产能为 27900Nm^3 · h^{-1}。最重要的电解氨厂建于 1947 年，由 Norsk Hydro 公司在挪威 Glomfjord 运营，每天生产 1300t 氨和 85kgD$_2$O，需要 380MW 的水电。

自 20 世纪 50 年代以来，碳氢化合物能源在工业中的地位越来越高。通过煤气化和天然气蒸汽重整可以大规模生产氢，而且成本比电解低得多。水电解的经济优势逐渐减弱，挪威最后一家大型水电解工厂（Glomfjord）于 1992 年关闭（图 4.3）。

2010 年，工业氢（每年约 7000 万 t）主要由无碳捕获和储存（CCS）的化石燃料原料生产：48% 来自天然气，30% 来自炼油厂 / 化学尾气，18% 来自煤炭，只有 4% 来自电解水。大部分氢产品用于化学和炼油工业。然而，食品和制药行业更喜欢电解氢，因为电解氢易于现场生产，而且气体纯度高（通常为 99.999%），无污染物排放。可再生能源（太阳能 / 风力发电厂）的大规模开发，以及对高效储存能源的需要，重新燃起了全世界对水电解的兴趣。提高电解水的效率和减少资本开支是目前的两大主要目标。

NEL A I Large Scale Plant I Glamford, Norway 1953 – 1991 I 30000 Nm ¹/hour I 135MW

图 4.3　Glomfjord 两个电解工厂之一的图片

4.2　电解槽单元

4.2.1　概述

与其他水电解技术相比，碱性水电解的主要优势是可以由广泛且廉价的材料制成：简单的铁或镍钢电极用于生产氢气，镍电极用于制氧。电极浸入由浓氢氧化钾（通常接近 $6mol \cdot L^{-1}$）制成的高浓度碱性水溶液中。一种多孔固体材料（隔膜），允许在电极之间传输氢氧根离子（OH^-），并且在阳极和阴极之间对氧和氢（气泡和电解液中溶解的气体）表现出非常低的渗透性，以有效分离产生的气体，避免可能导致的安全危险和低法拉第效率。反应需要通过两个电极之间的电位差来提供电能。在实际操作中，槽电压在 $1.3 \sim 2.0V$ 范围内。当电极之间施加足够的电位差时，阳极（水的氧化）和阴极（水的还原）反应分别在阳极和阴极上同时发生。阳极在接近 $1.8 \sim 2.0V$ RHE（可逆氢电极）的电位下被极化，电解液中的 OH^- 离子根据式（4.1）被氧化成氧气。这是析氧反应，简称 OER。制氢发生在阴极，阴极在负电位下极化（相对于 RHE）。来自外部电路的电子用于还原氢气中的水、电解液中的气泡和 OH^- 离子，这就是析氢反应，简称 HER。

$$阳极：4OH^- \longrightarrow O_2 + 2H_2O + 4e^- \quad E° = 1.23V \text{ 相对于 RHE} \tag{4.1}$$

$$阴极：4H_2O + 4e^- \longrightarrow 2H_2 + 4OH^- \quad E° = 0V \text{ 相对于 RHE} \tag{4.2}$$

需要注意以下两点：

1）两种电化学反应发生在电极表面：电解液（H_2O 和 OH^-）与传导电子的金属电极之间的接触点。

2）产生的气体量与流过电路的电流成正比（法拉第定律）：当四个电子通过电源时，就会同时产生一个氧分子和两个氢分子。

可以使用两种不同类型的水电解槽：由 d'Arsonval 博士和 Renard 博士开发的槽式电解槽（单极结构，图 4.4），简单可靠；由 D.Latchinov 教授和 Schmidt 博士开发的压滤式电解槽（双极结构，图 4.5），结构更紧凑。它们具有较低的欧姆损耗，生产相同产量的气体所需的能量更少。双极性电解槽的缺点与其结构的复杂性、电解质循环（泵送）的要求以及外部气体 / 电解液分离器的使用有关。

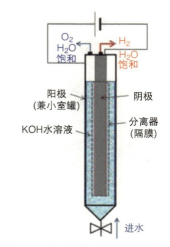

图 4.4　单极碱性水电解槽示意图

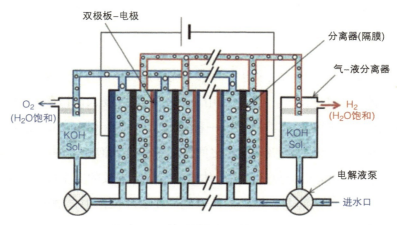

图 4.5　双极碱性水电解槽示意图

大多数工业碱性水电解槽必须保持在最小电流密度（额定功率的 10% ～ 20%）下运行。这是因为将产生氧气和氢气的两个腔室隔开的多孔材料并非完全不渗透反应产物：气体部分溶解在电解液中。由于化学扩散（菲克定律）的作用，一些氢气从阴极室永久地通过分离器进入阳极室，并与产生的氧气混合。同样，一部分氧气也穿过分离器，与产生的氢气混合。根据菲克扩散定律，通过分离器扩散的物质数量与化学活性梯度（溶解气体的压力和浓度）成正比。它不取决于产生的气体量。无论工作电流密度如何，只要工作压力和温度保持不变，通过扩散输送的产物量就保持不变。在低电流密度下，每个电极上只产生少量气体，有恒定数量的产物穿过分离器从一个腔室到另一个腔室。在低电流密度下，氢中的氧浓度和氧中的氢浓度较高。除了降低产品气体的纯度外，在低电流密度下，安全方面可能变得至关重要。的确，氢氧混合气体在大浓度范围内也容易燃烧：氢氧混合气体的爆炸极限下限（LEL）为3.9mol%，爆炸极限上限（UEL）为95.8%。在这些范围之外，气体混合物不易燃。因此，必须避免达到这些混合范围。

当电极浸入电解液中时施加电流发生突变，碱性水电解槽的另一个制约因素出现了。在电流迅速上升的情况下，会快速产生大量气体。此外，电解液可能会被排出隔室引发风险，类似于在压力下打开一瓶液体时发生的情况（"香槟效应"）。大部分电解液的排空会导致电解槽的严重缺陷，并可能损坏系统。换句话说，碱性水电解槽需要稳定的运行条件，并且不能完全适应瞬态电源的运行。

4.2.2 电解液

储存在电化学电池中的电解液体积由电极之间的距离（间隙）决定。这个距离通常在一毫米到几厘米之间。电解液中的欧姆损耗随电极间距离的增加而增加。另一方面，当电解液体积过小时，反应物浓度在运行过程中变化很快。由于KOH水溶液的比电导率更高，因此通常比NaOH水溶液更受欢迎。30wt%[⊖]的KOH水溶液的电导率最大（图4.6）。该浓度是现代碱性水电解槽中常用的浓度。

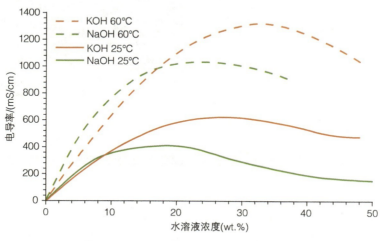

图4.6 NaOH和KOH水溶液的电导率

应该注意的是，电解液的量必须不断调整（补充），以平衡产品气体的损失（通常1mg氢氧化钾对应1Nm³氢气）。由于水和电解槽部件中的杂质（金属部件的腐蚀，电极和分离器的降解）会污染电解液，因此电解液必须定期更换。

⊖ wt%表示质量分数。

4.2.3 电极和催化剂

对于任何电化学应用，碱性水电解所需的电极材料应具有良好的耐腐蚀性、高电子导电性和高催化活性（阴极的析氢反应 HER 和阳极的析氧反应 OER）。不锈钢和氧化铅最初被确定为廉价的电极材料，具有较低的 OER 过电位，但发现在高度浓缩的碱性溶液中，在足够高的电压下，化学稳定性不高。镍现在被认为是 OER 的最佳材料之一。它在碱性溶液中具有相当好的耐腐蚀性、良好的电化学活性和合理的成本，2009—2014 年期间镍的平均价格为 13.8 欧元 /kg，而铂的平均价格为 36.6 欧元 /g。即使在断电期间也会出现加速腐蚀现象，但在实际操作条件下普通镍电极仍然显示出良好的耐久性。镍电极上的 OER 的过电压可达几百毫伏。为了增加电极的电化学活性表面积（ECSA），通常在钢或镍板上涂覆一层多孔的镍或镍铁合金。1925 年，雷尼提出了一种合成高比表面积镍粉的专利方法。该工艺已广为人知，由此获得的镍通常被称为“雷尼镍”（图 4.7）。在这个过程中，镍和硅熔化在一起，生成镍硅合金。镍在硅中的比例可以从 10% 到 80% 不等。冷却后，将合金粉碎，用氢氧化钠处理。硅被氧化成 Na_2SiO_3（$Si + 2NaOH + H_2O \rightarrow Na_2SiO_3 + 2H_2$），用水洗除。最后就获得了孔隙率和表面积可控的高纯度镍粉。1927 年，通过添加铝对该工艺进行了改进。直到 20 世纪 50 年代末，这种催化剂一直用于碱性水电解槽。

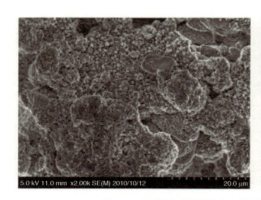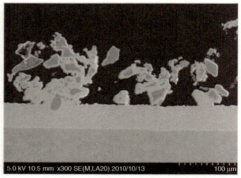

图 4.7 沉积在镍网基底上的活化雷尼镍催化剂的 SEM 图像

结果表明，加入其他金属离子可以提高镍和钴氧化物等单金属氧化物析氧催化剂的活性。铁、钴和钼的三元混合氧化物被用作电催化剂。在 $CoMoO_4$ 基体中，Fe 部分取代 Co 可增加氧化物的比表面积和表观电催化活性。然而，很难预测哪一种配方会产生最好的催化剂。最近发表的一项工作展示了平行筛选试验的结果，以比较含有一种和三种金属的多种混合金属氧化物的催化活性。采用基于荧光的筛选方法评估了混合氧化物催化剂在碱性条件下的电解活性。该方法使用一种发色团荧光氧敏涂料。荧光强度可以认为与产生的氧气量成正比。文献报道了近 3500 种混合金属氧化物组分催化活性的比较结果。表 4.1 总结了一些显示最高荧光的混合氧化物催化剂组合物。荧光法测定的活性与 NiO 的活性相对应。

表 4.1　从荧光测量中获得的钴基和镍基混合氧化物的平均催化剂活性；与 NiO 相比的相对活性：白色 >1，浅灰色 >3，深灰色 >4

钴基混合氧化物（上三角，第二元素为行标；纯 Co = 0.4）

单一元素（钴基）相对活性：

Mg	Al	Ca	Ti	V	Cr	Mn	Fe	Ni	Cu	Zn	Ga	Sr	Mo	Ba	Ce	W	Bi
0.6[a]	0.8	1.0	0.4	0.6	1.0	0.6	0.8	1.6	0.6	0.6	0.6	1.0	0.6	1.0	0.8	0.8	1.2

配对组合（钴基，行 = 第二元素，列 = 第一元素）：

	Al	Ca	Ti	V	Cr	Mn	Fe	Ni	Cu	Zn	Ga	Sr	Mo	Ba	Ce	W	Bi
Mg	0.2[b]	0	0	0.2	0.8	0.4	2.0	2.0	0.2	0.4	0.4		0.8	1.4	0.8	1.0	
Al		1.2	0	0.4	0.2	0.6	0.6	2.6	0.4	0.4	0.6	1.0	0.8	1.6	1.8	0.8	3.4
Ca			0.2	1.0	1.0	0.4	1.6	3.2	0.6	2.4	1.4	1.4	0.6	0.8	1.8	1.8	2.8
Ti				0	0	0	0	0	0	0.6	0	1.2	0		1.2	0
V					0.2	1.6	1.2	0.8	0.6	0.6	1.2	0.4	0.4	1.0	0.6
Cr						0.2	2.0	2.4	1.4	0.6	0.6	1.4	2.2	2.8	1.2
Mn							2.0	1.6	0.2	1.0	0.4	1.0	0.6	0.6
Fe								2.4	1.2	0.8	2.6	2	3	2.6	1.8	0.6
Ni									0.2	3.4	2.2	3.4	1.4	3.2	1.6	1.8	1.4
Cu										0.8	1.4	0.4	0.4	0.2	1.4	0.8
Zn											0.4	0.8	0.8	2.0	0.4	0.8
Ga												1.6	0.8	2.8	1.4	2.4	2.4
Sr													1.0	2	1.2	1.4	1.6
Mo														1.0	0.4	0.6
Ba															1.2	1.4	0.6
Ce																1.2	0
W																	1.2

镍基混合氧化物（下三角，行 = 第一元素；纯 Ni = 1.0）

配对组合（镍基，行标在左，列标在下）：

	Mg	Al	Ca	Ti	V	Cr	Mn	Fe	Co	Cu	Zn	Ga	Sr	Mo	Ba	Ce	W
Al	1.2[d]
Ca	2.4	3.4
Ti	0	0.8	0
V	0.8	1.2	1.0	0.8
Cr	2.4	3.2	3	3.4	2.0
Mn	0	2.0	0.8	0.6	1.6	1.0
Fe	3.2	3.8	4.8	0.6	2.0	4.0	2.4
Co	2.0	2.6	3.2	0	1.2	2.4	1.6	2.4
Cu	0.2	1.8	0.4		0	0	1.0	0	0.2
Zn	1.4	2.8	3.0		0	1.0	3.4	0.2	1.8	3.4	1.0
Ga	2.2	2.6	2.8	2.6	1.6	2.4	1.4	3.8	2.2	1.4	1.0
Sr	1.4	3.0	3.4	0.6	1.4	1.8	0.8	4.4	3.4	0.4	1.2	2.4
Mo	1.0	1.4	2.4	1.6	1.2	1.2	1.6	2.4	1.4	0	2.0	2.2	1.8
Ba	2.0	2.6	3.6	1.8	1.0	2.6	1.0	4.2	3.2	0.4	1.8	2.4	2.4	1.2
Ce	1.0	2.2	1.8		1.6	2.2	1.0	3.2	1.6	0	0	3.0	0.6	0.8	1.2
W	1.4	1.8	1.0	1.2	1.8	1.4	3.6	1.8	2.8	1.2	2.4	1.6	2.6	1.4	1.6
Bi	1.8	1.6	3.0	0.4	0	2.6	0.8	1.6	1.4	0.2	1.0	1.0	2.2	1.2	2.0	1.0

单一元素（镍基）相对活性（纯 Ni = 1.0）：

Mg	Al	Ca	Ti	V	Cr	Mn	Fe	Co	Cu	Zn	Ga	Sr	Mo	Ba	Ce	W
1.2[c]	2.4	2.0	1.0	1.0	2.4	1.0	2.4	1.6	1.0	1.4	1.8	1.6	1.6	1.0	1.0

在含有镍、铁和第三种元素（如铬、铝、镓或钙）的氧化物上观察到的活性最高。电化学测量证实了这些结果，并且证实了 Ni-Fe-Cr、Ni-Fe-Ga 和 Ni-Fe-Al 混合氧化物结构是高效催化剂。

在阴极，低碳钢是用于 HER 最常用的材料之一。在钢板上沉积镍和雷尼镍是很常见的。镍硫合金被认为是水电解中一种优良的 HER 阴极材料。然而，当电解槽停止（阴极电位升高）时，Ni-S$_x$ 膜会逐渐溶解，因此失去其高 HER 活性，这是大规模应用的障碍。文献中报道了一些由储氢合金（金属氢化物）组成的催化剂的活性，如 LaNi$_{4.9}$Si$_{0.1}$ 和 Ti$_2$Ni 合金，以及 Ni-Mo 涂层，具有低的 HER 过电位和高的间歇电解的耐久性。在电极内添加储氢合金可提高对电源中断的整体耐腐蚀性。在断电期间，吸收的氢以足够低的电位进行电化学释放，以防止腐蚀。还报道了一种由储氢材料和镍硫合金组合而成的复合材料的性能。结果表明，该复合材料的 HER 活性高于 Ni-S 薄膜，并提高了其稳定性。在操作过程中，阳极和阴极催化剂都会失去活性和稳定性。多孔电极孔内的气体析出导致了机械应力的产生，进而导致催化剂颗粒的破碎或侵蚀。在瞬态电力条件下（如电流密度快速增加或设备启停）运行期间，这种现象尤其重要。图 4.8 绘制了使用雷尼镍电极的电解槽停机后阳极和阴极电位随时间的变化。设备启停过程可引起较大的电极电位变化。对于 RHE，阴极电位迅速（在几秒内）上升大约 +200mV，然后保持稳定。阳极电位迅速下降，然后稳定一段时间，80min 后下降到阴极电压值。

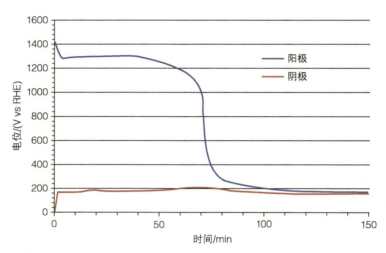

图 4.8　电解槽关闭后氢和氧电极的潜在时间行为（雷尼镍电极，10mol 氢氧化钾，100℃）

这种行为归因于阴极镍氧化产生的赝电容放电，以及阳极运行期间形成的氧化镍的还原（图 4.9）。

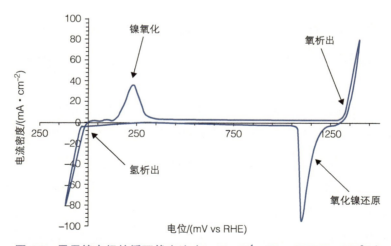

图 4.9　雷尼镍电极的循环伏安法（1mV·S⁻¹，10mol KOH，100℃）

设备的一次次启停循环相当于催化剂的氧化 / 还原循环。由于催化剂表面的膨胀引起的机械应力和氧化物的溶解会导致催化剂的损失。Jovicetal 等人提出了对阴极催化剂进行加速应力试验，以比较它们用新电极更换电解槽旧电极时的稳定性和可能出现的电极极性反转。这种加速应力测试称为"使用寿命"测试，包括一系列循环，包括恒电位和恒电流相位以及循环伏安法。在"使用寿命"测试后，可以观察到催化剂层的明显损失（图 4.10）。研究发现，$Ni-MoO_2$ 催化剂涂层比 $Ni-MoO_x$ 复合涂层更稳定。

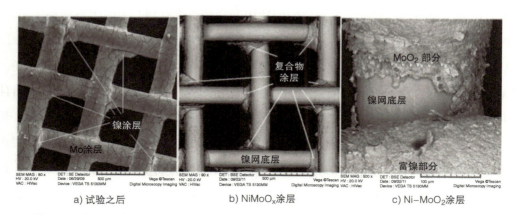

a) 试验之后　　　　　　　b) NiMoOₓ涂层　　　　　　　c) Ni–MoO₂涂层

图 4.10　催化剂（$Ni-MoO_x$ 和 $Ni-MoO_2$）涂覆的镍网在"使用寿命"试验之前和之后

4.2.4　隔膜 / 分离器

电池隔板，也称为隔膜，通常由多孔和电绝缘材料制成，放置在阳极和阴极之间。它们应在电解槽的标准操作条件下保持稳定（80℃，30wt%KOH、阳极的高氧化条件、阴极的还原条件、气泡等）。它们在电化学电池中的主要功能是分离不同极性的电极，以防止这些电子导电部件（电极）之间发生短路。然后，它们还必须通过避免气体交叉来防止 H_2（在阴极形成）和 O_2（在阳极形成）的混合。在发挥所有这些功能的同时，隔膜还应该是一个高离子导体，将 OH^- 离子从阴极输送到阳极。功能总结如图 4.11 所示。离子电流流经存在于隔膜孔中的液体电解液。这就是为什么它的离子导电性取决于材料的孔隙率和弯曲度，以及填充孔隙的液体电解液的导电性。为了提高分离器的离子导电性和降低气体交叉，需要亲水材料。计算这种多孔介质的离子电导率通常是一个复杂的过程。文献中提供了简

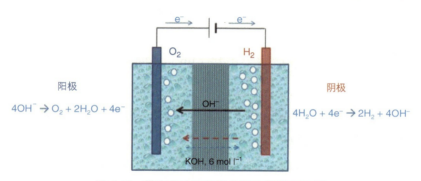

图 4.11　带有多孔隔板的普通电解槽示意图

单的模型。第一个商用隔膜由微纤维温石棉 [Mg$_3$（Si$_2$O$_5$）（OH）$_4$] 制成。然而，石棉在高温强碱性环境下的耐腐蚀性不是很好。此外，石棉被归类为致癌物质，1999 年，欧盟禁止将石棉用于商业用途。然而，欧洲化学品管理局（ECHA）已提议延长其在现有电解装置隔膜生产中使用温石棉的授权，直到它们的使用寿命结束或直到合适的无石棉替代品出现。该授权将延长至 2025 年 12 月 31 日。

从 20 世纪 70 年代起，石棉的许多有机和无机材料的替代品被引入气体分离材料。使用了无机材料，如金属网（金属陶瓷）支撑的氧化物陶瓷材料 YSZ、NiTiO$_3$/NiO、BaTiO$_3$/ZrO$_2$/K$_2$Ti$_6$O$_{13}$，但大表面积样品非常昂贵。另一方面，有机材料如聚砜、聚苯硫醚、聚苯醚酮、聚四氟乙烯（PTFE）和其他疏水性聚合物没有显示出足够的亲水性。因此，提出了一种由非常稳定的疏水性聚合物黏合剂与亲水性陶瓷或聚合物混合制成的复合材料，以结合高化学稳定性、机械强度和电解质孔隙填充能力。PTFE 键合的钛酸钾和聚砜键合的氧化锆在高温（150℃）和苛性碱环境中表现了出优异的稳定性，且具有相当低的电阻率（约 0.2Ω·cm^{-2}）。典型的厚度为几百微米，比石棉隔膜（几毫米的厚度）要薄得多。

用作隔膜的最常用材料之一是聚砜膜（图 4.12）和作为无机填料的氧化锆。这种材料，也被称为 Zirfon®Perl，是由 VITO Research 开发的，并由 Agfa Gevaert 集团（Agfa 专业产品）商业化。它含有 85wt% 的亲水性 ZrO$_2$ 粉末，具有 22m^2·g^{-1} 的高比表面积，15wt% 的聚砜作为疏水剂，这使材料具备了一定的机械强度；0.5mm 厚的 Zirfon® 隔膜具有出色的化学稳定性和低离子电阻，从而显着提高了水电解槽的性能。

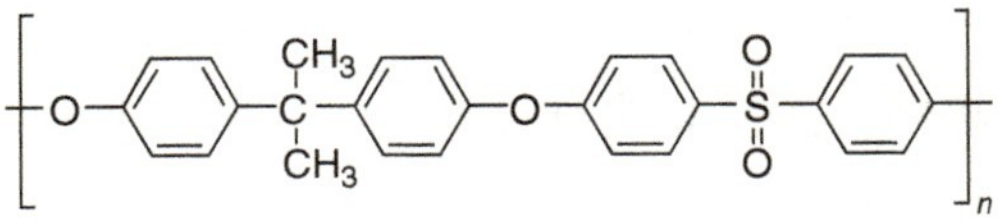

图 4.12　聚砜的化学结构

Zirfon®Perl（图 4.13）市售有两种类型的聚合物网，其开口面积介于 50% 和 70% 之间：

1）ZirfonPERL®LT（低温）使用聚丙烯（PP）基网，其最高推荐工作温度限制为 80℃。

2）对于更高的工作温度，Zirfon PERL® HT（高温）由基于乙烯四氟乙烯（ETFE）基网制成，最高工作温度约为 120℃。

最近，人们发现磺化聚醚 - 醚酮（图 4.14）多孔膜也可以作为一种替代隔膜。研究发现使用 50kW 电堆在碱性水电解中获得的结果是很有前途的。

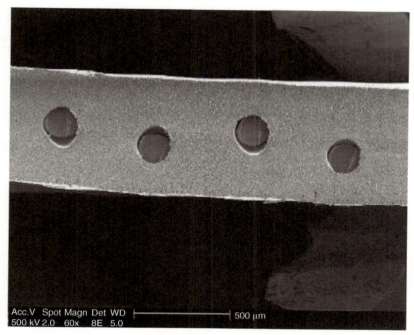

图 4.13 **500μm 厚的 Zirfon Perl 500 UTP 分离器的横截面图；隔膜包含一个开放的网状聚合物织物，该织物对称地涂有聚合物和氧化锆的混合物**

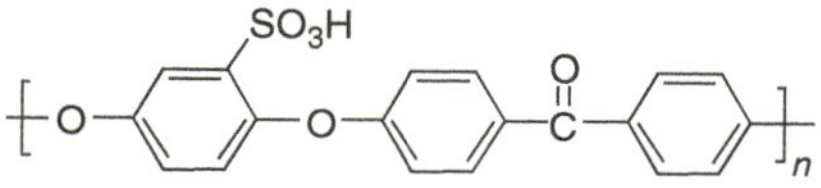

将性能与市售的 Zirfon HTP 500 隔膜在正常操作条件（400mA·cm⁻²、10bar、80℃、30wt%KOH 电解液）和包括多次停机循环在内的瞬态操作条件下进行了比较。在 s-PEEK 分离器上进行的性能和稳定性测试结果显示，与商用 Zirfon HTP 500 隔膜相比，槽压相似（约 2.5V），且获得的气体纯度更高。

图 4.14 **磺化聚醚 - 醚酮（s-PEEK）的化学结构**

4.2.4.1 零间隙装配

如前所述，存储在电化学电池中的电解质体积由电极之间的距离（间隙）决定。这个距离在一毫米到几厘米之间。电解质中的欧姆损耗随着电极之间的距离增加而增加。另一方面，当电解液体积过小时，反应物浓度在运行过程中变化很快。1967 年，Costa 和 Grimes 提出了电极的"零间隙"装配概念（图 4.15），这是碱性电解槽设计的一个重大进步。电极直接与多孔隔膜接触，目的是通过缩短两个电极之间的距离来降低电池电阻。必须使用网状电极或多孔电极，以使电解液填充隔膜的孔隙。尽管这种电化学电池的组装比间隙电池更复杂，但电流密度显著增加。

4.2.4.2 阴离子膜

为了进一步降低电解槽的内阻，并在高压下操作电解槽，还研究了使用具有高阴离子电导率的无孔膜的可能性。使用 OH⁻ 导电聚合物电解质代替 KOH 电解质的另一个优点是只需要向电解槽供应去离子水。多孔催化剂层沉积在膜的两侧，形成膜电极组件（MEA），与目前质子交换膜（PEM）水电解中使用的组件非常相似（图 4.16）。

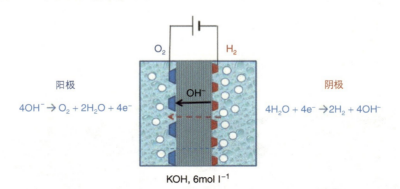

图 4.15　零间隙电解槽的示意图，阳极有一个大网（雷尼镍涂层），阴极有一个细网（催化剂涂层），零间隙电解槽中使用的隔膜的厚度通常约为 **400μm**

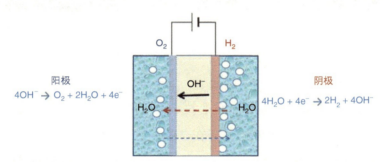

图 4.16　在阴极和阳极使用阴离子交换膜和多孔电极的碱性水电解槽示意图，阴离子交换膜的厚度通常在 **100 ~ 250μm** 之间

OH⁻ 导电膜的主要要求是：①在与水接触和运行期间具有良好的机械和热稳定性；②关于电子导电性的绝缘体；③ OH⁻ 离子从一个电极到另一个电极的有效转移（高离子电导率）；④极低的气体渗透性，以避免阳极和阴极隔室间的气体交叉；⑤低成本。

阴离子交换膜已经存在，有些已经上市。然而，氢氧根离子的迁移率明显低于质子（约为 1/15），难以达到质子导电膜的导电性。此外，这种膜在高 pH 值下仍然缺乏化学稳定性，而这是良好离子导电性所必需的。它们通常被分为三种不同的类别。第一类包括"非均相膜"（图 4.17），由嵌入惰性化合物中的阴离子交换材料制成。由于存在化学惰性结构，这种膜通常具有良好的机械强度。然而，这种膜通常相对较厚（250 ~ 600μm），很难在整个膜内获得可交换离子基团的均匀分散。膜中离子交换基团与电极之间的电接触质量一般较差。此外，在长期操作下，阴离子交换基团的缓慢提取会导致离子导电性的损失。

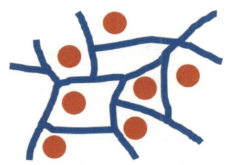

图 4.17　异质膜结构的示意图，阴离子交换材料（球）嵌入化学惰性结构（线性网络）中

　　第二类膜由图 4.18 所示的"互穿聚合物网络"（或 IPN）组成。这基本上是两个聚合物网络的结合，它们之间没有任何共价键。IPN 还具有一些由具有良好热学、化学和机械性能的聚合物基质组成的异质结构，并与导电聚合物混合以传输阴离子。这些结构相对容易制造，可以使用的聚合物种类也很多。但是，由于导电聚合物没有被束缚在聚合物基体上，在操作过程中会缓慢地扩散出膜外，从而降低离子导电性。

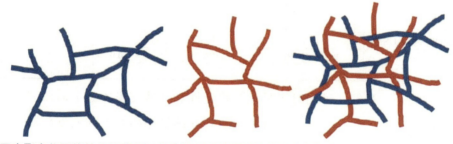

图 4.18　互穿聚合物网络的结构草图，其中化学惰性聚合物基质（浅灰色网络）和阴离子交换聚合物（深灰色网络）混合在一起

　　第三类是"均质膜"（图 4.19）。离子导电基团与聚合物主链共价结合，并均匀分布在整个聚合物基体上。辐射诱导嫁接是目前应用最广泛的阴离子交换膜的制备方法之一。然而，考虑到通过辐射诱导嫁接大规模生产阴离子交换膜，所需的电力非常大，而且膜的成本仍然很高。

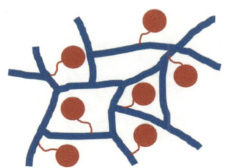

图 4.19　均质膜的结构草图，其中阴离子交换材料（球）共价结合在化学惰性结构（网络）中

表 4.2 列出了阴离子膜材料的商业供应商名单。

表 4.2　商业阴离子交换膜供应商列表

公司	隔膜种类	产品名称	离子交换容量 / (m_{eq}/g)	厚度 /μm	电阻率 / (Ω/cm²)
Asahi Chemical Industry Co.Japan	—	Aciplex A-XXX		140 ~ 240	1.4 ~ 4.2
Asahi Glass Co.Ltd., Japan	PS-b-EB-b-PS	Selemion XXV	—	110 ~ 170	1.5 ~ 3.5
Tokuyama Co.Ltd., Japan	IPN（poly（styrene-co-divinylbenzene））	Neosepta AXX	1.3 ~ 3.5	100 ~ 240	0.2 ~ 6.0
Tianwei Membrane Co.Ltd., China	—	TWXXX	1.2 ~ 2.1	160 ~ 230	2 ~ 10
Shanghai Chemical Plant of China, China	Heterogeneous PE	PE3362	1.8 ~ 2.0	450	13.1
Solvay S.A., Belgium	—	Morgane ADP	1.3 ~ 1.7	130 ~ 170	1.8 ~ 2.9
MEGA a.s,. Czech Republic	—	Ralex	1.8	> 700	8 ~ 13
FuMA-Tech GmbH, Germany	PEEK	FAA-3-PK-130	1.43	130	1.9
PCA Polymerchemie Altmeler GmbH, Germany	—	PC-SA D		80 ~ 100	—
Ionics Inc.,USA	Heterogeneous membrane	103PZL 183	—	—	—
RAI Research Corp., USA	IPN	R-1030			
CSMCRI, Bhavnagar India	LDPE/HDPE （IPN）	IPA	0.8 ~ 0.9	160 ~ 180	2.0 ~ 4.0

值得注意的是，开发一种同时满足化学稳定性和性能要求（如上面所列举）的膜只解决了问题的一半。此外，开发与膜材料相兼容并满足相同要求的离聚物对于生产催化剂层也很重要。日本德山株式会社（Tokuyama）为其薄膜开发了一种离聚物（图 4.20）。该离聚体（参考 "NeoseptaAs-4"）的 IEC（离子交换容量）为 $1.4m_{eq} \cdot g^{-1}$，电导率为 $14m \cdot S \cdot cm^{-1}$。

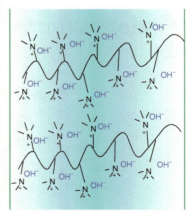

图 4.20　Neosepta 膜（带季铵基团的线性碳氢化合物主链）和相应装有离聚物的瓶子（日本 Tokuyama 公司）以及聚合物的化学结构

尽管阴离子膜的稳定性较差，但目前已开发出一些水电解液，并对其性能进行了评价。Wu 等人使用了一种由填充有聚甲基丙烯酸季铵离聚物的多孔 PTFE 膜制成的非均质膜。他们观察到在 120h 的老化测试（22℃，100mA·cm^{-2}，37μV·h^{-1}）的性能下降非常低。

Faraj 等人最近与 Acta S.p.A 公司（意大利）合作进行了另一项有趣的工作。该公司已在商业上推出了一种碱性膜水电解槽，该电解槽使用一种碱性交换膜，将其置于稀释的含水 K$_2$CO$_3$ 电解液中，以保证离子导电性和 pH 缓冲（约 10）。MEA 采用了由 Acta S.p.A 在阳极和阴极生产的非贵金属组金属催化剂和商业上可用的阴离子交换离聚物（来自德山公司的 AS4）制成的电极。该系统非常紧凑，电流密度可达 500 ~ 600mA·cm^{-2}，气体压差可达 30bar。他们研究了由低密度聚乙烯（LDPE）薄膜制成的薄膜的性能，该膜通过紫外线诱导乙烯基苄基氯的嫁接进行了改性。用该膜制成的 MEA 的电化学性能与使用德山公司（Tokuyama Co.）商用膜制成的 MEA 的电化学性能进行了比较（参考未指定）。实验在 10cm^2 的单电池上进行，电池温度为 45℃，恒定的电流密度为 460mA·cm^{-2}，只在阳极侧添加 1wt% K$_2$CO$_3$ 的水溶液。阴极侧没有电解液，制氢所需的水通过电渗透穿过隔膜。氢气室被加压至 20bar，而氧气则保持在常压。在 500h 的老化试验中，实验膜的小室电压平均增加了 300μV·h^{-1}，而商用膜的小室电压平均增加了 80μV·h^{-1}。以 1kHz 频率周期性地测量交流电池电阻，性能的降低不能仅仅解释为交流电池电阻的增加。在商用膜制成的 MEA 上，该电阻保持稳定（0.22 ~ 0.23Ω·cm^2），而在实验膜制成的 MEA 上，该电阻从 0.30Ω·cm^2 增加到 0.43Ω·cm^2。这种高频电阻的增加，通常归因于膜内阻和膜电极界面，占观察到电压退化的 1/3。其余的性能损失可能是由于电极的电化学活性表面积的减少（催化剂层降解，催化剂层是催化剂粉末和离聚物的混合物）。

4.3 碱性水电解槽的电化学性能

4.3.1 极化曲线

极化曲线（小室电压与电流密度的关系图）是用于评估和比较水电解电池性能的关键性能指标。正如本书其他章节所讨论的，极化曲线在不同的技术之间可能会有很大差异，取决于不同的参数（主要是电解槽的类型、工作温度和压力）。

图 4.21 给出了几个碱性水电解槽的一些示例。这些曲线的第一个陡峭部分应归因于电极的激活极化。在较高的电流密度下，线性关系应归因于电池电阻。在更高的电流密度下也可以观察到传质的限制。

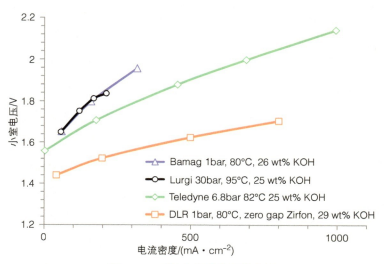

图 4.21　碱性电解槽的极化曲线

在图 4.21 中，电解液成分和工作温度大致相同。然而，零间隙型电解槽（DLR 原型）的小室电压远低于常规型电解槽的小室电压。由涂有催化剂的电极板组成的 Bamag 电解槽与使用镀镍金属丝网作为电极的 Lurgi 电解槽之间没有电压差。使用多孔镍电极的 Teledyne 电解槽的小室电压低于两种传统结构的电解槽。这是由于与镍涂层板（Bamag）或网格（Lurgi）相比，多孔镍结构具有更高的电催化活性。

4.3.2　电解槽性能比较

比较不同类型电解槽的性能，可以方便我们确定其效率 ε。水分解反应的效率是通过考虑提供给电解槽的能量，及电解槽出口实际回收的氢气量来计算的。提供给由直流电源供电的电解槽的能量 E_{el} 为：

$$E_{el}(J) = U \cdot I \cdot t = n_{cell} \cdot U_{cell} \cdot I \tag{4.3}$$

式中，U 为小室电压，单位为 V；I 为电流，单位为 A；t 为工作时间，单位为 s；n_{cell} 是电解槽中的电池数量；U_{cell} 是电池的平均电压。

假设没有寄生反应，氢气和氧气的流量与穿过电化学电池的电流直接相关：

$$\varphi_{H_2}(mol \cdot s^{-1}) = \frac{I \cdot n_{cell}}{2F} \tag{4.4}$$

式中，n_{cell} 是电解槽中的电池数量；F 是法拉第常数（96485A · mol^{-1}）。当电流 I 通电时间 t 时，产生的氢气量为：

$$n_{H_2}(\text{mol}) = \frac{I \cdot n_{\text{cell}}}{2F} \cdot t \qquad (4.5)$$

在标准温度（273.15K）和绝对压力（100kPa）设定条件下，氢气在纯氧中燃烧生成水蒸气时产生的能量（即燃烧焓）为 $\Delta H_C^\circ = 242kJ \cdot mol^{-1}$。当形成液态水时，需要添加水冷凝的潜热，产生的总能量为 $286kJ \cdot mol^{-1}$。第一个值通常称为"低热值"（LHV），第二个值称为"高热值"（HHV）。电解槽产生的能量由下式给出：

$$E_{H_2-H_2O(\text{vap})}(J) = \frac{I \cdot n_{\text{cell}}}{2F} \cdot t \cdot 242000 \qquad (4.6)$$

$$E_{H_2-H_2O(l)}(J) = \frac{I \cdot n_{\text{cell}}}{2F} \cdot t \cdot 286000 \qquad (4.7)$$

电解槽效率 ε 可通过将电解槽出口处收集的氢气所含能量除以提供的电能来计算：

$$\varepsilon_{H_2-H_2O(\text{vap})} = \frac{\dfrac{I \cdot n_{\text{cell}}}{2F} \cdot t \cdot 242000}{n_{\text{cell}} \cdot U_{\text{cell}} \cdot I \cdot t} = \frac{\dfrac{1}{2F} \cdot 242000}{U_{\text{cell}}} = \frac{242000}{2F \cdot U_{\text{cell}}} \qquad (4.8)$$

$$\varepsilon_{H_2-H_2O(l)} = \frac{286000}{2F \cdot U_{\text{cell}}} \qquad (4.9)$$

效率 ε 与产生的氢气量无关。它主要取决于工作电流密度、温度和压力。

这就是为什么电解槽效率并不总是被认为是比较不同电解槽性能的最合适的方法。在实践中，通常通过两个参数来比较电解槽的性能：产氢速率（单位通常为 $Nm^3 H_2 \cdot h^{-1}$ 或 $kg H_2 \cdot h^{-1}$）以及额定运行条件下的能耗（温度、压力和电流密度），以单位体积（$kW \cdot h \cdot Nm^{-3} H_2$）或质量（$kW \cdot h \cdot kg^{-1} H_2$）的能耗表示。通过绘制在电解槽级和在系统级测量的体积能耗，作为氢气生产速率的函数（图 4.22），可以表明，在电解槽级测量的能耗显著低于在系统级别的能耗测量水平，尤其是在低电流密度（低氢气流量）下。之所以会出现这种差异，是因为在电堆进行的测量没有考虑到寄生反应、H_2 和 O_2 在隔室之间的交叉、辅助设备的能耗以及净化/干燥气体所需的能量。当然，在更高的工作电流密度下，这种差异趋于减小。

4.3.3 高温运行

大多数在 70～90℃下运行的商用水电解槽使用 25～35wt% 的 KOH 溶液。在电流密度约为 $200mA \cdot cm^{-2}$ 时，实际效率范围为 65%～75%（小室电压 1.7～1.85V）。通过提高操作温度，可以获得更高的效率。

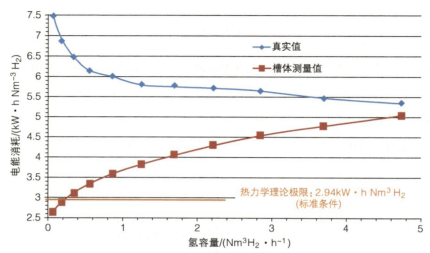

图 4.22　电能消耗与氢容量堆栈级和系统级测量的比较

4.3.3.1　热力学

在热力学方面，分解水分子所需的电能随着温度的升高而降低，直到水蒸发。

然而，在任何温度下，液态水和蒸汽水的热量需求都会增加，总能量需求（电能和热量之和）几乎是恒定的。$E_{rev}(T, P)$ 的演化遵循一般公式：

$$E_{rev}(T,P) = \frac{-\Delta G_f^\circ}{2F} + \frac{RT}{2F}\ln\left(\frac{a_{H_2} a_{H_2}^{1/2}}{a_{H_2O}}\right) \tag{4.10}$$

式中，ΔG_f° 是标准条件下的吉布斯生成自由能（$-237178\text{kJ} \cdot \text{mol}^{-1}$）；$R$ 是理想气体的常数（$8.3145\text{J} \cdot \text{mol}^{-1} \cdot \text{K}^{-1}$）；$a_{H_2}$ 是氢活度；a_{O_2} 是氧活度；a_{H_2O} 是水的活度；T 是温度（K）。

Ganley 对高温碱性电解槽（最高 400℃）进行了实验。部分实验（图 4.23）在自生蒸汽分压下使用密封电解槽。最大压力达到 8.7MPa。发现小室电压随温度线性下降

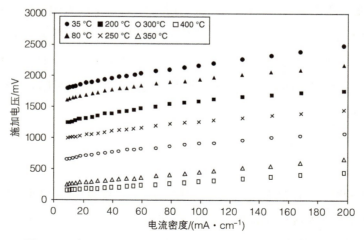

图 4.23　在不同温度记录的（密封）碱性电解槽的极化曲线

（图 4.24）。但是，考虑到 E_{rev}（T，P）的演变，发现斜率远比预期的重要。并研究了在 $200mA \cdot cm^{-2}$@400℃，低于 500mV 的条件下，分解水的可能性。在高温下测得的这种出乎意料的极低电位的原因尚不清楚。实验结果表明，在封闭电池中，可能会发生涉及反应物（氢和氧的复合）的寄生反应，导致每个电极上的混合电位值。

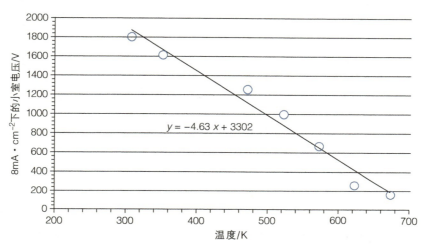

图 4.24　在 $8mA \cdot cm^{-2}$ 下记录的电池电压随温度的变化

4.3.3.2　动力学

对于镍电极上的析氧反应，观察到了较高操作温度对电极动力学的主要影响。从 80℃ 增加到 264℃，该反应的交换电流密度，增加了超过 3 倍。温度对 HER 的影响不太显著。

4.3.3.3　电解液电导率

通常，电解质的离子电导率随温度的升高而升高。水溶液 KOH 的情况如图 4.25 所示。通过将工作温度从 70℃ 提高到 150℃，可以显著提高电解槽的效率，并促进电池的热管理（冷却）。然而，电解槽组件的化学稳定性是一个关键参数，在高于 100℃ 的温度下工作也需要使用加压电解槽，这会对资本支出产生负面影响。

4.3.4　高压操作

许多实际应用需要加压氢气：用于金属氢化物中的储氢（$P > 1.2MPa$，氧气和水含量 $< 5 \times 10^{-6}$）；在管道中输送氢气（H_2 转化为 CH_4 和沼气——电力转化为气体）为 $1.3 \sim 8.2MPa$；用于长罐拖车中的氢气填充（22MPa）；用于汽车储氢罐（$35 \sim 70MPa$）；用于加氢站的储氢（90MPa）。

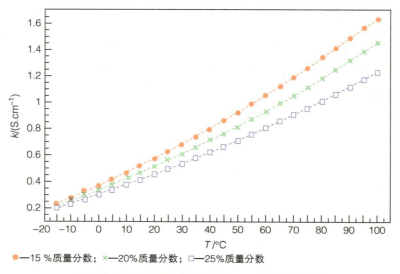

图 4.25 比电导率 k 随温度和 KOH 浓度的变化

●—15 % 质量分数；×—20 % 质量分数；□—25 % 质量分数

4.3.4.1 氢气压缩

加压水电解限制在约 0.5MPa 范围内。虽然可以达到更高的工作压力，但加压容器对资本支出的影响往往变得不可接受。使用机械压缩可以达到更高的压力（例如加氢站需要 90MPa），但气体压缩需要大量的能量。压缩功是气体最终能态和初始能态之间的差。等温压缩过程所需的压缩功由以下式给出：

$$W = P_0 V_0 \cdot \ln\left(\frac{P_1}{P_0}\right) \tag{4.11}$$

式中，W 为比压缩功（$J \cdot kg^{-1}$）；P_0 为初始压力（Pa）；P_1 为最终压力（Pa）；V_0 为初始比体积（$m^3 \cdot kg^{-1}$），对于 H_2，$V_0 = 11.11 m^3 \cdot kg^{-1}$。

然而，当气体被压缩在一个绝热的气瓶中时，传递到周围环境的热流为零。压缩过程中气体内能的增加会导致温度升高。在理想的等温情况下，温度保持恒定，而在绝热条件下温度上升得相当快。对于经历绝热过程的理想气体，增加压力所需的能量比在等温过程中要高。它由以下式给出：

$$W = \left[\frac{n}{n-1}\right] P_0 V_0 \cdot \left[\left(\frac{P_1}{P_0}\right)^{\frac{n}{n-1}} - 1\right] \tag{4.12}$$

式中，W 是比压缩功（$J \cdot kg^{-1}$）；P_0 为初始压力（Pa）；P_1 为最终压力（Pa）；V_0 为初始比体积（$m^3 \cdot kg^{-1}$），对于 H_2，$V_0 = 11.11 m^3 \cdot kg^{-1}$；$n$ 表示绝热系数（比热比），对于 H_2，$n = 1.41$。配备中间冷却器（用于排出多余热量）的多级压缩机在等温和绝热条件限制之

间的某个工作点运行。图 4.26 比较了氢气的绝热压缩、等温压缩和多级压缩。

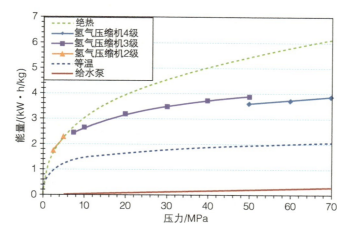

图例：
- 绝热
- 氢气压缩机4级
- 氢气压缩机3级
- 氢气压缩机2级
- 等温
- 给水泵

图 4.26　氢气压缩的能耗，给水泵等温、绝热和多级过程的能耗比较

在高压下运行的电解槽只需要加压泵将给水注入工艺回路。例如，以 $2.2 \times 10^{-6} m^3 \cdot s^{-1}$ 的恒定速率（泵效率为 75%）向生产 $8Nm^3 \cdot h^{-1}$ 氢气的电解槽供应加压水所需的能量非常低。与图 4.26 的数据相比，加压液体所需的能量低于加压气体所需的能量。

4.3.4.2　加压式电解槽

Ewald Arno Zdansky 为瑞士 Lonza 公司开发了第一台加压工业碱性水电解槽。1951 年，德国 Lurgi 公司将 3MPa 电解槽商业化。这家公司获得了 Lonza 公司所的的专利（Zdansky 在 1950—1956 年间保存的 32 项专利）。作为生命维持系统的一部分，小型高压水电解槽也被用于在核动力潜艇上生产氧气。1959 年，美国 Treadwell 公司将其 7L16 型电解氧气发生器（EOG）安装在美国海军鹦鹉螺号核潜艇（USS Nautilus）上，产氧速率为 $2.5Nm^3 O_2 \cdot h^{-1}$。1965 年，一种在 20.6MPa 的压力下运行的新型 EOG（型号 6L16），产氧速率为 $4.2Nm^3 \cdot h^{-1}$，搭载在所有的 637、688 和 726 级潜艇上。在 1970 年，超过 100 台电解氧发生器在潜水艇上运行。

4.3.4.3　优势和劣势

提高电解槽运行压力对氢净化装置能耗影响较大，但对分解水分子的能耗影响较小：

1）低热值：常压下为 $2.94kW \cdot h \cdot Nm^{-3}$（$33kW \cdot h \cdot kg^{-1}$），10MPa 下为 $3.16kW \cdot h \cdot Nm^{-3}$（$35.8kW \cdot h \cdot kg^{-1}$）。

2）高热值：常压和 10MPa 下均为 $3.54kW \cdot h \cdot Nm^{-3}$（$39.7kW \cdot h \cdot kg^{-1}$）。

提高运行压力对碱水电解槽有一定的积极作用。随着压力的增加，气泡的大小趋于减小，大量的气体溶解到电解液中（图 4.27）。结果是，由于电解液中存在非导电气泡，导致

"阴影效应"降低，这往往会增加电化学电池的欧姆电阻。

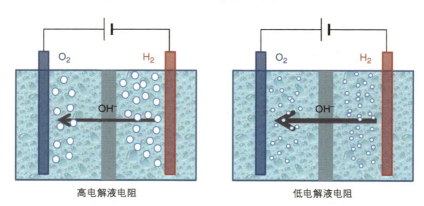

图 4.27　解释水电解过程中电解液中气泡阴影效应的示意图

较高的工作压力往往会降低电解槽的电压，从而降低生产氢气所需的能量。高压的另一个优点是，在高压下生产的氢气更容易干燥。100℃时，气体中水的饱和压力为 0.1MPa。当压力增加时，要去除的水量与产生的氢气的比例趋于降低。

不太积极的一面，由于高压下电解液中溶解了大量气体，高压还会增加一些寄生反应：随着系统压力的增加，隔室中每种气体的分压都会增加。然后，气体在隔膜上的扩散增加。氢向氧气室流动，反之亦然，与气体的分压成线性关系。此外，压力会增加电解质中溶解的气体量（填充隔膜的多孔结构），并形成微气泡，可达到隔膜内孔隙的大小。然后，在气/液分离后，来自每个隔室（O_2 和 H_2）的电解质通常混合在一起，并回注到电解槽中。最近的一项研究表明，水溶液中的氢气泡，即使在常压下，也非常稳定，在相当长的一段时间内，直径持续保持在 0.4μm 左右（9h 后，只有 50% 的气泡消失了）。结果是当压力增加时，所产生气体的纯度迅速下降。另一个后果是电解槽的法拉第效率降低，如果产生的氢气有 3% 进入氧气室，产生的氧气有 1% 进入氢气室，则实际可用的氢气量（在脱氧装置出口处）减少约 5%。气体混合物也可能迅速达到安全极限（爆炸下限的 50%：O_2 中的 H_2 含量为 2.5%），这可能对电解槽的工作范围产生重大影响（在低电流密度下，气体扩散保持恒定，但产生的气体较少，然后穿过隔膜进入 O_2 室的 H_2 稀释程度较低）。最后，必须在压力、建设成本、效率和运营范围之间找到折中方案。

4.3.4.4　最佳解决方案

结合加压电解槽和机械压缩机的最佳性能，使用运行在 2～6MPa 的加压电解槽（图 4.28），可以最大限度地降低达到 70MPa 所需的能，（考虑到整个电解装置的特性，即电解槽 + 氢气干燥器 + 压缩机，可以进一步细化该范围）。

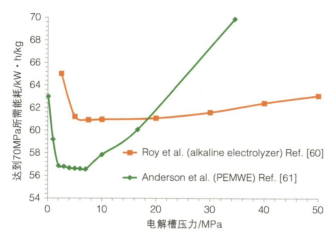

图 4.28 使用加压电解槽和机械多级压缩机生产干燥加压氢气（70MPa）所需的能量

参考文献的数据表明，在 5 ~ 10MPa 的压力下运行的碱性电解槽达到 70MPa 氢气具有最低的能耗。在 PEM 水电解槽上获得了类似的结果，最佳工作压力在 4 ~ 7MPa 之间。需要注意的是，最佳压力随制氢流量的变化而变化，当电解槽的电流密度增加时，最佳压力降低。

4.4 主要供应商、商业发展和应用

碱性电解是一项非常成熟的技术，是目前中小规模现场制氢的标准（大批量时首选蒸汽甲烷重整）。

4.4.1 电解槽市场

小型电解槽（产能小于 $1Nm^3H_2 \cdot h^{-1}$）的商业市场与大型电解槽（产能大于 $1000Nm^3H_2 \cdot h^{-1}$）的商业市场明显不同。该市场可分为三个不同的类型：小型（产能小于 $1Nm^3H_2 \cdot h^{-1}$）、中型（产能 1 ~ $10Nm^3H_2 \cdot h^{-1}$）和大型（产能 10 ~ $100Nm^3H_2 \cdot h^{-1}$ 以及大于 $100Nm^3H_2 \cdot h^{-1}$）。

4.4.1.1 小型电解槽市场

小型电解槽主要的应用场景是，更换储存压缩氢气瓶（至多 $10Nm^3H_2$）和氢气集装格（通常为 $110Nm^3H_2$）。现场生产氢气非常方便，而且可以根据要求生产高纯度的氢气。氢气主要用作火焰应用的燃料气体（氧气 + 氢气）：其清洁纯净的燃烧火焰产生高而集中的热能，用于金属、玻璃、石英、水晶和类似材料、珠宝等的焊接和钎焊。另一个具体

应用是给气象气球充气。要使总升力为 2kg 的大型探空气球充气，需要一定量的氢气（小于 $2Nm^3H_2$）。一些制造商建议使用小型工业电解槽。表 4.3 汇总了部分数据。小型电解槽的电能消耗高于大型电解槽。这是由于辅助设备（泵、AC/DC 转换器、控制面板、阀门等）的耗电量几乎与电化学电池的大小相同。此外，在小型系统中，能源消耗通常不太重要，减少资本支出比提高效率更重要。

表 4.3　小型（小于 $1Nm^3H_2 \cdot h^{-1}$）电解槽的特性及一些最重要的制造商的数据

生产商	国家	电解质	最大压力 / MPa	产氢量 / （Nm^3/h）	能耗 / （$kW \cdot h \cdot Nm^{-3}$）	最大功率 / kW	备注
Accadue	Spain	25～30wt% KOH	3	0.25～1	7.1～4.8	1.8～4.8	—
Acta	Italy	AEM	0.3	0.25～1	5.2～4.8	1.3～4.8	—
Avalence	USA	28 wt% KOH	13.8	1.3	5.5	7.2	—
Erre due	Italy	—	0.25	0.66	5.45	3.6	—
H_2Nitidor	Italy	25～30wt% KOH	3	0.25～1	7.1～5.3	1.8～5.3	—
Idroenergy	Italy	—	0.18	0.4～1.07	7.5～5.5	3～5.9	—
McPhy	Italy/France	—	0.19～0.3	0.4～1	7～7.4	2.8～7.4	—
Sagim	France	—	1	0.1～1	6～8	0.6～8	Monopolar, storage 6～$24Nm^3H_2$

4.4.1.2　中型电解槽市场

工业部门使用更大的电解槽来现场制取氢气，以此取代氢气集装格和长罐拖车（2000～3000Nm^3）的使用。这种尺寸的电解槽的工业应用一直很广泛：

1）冶金应用：高纯度氢气用于产生热量，用于金属管道、管材、板材的焊接、钎焊和热处理。涂层工艺使用高温氢火焰进行金属丝喷涂应用。在金属退火、烧结和表面处理过程中，氢也被用作保护或还原气氛，以防止金属氧化。

2）发电厂冷却系统：由于氢的热容高，密度低，氢可以用于大型电厂发电机绕组的冷却。压力高达 6bar 的氢气，在一个封闭的回路中从活性部件循环到热交换器。需要连续的氢气流来补偿密封损失并保持最佳运行性能。

3）食品加工业：食用油氢化生产人造黄油或食用蛋白质；非食用油氢化生产动物性食品或肥皂原料。

4）浮法玻璃生产：防止在玻璃板制造过程中用作浮法玻璃床的熔融金属（通常是锡）氧化。表 4.4 汇总了几种商用系统的性能。

表 4.4　中型（1 ~ 10Nm³H₂·h⁻¹）电解槽的特点及一些最重要的制造商的数据

生产商	国家	电解质	最大压力/MPa	产氢量/（Nm³·h）	能耗/（kW·h·Nm⁻³）	最大功率/kW	备注
Accadue	西班牙	25 ~ 30wt% KOH	3	2 ~ 10	5.1 ~ 4.8	10.2 ~ 47.8	—
Avalence	美国	28wt% KOH	13.8	1.3	5.5	7.2	—
ELT	德国	26wt%KOH	Atm	2 ~ 480	4.6 ~ 4.3	9.2 ~ 2064	干燥气体；Bamag
ERRE due	意大利	—	0.5 ~ 3	2.7 ~ 10.7	5.4	14 ~ 57	—
H₂Nitidor srl	意大利	25 ~ 30wt% KOH	3	2 ~ 50	5.1 ~ 4.7	10.2 ~ 236	—
Hydrogenics	美国	30wt% KOH	1 ~ 2.5	10	4.9 ~ 5.4	49 ~ 54	—
Idroenergy	意大利	—	0.18 ~ 0.6	2.4 ~ 80	5.8 ~ 4.7	13.9 ~ 377	—
Kapsom Mechanical	中国	KOH	1.6 ~ 3.2	2 ~ 1000	—	—	—
McPhy	意大利	—	1.2	1.6 ~ 60	6.6 ~ 5.3	10.5 ~ 315	—
Pure Energy Centre	英国	—	1.2	2.6 ~ 42.6	5.8 ~ 5.4	15 ~ 230	干燥气体
SAGIM	法国	—	1	1 ~ 5	8 ~ 6.7	8 ~ 33	单极，储氢 6 ~ 24Nm³H₂
Shandong Saikesaisi Hydrogen Energy	中国	KOH	0.4 ~ 5	0.3 ~ 2.04	6.9	0.5	—
Suzhou Jingli Hydrogen Production Equipment	中国		3.2	2 ~ 10	5 ~ 4.9	10 ~ 49	—
Teledyne ES	美国		1	2.8 ~ 11.2	—	—	—
Yangzhou Chungdean Hydrogen Equipment	中国		3.2	2.5 ~ 10	6	15 ~ 60	—

4.4.1.3　大型电解槽

超大型电解槽（> 100Nm³H₂·h⁻¹）用于生产氨。尽管一些工业过程仍然需要大量的氢，而且很难直接连接到天然气管道（甲烷蒸汽重整制氢），但这种大型电解槽的真正市场却不是在此，而是与氢作为能量载体的发展有关。燃料电池汽车就是这种情况。汽车的加氢站应该配备一个大型电解槽，能够生产足够的氢来供应燃料电池汽车。在 70MPa 的压力下，燃料电池汽车储气罐能装载含有 4 ~ 5kg 的氢气。在公共汽车上，储氢罐的容量通常是 30 ~ 40kg，压力为 35MPa。加氢站的数量正在逐渐增加（表 4.5）。

表 4.5　燃料电池汽车现有加氢站容量示例

加氢站位置	H₂ 产能/（kgH₂·day⁻¹；Nm³H₂·h⁻¹）	压力/MPa
Brussels, Belgium	65；30	35
Santa Monica, CA, USA	35；16	70
Los Angeles, CA, USA	65；30	70
Oslo, Norway	260；121	35
Brugg, Switzerland	120；56	35
Berlin airport of Schönefeld, Germany	214；100	35 ~ 70
Lilleström, Norway	50；23	70

氢产能为 $10 \sim 100Nm^3H_2 \cdot h^{-1}$ 的电解槽完全符合小型加氢站的氢气需求（只要燃料电池车辆数量不是太多）。表 4.6 汇总了几种商用系统的性能。

表 4.6 大型（$10 \sim 100Nm^3H_2 \cdot h^{-1}$）电解槽的特点及一些最重要的制造商的数据

生产商	国家	电解液	最大压力/MPa	产氢量/（$Nm^3 \cdot h$）	能耗/（$kW \cdot h \cdot Nm^{-3}$）	最大功率/kW	备注
Accadue	西班牙	25 ~ 30wt% KOH	3	20 ~ 50	4.7	95 ~ 236	—
Accagen	瑞士	KOH	4	60 ~ 120	5	300 ~ 600	—
ELT	德国	26wt% KOH	atm	2 ~ 480	4.6 ~ 4.3	→2000	Bamag type, dried gas
ERRE due	意大利	—	0.5 ~ 4	16 ~ 170	5.4	86 ~ 912	
H₂ Logic	丹麦	—	0.4	5.3 ~ 6.6	5.75	30.5 ~ 38	Hydrogen refuelling station built in 48h
H₂ Nitidor	意大利	25 ~ 30wt% KOH	3	2 ~ 50	5.1 ~ 4.7	10.2 ~ 236	—
Ht-Hydrotecknic	德国	—	atm	75 ~ 225	5.3	396 ~ 1188	
Hydrogenics	美国	30wt% KOH	1 ~ 2.5	10 ~ 60	4.9 ~ 5.4	49 ~ 324	
Idroenergy	意大利	—	0.18 ~ 0.6	2.4 ~ 80	5.8 ~ 4.7	13.9 ~ 377	
Kapsom Mechanical	中国	KOH	1.6 ~ 3.2	2 ~ 1000	—	—	
McPhy	意大利/法国	—	1.2	1.6 ~ 60	6.6 ~ 5.3	10.5 ~ 315	—
Pure Energy Centre	英国	—	1.2	2.6 ~ 42.6	5.8 ~ 5.4	15 ~ 230	集成氢气纯化系统
Spirare Energy	中国	—	4	60	4.6	276	
Suzhou Jingli Hydrogen Production	中国	—	1.6 ~ 3.2	20 ~ 100	4.8 ~ 4.6	96 ~ 460	
Teledyne ES	美国	—	1	28 ~ 78	—	—	
Yangzhou Chungdean Hydrogen Equipment	中国	—	3.2	20 ~ 80	6 ~ 5	120 ~ 400	

电解槽还可用于连接到可再生能源（光伏太阳能发电厂和风力发电厂）的电网。为了使可再生能源的电力输送适应电网的需求，将电能转化为氢气是一种很有前途的储能解决方案。多余的能量转化为氢气，储存在金属氢化物上，或通过气体网络输送，以备日后使用；然后，电力生产和储存完全脱钩。氢气也可以以 10% ~ 15% 的比例与甲烷（CH_4）混合（CH_4 约 60% 和 CO_2 约 35%），以提高其热值，并像天然气一样供应住宅、商业和工业市场。此类应用需要大型电解槽（表 4.7）。

表 4.7　超大规模（大于 100Nm³H₂·h⁻¹）电解槽的特征及一些最重要的制造商的数据

生产商	国家	电解质	最大压力/MPa	产氢率（Nm³·h）	能耗/（kW·h·Nm⁻³）	最大功率/kW	备注
ELT	德国	26wt% KOH	Atm	2~480	4.6~4.3	→2200	Bamag type；dried gas
ELT	德国	25wt% KOH	3	200~1400	4.6~4.3	→6000	Lurgi type；dried gas
ERRE due	意大利	—	0.5~4	16~170	5.4	→920	—
H₂ Nitidor	意大利	25~30wt% KOH	3	100~200	4.7	→940	—
Ht-Hydrotecknic	德国	—	Atm	75~225	5.3	→1200	—
IHT	瑞典		3.2	760	4.65	3500	—
Kapsom Mechanical	中国	KOH	1.6~3.2	2~1000		—	—
McPhy	德国		3	100~400	5	2000	—
NEL	挪威	25wt% KOH	Atm	150~485	4.75	→2300	—
Suzhou Jingli Hydrogen	中国	—	1.6	150~1000	4.6~4.4	→4400	—
Production Equipment Co., Ltd Yangzhou Chungdean Hydrogen Equipment	中国	—	3.2~1.5	120~1000	5	→5000	—

4.4.2　商用电解槽设计

大多数工业电解槽是根据 Schmidt 博士在 1900 年提出的压滤原理制造的。市场上有三种主要技术：

1）Oerlikon 电解槽：使用大型方形电极，在常压下操作，不需要循环泵。

2）挪威 Hydro（海德鲁）电解槽：由圆形电极组成，在常压下工作。

3）Zdansky/Lonza 电解槽：加压并由大型圆形电化学电池组成。

4.4.2.1　Oerlikon 型电解槽

1902 年的 Oerlikon-Brown-Boveri 电解槽依然保留了该系统的简单性和坚固性，并能以最少的维护成本生产大量氢气。无须任何电解液再循环泵，该电解槽操作简单，通过观察从电解槽顶部连接到气液分离槽的透明管中流动的电解液和气体的双相混合物，可以目视检查每个电解槽的运行情况。1977 年，Brown-Boveri（瑞士）在 Aswan（埃及）安装了这种类型的电解槽。144 台总额定功率为 162MW 的电解槽，其制氢产能高达 32400Nm³H₂·h⁻¹。实际商业化设备的例子是来自 ELT 的 Bamag 型电解槽（使用电极达 3m²）和 McPhy 公司的 2MW 大型电解槽（图 4.29 和图 4.30）。

a)   b)

图 4.29　由 ELT 电解技术公司商品化的 2.2MW Bamag 型电解槽（480Nm³H₂·h⁻¹）和 McPhy 公司生产的 McLyzer 型电解槽（三台电解槽，每台 2MW，产量 425Nm³H₂·h⁻¹/台），安装于奥迪工厂

图 4.30　制造中的 2MW 电解槽组

　　需要注意的是，这种类型的电解槽可以使用加压容器进行加压。GHW 在德国慕尼黑机场的氢项目框架内开发的电解槽就是这种情况，该项目由 ARGEMUC（ArbeitsGEmein-schaftFlughafen MUenChen）在 1997—2006 年间实现。一个约 450kW 的 30bar 压力电解槽，在额定功率负载下产能为 94Nm³H₂·h⁻¹，连接到现有电网以生产加压氢气（图 4.31）。它由两个相邻的单元块组成，每个单元块约 225kW，每个单元块位于一个 3MPa 的压力容器中。

图 4.31　GHW 先进的 500kW、30bar PME 电解槽（2004 年 5 月展示于 HYFORUM）以及 GHW 100kW 试验厂

2004 年，计划开发"小型"的电池区（0.8m²），用于每个单电池容量不超过 1MW 的单元；也计划开发大型电池区，面积为 2.3 ~ 2.5m²，用于单电池容量超过 1MW 的单元。每个电解槽单元的生产功率范围计划达到 700Nm³ 的氢气（3MW）。这些新设备没有循环泵。碱液循环是通过在电解槽中产生的产物气体的提升效应来实现的。据说该系统的能耗约为 4kW·h·Nm⁻³H₂。基于这一概念，McPhy 公司现在提出了"McLyzer030-60"系统，其在 5.8MPa 下的产能为 30Nm³H₂·h⁻¹。

4.4.2.2　Norsk Hydro 型电解槽

Norsk hydro 型电解槽是在 20 世纪 30 年代开发的。它们被认为是最有效和最可靠的水电解槽之一。全世界安装了 500 多台此种类型的电解槽。这些电解槽是为数年的连续生产而开发的（建议在连续运行 8 ~ 10 年后更换电解槽）。目前，这些常压电解槽的主要发展集中在动态特性上，以允许从待机状态立即启动，快速响应动态负载变化，以及更广泛的制氢操作范围（5% ~ 100%，而不是 25% ~ 100%）。增加电解槽的运行压力是此类电解槽面临的另一个挑战。Nel 最近开发了一种新的电解槽（Nel P.60），可在 1.5MPa 的出口压力下，单个电解槽产能 60Nm³H₂·h⁻¹（图 4.32）。操作范围已扩大到 10% ~ 100%，据说对动态负载变化的响应时间小于 1s。同样的概念，也被许多在低于 10bar 压力下工作的电解槽制造商所采用（图 4.33 和图 4.34）。

4.4.2.3　Zdansky-Lonza 型电解槽

该电解槽是第一个商用的高压系统电解槽。在 3MPa 的压力下可以生产大量的氢。Zdansky-Lonza 技术由 ELT Elektrolysetechnik GmbH 商业化。最大的电解槽可以在单个电堆中产氢量高达 1400Nm^{3}H$_2$·h^{-1}（图 4.35）。

图 4.32　Nel 电解槽的图片（50～485Nm^{3}H$_2$·h^{-1}，4.4kW·h·Nm^{3}H$_2$，80℃，常压）

图 4.33　Teledyne 生产的 TitanEL 型电解槽

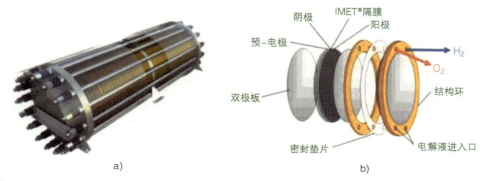

图 4.34　Hydrogenics 生产的 HySTAT™ 电解槽（10bar，15Nm³H₂·h⁻¹，4.2kW·h·Nm⁻³H₂）以及单室结构图

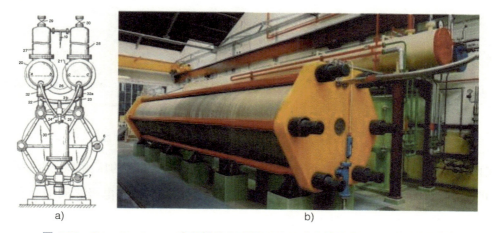

图 4.35　Zdansky–Lonza 电解槽的示意图（1959 年专利）和 ELT 高压电解槽

有几家公司开发了加压电解槽，直接在高于 3MPa 的压力下制氢（图 4.36）。

图 4.36　AccaGen 电解槽，由一个 60Nm³·h⁻¹ 的电解模块或一个 120Nm³·h⁻¹ 的容器组成，工作压力高达 4MPa（能耗为 5kW·h·Nm⁻³）

4.4.3 先进电解槽设计

4.4.3.1 金属泡沫作为电极

Allebrod 等人进行了实验，将零间隙电解槽中使用的金属网格替换为金属泡沫，并提议将这种设计称为"泡沫基碱性电解槽"。他们在阴极上使用镍铬合金泡沫，在阳极上使用涂覆了银纳米粒子的镍泡沫作为气体扩散电极（图 4.37）。

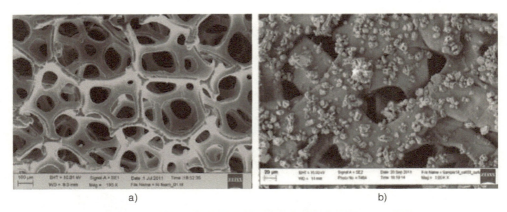

a)   b)

图 4.37　泡沫镍和涂有银纳米颗粒的泡沫镍电极的 SEM 照片

在两个电极之间放置适量的 SrTiO$_3$ 粉末，并在 13kN·cm^{-2} 的压力下压制整个结构。在 1000℃的可控气氛（9%H$_2$/Ar）中烧结 6h 后，得到了夹在泡沫电极之间的介孔 SrTiO$_3$ 结构（平均孔径为 63nm），如图 4.38 所示。

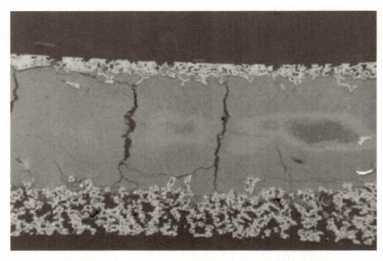

图 4.38　由涂覆银颗粒的泡沫镍（上）、介孔钛酸锶烧结粉末和铬镍铁合金泡沫（下）组成的结构横截面的 SEM 照片

样品放置在充满 22.5wt% KOH 水溶液的高压釜中，用作电解水的电化学电池。实验分别在高达 250℃和 42bar 的温度和压力下进行。在 1.5V（1.75V 时 2A·cm⁻²）的小室电压下，测得的电流密度为 1A·cm⁻²。尽管这种结构比传统结构昂贵得多，但使用具有高表面积的金属泡沫作为电极和介孔烧结氧化物粉末应该是高温和（或）高压电解槽一个有前途的方法。

4.4.3.2 气体扩散电极

Marini 等人提出了一种先进的碱性水电解槽概念，该电解槽带有气体扩散电极，并在电极之间循环电解液。图 4.39 给出了这种电解装置原理的示意图。每个电极组件由电池隔板、活性层、气体扩散层（GDL）和用作集电器的镍网组成。活性层由 5%～10% 的 PTFE、70% 的雷尼镍以及另一种催化剂和（或）导电材料组成。活性层由 5%～10% PTFE 混合 70% 的雷尼镍和另一种催化剂和（或）导电材料组成。气体扩散层由炭黑（阴极）或镍粉（阳极）与 20% PTFE 结合而成。隔膜层由 ZrO_2 粉末（粒径约为 50nm）和 PTFE 悬浮液制成，与活性层黏合（使用 25μm 厚的拉伸聚丙烯片来代替之前的隔膜）。两个电极组件由一个 1.5mm 厚的垫片隔开，垫片定义了电解小室。当电解液在电极之间循环时，两个气体室之间以及气体室与电解液之间的压差至关重要。事实上，如果电解液压力小于气体压力，气体将在电解液中流动，催化剂层将部分失去与电解液的离子接触，从而增加电池电阻。另一方面，如果电解液压力过高，电解液将穿过疏水性气体扩散层并积聚在气体室中。该电解槽的初步结果显示，其性能接近传统的压滤式电解槽（在 500mA 和 80℃下，电压为 2.4V）。超过 100 天的老化测试没有显示任何显著的性能下降。

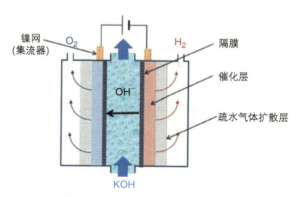

图 4.39 带有气体扩散层和电极间电解液循环的碱性电解槽的原理图

4.4.3.3 超高压电解槽

多年来，美国 Avalence 公司一直在开发单极性碱性水电解槽（Avalence Hydrofiller），目的是在不使用压缩机的情况下，在 45MPa 的压力下生产氢气（图 4.40）。文献中提供了许多出版物和报告，描述了该系统。电解槽为圆柱形，填充 28wt% KOH 水溶液作为电解液。Avalence Hydrofiller 50-6500 配置了 48 个单独的电解槽，每组 24 个电解槽串联。对于 130A 的电流（氢气产能为 0.2kg·h^{-1}），近似工作电压为 50V。该电解槽名为 "Hydrofiller 50-6500"，指的是其生产能力为每小时 50 标准立方英尺氢气（1.4Nm^3·h^{-1}），并有可能达到 6500psi（44.8MPa）的工作压力。

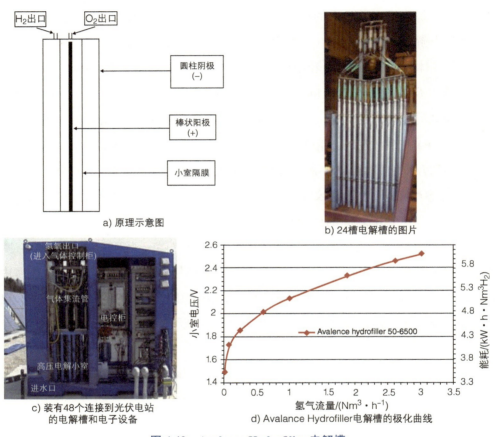

a) 原理示意图

b) 24槽电解槽的图片

c) 装有48个连接到光伏电站的电解槽和电子设备

d) Avalance Hydrofiller电解槽的极化曲线

图 4.40　Avalence Hydrofiller 电解槽

在电池的中间放置一根镍棒作为阳极。最初，作为阴极的外电极被镀上了镍。然而，发现镍涂层溶解并污染电解液。因此，现在使用的是钢制的阴极表面。两个电极被一层聚合物膜隔开。该系统最重要的参数之一是必须使用非常敏感的压力平衡系统将氢气和氧气输出的压差保持在尽可能低的水平。尽管如此，第一次实验得出的结论是，气体纯度不够好，无法在 45MPa 的压力下运行该系统。已经测试了几种具有不同化学性质和不同膜厚度的膜，以通过减少氢的交叉渗透来提高气体纯度。将原来的疏水性聚乙烯膜替换为亲水性聚砜基膜，并调整膜厚度以减少氢渗透。

使用更高效的膜，改进密封设计，以及阳极和阴极循环，在 17MPa 下可以达到 99.7% 的氧气纯度。从 2008 年秋季到 2009 年秋季，在美国米尔福德的通用汽车试验场成功测试了一种电解槽，测试时间为 109 天，氢气输出压力限制在 13.8MPa，提出了一些改进措施，以提高高压下气体的性能和纯度。

4.5　结论

本章的目的是回顾最先进的碱性水电解技术，介绍基本原理，描述技术发展，确定现有技术的一些局限性，并对未来的市场应用提出一些展望。碱性水电解是一种成熟的技术，在 20 世纪初以工业规模出现。碱性水电解槽是简单而坚固的设备，用于水解产生电解级的氢气和氧气。该技术主要用于工业部门，尤其是用于氨合成用的氢气生产。产能高达数百 Nm³ H₂·h⁻¹ 的系统已在世界各地成功开发和实施。该技术的主要优点是：①成本低；②高可靠性和耐用性；③在高压下运行的可能性（已成功测试了工作在 10MPa 以上的原型机）。不利的一面是，碱性水电解槽不紧凑，在中等电流密度下运行，并不完全适合使用瞬态电源运行。尽管其成熟度很高，但该技术仍然是研究和开发的主题。最新一代的碱性水电解槽更高效、更可靠，更能满足与波动的可再生能源相结合的应用要求。

参考文献

1. Paets Van Troostwyk, A. and Deiman, J.R. (1789) Lettre de MM. Paets van Troostwyk et Deiman; A M. de la Métherie, Sur une manière de décomposer l'eau en Air inflammable & en Air vital. *Observations sur la Physique, sur L'Histoire Naturelle et sur les Arts*, **XXXV** (II), 369–378.
2. Guillaume, C.-E. (1891) La production industrielle de l'hydrogène et de l'oxygène par l'électrolyse de l'eau. *La Nature*, **940** (Juin), 106–110.
3. Engelhardt, V. (1904) in *The Electrolysis of Water Processes and Applications*, Monographs on Applied Electrochemistry, vol. 1 (ed. V. Engelhardt), The Chemical Publishing Company, Vienna, p. 140.
4. Schmidt, O. (1899) Apparat zur Elektrolyse von Wasser. Patent DE 111,131, Jun. 13, 1899.
5. Kreuter, W. and Hofmann, H. (1998) Electrolysis: the important energy transformer in a world of sustainable energy. *Int. J. Hydrogen Energy*, **23** (8), 661–666.
6. Vieira Da Rosa, A. (2013) *Fundamentals of Renewable Energy Processes*, third Edition, Academic Press, ISBN: 978-0-12-397219-4; p. 389.
7. IEA Energy Technology Essentials (2007) Hydrogen Production and Distribution, April 2007, *http://www.iea.org/techno/essentials5.pdf* (accessed 4 September 2014).
8. Schroeder, V. and Holtappels, K. (2005) Explosion characteristics of hydrogen-air and hydrogen-oxygen mixtures at elevated pressures. Fist ICHS, Paper 120001, Pisa, Italy.
9. Holtappels, K. (2002) Report on the Experimentally Determined Explosion Limits, Explosion Pressures and Rates of Explosion Pressure Rise – Part 1:

Methane, Hydrogen and Propylene, Vol. 1, pp. 1–149.

10. Gilliam, R., Graydon, J., Kirk, D., and Thorpe, S. (2007) A review of specific conductivities of potassium hydroxide solutions for various concentrations and temperatures. *Int. J. Hydrogen Energy*, **32** (3), 359–364.

11. See, D.M. and White, R.E. (1997) Temperature and concentration dependence of the specific conductivity of concentrated solutions of potassium hydroxide. *J. Chem. Eng. Data*, **42** (6), 1266–1268.

12. Index Mundi *http://www.indexmundi. com/commodities/?commodity=nickel* (accessed 4 September 2014).

13. Platinum Today *http://www. platinum.matthey.com/prices/ price-charts* (accessed 4 September 2014).

14. Hall, D.E. (1981) Electrodes for alkaline water electrolysis. *J. Electrochem. Soc.*, **128** (4), 740–746.

15. Raney, M. (1925) Method of preparing catalytic material. US Patent 1,563,587, Dec. 1, 1925.

16. Manabe, A., Kashiwase, M., Hashimoto, T., Hayashida, T., Kato, A., Hirao, K., and Nagashima, I. (2013) Basic study of alkaline water electrolysis. *Electrochim. Acta*, **100**, 249–256.

17. Raney, M. (1927) Method of producing finely divided nickel. US Patent 1,628,190, May 10, 1927.

18. Kumar, M., Awasthi, R., Sinha, A.S.K., and Singh, R.N. (2011) New ternary Fe, Co, and Mo mixed oxide electrocatalysts for oxygen evolution. *Int. J. Hydrogen Energy*, **36** (15), 8831–8838.

19. Gerken, J.B., Shaner, S.E., Massé, R.C., Porubsky, N.J., and Stahl, S.S. (2014) A survey of diverse earth abundant oxygen evolution electrocatalysts showing enhanced activity from Ni–Fe oxides containing a third metal. *Energy Environ. Sci.*, 7, 2376–2382.

20. Vandenborre, H., Vermeiren, P., and Leysen, R. (1984) Hydrogen evolution at nickel sulphide cathodes in alkaline medium. *Electrochim. Acta*, 29 (3), 297–301.

21. Danilovic, N., Subbaraman, R., Strmcnik, D., Stamenkovic, V., and Markovic, N. (2013) Electrocatalysis of the HER in acid and alkaline media. *J. Serb. Chem. Soc.*, **78** (12), 2007–2015.

22. Hu, W. (2000) Electrocatalytic properties of new electrocatalysts for hydrogen evolution in alkaline water electrolysis. *Int. J. Hydrogen Energy*, **25** (2), 111–118.

23. Han, Q., Chen, J., Liu, K., and Wei, X. (2009) A study on the composite LaNi$_5$/Ni–S alloy film used as HER cathode in alkaline medium. *J. Alloys Compd.*, **468** (1-2), 333–337.

24. Divisek, J., Schmitz, H., and Steffen, B. (1994) Electrocatalysts materials for hydrogen evolution. *Electrochim. Acta*, **39** (11/12), 1723–1731.

25. Jović, V.D., Lačnjevac, U., Jović, B.M., and Krstajić, N.V. (2012) Service life test of non-noble metal composite cathodes for hydrogen evolution in sodium hydroxide solution. *Electrochim. Acta*, **63**, 124–130.

26. Bagotsky, V.S. (2006) *Fundamentals of Electrochemistry*, 2nd edn, John Wiley & Sons, Inc, Hoboken, NJ.

27. European Commision, Enterprise and Industry Directorate-General (0000) Commission Directive 1999/77/EC of 26 July 1999 *http://ec.europa.eu/enterprise/sectors/ chemicals/files/markrestr/derogation_ chrysotile_asbestos_diaphragms_en.pdf*

28. European Chemical Agency (2014) Annex XV Restriction Report Amendment to a Restriction Substance Name: Chrysotile IUPAC Name: Chrysotile EC Number: - CAS Nnumber(S): CAS No 12001-29-5 and 132207-32-0, 17 January 2014.

29. VITO *https://www.vito.be/* (accessed 1 September 2014).

30. Agfa *http://www.agfa.com/sp/global/en/ binaries/Zirfon%20Perl%20UTP%20500_ v7_tcm611-56748.pdf* (accessed 1 September 2014).

31. Vermeiren, P., Leysen, R., Beckers, H., Moreels, J.P., and Claes, A. (2006) The influence of manufacturing parameters on the properties of macroporous Zirfon® separators. *J. Porous Mater.*, **15** (3), 259–264. doi: 10.1007/s10934-006-9084-0

32. Vermeiren, P., Adriansens, W., Moreels, J.P., and Leysen, R. (1998) Evaluation of the Zirfon separator for use in alkaline

water electrolysis and Ni-H$_2$ batteries. *Int. J. Hydrogen Energy*, **23** (5), 321–324.

33. Otero, J., Sese, J., Michaus, I., Maria, M.S., Guelbenzu, E., Irusta, S., and Arruebo, M. (2013) Sulphonated PEEK diaphragms used in commercial scale alkaline water electrolysis. *J. Power Sources*, **247**, 967–974.

34. Costa, R.L. and Grimes, P.G. (1967) Electrolysis as a source of hydrogen and oxygen chem. *Eng. Prog.*, **63** (4), 56–58.

35. Wendt, H. and Hofmann, H. (1985) Cermet diaphragms and integrated electrode-diaphragm units for advanced alkaline water electrolysis. *Int. J. Hydrogen Energy*, **10**, 375–381.

36. Merle, G., Wessling, M., and Nijmeijer, K. (2011) Anion exchange membranes for alkaline fuel cells: a review. *J. Membr. Sci.*, **377** (1-2), 1–35.

37. Varcoe, J. and Slade, R. (2007) (ethylene-co-tetrafluoroethylene)-derived radiation-grafted anion-exchange membrane with properties specifically tailored for application in metal-cation-free alkaline. *Chem. Mater.*, **19** (10), 2686–2693.

38. Couture, G., Alaaeddine, A., Boschet, F., and Ameduri, B. (2011) Polymeric materials as anion-exchange membranes for alkaline fuel cells. *Prog. Polym. Sci.*, **36** (11), 1521–1557.

39. Xu, T. (2005) Ion exchange membranes: state of their development and perspective. *J. Membr. Sci.*, **263** (1-2), 1–29.

40. Fukuta, K. (2011) Electrolyte materials for AMFCs and AMFC performance. Alkaline Membrane Fuel Cell Workshop, Arlington, VA, May 8–9

41. Wu, X., Scott, K., Xie, F., and Alford, N. (2014) A reversible water electrolyser with porous PTFE based OH$-$conductive membrane as energy storage cells. *J. Power Sources*, **246**, 225–231.

42. Faraj, M., Boccia, M., Miller, H., Martini, F., Borsacchi, S., Geppi, M., and Pucci, A. (2012) New LDPE based anion-exchange membranes for alkaline solid polymeric electrolyte water electrolysis. *Int. J. Hydrogen Energy*, **37**, 14992–15002.

43. Acta *http://www.actaspa.com/products/* (accessed 4 September 2014).

44. Acta *http://www.actaspa.com/products/fuel-cell-and-electrolysis-catalysts/* (accessed 4 September 2014).

45. Evangelista, J., Phillips, B., and Gordon, L. (1975) *Electrolytic Hydrogen Production An Analysis and Review* (pp. 1–49). NASA Technical Memorandum, NNASA TM X-71856 Cleveland, OH.

46. Allebrod, F., Chatzichristodoulou, C., and Mogensen, M.B. (2013) Alkaline electrolysis cell at high temperature and pressure of 250 °C and 42 bar. *J. Power Sources*, **229**, 22–31.

47. Ganley, J.C. (2009) High temperature and pressure alkaline electrolysis. *Int. J. Hydrogen Energy*, **34** (9), 3604–3611.

48. Miles, M.H., Kissel, G., Lu, P.W.T., and Srinivasan, S. (1976) Effect of temperature on electrode kinetic parameters for hydrogen and oxygen evolution reactions on nickel electrodes in alkaline solutions. *J. Electrochem. Soc.*, **123** (3), 332–336.

49. Di Bella, F., and Osborne, C. (2010) Development of a centrifugal hydrogen pipeline gas compressor. 2011 DoE Hydrogen Program Merit Review.

50. Bossel, U. (2006) Does a hydrogen economy make sense? *Proc. IEEE*, **94** (10), 1826–1837.

51. Roy, A., Watson, S., and Infield, D. (2006) Comparison of electrical energy efficiency of atmospheric and high-pressure electrolysers. *Int. J. Hydrogen Energy*, **31** (14), 1964–1979.

52. Zdansky, E.A. (1956) Improvements relating to electrolyzers for the decomposition of water. Patent GB 837,864, Switzerland.

53. Zdansky, E.A. (1959) Decomposer. US Patent 2,881,123, Switzerland.

54. Zdansky, E.A. (1959) Electrolytic water decomposer. US Patent 2,871,179, Switzerland.

55. Treadwell Corporation. Company Information/Timeline, *http://www.treadwellcorp.com/about-timeline.php* (accessed 4 September 2014).

56. Treadwell Corporation. Treadwell Corporation – Profile, *http://www.hellotrade.com/treadwell-corporation/profile.html* (accessed 4 September 2014).

57. Onda, K., Kyakuno, T., Hattori, K., and Ito, K. (2004) Prediction of production power for high-pressure hydrogen by high-pressure water electrolysis. *J. Power Sources*, **132** (1-2), 64–70.

58. Aoki, K., Toda, H., Yamamoto, J., Chen, J., and Nishiumi, T. (2012) Is hydrogen gas in water present as bubbles or hydrated form? *J. Electroanal. Chem.*, **668**, 83–89.

59. Roy, A., Watson, S., Infield, D., 2006 "Comparison of electrical energy efficiency of atmospheric and high-pressure electrolysers" *International Journal of Hydrogen Energy* **31** 1964–1979.

60. Anderson, E., Dalton, L., Carter, B., and Ayers, K. (2012) Elimination of mechanical compressors using PEM-based electrochemical technology. WHEC 2012, Toronto, Canada.

61. Marangio, F., Pagani, M., Santarelli, M., and Calì, M. (2011) Concept of a high pressure PEM electrolyser prototype. *Int. J. Hydrogen Energy*, **36** (13), 7807–7815.

62. Sagim *http://www.sagim-gip.net/html-anglais/produits-annexes.html* (accessed 4 September 2014).

63. Department of the Army (USA)(2007) Chapter 7 Balloon inflation and launching procedures, in *Tactics, Techniques, and Procedures for Field Artillery Meteorology*, Field Manual No. 3-09.15, Department of the Army, Washington, DC, 25 October 2007.

64. Gibney, J.J. (0000) GE Generators – An Overview, GE Industrial & Power Systems, GER3688B, *http://site.ge-energy.com/prod_serv/products/tech_docs/en/downloads/ger3688b.pdf* (accessed 4 September 2014).

65. Fuel Cell Today (2012) Enertrag Delivers Three 2 MW Alkaline Electrolyser, News, 23 November 2012.

66. Burmeister, W. (1999) Hydrogen Project at Munich Airport, *http://ieahia.org/pdfs/munich_airport.pdf* (accessed 4 September 2014).

67. Brand, Rolf (2004) GHW presents advanced pressurized alkaline electrolyzer at HYFORUM. *Hydrogen Fuel Cell Lett.*, **XIX** (7), July 2004.

68. Taalesen, Atle (2011) Nel Hydrogen, Hydrogen and Fuel Cells in the Nordic Countries, Malmö, Sweden, October 2011, 25–26.

69. Schmid, R. (2012) Electrolysis for grid balancing, Where are we? Symposium – Water Eelectrolysis and Hydrogen as a Part of the Future Renewable Energy System, *http://www.hydrogennet.dk/fileadmin/user_upload/PDF-filer/Aktiviteter/Kommende_aktiviteter/Elektrolysesymposium/Raymond_Schmid_Hygrogenics_120510_Copenhagen_Symposium_Final.pdf* (accessed 5 September 2014).

70. De Maeyer, R. (2010) HySTAT TM on site hydrogen. Visit Waterstofregio to Oevel.

71. ELB Elektrolysetechnik GmbH Industrial Hydrogen Production (0000) Pressure Electrolyser Based on the LURGI System Datasheet, *http://elektrolyse.de/wordpress/?page_id=38* (accessed 5 September 2014).

72. Marini, S., Salvi, P., Nelli, P., Pesenti, R., Villa, M., Berrettoni, M., and Kiros, Y. (2012) Advanced alkaline water electrolysis. *Electrochim. Acta*, **82**, 384–391.

73. Dunn, P. and Mauterer, D. (2011) High-Capacity, High Pressure Electrolysis System with Renewable Power Sources, DOE Merit Review, 11 May.

74. Kelly, N., Gibson, T., and Ouwerkerk, D. (2008) A solar-powered, high-efficiency hydrogen fueling system using high-pressure electrolysis of water: design and initial results. *Int. J. Hydrogen Energy*, **33** (11), 2747–2764.

75. Kelly, N.A., Gibson, T.L., and Ouwerkerk, D.B. (2011) Generation of high-pressure hydrogen for fuel cell electric vehicles using photovoltaic-powered water electrolysis. *Int. J. Hydrogen Energy*, **36** (24), 15803–15825.

第5章

单元化再生系统

皮埃尔·米勒

5.1　简介

　　水 - 氢 - 氧氧化还原系统可用于氧化还原电池中。从技术角度来看，第一种方式是将水电解槽和 H_2/O_2 燃料电池耦合起来。这种串联装置可以将水分子分解成氢气和氧气，将电能储存为化学物质，通过氢和氧在燃料电池中的"冷"燃烧再产生电能。第二种方式是将水电解槽和燃料电池组合成可以可逆运行的单元，这也是更具挑战性的方式。这种集成装置被称为组合式再生燃料电池（URFC），基本上是一种可逆运行的氧化还原电池，既可以作为电能阱（相当于电池负载的水电解模式），也可以作为电源（相当于电池放电的燃料电池模式）。这种设备的容量可以是无限的，这取决氢气/氧气储罐的大小。对于任何传统的燃料电池来说，氧气可以从大气中获取，在这种情况下，URFC 的容量仅取决于储氢罐的大小。URFC 可能用于交通、家庭和空间应用中的不同能源管理系统。参考文献简要回顾了其历史背景和实际应用。本章主要介绍 URFC 的基本原理，描述并比较基于聚合物电解质膜（PEM）电池的低温 URFC 和基于固体氧化物电池的高温 URFC。

5.2　基本概念

5.2.1　热力学

　　水分解反应的热力学已在第 2.1 节中详细描述。本章内容参考了第 2 章所述水分解的基础知识，至于如何参考这一章的方法，留给读者来决定。现在我们从可逆性的观点再来考虑，液态水的分解或解离反应为：

$$H_2O(l) \rightarrow H_2(g) + \frac{1}{2}O_2(g) \qquad (5.1)$$

尽管熵增对反应进行是有利的，但由于焓变不利于反应进行，这仍是一个非自发的转变。在标准温压条件下（$T° = 298K$，$P° = 1bar$），反应的焓、熵和自由（吉布斯）能标准变化分别为：

$$\Delta H_d^°(H_2O(l)) = +285.840 kJ \cdot mol^{-1} \quad 吸热$$

$$\Delta S_d^°(H_2O(l)) = +163.15 J \cdot mol^{-1} \cdot K^{-1}$$

$$\Delta G_d^°(H_2O(l)) = \Delta H_d^°(H_2O(l)) - T \cdot \Delta S_d^°(H_2O(l)) = +237.22 kJ \cdot mol^{-1}$$

式（5.1）的热力学是工作温度 T 和压力 P 的函数：

$$\Delta G_d(T,P) = \Delta H_d(T,P) - T\Delta S_d(T,P) > 0 \qquad (5.2)$$

$\Delta H_d(T, P)$、$\Delta S_d(T, P)$ 和 $\Delta G_d(T, P)$ 分别是焓变（$J \cdot mol^{-1}$）、熵变（$J \cdot mol^{-1} \cdot K^{-1}$）和在温度 T 和压力 P 发生的式（5.1）反应中的吉布斯自由能变化（$J \cdot mol^{-1}$）。图5.1 展示了常压下式（5.1）在扩展温度范围内的数据。分解 1mol 水需要 ΔG_d（$J \cdot mol^{-1}$）的电量和 $T\Delta S_d$（$J \cdot mol^{-1}$）的热量。尽管有不利的熵变贡献，但其逆反应（氧气中的氢气燃烧）是强烈放热的自发过程：

$$H_2(g) + \frac{1}{2}O_2(g) \rightarrow H_2O(l) \qquad (5.3)$$

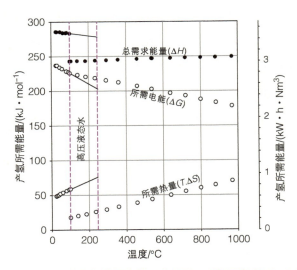

图 5.1 $P = 1bar$ 时水分解反应的 $\Delta G(T)$、$\Delta H(T)$ 和 $T \cdot \Delta S(T)$

热力学状态函数的变化与式（5.1）的变化符号相反：

$$\Delta H_c^\circ(H_2O(l)) = -285.840 kJ \cdot mol^{-1} \quad （放热）$$
$$\Delta S_c^\circ(H_2O(l)) = -163.15 J \cdot mol^{-1} \cdot K^{-1}$$

$$\Delta G_c^\circ(H_2O(l)) = \Delta H_r^\circ(H_2O(l)) - T \cdot \Delta S_r^\circ(H_2O(l)) = -237.22 kJ \cdot mol^{-1}$$

对于在给定温度 T 和压力 P 下发生的燃烧反应，可以写成：

$$\Delta G_c(T,P) = \Delta H_c(T,P) - T\Delta S_c(T,P) > 0 \tag{5.4}$$

在式（5.4）中，$\Delta H_c(T, P)$、$\Delta S_c(T, P)$ 和 $\Delta G_c(T, P)$ 分别是焓变（$J \cdot mol^{-1}$）、熵变（$J \cdot mol^{-1} \cdot K^{-1}$）和在 T 和 P 处发生式（5.3）反应的吉布斯自由能变化（$J \cdot mol^{-1}$），其符号与式（5.1）反应中的相反，图 5.1 中的数据是它们的绝对值。

在电化学实验中，测量电位和电压比测量能级更方便，这两个量是相互关联的。如第 2 章所述，根据式（5.1），在平衡状态下分解 1mol 水所需的电（nFE）等于水解离反应的吉布斯自由能变化（ΔG_d）：

$$\Delta G_d - nFE_d = 0 \quad 当 \ \Delta G_d > 0 \tag{5.5}$$

式中，$n = 2$，是一个水分子电化学分解过程中交换的电子数；F 为法拉第常数，约 $96485 C \cdot mol^{-1}$，即 1mol 电子的电荷；E 是与反应相关的自由能电解电压（V）；ΔG_d 是与反应有关的自由能变化（$J \cdot mol^{-1}$）。

相反，根据式（5.2），氢/氧燃料电池的开路电动势 E（或开路电压）与氢在氧气中燃烧的反应的吉布斯自由能变化（ΔG_c）有关：

$$\Delta G_c + nFE_c = 0 \quad 当 \ \Delta G_c < 0 \tag{5.6}$$

因为 $|\Delta G_d| = |\Delta G_c|$，$E_d = E_c$。

通常有两种不同的热力学电压可以用来表征电化学转化。首先，以伏特为单位的自由能电解电压 E 定义为：

$$E(T,P) = \frac{\Delta G_d(T,P)}{nF} \tag{5.7}$$

以伏特为单位的焓或热中性电压 V 定义为：

$$V(T,P) = \frac{\Delta H(T,P)}{nF} \tag{5.8}$$

图 5.2 绘制了 1bar 气压下的两种电压与工作温度的函数关系。

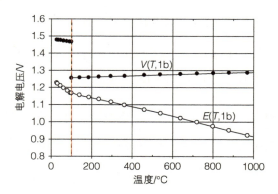

图 5.2　工作温度对水的自由能电解电压 $E（T）$ 和焓电解电压 $V（T）$ 的影响（$P=1\mathrm{bar}$）

氢气可以直接在空气或氧气中燃烧产生热量，也可以在电化学燃料电池中燃烧，将部分热量转化为更具附加值的电功。假设水分解和氢气燃烧是两个可逆过程，可以写成：

$$H_2O(l) \Leftrightarrow H_2(g) + \frac{1}{2}O_2(g) \tag{5.9}$$

一般反应等温线（也称为范特霍夫等温线）将反应的吉布斯自由能变化与平衡常数 K 联系起来，如下所示：

$$\Delta G^\circ = -RT\mathrm{Ln}K_d^\circ \tag{5.10}$$

平衡常数 K 定义为：

$$K = \frac{f_{H_2}f_{O_2}^{1/2}}{a_{H_2O}} \tag{5.11}$$

式中，f 表示气体逸度和活度。将式（5.10）应用于式（5.3），$K_d^\circ = 2.7 \times 10^{-42}$，这表明式（5.9）的反应完全向液态水一侧进行。将式（5.10）应用于式（5.3），得到 $K_c^\circ = 3.8 \times 10^{41}$，这证实了氢在氧中可以完全燃烧。

5.2.2　半电池反应

URFC 基于两种氧化还原对：高电位水 / 氧对和低电位水 / 氢对。在酸性电解质中，水合质子将电荷从阳极输送到阴极。在水电解和燃料电池模式下的半电池反应为：

$$阳极，电解：H_2O \rightarrow \frac{1}{2}O_2 + 2H^+ + 2e^- \tag{5.12}$$

$$阴极，电解：\quad 2H^+ + 2e^- \rightarrow H_2 \tag{5.13}$$

$$正极，燃料电池：\frac{1}{2}O_2 + 2H^+ + 2e^- \rightarrow H_2O \tag{5.14}$$

$$\text{负极, 燃料电池:} \quad H_2 \rightarrow 2H^+ + 2e^- \tag{5.15}$$

在固体氧化物电解质中, 氧化物离子 O^{2-} 将电荷从阴极传送到阳极。水电解和燃料电池模式下的半电池反应为:

$$\text{阳极, 电解:} \quad O^{2-} \rightarrow \frac{1}{2}O_2 + 2e^- \tag{5.16}$$

$$\text{阴极, 电解:} \quad H_2O + 2e^- \rightarrow H_2 + O^{2-} \tag{5.17}$$

$$\text{正极, 燃料电池:} \quad \frac{1}{2}O_2 + 2e^- \rightarrow O^{2-} \tag{5.18}$$

$$\text{负极, 燃料电池:} \quad H_2 + O^{2-} \rightarrow H_2O + 2e^- \tag{5.19}$$

半电池反应式 (5.12) 和式 (5.16) 称为析氧反应或 OERs。
半电池反应式 (5.13) 和式 (5.17) 称为析氢反应或 HERs。
半电池反应式 (5.14) 和式 (5.18) 称为氧还原反应或 ORRs。
半电池反应式 (5.15) 和式 (5.19) 称为氢氧化反应或 HORs。

5.2.3 过程可逆性

在电化学中, 巴特勒-沃尔默 (Butler-Volmer) 关系将金属-电解质界面上设置的过电压 η (单位为 V) 与流经该界面的电流密度 i (单位为 $A \cdot cm^{-2}$) 联系起来:

$$i = i_0 \left\{ \exp\left[\frac{\beta nF}{RT}\eta \right] - \exp\left[-\frac{(1-\beta)nF}{RT}\eta \right] \right\} \tag{5.20}$$

式中, η 是过电压, 即界面上设置的实际电压与平衡电压之间的差值 (V); i_0 是交换电流密度 ($A \cdot cm^{-2}$); R 为理想气体常数 ($0.082 J \cdot K^{-1} \cdot mol^{-1}$); T 是绝对温度 (K)。

式 (5.20) 提供了一些关于电化学可逆性的概念。当过电压 η 的符号改变时, 流过界面的电流的符号也会改变。可逆性也是一个动力学概念。可逆电荷转移过程和不可逆电荷转移过程之间的差异取决于交换电流密度的值。交换电流密度越大, 反应可逆性越好 (图 5.3)。

通过在两个不同的工作温度下绘制燃料电池模式和水电解模式的极化曲线可以分析操作温度对 URFC 的可逆性和动力学的影响 (图 5.4)。在高温下 (1000℃) 使用固体氧化物电池, 只需要在明确定义的电池电位下改变约 0.9V, 等于反应式 (5.1) 和式 (5.2) 的热力学电压，就可从燃料电池模式过渡到电解模式（流经电池的电流符号发生变化的电位）。

这表明在正极和负极发生的两个电化学反应都是可逆的。在室温下，情况明显不同。从水电解到燃料电池运行模式的转换需要很大的过电压。这种不可逆性不是因为氢电极的两个反应（充电时 HER 和放电时 HOR）高度可逆，而是因为氧电极的 OER（充电期间）和 ORR（放电期间）是高度不可逆的（图 5.5）。除此之外，由于扩散控制的气体反应物向反应部分运输的质量传输限制也倾向于进一步减缓动力学。

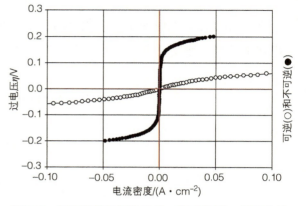

图 5.3 电荷转移过程的比较，在 25℃时，极化曲线由式（5.20）计算得出：可逆 $i_0 = 10^{-2} A \cdot cm^{-2}$；不可逆 $i_0 = 2 \times 10^{-5} A \cdot cm^{-2}$

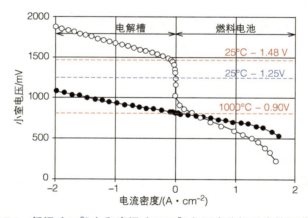

图 5.4 低温（25℃）和高温（1000℃）下水分解反应的可逆性

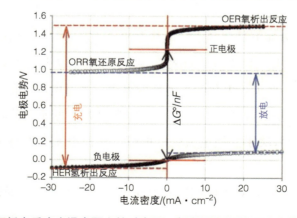

图 5.5 Ir° 上 OER = 氧析出反应光滑表面上的过电压 - 电流密度关系；Pt° 上的氢析出反应；ORR = Pt° 上的氧还原反应，HOR = Pt° 上的氢氧化反应

5.3　低温 PEM URFC

5.3.1　原理

　　本节将介绍低温（PEM）URFC 的基本原理。在第一种结构中（图 5.6 中的结构 A），URFC 需要两个完全可逆的电极。在水电解模式下（电池充电，左上），水在阳极（在二氧化铱上）根据式（5.12）被氧化成氧气和质子，质子通过膜迁移（也称为固体聚合物电解质或 SPE）到阴极，根据式（5.13）在铂上还原为氢气。在燃料电池模式下（电池放电，左下角），氧在正极（阴极，铂）根据式（5.14）被还原成水，氢在负极（阳极，铂）根据式（5.15）被氧化成质子。在这种结构中，每个电池小室总是处理同一种气体。左室中，在电解过程中产生氢气，在燃料电池运行过程中消耗氢气。右室中，在电解过程中产生氧气，而在燃料电池运行过程中消耗氧气。换句话说，这种结构需要完全可逆的催化剂。从催化剂的角度来看，该过程中涉及的四个反应中有三个需要铂：HER、ORR 和 HOR，最后一个 OER 则需要二氧化铱。这就是为什么氧电极需要二氧化铱和铂的混合物。该混合物可以在组成和结构方面进行优化。第一种选择是在 SPE 上沉积两层，一层是铂纳米颗粒，另一层是二氧化铱。第二种选择是涂覆均匀的混合物。这里存在的问题是 ORR 需要碳质气体扩散层（GDL），而对于 OER 首选烧结钛板。因为碳在较高的工作电位下是不稳定的（从热力学的角度来看，根据 $C + 2H_2O \rightarrow CO_2 + 4H^+ + 4e^-$，碳被氧化，相对于可逆氢电极或 RHE，其电位仅为 +0.206V），结构 A 不容易实现。

　　在第二种结构中（图 5.6 中的结构 B），URFC 电池小室不是专门针对气体，而是针对氧化还原过程。左室是还原室，在电解模式下，质子通过 HER 反应还原生成氢气；在燃料电池模式下，氧气通过 ORR 反应还原为水。右室是氧化室，在水电解模式下，水通过 OER 反应被氧化，放出氧气；在燃料电池模式下，氢通过 HOR 反应被氧化成质子。结构 B 有一个主要优点和一个主要缺点。主要优点是氧化室中不需要碳质支撑材料（氢很容易在无支撑的铂层上被氧化），与结构 A 相比，最缓慢的 ORR 反应需要碳负载铂纳米颗粒和 GDL，可在与 HER 相同的催化剂上发生；主要的缺点是当 URFC 从燃料电池模式转换到水电解模式时，需要转换气体循环，反之亦然。从工程的角度来看，这是一个复杂的问题，需要对电池室和电路进行清洗，并且可能会引发一些安全问题。特别是在电解水模式的操作结束时，必须先清除左室中析出的氢和右室中析出的氧，再将储罐中的氢和氧引入电池。

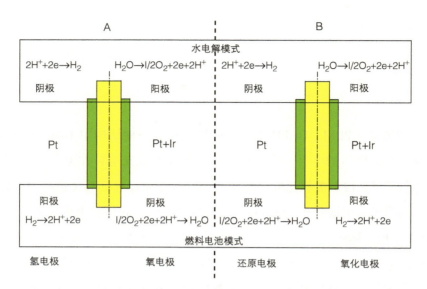

图 5.6 显示单个小室反应的两种主要 URFC 设计的示意图

　　燃料电池模式下的水管理也是一个问题。在水电解操作期间，液态水通过两个电解槽室泵送。当电池切换到燃料电池模式时，需要充分干燥电池小室让气体到达催化位点，这可以通过干燥的惰性气体（例如氮气）循环来完成，但此干燥过程需要适当管理以防止膜干燥。从燃料电池切换到水电解模式通常不成问题，而反过来则更具挑战性且更耗时。

5.3.2　电池结构和 URFC 堆

　　URFC 电池的详细结构如图 5.7 所示。URFC 电池可以堆叠在一起以提高功率密度和容量，就像 PEM 燃料电池或 PEM 水电解技术一样。图 5.8 提供了 URFC 电堆原型照片（水电解模式运行时的额定功耗为 1.5kW；燃料电池工作模式下的额定输出功率为 0.5kW）。

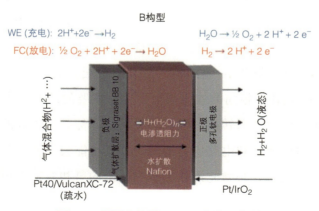

图 5.7　质子交换膜 URFC 电池示意图

图 5.8　质子交换膜 URFC 堆栈的照片

5.3.3　性能

5.3.3.1　水电解模式

PEM 水电解槽的电流 - 电压关系可使用以下等式来近似：

$$E_{cell}(T,P) = E_{T,P} + \frac{RT}{\alpha^a F} \mathrm{Ln}\left(\frac{i}{i_0^a}\right) + \frac{RT}{\alpha^c F} \mathrm{Ln}\left(\frac{i}{i_0^c}\right) + iR_j \tag{5.21}$$

式中，$E_{cell}(T,P)$ 为温度 T、工作压力 P 时的电解电压（V）；$E_{T,P} = \Delta G(T,P)/nF$，为温度 T、压力 P 时的热力学电压（V）；$\alpha^a = \alpha^c \approx 0.5$，分别为阳极 OER 和阴极 HER 的电荷转移系数；i 为电流密度（A·cm^{-2}）；i_0^a 和 i_0^c 分别是 OER 和 HER 的交换电流密度（A·cm^{-2}）；F 为法拉第常数（96485C·mol^{-1}）；R 为电池电阻，包括膜电阻和其他电子电阻（Ω·cm^{-2}）。通过增加各项的贡献，得到电流 - 电压极化曲线。图 5.9 显示了在 80℃下不同电压对 PEM 电解池极化曲线的影响。热力学电压（80℃，$E° = 1.18V$）是主要的贡献项。其次，线性项归因于电池内电阻，它是质子导电膜的离子电阻与非电解质电池内组件（电流集电极、电池隔板、双极板；包括大容量电阻器和接触电阻器）的各种电子电阻之和。SPE 的电阻是膜厚度和等效重量（EW）的函数。下一项是过电压 ηH_2，通常很小，在酸性介质中，铂表面上的反应是一个快速过程。最后一项是 OER 过电压 ηO_2，它在量级上最为重要。

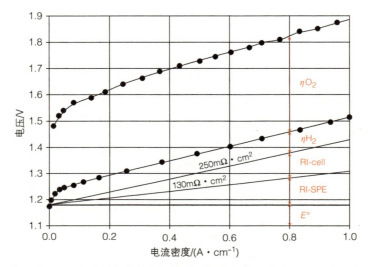

图 5.9　在 80℃下在质子交换膜水电解槽上测得的极化曲线（显示了主要电压贡献）

5.3.3.2　燃料电池模式

假设 HOR 是一个快速过程，PEM 燃料电池的电流 - 电压关系可以用公式求得：

$$E_{\text{cell}} = E_{T,P^\circ} - \frac{RT}{\alpha F}\text{Ln}\left(\frac{i}{i_0}\right) - \frac{RT}{\alpha F}\text{Ln}\left(\frac{i_L}{i_L - i}\right) - iR_i \tag{5.22}$$

式中，E_{cell} 为燃料小室电压（V）；E_{T,P° 是温度 T 和压力 P 下的热力学电压（V）；α 是电荷转移系数，约 0.5；i 是电流密度（A·cm^{-2}）；i_0 是交换电流密度（在阴极的 ORR）（A·cm^{-2}）；i_L 是由于氧扩散引起的正极上的极限电流密度（A·cm^{-2}）；F 是法拉第常数（96485C·mol^{-1}）；R 是电池电阻，包括膜电阻和其他电子电阻（Ω·cm^{-2}）。加上这些不同的电压贡献，可以得到全局电流 - 电压极化曲线。不同极化损耗可根据式（5.22）计算，如图 5.10 所示。热力学电压 E° 是工作温度、气体压力和氧气纯度的函数。电荷转移过程造成的损失主要是由 ORR 引起的。由电池电阻引起的欧姆降是膜厚度和等效重量的函数。如图 5.10 所示，150mΩ·cm^{-2} 是在 1A·cm^{-2} 的电流条件下，欧姆降为 150mV。传质损失归因于扩散控制的气体传输到反应位点，氧气传输是主因。在高电流密度下可达到极限电流，极限电流的值将取决于氧气纯度（纯氧或空气）、气体压力，也取决于电解槽设计和 GDL 的质量传输特性。全局极化曲线（图 5.10 中的 5）是这些不同项的总和。

5.3.3.3　URFC 模式

如上所述，在设计、电池组件和催化剂组成的选择方面，URFC 是水电解电池和燃料电池之间的一种折中方案。不同催化剂组成的 URFC 可得到一些典型极化曲线，如图 5.11 所示。在常规 PEM 水电解和常规 PEM 燃料电池上测量的参考极化曲线也绘制在图中以进行比较。结果表明，催化剂层的组成对催化剂的性能至关重要。在一些有利的情况下，URFC 的性能可以与单个 PEM 水电解槽和燃料电池的最佳性能相媲美。因此，认为低温 URFC 是较差的电解槽和燃料电池这种想法并不准确。然而，应该强调的是，URFC 的关键性能指标不仅是其电化学性能，而且是它在大量的可替代燃料电池/水电解循环中保持这些性能的能力。图 5.11 的数据显示，在燃料电池模式下运行的 URFC 上测得的最大功率密度约为 500mW·cm^{-2}。图 5.12 绘制了在 80℃下测量的吉布斯自由能效率 $\varepsilon\Delta_G$（参见第 2.1 节中的定义）与工作电流密度的关系。如第 2.1 节所述，在零电流（电化学界面处于平衡状态）下，电化学电池的效率接近 100%，但随着工作电流密度的提高，效率趋于下降。这是因为耗散项（阳极和阴极上的电池电阻和电荷转移过程）与工作电流密度成正比，这是非平衡过程的一般特征。在任何电流密度下，PEM 水电解槽的效率都大于燃料电池的效率。在电流密度为 1A·cm^{-2} 时，约 70% 的效率值 $\varepsilon\Delta_G$ 是较好的实践结果，至少在实验室规模上是这样。尽管 PEM 燃料电池使用的膜电解质比 PEM 水电解电池更薄（因此它们的内阻较低），但由于 ORR 的动力学缓慢以及气体反应物到反应部位的质量传输限制，其效率较低。因此，除了电流密度小于几百 mA·cm^{-2} 时，全循环效率（通过水电解和燃料电池相结合的氢气生产和储存将电能转化为电能）通常低于 50%（图 5.12）。额定电流密度为 1A·cm^{-2} 时的循环效率通常在 35% ~ 40% 范围内。

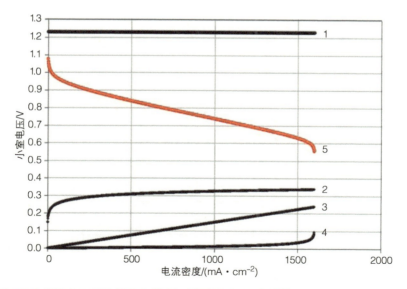

图 5.10 **25℃时 PEM 燃料电池的计算极化曲线，使用式（5.22）计算，** $T = 333K$，$R = 8.314J\cdot mol^{-1}\cdot K^{-1}$，$\alpha = 1$，$n = 2$，$i_L = 1.6A\cdot cm^{-2}$，$i_0 = 3\times10^{-6}A\cdot cm^{-2}$，$R = 0.15\Omega\cdot cm^{-2}$

1—热力学电压 2—电荷转移损耗（主要是 ORR） 3—由于内部电阻 4—传质（O_2）损失 5—全局极化曲线

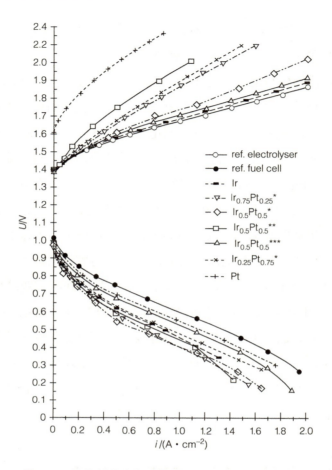

图 5.11　催化剂成分在 80℃时的低温 URFC 极化曲线

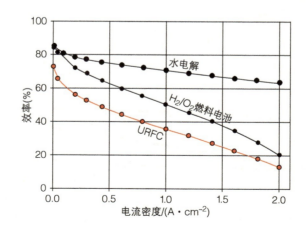

图 5.12　PEM 水电解电池、燃料电池和 URFC 的效率随工作电流密度变化的典型曲线图（80℃）

5.3.4 局限性和展望

PEM URFC 是一种低温氧化还原电池，它使用水 / 氢和水 / 氧氧化还原对以可逆的方式存储电能。由于化学反应物可以储存在电化学电池之外，这种装置令人感兴趣。因此，蓄电池的容量取决于氢 / 氧储罐的大小，而不是蓄电池的大小。如果直接从空气中获取氧气，则电池的容量仅由储氢罐的体积 / 压力决定。PEM URFC 的主要特征与单个 PEM 水电解电池和燃料电池的主要特征没有显著差异。主要的挑战来自高度不可逆的氧电极。在 PEM 燃料电池技术中，ORR 需要一种由碳材料制成的 GDL，这种 GDL 不能维持在 PEM 电解水的阳极状态（在氧气析出下工作电位为 +2.0V）。这个问题可以通过使用图 5.6 所示的结构 B 来规避。

PEM URFC 的主要特点如下：

1）性能和效率：当使用适当的催化剂成分时，PEM URFC 的性能和效率接近于传统水电解电池和燃料电池，至少在实验室规模上是如此。在 $1A \cdot cm^{-2}$ 下运行的 PEM URFC（电→电）的整体效率在 35% ~ 40% 范围内。

2）可循环性 / 耐用性：PEM URFC 可维持数百个运行周期，且不会造成显著的衰减。循环性很大程度上取决于运行的额定电流密度。在图 5.6 的结构 A 中，用于支撑催化 ORR 铂纳米颗粒的碳基体不稳定。在图 5.6 的结构 B 中，燃料电池模式下用于氢氧化的正极铂易在聚合物电解质中氧化和溶解，这会导致设备寿命缩短。

3）在压力下运行：由于电解水步骤（电池充电）产生的化学物质是气态的，所以 URFC 的容量与运行压力直接相关。加压 PEM 电解水的原理和特点已在前一章介绍过。商用质子交换膜水电解槽在 15 ~ 50bar 的范围内可提供压缩氢，无须额外增加电力成本。使用适当的压缩机可进一步提高压力（对于移动性应用，压力高达 800bar）。因此，使用高压储氢罐（例如为汽车行业开发的储氢罐）的 PEM URFC 可以具有很大的容量，但需要气体压缩机。URFC 在压力下运行不存在具体问题，但 PEM 技术中使用的 SPE 是基于全氟磺酸（PFSA）聚合材料，容易通过聚四氟乙烯（PTFE）主链产生气体交叉渗透效应。使用较厚的 SPE 可以降低交叉渗透效应，但这往往会进一步降低循环效率。

4）成本问题：PEM 技术使用昂贵的铂族金属（PGM）作为电催化剂，PFSA 材料作为 SPE。但在过去几十年中，在减少 PGM 载量（在某些情况下去除 PGM）和开发替代性更便宜的聚合物材料方面取得了重大进展，这些进展在未来也将促进 URFC 技术发展。

5.4 高温 URFC

5.4.1 原理

URFC 还可以使用固体氧化物技术在高温（ > 800℃ ）下工作。这种电池的主要优点是水 / 氧氧化还原对变得完全可逆（图 5.4），并且图 5.6 的结构 A 可以更容易地实现。基于固体氧化物技术的 URFC 电池的原理如图 5.13 所示。

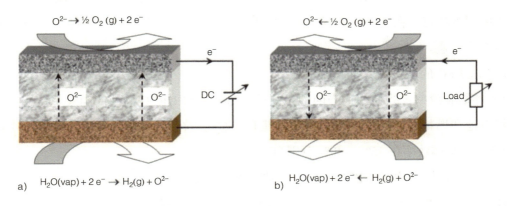

图 5.13 固体氧化物蒸汽电解槽和固体氧化物燃料电池示意图

5.4.2 电池结构

高温固体氧化物电池的早期发展是使用管状几何形状，但在过去几十年中已经开发出了更完整的平面几何形状。在水电解模式下运行的固体氧化物 URFC 的结构如图 5.14 所示。电化学电池本身包含三层陶瓷层。在中间放置一层致密的氧化离子导电陶瓷膜，用作电解质和电池隔膜。这种膜夹在两个多孔陶瓷电极（正极和负极）之间。两个带槽的端板也称为互连板，放置在电化学电池的每一侧，用于分隔单体电池。它们用于分配气体反应物（燃料电池模式）或收集反应气体（电解模式），并向电池输送电能。外围玻璃密封剂用于确保气密性。

在图 5.14 的平面设计中，电解液（0.1 ~ 0.2mm 厚的氧化锆膜）用作电池的机械支撑。这种设计被称为电解质支撑电池（ESCs），电极的厚度约为 50μm。ESCs 的主要问题是氧化锆膜的离子电导率仅在较高的工作温度（850 ~ 1000℃）下才合适，在该温度范围内需要昂贵且有时难以制造的材料，例如 $LaCrO_3$、铬基合金（Ducralloy）、用于互连的特殊铁素体不锈钢或镍基合金。使用阳极支撑电池（ASC）或阴极支撑电池（CSC）设计可以改善这种情况。在这种电池中，电解质膜的厚度降低到约为 5~20μm，以提高离子电导率，从而允许电池在较低的温度（650~850℃）下进行工作。由于如此薄的电解质层无法为电池提供适当的机械支撑，因此氢电极的厚度可以增加到 0.2~1.5mm 而不会产生任何明显的影响。使用这种设计可以达到更高的电流密度，并且可以使用更便宜的不锈钢作为互连材料。据报道，在这种设计下使用寿命提高并且成本降低，这为商业应用开辟了道路。高温蒸汽电解（HTSE）中使用的材料与固体氧化物燃料电池（SOFC）中使用的材料相似。因此，URFC 不需要太具体的开发。

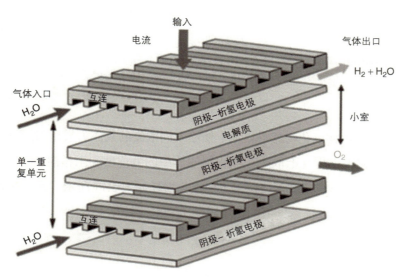

图 5.14　可用作 URFC 的固体氧化物电解池的结构

5.4.3　性能

5.4.3.1　水电解模式

　　HTSE 电池或电堆的性能取决于所考虑的电池设计。在相同温度下运行时，基于 ESC 设计的 HTSE 电池的电化学性能远低于基于 CSC 设计的电池。从实际角度看，在 800℃下工作的标准 ESC 电池的最大电流密度为约 0.5A·cm^{-2}，电压为 1.3V。在较高的温度下也可以获得更高的电流密度（例如在 850℃、1.3V 时，为 0.6A·cm^{-2}）。CSC 电池效率更高，可以达到更高的电流密度。2008 年有文献报道了基于 LSM 氧电极的电池在 850℃、1A·cm^{-2}、1.3V 条件下工作的详细信息。使用 LSCF 氧电极，可以实现相同的电流密度，但温度仅为 800℃。使用先进的 CSC 电池，在 800℃ 的热中性电压下可以实现高达 2.0A·cm^{-2} 甚至更高的电流密度（图 5.15）。

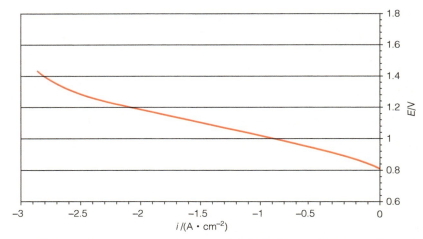

图 5.15　由 Ni-YSZ/YSZ/GDC/LSC 制成的高级 CSC 电池在 800℃、90%H₂O/10%H₂ 中的 *i-V* 曲线；在 2.5A·cm⁻² 下，蒸汽转换率 = 68%

5.4.3.2　燃料电池模式

图 5.16 显示了在固体氧化物燃料电池上使用不同浓度的氧作为氧化剂测量得到的一些典型极化曲线。性能在很大程度上取决于氧化剂气体中的氧浓度和工作温度。SOFC 可以在数个 A·cm⁻² 范围内的高电流密度下运行。主要极化损耗如图 5.17 所示。使用陶瓷薄膜时，主要损失来自浓度极化（高电流密度下的传质限制）和电荷转移（活化）动力学（见第 3 章）。

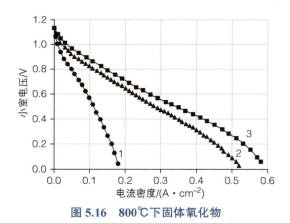

图 5.16　800℃下固体氧化物
燃料电池的极化曲线

燃料：H₂；氧化剂：1—8% 的氧气 + 92% 的 N₂
2—21% 的氧气 + 79% 的 N₂　3—100% 的氧气

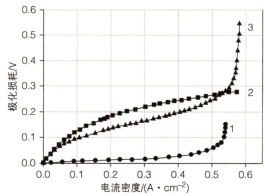

图 5.17　800℃下不同极化损耗

燃料：H₂（H₂O 占 3%）；氧化剂：空气。
1—阴极浓差极化　2—活化极化　3—阳极浓差极化

5.4.3.3　URFC 模式

在 1000℃下运行的固体氧化物 URFC 的典型性能如图 5.18 所示。如上所述，水 / 氧和质子 / 氢氧化还原对的电化学反应是完全可逆的，在这样的温度下不需要实施图 5.6 的结构 B。尽管在室温和高温下分解 1mol 水所需的能量几乎相同（主要差异在于汽化热，如图 5.1

所示），但水电解和燃料电池反应的电效率远高于使用 PEM 技术在低温下获得的电效率，因为所需能量的一部分（约 1/3）可以以热量提供。因此，固体氧化物 URFC 的电效率明显高于 PEM URFC 的效率（在 1A·cm^{-2} 时约 78%～80%，如图 5.19 所示）。

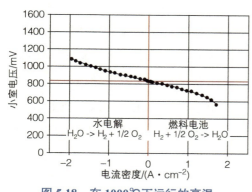

图 5.18　在 1000℃下运行的高温
URFC 的极化曲线

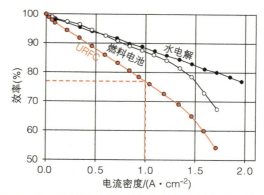

图 5.19　在 1000℃下，固体氧化物水电解电池、燃料电
池和 URFC 的效率与工作电流密度的函数关系图

5.4.4　局限性和前景

对于 PEM URFC，固体氧化物限制在于以下这些技术：

1）性能和效率：固体氧化物 URFC 的性能受到固体氧化物蒸汽电解槽性能的限制，其性能低于 SOFC。然而，它们的效率（电→电）大约是 PEM URFC 的 2 倍，在 75%～80% 范围内。

2）可循环性 / 耐用性：由于不断的研发努力，当固体氧化物技术在温度和功率稳定的条件下运行时，耐用性更好。HTSE 技术的老化率（>2%/1000h）高于 SOFC 技术（<1%/1000h），因此固体氧化物 URFC 的耐久性预计与 HTSE 电池类似。然而，负载循环和温度循环对性能和耐久性都有非常显著的不利影响。

3）承压运行：关于承压运行的 HTSE 电池或电堆发展的报道很少。

5.5　总结与展望

在氢经济中，水分解反应被认为是将零碳电转化为零碳氢的关键反应，氢在燃料电池中氧气（或空气）中的电化学燃烧用于发电。通过将水电解槽与燃料电池耦合，可以实现电力存储和电力恢复。通过设计具有外部气体存储的大容量氧化还原电池，使用水及其还原（氢）和氧化（氧）氧化还原形式，可以进一步实现高集成度和低资本支出。在文献中，此类设备通常被称为组合式再生燃料电池（URFC）。基本上，URFC 是一种混合技术设备，它融合了水电解槽和燃料电池，用于可逆电力存储。水电解和燃料电池技术通常与工作温度相关，所以 URFC 也是如此。在低温范围内（<250℃）PEM 技术是 URFC 设计中最合适的技术。概念已经得到论证，并取得一些技术发展（高达千瓦范围）。主要的挑战来自水 - 氧氧化还原对的不可逆性（水氧化为氧和氧还原为水），这是效率低的一个原因（在 $1A \cdot cm^{-2}$ 下循环，电→电的效率最高可达 35% ~ 40%）。此外，需要将氧析出反应（需要二氧化铱作为电催化剂）和氢氧化反应（需要铂作为电催化剂）结合起来，这是一些腐蚀问题和快速老化的原因。在高温范围内（>650℃），固体氧化物技术占主导地位。在这个温度范围内，水 - 氧氧化还原对是完全可逆的。因此，电池设计简化，可以实现更高的效率（在 $1A \cdot cm^{-2}$ 时，电→电的效率可达 75% ~ 80%）。尽管目前 URFC 的市场应用很少，但氢经济的发展必将促进该领域的研发活动，未来将开发更大容量的系统。

参考文献

1. Grigoriev, S.A., Millet, P., Dzhus, K.A., Middleton, H., Saetre, T.O., and Fateev, V.N. (2010) Design and characterization of bi-functional electrocatalytic layers for application in PEM unitized regenerative fuel cells. *Int. J. Hydrogen Energy*, **35**, 5070–5076.

2. Peters, A.P.H. (2010) *Concise Chemical Thermodynamics*, CRC Press.

3. Bard Allen, J., Roger, P., and Joseph, J. (1985) *Standard Potentials in Aqueous Solution, Monographs in Electroanalytical Chemistry and Electrochemistry*, CRC Press, New York.

4. Grigoriev, S.A., Millet, P., Porembsky, V.I., and Fateev, V.N. (2011) Development and preliminary testing of a unitized regenerative fuel cell based on PEM technology. *Int. J. Hydrogen Energy*, **36**, 4164–4168.

5. Hamann, C.H., Hamnett, A., and Vielstich, W. (1998) *Electrochemistry*, Wiley-VCH Verlag GmbH, Weinheim.

6. Barbir, F. (2012) *PEM Fuel Cells*, Elsevier.

7. Kjelstrup, S. and Bedeaux, D. (2008) *Non-Equilibrium Thermodynamics of Heterogeneous Systems*, World Scientific Publishing.

8. O'Brien, J.E., Stoots, C.M., Herring, J.S., Condie, K.G., and Housley, G.K. (2009) The high-temperature electrolysis program at the idaho national laboratory: observations on performance degradation. International Workshop on High Temperature Water Electrolysis Limiting Factors, INL/CON-09-15564.

9. Hauch, A., Ebbesen, S., Jensen, S., and Mogensen, M. (2008) Highly efficient high temperature electrolysis. *J. Mater. Chem.*, **18**, 2331–2340.

10. Brisse, A., Schefold, J., and Zahid, M. (2008) High temperature water electrolysis in solid oxide cells. *Int. J. Hydrogen Energy*, **33**, 5375–5382.

11. Mougin, J., Mansuy, A., Chatroux, A., Gousseau, G., Petitjean, M., Reytier, M., and Mauvy, F. (2013) Enhanced performance and durability of a high temperature steam electrolysis stack. *Fuel Cells*, **13** (4), 623–630.

12. Yoon, K.Y., Huang, W., Ye, G., Gopalan, S., Pal, U.B., and Seccombe, D.A. Jr., (2007) Electrochemical Performance of Solid Oxide Fuel Cells (SOFCs) manufactured by single step co-firing process. *J. Electrochem. Soc.*, **154** (4), B389.

13. Brisse, A. and Schefold, J. (2012) High temperature electrolysis at EIFER, main achievements at cell and stack level. *Energy Procedia*, **29**, 53–63.

14. Mocoteguy, P. and Brisse, A. (2013) A review and comprehensive analysis of degradation mechanisms of solid oxide electrolysis cells. *Int. J. Hydrogen Energy*, **38**, 15887–15902.

杰罗姆·劳伦辛，朱莉·穆金

6.1 导言

电解水既可以在低温下使用液态水，也可以在高温下使用蒸汽。本章将介绍后一种工艺，即所谓的高温蒸汽电解（HTSE）。总的电解原理保持不变：$H_2O \rightarrow H_2 + 1/2O_2$。

这种技术的主要优点是，与液态水相比，蒸汽的分解需要的能量更少，如图 6.1 所示。此外，当温度升高时，分解水分子所需的一部分电能可以被热量取代。当热源的价格较低时（与电力相比经常是这样），用热能取代电力需求会提高效率，有助于降低制氢成本。

然而，HTSE 有一个最佳温度，这主要是由于材料的限制，非常高的温度耐久性会变差，因此，HTSE 的工作温度范围约为 700 ~ 900℃。

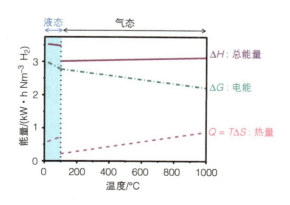

图 6.1　与液态水相比，蒸汽分解需要的能量

6.2 技术概述

HTSE 包含多个单重复单元（SRU）的电堆（图 6.2）。电化学电池，即所谓的固体氧化物电解电池（SOEC），是电解槽的部件之一，由三层陶瓷层组成。在电解液两侧放置一个致密电解液和两个多孔电极（阴极和阳极，分别产生氢气和氧气）。考虑到工作温度范围，电化学电池由陶瓷制成。

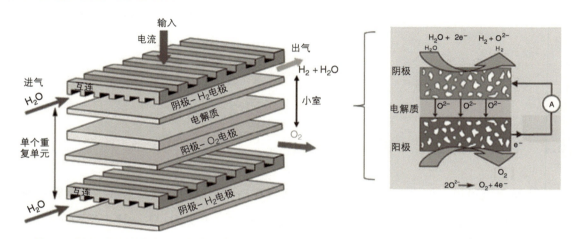

图 6.2　单个重复单元（SRU）的示意图，包括三层小室（阴极/电解质/阳极）和两个半互连；突出显示电解槽中发生的阳极和阴极半反应

该电堆还具有互连功能，其目的是承载电流，确保每个电池的电流分布，并作为电池的阳极和相邻电池阴极之间的隔板。

此外，电池组还包括密封件，一方面确保电池组相对于外部环境的气密性，另一方面确保每个电池阳极室和阴极室的气密性。

气体环境由阴极侧的水 - 氢（H_2O/H_2）混合物和阳极侧的氧气（O_2）组成。

因此，作用在高温电解槽（HTE）组成材料上的应力与固体氧化物燃料电池（SOFC）中的应力差别不大。出于这些原因，并考虑到 SOFC 已经开发了几十年，目前已达到与市场商业化兼容的成熟度，例如在日本或美国等一些国家可以看到，目前 HTSE 组件和材料与考虑用于 SOFC 的组件和材料类似。

因此，SOEC 类似于 SOFC，并且考虑了几种电池设计。第一批 SOFC 由西屋电气公司于 20 世纪 70 年代初制造，其形状为管状，运行温度为 1000℃。该概念在热循环方面表现出高度的鲁棒性，但被认为缺乏低成本大规模制造的潜力。此外，隔膜是由钙稳定的氧化锆制成的厚多孔支撑管，其对空气流向阴极产生了高阻抗，从而降低了电池的性能。

然后，在平面结构设计上投入了大量精力，使用电解质（氧化锆）作为隔膜（厚度为

0.1～0.2mm），制造所谓的电解质支撑电池（ESC）。在该设计中，厚度约为 50μm 的电极沉积在机械支撑电解质的两侧（图 6.3）。隔膜厚度要求工作温度在 850～1000℃之间，以提高氧化锆的离子电导率。高工作温度需要特殊材料，如 LaCrO$_3$、Cr 基合金（Ducralloy）或特殊铁素体不锈钢及镍基合金，用于堆叠互连。对于 LaCrO$_3$ 来说，这些材料昂贵且难以制造。

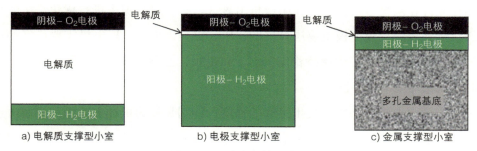

图 6.3　三种小室的示意图

第二代平面电池的隔膜厚度降低到 5～20μm，可降低电阻率并降低工作温度。然而，过薄的隔膜不能支撑电池结构，因此 SOFC 阳极（氢电极）的厚度增加了 0.2～1.5mm（图 6.3）。这种构造被命名为阳极支撑型电池（ASC），用于 SOFC 操作，而阴极支撑型电池（CSC）用于 SOEC 操作，或更一般的 ESC 操作。由于隔膜厚度较薄，工作温度可降至 700～800℃。这种电池可以获得高电流密度，并且可以使用更便宜的不锈钢进行互连和堆叠。这些因素可以提高寿命和成本，进一步降低工作温度，以进一步提高寿命，并在工作温度低于 650℃时降低成本。对于 HTSE 操作，世界各地参与该主题的不同团队都考虑了 ESC 和 CSC 电池。

在这些"自支撑"电池中，其中一个陶瓷层起着机械支撑的作用，而机械支撑不是组件的主要电化学功能。第三代和更近一代的 SOFC 使用"外部"电化学惰性金属支撑，电池的陶瓷组件在其上沉积成薄层（图 6.3）。这种类型的单元称为金属支撑单元（MSC）。这种电池的几何结构仍在开发中，仅在 SOEC 模式下进行了一些测试。

就电池材料所需的特性而言，这些特性根据所考虑的组件而有所不同：电解质采用陶瓷材料作为阳极（即氧气释放的位置），采用陶瓷 - 金属复合材料（一般称为陶瓷）作为阴极（即氢气生产位置）。

隔膜具有足够的气密性（密度 >95%，孔隙率为零）、良好的离子传导性（在工作温度下为 10^{-2}S·cm^{-1}）、接近电极的热膨胀系数（为了限制机械应力），进一步证明电极材料的化学惰性，在氧化和还原环境中的稳定性，以及在 HTSE 操作条件下的机械稳定性。在大多数情况下，隔膜材料是氧化钇稳定的氧化锆（YSZ），由于其导电性比其他材料更高，一般用 8mol% 的氧化钇。其他基于氧化锆的隔膜（如氧化钪稳定氧化锆）也具有最低的工作温度，但研究人员仍在验证其稳定性和耐老化能力，这使得其成为相对昂贵的化合物。

至于电极，所选择的材料必须具有高的电子导电性（$>100S \cdot cm^{-1}$），如果可能的话，还必须具有一定程度的离子导电性，以限制欧姆损失，并使整个电极的电化学反应非定域化。这些电极的特点是高孔隙率（这一特性是必不可少的），以允许蒸汽在 SOEC 模式下扩散，且同样允许在阴极析出氢气、在阳极析出氧气。必须对孔隙率进行优化，以防止任何局部超压，例如可能导致电极组成层分层的超压。更具体地说，氢电极需要良好的催化性能来还原水，并在还原环境中保持稳定。对于氧电极，必须表现出适当的催化 O^{2-} 氧化性能，同时在氧化环境中保持稳定。

在机械方面，电池也必须表现出足够的强度，特别是作为机械支撑的陶瓷层（这适用于隔膜或其中一个电极，取决于所选择的电池类型）。最后，在工艺方面迫切需要以低成本大量提供用于电化学电池的组成材料。对于氢电极，材料为金属陶瓷，通常是镍/钇稳定氧化锆（Ni/YSZ）金属陶瓷。镍的确是迄今为止发现的最有效的电催化剂。镍/氧化钆掺杂的氧化铈（Ni/GDC）或镍/氧化钐掺杂的氧化铈（Ni/SDC）类型的材料也在研究中，作为传统 Ni/YSZ 金属陶瓷的替代品，可以在低温下获得较高的导电性。一些团队也在研究氢电极的全氧化物材料，作为混合导体；然而与传统陶瓷相比，其性能仍有较大差距。

对于氧电极，通常认为属于钙钛矿族的材料，因为它具有 ABO_3 结构。掺锶锰酸镧（LSM，$La_{1-x}Sr_xMnO_{3-\delta}$）被认为是参考化合物，经常在 ESC 中发现，因为它特别适合在 800℃ 以上的温度下工作。然而，由于它是纯电子导体，通常与隔膜材料 YSZ 混合，形成 LSM-YSZ 化合物，因此 LSM 和 YSZ 分别表现出混合的电子和离子导电性，从而扩大了电化学活性反应位点面积。对于在较低温度下（低于 800℃）工作的 ESC，混合离子和电子导体（MIEC）是首选，其中包括镧锶钴铁氧体（LSCF，$La_{1-x}Sr_xCo_{1-y}Fe_yO_{3-\delta}$）。对于最低温度（低于 700℃），考虑 LSC（$La_{1-x}Sr_xCoO_{3-\delta}$），由于其具有较高的导电率。必须注意的是，在 LSCF 或 LSC 的情况下，氧电极和隔膜之间的中间层可以插入一层，目的是最小化隔膜和电极材料之间的反应性，并促进电极的附着力，而插层具有与隔膜的热膨胀系数不匹配的性质。这层通常由 GDC 或氧化钇掺杂二氧化铈（YDC）组成，它与氧化锆基隔膜和电极材料是相容的。因此，许多 ESC 的工作温度在 700～750℃，具有 LSCF 阳极，以及作为屏障的二氧化铈阻挡层。最后，展望未来，来自镍酸盐（$A_2NiO_{4+\delta}$，A 为 Nd、La 或 Pr）的材料目前正在为用于 HTSE 操作进行开发和认证。

关于互连，材料首先必须表现出良好的导电性、高抗氧化性，满足 HTSE 中普遍存在的特定条件（在温度和环境方面），其次，不损害电化学电池的正常运行。因此，对互连施加了双重约束：在机械方面，挑战在于防止互连所连接的陶瓷单元发生破裂，因此要选择具有类似热膨胀特性的材料；在化学方面，设计研究的目的是抑制释放对电极有害的化合物的风险。HTSE 系统必须具有经济性，因此技术上将更加复杂。为此，用于互连的材料必须易于"加工"，也就是说，它必须适合切割、机加工和/或冲压。在工作温度低于900℃的情况下，金属互连由合金制成，在高温下会形成富铬氧化物层（不锈钢、镍基合金）从而在高温下具有抗氧化性。然而，这些层是相当差的导电体，会散发出易挥发的铬化合物，由于这种蒸气在电池的电化学活性位点处冷凝，很可能通过铬中毒污染电池。目前正在考虑的合金包括铁素体不锈钢。这些钢虽然价格低廉，但具有优越的性能：事实证明，它们特别适用于成型和焊接，表现出与电池相容的膨胀行为，并能在高温下耐受长时间暴露。另一方面，它们的表面性能并不完全令人满意，特别是在蒸汽中的抗氧化性较差，研究表明形成的保护性氧化铬对电极有毒。研究机构和制造商目前正在努力优化此类钢的成分，尤其是设法控制自然形成氧化层的性质。

例如，蒂森克虏伯 VDM 公司开发的 Crofer®22 APU 级合金（一种含 22wt% 铬的铁铬合金），在合金中添加了锰后，可促进表面形成混合锰 - 氧化铬。这种氧化物有双重好处：一是释放出较少量的铬化合物蒸气；二是被证明是比氧化铬本身好得多的导体——尽管后者仍在这种混合氧化物下面形成。因此，添加稀土（例如镧）以降低氧化物的生长速度，随后的较薄层显示出更好的黏附性，从而具有更好的导电性能。最后，添加钛，以降低氧化铬的电阻率。这种专为 SOFC 开发的牌号适用于 SOEC。Sandvik 公司还开发了一种名为 Sanergy HT 的特殊等级材料，另一种 22 wt%Cr 铁素体不锈钢牌号，含有 Mn，并且含有 Mo 和 Nb，而不是 Ti。

然而，这类解决方案的有效性被证明是完全有限的，无法确保 SOFC 和 HTSE 在较长时间内运行。因此，人们努力通过涂层来改善表面性能。目前的研究重点更多地集中在无铬氧化物上，这种氧化物的电阻率较低，同时能够防止或显著减缓基底合金的氧化。研究的主要化合物为锰钴混合氧化物，呈现尖晶石结构，成分为（Co，Mn）$_3$O$_4$，优点是电导率高：在 800℃时，它的电导率比氧化铬高约 1000 倍。Sandvik 公司已经推出了一种商业化的解决方案，即通过真空工艺沉积一层非常薄的 Co 涂层（几百纳米）覆盖在预涂层上。随着高温氧化的发生，保护性（Co，Mn）$_3$O$_4$ 由 Co 涂层形成，而锰来自钢。

然而，从电极组分中推演出来的其他化合物，例如镧钙钛矿，也同样被证明是研究人员感兴趣的。许多沉积技术也在考虑之中，其中大多数涉及将涂层操作与后处理程序相结合，以达到合适的化学计量和/或沉积物致密化的目的。

关于密封，可以考虑采用 SOFC 解决方案。然而，SOEC 在气密性方面的规范更加严格。事实上，SOFC 即使不是完全气密也能运行，而 SOEC 不能，因为在出口处产生的每个氢分子不能都被回收，会导致工艺效率降低。玻璃和玻璃陶瓷密封胶是最常用的解决方案。它们与界面有很强的结合力，在电池之间黏附形成密封结构，因此满足了 SOEC 的大部分要求。尽管玻璃具有自我修复的能力，这在开裂的情况下非常有益，但其在工作温度下的过度析晶会导致物理化学性质发生剧烈变化。通常首选玻璃陶瓷密封剂，因为它们的结晶可以控制。然而，对于这些材料，自我修复能力部分甚至完全丧失，因此，玻璃陶瓷的性能必须从玻璃状态开始完全确定，以便完美地适应邻近的电池组件。玻璃陶瓷的性能取决于它们在网络结构中的组成和排列，这是非常复杂且尚未完全理解的。微晶玻璃的制备过程非常复杂，因为其包含多种元素。已经研究了来自多个系统的微晶玻璃，并检查了它们在 SOEC 内密封应用的适用性。结果表明，基于 CaO-Al$_2$O$_3$-SiO$_2$（CAS）体系的微晶玻璃满足了高效密封的大部分要求，尤其是在化学耐久性方面。

6.3　SOEC 中的固态电化学基础

SOEC 的电化学性能由极化曲线表征。该曲线描绘了作为电流密度 i 的函数的电池端电压 U 的变化。基本上，"U-i" 曲线由两个贡献组成：可逆电压 U_{rev}，假设它满足热力学条件和电流下产生的电池极化。

$$U(i) = U_{rev} + |\eta| \qquad (6.1)$$

在电解模式下，电池极化或"过电位"会根据以下情况增加工作电压：全局过电位 η 取决于电流密度，源于电解过程的不可逆特性（见第 1 章）。当电流密度或相关的产氢速率增加时，会导致蒸汽电解的电力需求增加。整体 SOEC 效率的这种损失对应于系统中熵的产生，导致单元中的热量释放。通过平衡由吸热电解反应吸收的热量来改变 SOEC 热状态。

本节旨在详细说明可能导致整体电池过电位的机制。

在这个目标中 η 将按一系列独立项进行分解；每一项都将被归因于一个限制电池效率的过程，从而限制产氢速率。本节分为以下三部分内容：电池极化曲线的整体分解；关于控制 SOEC 电极电化学行为的基本方程的详细描述；热 SOEC 工作模式对极化曲线的影响。

6.3.1　电极极化曲线

6.3.1.1　电极电压 $U(i)$ 的表达式

考虑到典型的 SOEC 平面结构（图 6.4），电极电压等于电极每侧记录的电势差。该测量对应于在电极端子（即确保电流收集的金属互连上）获取的电势差 φ_{e^-}：

$$U(i) = \varphi_{e^-}^1 - \varphi_{e^-}^2 \tag{6.2}$$

可以注意到，下标 e^- 表明 φ_{e^-} 与在电子传导阶段拾取的"电子"电势有关。在本节中，按照惯例，电流密度为负值（$i<0$）。如图 6.4 所示，电极电压的表达式，即式（6.2）可以分解为七个项的总和。它们与沿电极厚度的电势差有关：

$$U(i) = (\varphi_{e^-}^1 - \varphi_{e^-}^{ACC}) + (\varphi_{e^-}^{ACC} - \varphi_{e^-}^{AFL}) + (\varphi_{e^-}^{AFL} - \varphi_{io}^{Anode}) + (\varphi_{io}^{Anode} - \varphi_{io}^{Cathode}) + \cdots$$
$$\cdots + (\varphi_{io}^{Cathode} - \varphi_{e^-}^{CFL}) + (\varphi_{e^-}^{CFL} - \varphi_{e^-}^{CCC}) + (\varphi_{e^-}^{CCC} - \varphi_{e^-}^2) \tag{6.3}$$

这些电位的位置如图 6.4 所示。$\varphi_{e^-}^{ACC}$ 和 $\varphi_{e^-}^{CCC}$ 指电极集电器（CC）中电极两侧的电位。$\varphi_{e^-}^{AFL}$ 或 $\varphi_{e^-}^{CFL}$ 表示电极集电器（ECC）和阳极或阴极功能层（FL）之间的接口上的电子导电相的电位；而 φ_{io}^{Anode} 或 $\varphi_{io}^{Cathode}$ 对应于阳极 / 电解质或阴极 / 电解质界面上的离子导电相中的电势。可以注意到，下标"io"表示电位 φ_{io} 与离子导体有关。后面将详细介绍影响电极电压的七个组件。

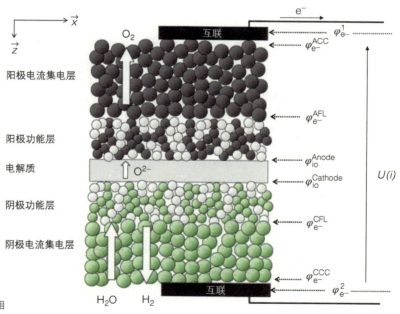

图 6.4　SOEC 的示意图，式（6.3）中给出的电势位置也已标出

6.3.1.2 欧姆损耗和接触电阻

电流收集层和隔膜的欧姆损失： 阳极和阴极电流收集层（CCC）之间的电位差是由它们对电流的电阻率引起的。由于电子输运遵循经典欧姆定律，因此相关的电压损耗表示为两个 CC 层的电导率的函数（即 $\sigma_{e^-}^{eff\_ACC}$ 或 $\sigma_{e^-}^{eff\_CCC}$）：

$$(\varphi_{e^-}^{ACC} - \varphi_{e^-}^{AFL}) = R_{ACC}^{eff} \times |i(x)| \ , \ R_{ACC}^{eff} = \frac{\ell_{ACC}}{\sigma_{e^-}^{eff\_ACC}}$$

$$(\varphi_{e^-}^{CFL} - \varphi_{e^-}^{CCC}) = R_{CCC}^{eff} \times |i(x)| \ , \ R_{CCC}^{eff} = \frac{\ell_{CCC}}{\sigma_{e^-}^{eff\_CCC}} \tag{6.4}$$

式中，ℓ_{ACC} 和 ℓ_{CCC} 表示所考虑层的厚度；$\sigma_{e^-}^{eff\_ACC}$ 和 $\sigma_{e^-}^{eff\_CCC}$ 是指"有效"电导率，它是致密材料的"固有"电导率和多孔层的微观结构特性的组合（详见第 6.3.2.5 节）；$i(x)$ 指沿电极长度（即在电极中）演化的局部电流密度 x 方向（参见图 6.4 中的坐标系）。与收集层相似，O^{2-} 通过隔膜的扩散受到其体积电阻率的阻碍。由隔膜电阻引起的电压降也取决于致密材料的离子电导率 σ_{io}，如下所示：

$$(\varphi_{io}^{Anode} - \varphi_{io}^{Cathode}) = R_{electrolyte} \times |i(x)| \ , \ R_{electrolyte} = \frac{\ell_{electrolyte}}{\sigma_{io}} \tag{6.5}$$

式中，$\ell_{electrolyte}$ 为隔膜的厚度。

电极/互连接口处的接触电阻： 在压缩载荷下，金属互连被施加在电极上。电极/互连接口处不完美的电接触会产生电阻，从而导致电极电压损失：

$$(\varphi_{e^-}^1 - \varphi_{e^-}^{ACC}) = R_c^{Anode} \times |i(x)| \ , \ (\varphi_{e^-}^{CCC} - \varphi_{e^-}^2) = R_c^{Cathode} \times |i(x)| \tag{6.6}$$

式中，R_c^{Anode} 和 $R_c^{Cathode}$ 分别表示阳极和阴极侧的接触电阻。由于阴极 Ni-YSZ 金属陶瓷电导率比阳极材料高得多，与阳极接触电阻 R_c^{Anode} 相比 $R_c^{Cathode}$ 的贡献通常被忽略。

6.3.1.3 阳极和阴极极化：电化学过程对电极极化曲线的作用

"局部"和"结果"电极电位： 如图 6.4 所示，FL 是一种由电子和离子导体组成的多孔复合材料。因此，电化学反应可以在离子、电子和气体相遇的位置在整个夹层中发生。这些位置对应于结构中的复杂线，通常称为"三相边界长度"（TPBl）（图 6.5）。在 FL 内部，电子和离子导体之间存在一个电位阶跃，这是由于金属/隔膜界面两侧的过量电荷造成的。这种 Galvani 电位（电偶电位）的差异对应于众所周知的 Helmotz 双层，它产生局部电极电势 E：

$$E(x,z) = \varphi_{e^-}(x,z) - \varphi_{io}(x,z) \tag{6.7}$$

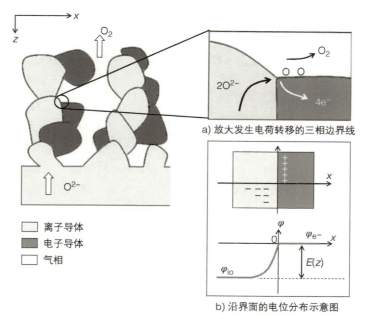

a) 放大发生电荷转移的三相边界线

b) 沿界面的电位分布示意图

图 6.5 多孔 SOEC 阳极功能层示意图

在 TPBl 处，电化学活性区可以在整个 FL 上扩展。电化学反应会局部吸收或产生电荷和气体，从而改变电子、离子和气体通量。这种现象会导致局部电极电位沿活性层厚度急剧变化（更多细节见第 6.3.2 节）。因此，SOEC 电极的"结果"电势可以定义为 FL 两侧的电子和离子电位差：

$$E^{\text{Anode}}(x) = (\varphi_{e^-}^{\text{AFL}} - \varphi_{io}^{\text{Anode}}) , \quad E^{\text{Cathode}}(x) = (\varphi_{e^-}^{\text{CFL}} - \varphi_{io}^{\text{Cathode}}) \quad (6.8)$$

这些电极电位表达式涵盖了参与 FL 内电化学过程的所有现象。值得注意的是，阳极电位为正（$E^{\text{Anode}} > 0$），而阴极电位为负（$E^{\text{Cathode}} < 0$）。运行中，阳极电位升高，而阴极电位降低。根据式（6.3），两个电极的极化导致较高的电极电压。

可逆电位与气体转化的限制：在这一段中，我们考虑一种"理想"电极，它可以通过无限小的变化来工作。这个假设意味着系统在没有能量耗散或熵增的情况下演化。在这种情况下，电极电位 E 降低为"可逆"或热力学贡献，记作 E_{rev}，其中净自由能 $|\Delta G|$ 的任何变化由最小电功 $nF|E_{\text{rev}}|$ 平衡（见第 1 章）：

$$|\Delta G| = nF|E_{\text{rev}}| \quad (6.9)$$

式中，n 是参与反应的交换电子数；F 是法拉第常数。可逆电极电位可以用能斯特方程表示为温度 T、气体常数 R 和气体物质活性的函数。对于 SOEC 电极，通常假设运行在理想气体和常压条件之下。然后，活度等于分压，因此"能斯特"或"可逆"电极电位如下所示

（参见图 6.4 中的坐标系）：

$$O^{2-} \longrightarrow \frac{1}{2}O_2 + 2e^- : \Delta G^0_{Anode} + RT \ln\left(P^{canal}_{O_2}(x)\right)^{1/2} = 2F\left(\varphi^{Anode}_{e^-,rev}(x) - \varphi^{Anode}_{io,rev}(x)\right) \qquad (6.10a)$$

$$\longrightarrow E^{Anode}_{rev}(x) = E^{Anode}_0(T) + \frac{RT}{4F}\ln P^{canal}_{O_2}(x) \ , \ E^{Anode}_0(T) = \frac{\Delta G^0_{Anode}}{2F}$$

$$H_2O + 2e^- \longrightarrow H_2 + O^{2-} : \Delta G^0_{Cathode} + RT \ln \frac{P^{canal}_{H_2}(x)}{P^{canal}_{H_2O}(x)}$$

$$= 2F\left(\varphi^{Cathode}_{io,rev}(x) - \varphi^{Cathode}_{e^-,rev}(x)\right)$$

$$\longrightarrow E^{Cathode}_{rev}(x) = E^{Cathode}_0(T) + \frac{RT}{2F}\ln \frac{P^{canal}_{H_2O}(x)}{P^{canal}_{H_2}(x)} \ , \ E^{Cathode}_0(T) \qquad (6.10b)$$

$$= \frac{-\Delta G^0_{Cathode}}{2F}$$

式中，ΔG^0 对应于标准条件下的自由能；P^{canal}_i 表示物质 i 在互连设计的气体分布通道中的分压。在这一阶段，由于假定热力学条件满足，在电极上的传质不是一个限制步骤。因此，气体分配通道中的分压等于活性 TPB 位置附近（即靠近隔膜界面）的分压。

可逆电极电位可以由开路电位（OCP）的一个贡献共享（即 $i = 0$），并且在电流下电极极化（即 $i \neq 0$）。此修改被标记为 ΔV_{rev}。ΔV_{rev} 的数学表达式可以直接从式（6.10）推导出来，得出阳极的关系式：

$$E^{Anode}_{rev} = E^{Anode}_{OCP} + \Delta V^{Anode}_{rev} \longrightarrow E^{Anode}_{0CP} = E^{Anode}_0 + \frac{RT}{4F}\ln P^{canal}_{O_2\_i=0} \qquad (6.11a)$$

$$\Delta V^{Anode}_{rev}(x) = \frac{RT}{4F}\ln \frac{P^{canal}_{O_2\_i\neq0}(x)}{P^{canal}_{O_2\_i=0}} \qquad (6.11b)$$

阴极的关系式为

$$E^{Cathode}_{rev} = E^{Cathode}_{OCP} + \Delta V^{Cathode}_{rev} \longrightarrow E^{Cathode}_{0CP} = E^{Cathode}_0 + \frac{RT}{2F}\ln \frac{P^{canal}_{H_2O\_i=0}}{P^{canal}_{H_2\_i=0}} \qquad (6.12a)$$

$$\Delta V^{Cathode}_{rev}(x) = \frac{RT}{2F}\ln \frac{P^{canal}_{H_2\_i=0} \times P^{canal}_{H_2O\_i\neq0}(x)}{P^{canal}_{H_2\_i\neq0}(x) \times P^{canal}_{H_2O\_i=0}} \qquad (6.12b)$$

式中，$P^{canal}_{j\_i=0}$ 和 $P^{canal}_{j\_i\neq0}$ 分别对应于 OCP（$i=0$）和每种物质 j（$i \neq 0$）下各物质 j 的分压；ΔV^{Anode}_{rev} 和 $\Delta V^{Cathode}_{rev}$ 对应于"可逆"电极极化。如式（6.11）和式（6.12）所示，由于电解反应，气体成分在整个电解槽中发生变化。这意味着，即使是理想"热力学"过程，极化也

不可避免地会引起转化，转化会改变从入口到电池出口的流体成分。例如，当阳极产生氧气时，运行中的 O_2 分压高于 OCP 时的 O_2 分压（$P_{O_2\_i\neq0}^{canal} > P_{O_2\_i=0}^{canal}$）。在阴极侧，气体转化是由于蒸汽的消耗和氢气的产生，会导致极化 $\Delta V_{rev}^{Cathode}$ 小于 0，从而降低电极电位并增加小室电压。

在很高的蒸汽转化率情况下，所有的水都会以这样的方式消耗，从而使电池出口处的蒸汽分压急剧降低。接下来，氢气分压逐渐趋于统一。在这些条件下，根据式（6.12b），气体转化而导致的阴极极化趋于无穷。这种行为产生非常高的电极电压，当蒸汽转化率达到 100% 时会导致电流密度受限。

如果阴极入口通入空气，则气流将富含氧气至电极出口。氧分压从 0.21 升高到 1 也会引起电极极化。然而，与阴极侧不同，ΔV_{conc}^{Anode} 根据式（6.11b），增加到有界值。

电极不可逆过电位：除了能斯特贡献之外，电极电位还受到电极中发生的一些不可逆过程的影响。它们与导致产生熵项的实际电极操作有关。这些不可逆性诱发了所谓的活化和浓度过电位，分别记为 η_{act} 和 η_{conc}。这可以被看作是克服由整个电化学过程中能量耗散所引起的阻碍所必需的补充电势：

$$E^{Anode} - E_{rev}^{Anode} = \eta^{Anode}(x)\,,\quad \eta^{Anode}(x) = \eta_{conc}^{Anode}(x) + \eta_{act}^{Anode}(x)\ (\eta^{Anode} > 0) \qquad (6.13a)$$

$$E^{Cathode} - E_{rev}^{Cathode} = \eta^{Cathode}(x)\,,\quad \eta^{Cathode}(x) = \eta_{conc}^{Cathode}(x) + \eta_{act}^{Cathode}(x)\ (\eta^{Cathode} < 0) \qquad (6.13b)$$

因此，由 η_{act} 和 η_{conc} 引起的潜在损失与限制整体电化学反应动力学速率的机制有关。浓度过电位是由于多孔电极的传质限制造成的，而活化过电位则与电化学反应机制本身有关。

在本段中，假设整体过电位 η 可以用著名的广义 Butler-Volmer 方程表示：

$$i(x) = i_0^{Anode}\left\{\left(\frac{P_{O_2\_i\neq0}^{TPBs}(x)}{P_{O_2\_i\neq0}^{canal}(x)}\right)^{1/2} e^{\frac{-(1-\alpha^{Anode})2F(\eta^{Anode}(x))}{RT}} - e^{\frac{\alpha^{Anode}2F(\eta^{Anode}(x))}{RT}}\right\} \qquad (6.14a)$$

$$\eta^{Anode} > 0\,;\, i < 0$$

$$i(x) = i_0^{Cathode}\left\{\left(\frac{P_{H_2\_i\neq0}^{TPBs}(x)}{P_{H_2\_i\neq0}^{canal}(x)}\right) e^{\frac{(1-\alpha^{Cathode})2F(\eta^{Cathode}(x))}{RT}} - \left(\frac{P_{H_2O\_i\neq0}^{TPBs}(x)}{P_{H_2O\_i\neq0}^{canal}(x)}\right) e^{\frac{-\alpha^{Cathode}2F(\eta^{Cathode}(x))}{RT}}\right\} \qquad (6.14b)$$

$$\eta^{Cathode} < 0\,;\, i < 0$$

式中，α 为对称因子；i_0 为电极交换电流密度。在这些表达式中，可以注意到氧离子的活度被认为是统一的（$\alpha_{O^{2-}} = 1$）。

浓度过电位：多孔电极对气体从气体通道分布转移到电化学活性位点（TPB）具有阻

力。对穿过电极的气体传输的限制会引起一些分压梯度，这与多孔电极的微观结构性质密切相关。这种现象会导致 TPB 处的流体成分发生变化，从而在操作中产生极化损失。这些电极极化归因于所谓的浓度过电位 η_{conc}。

在高电流密度下，浓度过电位会加剧，因为这些操作条件会通过电极施加高气体通量。因此，当 $|i| \gg 0$，可由广义 Butler-Volmer 方程推导出 η_{conc} 的表达式，因此电极极化受浓度过电位支配（$\eta \to \eta_{conc}$）时，如果我们另外考虑系统在高温下是快速的（$i_0 \gg i$ 使得 $|i|/i_0 \to 0$），浓度过电位可以从式（6.14）推导出如下表达式：

$$\eta_{conc}^{Anode}(x) = \frac{RT}{4F} \ln \frac{P_{O_2\_i \neq 0}^{TPB}(x)}{P_{O_2\_i \neq 0}^{canal}(x)} \tag{6.15a}$$

$$\eta_{conc}^{Cathode}(x) = \frac{RT}{2F} \ln \frac{P_{H_2\_i \neq 0}^{canal}(x) \times P_{H_2O\_i \neq 0}^{TPB}(x)}{P_{H_2\_i \neq 0}^{TPB}(x) \times P_{H_2O\_i \neq 0}^{canal}(x)} \tag{6.15b}$$

穿过多孔电极的气体的传输很可能是由渗透流驱动的，而不是由扩散过程驱动。然而，典型 SOEC 电极的有效气体扩散系数高于其渗透系数。这意味着与扩散通量相比，与电极内压力升高相关的黏性流动可以忽略不计。因此，在 SOEC 电极中产生的浓度过电位主要是通过电极的不充分气体扩散控制的。

这种说法在阴极侧得到了特别好的验证。事实上，一个氢化合物的释放伴随着一个水分子的消耗。因此，H_2O 和 H_2 物质以相同的速率流动但方向相反。在这些条件下，由于氢气的产生，电极/隔膜界面附近总压力的任何增加将被相反的蒸汽流大致平衡。与阴极不同，阳极侧产生的氧气可能导致隔膜界面附近区域的压力增加。第 6.3.2 节将详细给出典型多孔 SOEC 电极内气态物质传输的控制方程。

活化过电位： 除了传质限制之外，活化过电位还包括在活性 FL 中发生的不可逆现象。例如，氧离子穿过 FL 离子结构的迁移速率（图 6.5）。活化过电位也受电化学过程中每个多元反应的动力学速率的限制。实际上，在高温下，整体电化学反应通常不受单个步骤（电荷转移）的限制，而是由一系列基本反应来描述。下一节将讨论 SOEC 电极更可能的反应途径。

在"宏观"电池水平上，多项研究表明，整体活化过电位可以由著名的 Butler-Volmer 方程模拟。然而，必须提到的是，这种方法仍然纯粹是现象学的，因为 Bulter-Volmer 形式严格地仅适用于在电极/隔膜界面发生的单个电荷转移。

由低电流密度下的广义 Butler-Volmer 关系式（6.14）可推导出"全局"活化过电位的表达式：$\eta \to \eta_{act}$ 和 $P_i^{canal} \approx P_i^{TPB}$：

$$i(x) = i_0^{\text{Anode}} \left\{ e^{\frac{-(1-\alpha^{\text{Anode}})2F\left(\eta_{\text{act}}^{\text{Anode}}(x)\right)}{RT}} - e^{\frac{\alpha^{\text{Anode}}2F\left(\eta_{\text{act}}^{\text{Anode}}(x)\right)}{RT}} \right\} \tag{6.16a}$$

$$i(x) = i_0^{\text{Cathode}} \left\{ e^{\frac{(1-\alpha^{\text{Cathode}})2F\left(\eta_{\text{act}}^{\text{Cathode}}(x)\right)}{RT}} - e^{\frac{-\alpha^{\text{Cathode}}2F\left(\eta_{\text{act}}^{\text{Cathode}}(x)\right)}{RT}} \right\} \tag{6.16b}$$

式中，两电极的对称系数 α 通常取 0.5；参数 i_0^{Anode} 和 i_0^{Cathode} 分别代表"表观"阳极和阴极交换电流密度。它们以通过活性电极表面积标准的安培数表示。它们不得与"微观"尺度下使用的电荷转移的"真实"动力学常数混合（见下文第 6.3.2 节）。事实上，i_0 表征了电极的整体电化学活性。换句话说，"表观"交换电流密度越高，"全局"活化过电位越低。注意，该参数通常通过在低电流密度下拟合实验数据来获得。

根据本节介绍的整体方法，"表观"交换电流密度是一个参数，它包含阻碍电化学动力学速率的现象（由于传质限制而产生的现象除外，该限制已在浓度过电位中考虑）。从这个角度来看，"表观"交换电流密度可能取决于几个参数，如大气、温度、FL 中的 O^{2-} 迁移率和电极微观结构特性。首先，很明显，电极交换电流密度与材料的电化学活性直接相关。此外，由于电解反应是基于热活化过程，因此 i_0 的值很大程度上取决于局部温度。关于这种热行为的进一步细节将在第 6.3.3.2 节中讨论。

"表观"交换电流密度也受到电极微观结构的影响。例如，交换电流密度随 TPBl 密度的增加而增加。事实上，更高密度的 TPBl 通过为电化学反应提供更多的位点，直接提高了电极效率。因此，值得记住的是，i_0 的任何值都与 FL 的微观结构特征密切相关。

尽管这种依赖性与电极的微观结构特性有关，还是有可能给出 i_0 的一些典型值，这些值是 SOEC 电极中最具代表性的。据报道，在 800℃，Ni-8YSZ 阴极，工作在 500 ~ 600mA·cm^{-2} 范围内。在相同温度下，LSM-8YSZ 阳极复合材料的交换电流密度大约等于 200mA·cm^{-2}，而 MIEC（如 LSC）的典型值接近 500mA·cm^{-2}。

6.3.1.4　电极极化曲线的整体分解

由于互连板是良好的电子导体，电位 φ_{e}^1、φ_{e}^2 以及小室电压 $U = \varphi_{\text{e}}^1 - \varphi_{\text{e}}^2$（图 6.4）可被视为沿电池长度保持不变。该假设意味着，对于给定的电极电压，局部电流密度 $i(x)$ 的分布方式应确保式（6.17）在沿电池长度的每个位置 x 处得到验证。最后一个关系是通过在式（6.3）中引入前一节详述的每个对电池极化曲线的贡献而得到的：

$$U = U_{\text{rev}}(x) + \eta_{\text{ohmic}}(x) + \eta_{\text{act}}^{\text{Anode}}(x) + \eta_{\text{conc}}^{\text{Anode}}(x) - \eta_{\text{act}}^{\text{Cathode}}(x) - \eta_{\text{conc}}^{\text{Cathode}}(x) \tag{6.17}$$

U_{rev} 是指"热力学"或"可逆"电压。它可以分解为开路电压（OCV）下的一个分量和运行中产生的第二个分量。第二个贡献仅仅指由于气体转化产生的电池极化，见式（6.11）和式（6.12）：

$$U_{rev} = U_{OCV} + \Delta V_{rev}^{Anode} - \Delta V_{rev}^{Cathode}, \quad U_{OCV} = E_{OCP}^{Anode} - E_{OCP}^{Cathode} \tag{6.18}$$

值得一提的是，气体转化损失仅取决于电流密度和气体供给条件所定义的操作条件。因此，这些"热力学"贡献是"不可避免的"，并且无论采用何种 SOEC 材料，其贡献都将是相同的。在这些条件下，只有当贡献 ΔV_{rev}^{Anode} 和 $\Delta V_{rev}^{Cathode}$ 相同时，才能比较电极极化曲线。换句话说，只有在相同的气体转化率下比较 U-i 曲线时（即在相同的进口气体通量条件下，导致相同的蒸汽转化率和产氧率），对不同电极的性能进行评估才有意义。

欧姆过电位 η_{ohmic} 包括电解液的离子电阻和两个 CC 层的电子电阻，见式（6.4）~式（6.6）：

$$\eta_{ohmic} = (R_{electrolyte} + R_{ACC}^{eff} + R_{CCC}^{eff} + R_c^{Anode} + R_c^{Cathode}) \times |i(x)| \tag{6.19}$$

由于典型多孔电极在 SOEC 工作温度下的有效电导率较高（即 Ni-YSZ 阴极约为 650 ~ 1200 $\Omega^{-1} \cdot cm^{-1}$，对于 LSM 阳极，约 70 ~ 140 $\Omega^{-1} \cdot cm^{-1}$），因此电极收集层诱导的有效电阻通常较低。与电极相反，尽管操作温度很高，但致密电解质的离子电导率仍然相对较差（即 8YSZ 在 800℃ 时约 0.026 ~ 0.044 $\Omega^{-1} \cdot cm^{-1}$，参见第 6.3.3.2 节）。离子损失在总电池过电位中占据重要组成部分。如式（6.5）所示，它们强烈依赖于电解质厚度，因此也依赖于电极结构。因此，CSC 几何结构通过减少隔膜厚度来降低欧姆损失。

在 SOEC 电解槽中，电极 / 互连结构的接触电阻取决于许多参数。除了涉及材料的性质外，接触电阻还取决于触点的局部设计和施加在电解槽上的压缩载荷。注意，通常在互连线和电极之间加层或金属网格，以降低接触电阻率。尽管采取了所有这些预防措施，但据报道，典型 SOEC 平面叠层的接触电阻为 0.05 $\Omega \cdot cm^2$。因此，电极 / 互连电触点的改进仍然是 SOEC 堆整体性能的一个重要问题。

活化过电位，即式（6.17）中的 η_{act}，取决于电极交换电流密度的电极特性。正如已经提到的 i_0，很明显，材料的电化学活性直接影响活化过电位。此外，FL 的微观结构特征减轻了这种影响，这些特征在电极效率方面也起着关键作用。

浓度过电位 η_{conc} 是多孔介质在气体流动中的阻力的函数。而且，浓度过电位受到层厚度和多孔网络形态特征的强烈影响。

图 6.6 显示了用经典材料（即 Ni-8YSZ 为阴极，8YSZ 为电解液，LSM-8YSZ 为阳极）制备典型 CSC 的极化曲线。通过文献的数值分析将电极电压分解为不同的极化损耗，注

意，其中所得电流密度和过电位被集成在电池的活性表面积上。该数值分解表明，LSM-YSZ 阳极活化过电位非常显著。相反，由于 Ni-YSZ 阴极过电位而产生的极化则受到更多限制。对于薄电极，浓度过电位是适中的。然而，在厚 CSC 的情况下，浓度过电位会随着电流密度急剧增加。

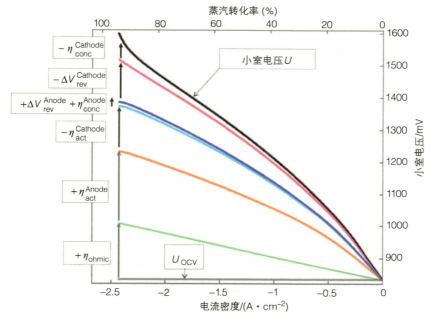

图 6.6 阴极支撑小室的典型极化曲线分解图（Ni-8YSZ//8YSZ//LSM-8YSZ，$T = 800℃$，$R_C = 5 × 10^{-2}\,Ω \cdot cm^2$，阳极侧进空气，阴极侧入口气体成分：90%$H_2O$ + 10%H_2，电极微观结构之间，支撑阴极厚度 1mm，电解质厚度 10μm，阳极厚度 40μm）

6.3.2　SOEC 电极中电化学、质量和电荷转移的基础知识

本节旨在给出 SOEC 电极行为的基本现象和基本方程。可能对此类细节不感兴趣的读者可以跳过本节，直接进入下一节。考虑到电极片，下文采用局部方法。如图 6.7 所示，基本切片位于单元长度上 x 和 $x + dx$ 之间的位置（参考图 6.4 中的坐标系）。在这个位置，管道 $P_{j=H_2,H_2O}^{canal}$，…（x）中的气体转化率和分压是固定的，并用作边界条件。然后根据式（6.10）给出"可逆"或热力学电极电势 $E_{rev}^{Electrode}$（x）。应该注意的是，在本节中，如果考虑阳极，则电流密度为正，阴极为负（即阳极：$i > 0$ 和 $E > 0$；阴极：$i < 0$ 和 $E < 0$）。

首先给出了图 6.7 所示情况下的控制方程和基本现象。它对应于由纯电子导电电极与隔膜材料（如图 6.7a 中的 LSM-YSZ 复合材料或图 6.7b 中的 Ni-YSZ 金属陶瓷）混合而成的经典活性 FL。由 MIEC 制成的单相电极的具体操作机制在别处详述（参见第 6.3.2.4 节）。本节最后讨论了电极微结构在电化学中的作用。

6.3.2.1 电子和离子电荷传输到电极

电子流入电极集电器和功能层： 如第 6.3.1.2 节所述，电子流入电极集电器和功能层，电流密度 $i_{e^-}(x)$ 通过经典欧姆定律描述。假设垂直于电解质界面（即在 z 方向）的单向电子流，欧姆定律可用于 z 和 $z+dz$ 之间的任何基本电极条：

$$\vec{i}_{e^-} = -\sigma_{e^-}^{\text{eff}} \times \text{grad}(\varphi_{e^-}) \Rightarrow i_{e^-} = -\sigma_{e^-}^{\text{eff}} \frac{d\varphi_{e^-}}{dz} \quad (0 \leqslant |z| \leqslant \ell_{\text{FL}} + \ell_{\text{CC}}) \tag{6.20}$$

式中，$\sigma_{e^-}^{\text{eff}}$ 表示与 CC 或 FL 相关的电子导电相的有效电导率。如果我们考虑图 6.7 所示的系统，局部坐标 z 的范围从电极/隔膜界面到 CC 的顶部（即 $0 \leqslant |z| \leqslant \ell_{\text{FL}} + \ell_{\text{CC}}$）。

值得一提的是，ECC 是一种纯电阻介质，没有任何电子源。这意味着通过收集层的电流密度是恒定的，因此可以沿集电层厚度直接积分式（6.20）。积分的结果导致了第 6.3.1.2 节中介绍的电极欧姆损耗，参见式（6.4）：

$$\int_{\varphi_{e^-}^{z=-\ell_{\text{FL}}-\ell_{\text{CC}}}}^{\varphi_{e^-}^{z=-\ell_{\text{FL}}}} -d\varphi_{e^-} = \int_{z=-\ell_{\text{FL}}-\ell_{\text{CC}}}^{z=-\ell_{\text{FL}}} \frac{i_{e^-}}{\sigma_{\text{CC}}^{\text{eff}}} dz \Rightarrow (\varphi_{e^-}^{z=-\ell_{\text{FL}}-\ell_{\text{CC}}} - \varphi_{e^-}^{z=-\ell_{\text{FL}}}) = \frac{\ell_{\text{CC}}}{\sigma_{\text{CC}}^{\text{eff}}} \times i_{e^-} \tag{6.21}$$

（电流收集器：$\ell_{\text{FL}} \leqslant |z| \leqslant \ell_{\text{FL}} + \ell_{\text{CC}}$，见图6.7）

由于 FL 中的电化学反应，电子要么在阳极消耗，要么在阴极产生。电子是由生成物产生或吸收到传导相。这些电流源与特定的电流密度 $j(z)$ 有关，以每单位体积电极的安培数表示。当电子被释放时，项 $j(z)$ 在阳极为正，当电子被吸收时，项 $j(z)$ 在阴极为负。在这两种情况下，它们都会增加从电极/隔膜界面到 ECC 界面的电流密度的绝对值（如果考虑阳极则收集电子，如果考虑阴极则提供电子，参见图 6.7）。图 6.8 所示为 LSM-YSZ 阳极的典型演化过程。

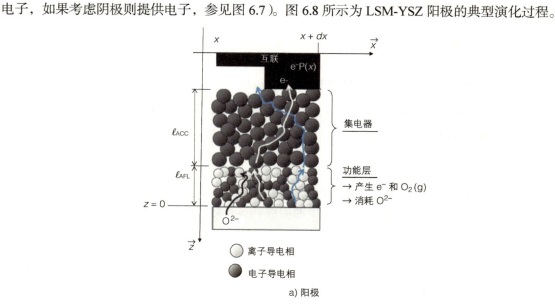

a) 阳极

图 6.7 考虑局部方法的电极片示意图，还显示了局部坐标系统以及气体、离子和电子物质的流向

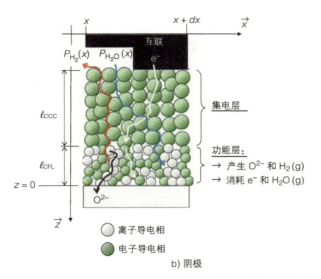

b) 阴极

图 6.7　考虑局部方法的电极片示意图，还显示了局部坐标系统以及气体、离子和电子物质的流向（续）

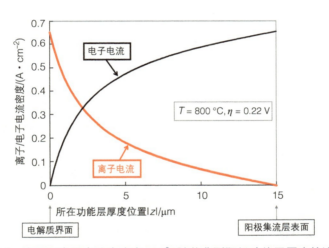

图 6.8　离子和电子电流密度在 800℃随着典型阳极功能层厚度的演变

FL 内电流密度的变化可以通过简单的电荷平衡来描述。对于厚度为 dz 的电极片，电流密度的变化如下所示：

$$\text{div}(\vec{i}_{e^-}) = -j(z) \Rightarrow di_{e^-}(z) = -j(z)dz \quad (\text{功能层：} \ 0 \geqslant |z| \geqslant \ell_{FL}) \tag{6.22}$$

注意，电学守恒方程式（6.22）和电荷通量方程式（6.20）的组合，得到了著名的拉普拉斯方程，即

$$\text{div}\left(-\sigma_{e^-}^{\text{eff}} \times \text{grad}(\varphi_{e^-})\right) = -j$$

离子流入 FL 内的功能层：必须在离子导电阶段考虑离子电流密度 i_{io}。事实上，如图 6.7a 所示，氧离子必须从电解液转移到电化学活性位点。对于阴极极化，氧离子在离子

导电相中释放并从活性位点流向电解质（图 6.7b）。由于 O^{2-} 进入离子材料的传输是基于固态扩散过程，离子电流密度 i_{io} 由经典欧姆定律表示：

$$\vec{i}_{io} = -\sigma_{io}^{eff} \times grad(\varphi_{io}) \Rightarrow i_{io} = -\sigma_{io}^{eff} \frac{d\varphi_{io}}{dz} \quad （功能层：0 \geqslant |z| \geqslant \ell_{FL}） \tag{6.23}$$

式中，σ_{io}^{eff} 为电极离子导电相的有效电导率。

与电化学反应有关的源项 $j(z)$ 也会改变整个 FL 的离子电流。因此，离子电流密度的变化也可以通过简单的电荷平衡来描述，例如式（6.22）中为电子贡献所列的电荷平衡：

$$div(\vec{i}_{io}) = +j(z) \Rightarrow di_{io}(z) = +j(z)dz \quad （功能层：0 \geqslant |z| \geqslant \ell_{FL}） \tag{6.24}$$

在电极 / 电解质界面，离子电流密度的绝对值 $|i_{io}|$ 等于它在电解液中的值。由于电化学反应，它沿着 FL 的厚度不断减小。换句话说，如图 6.8 所示，离子电流在整个 FL 上"转化"为电子贡献。

在这个过程中，可以注意到在 FL 的每个位置都必须考虑电中性。这种条件意味着离子电流和电子电流必须以相反的方式变化。因此，FL 厚度中离子电流的任何变化必须通过电子电流的反向变化来平衡：

$$di_{io}(z) = -di_{e^-}(z) \quad （功能层：0 \geqslant |z| \geqslant \ell_{FL}） \tag{6.25}$$

注意，最后一个方程与式（6.22）或式（6.21）是多余的，因为两者反映了相同的现象。

电化学活动区范围： 在 FL 厚度中重新分配源项 $j(z)$ 是电化学反应分布的直接表征。图 6.9 显示了商用 SOEC 阳极计算的 $j(z)$ 曲线。从电解液界面到 ACC，可以观察到电子源急剧下降。这种演变表征了电化学反应在 FL 内扩展的可能性。

$j(z)$ 的分布完全取决于离子、电子和气体物质到达电化学活性位点的能力。结果表明，气体在薄 FL 上的扩散是不受限制的，不影响 $j(z)$ 的分布。此外，SOEC 电极材料的电子电导率远高于其离子电导率（例如 $\sigma_{io}^{8YSZ} \ll \sigma_{e^-}^{Ni}$）。因此，电化学反应的分布主要受（或流向）电解质界面的氧离子的"低"迁移率控制。这一现象解释了为什么电化学反应主要发生在电解质界面附近的区域，并在 FL 内稳定下降（图 6.9）。

对于典型的 SOEC 电极，已经证明电化学反应可以在距电解质界面有限的距离内扩展到电极中。已有几项研究致力于评估这一电化学活性带的厚度。已经发现，其尺寸范围在 $5 \sim 40\mu m$ 之间，具体取决于材料电导率、电极微观结构性能和温度。在操作过程中，电极的极化也改变了电化学反应的程度。一般来说，典型 SOEC FL 的厚度大致设计为与活动区的尺寸相匹配。在实践中，SOEC FL 的厚度不超过几十微米（$10\mu m \leqslant \ell_{FL} \leqslant 30\mu m$），并且在电化学反应方面可以被认为是完全活跃的。

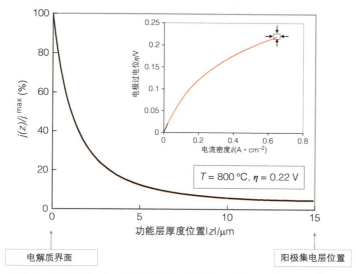

图 6.9　源项 $j(z)$ 在典型阳极功能层中随着厚度位置 z 的分布

电导率与电化学反应曲线的相关性： 值得注意的是，SOEC 电极材料在高温下长期运行后，其电子导电性和离子电导率会显著衰减（见第 6.4.2 节）。这种衰减可能对电化学反应的分布产生强烈影响，从而影响电极的性能。

举例说明，对于电子导电相的有效电导率等于离子相的有效电导率的极端情况（即 $\sigma_{io}^{eff} = \sigma_{e^-}^{eff}$），计算了 $j(z)$ 的重新分配。源项 $j(z)$ 的极化曲线如图 6.10 所示。

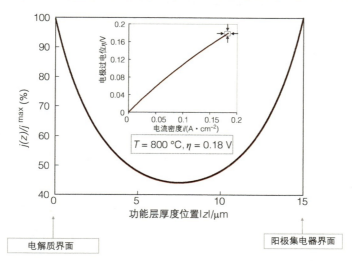

图 6.10　源项 $j(z)$ 在有效电导率比值 $\sigma_{io}^{eff} / \sigma_{e^-}^{eff}$ 为 1 时（在温度为 800℃时，$i = 0.18A \cdot cm^{-2}$，$\eta = 0.18V$，$\sigma_{io}^{eff} = \sigma_{e^-}^{eff} = 2.6 \times 10^{-2}\Omega^{-1} \cdot cm^{-1}$），插图显示所研究电极的极化曲线（见图 6.8 中报告的条件）

可以观察到，电化学反应比图 6.9 中给出的前一次再分配更均匀（在相同的电极过电位下）。实际上，在图 6.10 中，反应在活性 FL 的每一侧变得有利，并且在该层的大部分中保持不可忽略的状态。通过此处采用的特定假设（相同的离子和电子有效电导率）来解释电化学反应的这种分布。在这种情况下，源项沿 FL 厚度的分布受来自电解质的氧离子扩散和朝向 ECC 的电子通量的支配。因此，电化学反应从 FL 的两侧同时扩散，形成图 6.10 所示的对称分布。

然而，FL 极差的电子导电性导致电极性能低下。例如，电极过电位从"新"电极的 $\eta = 0.115V$ 增加到"老化"电极的 $\eta = 0.179V$（对于相同的电流 $i = 0.18A \cdot cm^{-2}$，参见图 6.9 和图 6.10）。该分析表明，电极性能取决于 FL 材料的有效电导率。这对于离子导电相尤其如此，其非常低的值限制了反应区的范围。从这个角度来看，离子电导率的任何衰减都会对电极效率产生显著影响。

6.3.2.2 电极中的气体传输

气体转移现象：在多孔介质（如 SOEC 电极）中，气体转移可能源于以下三种不同的现象。

首先，气体流动可以通过电极上的浓度梯度来驱动。这种传质与"普通"或"分子"扩散有关，气体通量 N_i 是由于电极上的浓度梯度（或分压）引起的。如图 6.11 所示，对于由两种物质 A 和 B 组成的气体混合物，A 的通量被 B 的通量抵消，由于电极中没有分子积累（在数学术语中，$N_A \propto grad(P_A)$ 和 $N_A = -N_B \propto grad(P_B)$，因为 $P_A = P_T - P_B$）。通量和浓度梯度之间的比例由一个唯一的参数来描述，即有效的"二元"扩散系数 $D_{A,B}^{eff}$，它与两个分子的体系有关。该系数考虑了分子相互作用和电极孔隙率的微观结构的影响。扩散摩尔通量由著名的菲克定律表示如下：

$$N_A = -\frac{D_{A,B}^{eff}}{RT} \times grad(P_A) = -N_B = -\frac{D_{A,B}^{eff}}{RT} \times grad(P_B) \quad (P_T = 常数：见图 6.11a) \quad (6.26)$$

可以注意到，分子扩散的潜在机制来自气体的热运动，并受分子之间的碰撞频率控制。因此，对于具有较大孔隙的微观结构，扩散分子通量占主导地位，气体与孔壁的相互作用可以忽略不计。

除了分子扩散之外，气态物质还可以通过对流过程流过电极。在这种情况下，"对流"或"黏性"通量由电极上可能产生的总压 P_T 梯度驱动。通过多孔电极的流速表达式由著名的达西定律提供，该定律源自 Navier 和 Stokes 方程。

在这种方法中，气体流量与总压梯度、气体动力黏度 μ（单位：Pa·s）和渗透系数 B_0 成正比，其取决于电极微观结构特征：

$$N_A = -\frac{B_0 P_T}{\mu RT} \times \text{grad}(P_T) \quad \text{（见图 6.11b）} \tag{6.27}$$

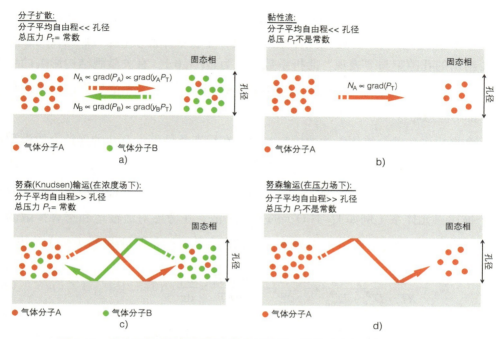

图 6.11 由浓度场或总压场驱动的分子扩散、黏性流和努森输运的示意图

与分子扩散或黏性流动的传输过程不同，当平均孔径 D_p 小于分子的平均自由程 λ（即努森数定义为 λ/D_p 高于 1）时，"努森"机制占优势。在这种情况下，分子之间不会相互作用，因为气体流量完全由气体物质与多孔介质壁的碰撞控制。

在努森（Knudsen）区域，黏性流动和扩散之间没有根本区别，摩尔通量可以由浓度梯度或压力驱动（图 6.11c 和 d）。因此，在这两种情况下，通量都是通过单一有效努森系数来描述的，该系数表示为 $D_{A,k}^{\text{eff}}$：

$$N_A = -\frac{D_{A,k}^{\text{eff}}}{RT} \times \text{grad}(P_A) \quad \text{（见图 6.11c）}$$

$$N_A = -\frac{D_{A,k}^{\text{eff}}}{RT} \times \text{grad}(P_T) \quad \text{（见图 6.11d）} \tag{6.28}$$

如第 6.3.1.3 节所述，阴极侧的对流可以合理忽略，因为气流中的分子数量没有净变化（对于一个蒸汽分子的还原，一个氢分子通过电化学反应产生）。此外，即使在释放氧气的阳极侧，开放孔隙内的压力升高仍然相当低，使得对流通量与扩散通量可以忽略不计。

关于扩散过程，努森相对重量和分子扩散与渗流气相的微观结构特征直接相关。值得注意的是，SOEC 电极的平均孔径范围为 0.5 ~ 1.5μm，这取决于 FL 的精细微观结构或 CC 的粗糙微观结构。在这个孔隙率范围内，有效克努森扩散率和分子扩散率处于同一数量级。例如，考虑到平均孔径 1μm 的，H_2O 的有效 Knudsen 系数等于 $D_{H_2O}^{eff}$，$k = 7.5 \times 10^{-5} m^2 \cdot s^{-1}$，$T = 800℃$。该值接近于 H_2–H_2O 二元体系的有效分子扩散率相关值：$D_{H_2O,H_2}^{eff} = 8.5 \times 10^{-5}$ $m^2 \cdot s^{-1}$（给出的孔隙率与"表观"曲折系数之比为 $\varepsilon/\tau = 0.1$。有关微观结构影响的更多详细信息，请参见第 6.3.2.5 节）。因此，在传统的 SOEC 电极中，无论是努森通量还是分子扩散通量都不能忽略。

SOEC 电极中多组分气体传输的控制方程：在稳态条件下，有几种连续介质模型可以准确地描述多孔 SOEC 电极上的气体输运过程。一般来说，可以使用菲克定律、斯特凡 - 麦克斯韦模型或"含尘气体"模型来预测多孔固体中的气体传输。如前所述，经典的菲克模型用于描述二元体系（例如 H_2–H_2O）的分子扩散。在考虑对流输运和努森扩散的情况下，可以对其进行扩展。对于 A 和 B 两种气体的混合物，摩尔通量由 N_A（N_B）给出：

$$N_A = \frac{-1}{RT} \times \frac{D_{A,k}^{eff} D_{A,B}^{eff}}{D_{A,k}^{eff} + D_{A,B}^{eff}} \times \frac{d(y_A P_T)}{dz} - \frac{B_0 y_A P_T}{\mu RT} \times \frac{dP_T}{dz} \quad (0 \leqslant |z| \leqslant \ell_{FL} + \ell_{CC}) \quad （6.29）$$

式中，P_T 是总压力；y_A 表示气体组分 A 的摩尔分数；$D_{A,k}^{eff}$ 和 $D_{A,B}^{eff}$ 分别指有效努森扩散系数和二元扩散系数；B_0 是渗透系数；μ 是气体黏度。

在 SOEC 数值分析中，扩展的菲克（Fick）模型是最易于处理和实现的。它提供了令人满意的估计值，尤其是在 CO–CO_2 气体混合物中。不幸的是，其预测并不完全适用于 SOEC 电极，特别是在 H_2–H_2O 气体混合物中。斯特凡 - 麦克斯韦（Stepfan-Maxwell）方程可以描述多组分气体混合物的分子扩散。由于该模型没有考虑努森扩散，因此对 SOEC 的应用似乎并不完全适用。尽管有这一缺点，Stefan-Maxwell 模型可以在高孔隙率和低电流密度下产生良好的近似值。SOEC 电极中质量转移最合适的传质模型是含尘气体模型，该模型广泛用于 SOEC 模型。事实上，它包括努森输运以及几种气体混合物的分子扩散。

$$\frac{N_i}{D_{i,k}^{eff}} + \sum_{j=1, j \neq i}^{n} \frac{y_j N_i - y_i N_j}{D_{i,j}^{eff}} = \frac{-P_T}{RT}\left(\frac{dy_i}{dz}\right) + \frac{y_i}{RT}\left(\frac{dP_T}{dz}\right)\left(1 + \frac{B_0 P_T}{D_{i,k}^{eff} u}\right) \quad (0 \leqslant |z| \leqslant \ell_{FL} + \ell_{CC}) \quad （6.30）$$

值得注意的是，式（6.30）的最后一项与压力梯度 dP_T/dz 驱动的黏性流动有关。如果假设电极中的压力大致恒定，则含尘气体模型简化为式（6.31）：

$$\frac{N_i}{D_{i,k}^{eff}} + \sum_{j=1, j \neq i}^{n} \frac{y_j N_i - y_i N_j}{D_{i,j}^{eff}} = \frac{-P_T}{RT}\left(\frac{dy_i}{dz}\right) \quad (0 \leqslant |z| \leqslant \ell_{FL} + \ell_{CC}) \quad （6.31）$$

为了计算电极中的摩尔分数，式（6.31）的系统必须在电极的 CC 和 FL 中进行解析或数值求解。

在 ECC 内，没有化学或电化学反应。跨层的气体通量是恒定的，因为它们没有被任何源项修改。然后，求解式（6.31）系统所需的边界条件一方面由管道中的摩尔分数提供，另一方面由通过电极层的摩尔通量提供。根据法拉第定律，这些摩尔通量与电极电流密度有关：

$$\text{在阴极侧：} N_{H_2} = -N_{H_2O} = \frac{i_{e^-}}{2F}$$

$$\text{在阳极侧：} N_{O_2} = -\frac{i_{e^-}}{4F}$$

$$\text{（电流收集器：} \quad \ell_{FL} \leq |z| \leq \ell_{FL} + \ell_{CC} \text{）} \tag{6.32}$$

本节将详细介绍一种方法，用于将式（6.31）的系统与前面提到的边界条件相结合。它是为一种由氢气、蒸汽和必要时用作稀释气体的氮气组成的气体混合物而开发的。所提出的分析解决方案可以表示 CCC 厚度中的摩尔分数。

这些表达式的数值应用表明，考虑到 ESC 结构，通过薄 ECC 的分压差异是可以忽略的，而在高电流密度下，通过 CSC 设计的基板分压差异变得显著。该结果与这种电极几何形状在电流下可能出现的大浓度过电势一致。在阳极侧，式（6.31）的集合可以很容易地集成到 O_2-N_2 气体混合物中。考虑到电极中的氮通量为零，整个层中的氧摩尔分数如下所示：

$$y_{O_2}(z) = \frac{D_{O_2,k}^{eff} + D_{O_2,N_2}^{eff}}{D_{O_2,k}^{eff}} + \left(y_{O_2}^{canal} - \frac{D_{O_2,k}^{eff} + D_{O_2,N_2}^{eff}}{D_{O_2,k}^{eff}} \right) \times \exp\left(-\frac{RT}{P_T} \frac{i}{4F} \frac{D_{O_2,k}^{eff}}{D_{O_2,k}^{eff} \times D_{O_2,N_2}^{eff}} (z - z^{canal}) \right)$$

$$\text{（阳极电流收集器：} \quad \ell_{AFL} \leq |z| \leq \ell_{AFL} + \ell_{ACC} \text{）} \tag{6.33}$$

与 ECC 不同，气体由 FL 内的电化学反应消耗或产生。摩尔通量在电极活性层的厚度中不断改变。因此，描述摩尔通量的式（6.31）必须与质量守恒方程相关联。对于每片活性层 dz（图 6.7），镍摩尔通量的质量平衡表示如下：

$$\text{在阴极侧：} \quad dN_{H_2O} = -dN_{H_2} = \frac{+j(z)}{2F} dz \quad \text{（功能层：} \quad 0 \geq |z| \geq \ell_{FL} \text{）}$$

$$\text{在阳极侧：} \quad dN_{O_2} = \frac{+j(z)}{4F} dz \quad \text{（功能层：} \quad 0 \geq |z| \geq \ell_{FL} \text{）} \tag{6.34}$$

6.3.2.3 电化学过程的动力学

式（6.22）、式（6.24）和式（6.34）中电化学过程的动力学体积比电流 $j(z)$ 对应于电解槽中电化学反应产生的源项。$j(z)$ 与可能在整个 FL 中发生的全局反应机制的动力学速率 $v(z)$ 相关联：

$$j(z) = nFv(z) = nF\{v_{ox} - v_{red}\} \quad （功能层：0 \geqslant |z| \geqslant \ell_{FL}） \tag{6.35}$$

式中，n 表示交换电子的数量。$n = 4$，用于阳极侧的氧气生产（$2O^{2-} \xleftrightarrow[k_{red}]{k_{ox}} O_2 + 4e^-$）；$n = 2$，则用于阴极侧的蒸汽还原（$H_2O + 2e^- \xleftrightarrow[k_{ox}]{k_{red}} H_2 + O^{2-}$）。

假设反应机理受单一电荷转移的限制，表示 $j(z)$ 的动力学方程由一般 Butler-Volmer 关系给出。然而，在高温下，反应途径不受单一速率决定步骤（如基本电荷转移）的控制。一般来说，整个反应可以由几个复杂的机理途径构成，每个途径都可分解成一系列基本反应。在这个框架中，困难在于必须确定在一系列基本反应中分解的最相关机制。其中的一些可以被视为速率决定步骤（即它们的速度不为零：$v_i \neq 0$），而其他的则被认为处于热力学平衡状态（即速度为零，$v_i = 0$），因此反应物 a_r 和产物 a_p 的活性与热力学平衡常数有关，即 $\left(K_e = \dfrac{k_+}{k_-} = \dfrac{\prod a_p^{\gamma_p}}{\prod a_r^{\gamma_r}} \right)$。

很明显，反应机理与每种材料有关，也与电极的微观结构有关。此外，这种反应机制的有效性范围受到温度、气体成分和压力的限制，还观察到电极极化的方向（阳极或阴极极化）可能会改变反应途径和相关的速率决定步骤。为了更好地理解，一些研究致力于探讨 SOFC 工作模式中的基本机理过程（即 H_2 电极的阳极极化和 O_2 电极的阴极极化）。尽管如此，对于 Ni-YSZ 金属陶瓷或 LSM-YSZ 复合材料等经典材料的基本反应路径，仍然没有明确的共识。与 SOFC 模式相比，很少有研究是专门针对 SOEC 条件的。因此，在撰写本书时，从基本动力学的角度对蒸汽电解的解释仍不清楚，仍在研究中，广泛讨论蒸汽电解中所有潜在的多步反应机制超出了本书的范围。换句话说，本节的目的不是对 SOEC 中所有潜在基本机制进行详尽描述，而是通过 LSM-YSZ 阳极和 Ni-YSZ 阴极上一些可能的简单反应路径来介绍和说明该理论。

LSM-YSZ 阳极的基本动力学：在各种可能的途径中，有人提出，LSM-YSZ 电极上产生氧气的机制可能与 SOFC 模式下建立的阴极极化机制相反。这种说法可能仅适用于由空气供应的电极，因此，在阳极和阴极极化中，电极在相同的氧分压范围内工作。这种情况下，建议将机制分为两个速率决定步骤：

1）第一步与 LSM/YSZ/ 气体 TPBl 发生的电荷转移有关，它导致 $O{-}s_{LSM}$ 的形成，吸附在 LSM 颗粒表面（图 6.12）：

$$2O_{YSZ}^{2-} + 2s_{LSM} \xrightleftharpoons[k_{red}]{k_{ox}} 2O-s_{LSM} + 4e_{LSM}^- \quad （功能层：0 \geqslant |z| \geqslant \ell_{FL}） \quad （6.36）$$

式中，s_{LSM} 为 LSM 材料表面的吸附位点。这种基本电化学反应的动力学速率可以用广义 Butler-Volmer 关系的框架表示为

$$v_{(36)}(z) = k_{ox}e^{\frac{a_{ox}4FE(z)}{RT}}\Gamma^2\theta_s^2(z) - k_{red}e^{\frac{-a_{red}4FE(z)}{RT}}\Gamma^2\theta_{O-s}^2(z) \quad （0 \geqslant |z| \geqslant \ell_{FL}） \quad （6.37）$$

式中，Γ 对应于可用吸附位点的表面密度；θ_{O-s} 和 θ_s 分别代表吸附氧原子和位点的覆盖率（$\theta_{O-s} + \theta_s = 1$）。值得注意的是，$\Gamma\theta_{O-s}$ 和 $\Gamma\theta_s$ 的乘积只是指浓度，即吸附氧原子和位点的活性。

2）在上述机理中，假设吸附的氧原子从 TPBl 附近扩散到 LSM 颗粒表面不限制反应。这一假设的有效性可能存在争议，因为它取决于电极的微观结构特征。事实上，只有当氧气表面扩散的有效长度远高于 LSM 平均粒径时，这一假设才会得到验证。无论如何，假设满足该条件，第二个限速步骤仅对应于吸附物的联合脱附，以在电极孔隙中形成气态分子（图 6.12）：

$$2O-s_{LSM} \xrightleftharpoons[k_{ads}]{k_{des}} O_2(g) + 2s_{LSM} \quad （功能层：0 \geqslant |z| \geqslant \ell_{FL}） \quad （6.38）$$

该反应的速率由下式给出：

$$v_{(38)}(z) = k_{des}\Gamma^2\theta_{O-s}^2(z) - k_{ads}P_{O_2}(z)\Gamma^2\theta_s^2(z) \quad （0 \geqslant |z| \geqslant \ell_{FL}） \quad （6.39）$$

式中，k_{ads} 和 k_{des} 分别代表吸附和脱附动力学常数。在稳态状态下，电极表面没有氧原子的积累，因此动力学速率 $v_{(36)}$ 和 $v_{(38)}$ 必须相等。此外，动力学速率通过体积比电流与法拉第定律联系起来，从而得到 $v_{(36)} = v_{(38)} = j(z)/4F$。

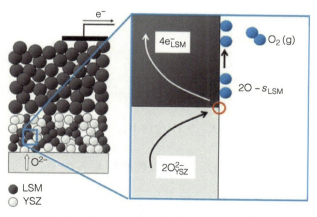

图 6.12 LSM-YSZ 阳极产生 O₂ 的可能机理

根据这一描述，电极效率似乎不仅受 TPB 密度或 FL 的 YSZ 结构中的 O^{2-} 迁移率控制，电极性能还取决于氧的脱附，以及 LSM/ 气体界面表面积。

Ni-YSZ 阴极的基本动力学：一些研究致力于阐明 SOFC 模式下 Ni-YSZ 金属陶瓷的整体 H_2 氧化机制。根据这些研究，该途径包括以下多个基本步骤：

1）镍颗粒似乎有利于氢的吸附（ $H_2(g) + 2s_{Ni} \underset{k_{des}}{\overset{k_{ads}}{\longleftrightarrow}} 2H - s_{Ni}$ ）。

2）吸附的氢原子向 TPB 扩散。

3）随后的电荷转移涉及表面物质在 Ni/YSZ 界面上的转变，称为氢"溢出"机制：

$$H - s_{Ni} + O^{2-} - s_{YSZ} \underset{k_{red}}{\overset{k_{ox}}{\longleftrightarrow}} OH^- - s_{YSZ} + s_{Ni} + 1e^-_{Ni} \tag{6.40a}$$

$$H - s_{Ni} + OH^- - s_{YSZ} \underset{k_{red}}{\overset{k_{ox}}{\longleftrightarrow}} H_2O - s_{YSZ} + s_{Ni} + 1e^-_{Ni} \tag{6.40b}$$

式中， $O^{2-} - s_{YSZ}$ 、 $OH^- - s_{YSZ}$ 和 $H_2O - s_{YSZ}$ 表示附着在 YSZ 表面的物质。

4）吸附的氧离子 $O^{2-} - s_{YSZ}$ 是电化学反应的反应物，见式（6.40a）：

$$O^{2-}_{YSZ} + s_{YSZ} \longleftrightarrow O^{2-} - s_{YSZ}$$

5）式（6.40b）中产生的水在金属陶瓷的空隙中脱附：

$$H_2O - s_{YSZ} \longleftrightarrow H_2O(g) + s_{YSZ}$$

在这些基本反应中，电荷转移 [式（6.40b）] 可能是限速步骤，而另一步则处于热力学平衡中。然而，似乎 YSZ 中的水脱附也可能参与限制总反应速率。

与阳极极化相反，关于 SOEC 模式产氢机理的研究很少。但蒸汽电解的反应路径似乎与氢氧化的反应路径并不相反。实验研究表明，整体机制取决于气体成分，可能涉及固 - 气相互作用。在这个框架中，有人提出反应路径可以在高蒸汽分压下通过两个限速步骤来控制：

1）蒸汽会优先吸附在镍表面：

$$H_2O(g) + 1s_{Ni} \underset{k_{des}}{\overset{k_{ads}}{\longleftrightarrow}} H_2O - s_{Ni} \quad （功能层： 0 \geqslant |z| \geqslant \ell_{FL}） \tag{6.41}$$

2）在 TPB 处被电化学还原：

$$H_2O - s_{Ni} + 2e^-_{Ni} \underset{k_{ox}}{\overset{k_{red}}{\longleftrightarrow}} O^{2-}_{YSZ} + H_2(g) + 1s_{Ni} \quad （功能层： 0 \geqslant |z| \geqslant \ell_{FL}） \tag{6.42}$$

吸附速度取决于电极中的蒸汽分压和 Ni 颗粒的覆盖率 θ_{H_2O-S} ，如下所示：

$$v_{(41)}(z) = k_{ads}P_{H_2O}(z)\Gamma(1 - \theta_{H_2O-S}(z)) - k_{des}\Gamma\theta_{H_2O-S}(z) \tag{6.43}$$

两个交换电子的电化学反应的动力学速率为

$$v_{(42)}(z) = k_{red}e^{\frac{-a_{red}2FE(z)}{RT}}\Gamma\theta_{H_2O-S}(z) - k_{ox}e^{\frac{a_{ox}2FE(z)}{RT}}P_{H_2}(z)\Gamma(1-\theta_{H_2O-S}(z)) \quad (6.44)$$

在没有表面扩散的静止状态下，$v_{(41)}$ 和 $v_{(42)}$ 相等。根据式（6.35），与体积比电流 $j(z)$ 有关的源项由 $-v_{(42)} = j(z)/2F$ 给出。

正如文献中提出的，可以通过将蒸汽的表面分解引入吸附的氢和氧原子来改进先前的途径，参见表 6.1 中给出的分解反应（2）和（3）。在这种情况下，氢吸附物直接重组释放氢气（4）。同时，氧吸附原子在 TPB 表面被电化学还原（5）。在这种机制中，蒸汽吸附（1）和电荷转移（5）仍然可以被视为速率决定步骤，而其他反应保持热力学平衡。值得一提的是，氢吸附物的表面扩散也通过减缓整体反应速率来参与该过程。

表 6.1　Ni-YSZ 金属陶瓷上蒸汽电解的可能基元反应顺序

蒸汽吸附：$H_2O(g) + 1s_{Ni} \longleftrightarrow H_2O - s_{Ni}$	（1）
蒸汽解离：$H_2O - s_{Ni} + 1s_{Ni} \longleftrightarrow H - s_{Ni} + OH - s_{Ni}$	（2）
羟基解离：$OH - s_{Ni} + 1s_{Ni} \longleftrightarrow H - s_{Ni} + O - s_{Ni}$	（3）
缔合解析：$H - s_{Ni} + H - s_{Ni} \longleftrightarrow H_2(g) + 2s_{Ni}$	（4）
电荷转移：$O - s_{Ni} + 2e^-_{Ni} + 1s_{YSZ} \longleftrightarrow O^{2-} - s_{YSZ} + 1s_{Ni}$	（5）
氧结合：$O^{2-} - s_{YSZ} \longleftrightarrow O^{2-}_{YSZ} + 1s_{YSZ}$	（6）

上述对 Ni-YSZ 金属陶瓷上一些可能的蒸汽还原机制进行了简短讨论，必须牢记整个反应不仅受电荷转移控制，其他涉及吸附物质的限制步骤似乎也参与了整个反应途径。从这个角度来看，需要进一步的研究来阐明 Ni-YSZ 金属陶瓷的机理细节。

6.3.2.4　单相 SOEC 阳极的具体运行机制

阳极 LSM-YSZ 复合材料可以被单相材料代替，单相材料必须表现出混合的离子和电子传导（即 MIEC 行为）。目前，MIEC 电极，如 LSCF（$La_{1-x}Sr_xCo_yFe_{1-y}O_{3-\delta}$）或 LSC（$La_{1-x}Sr_xCoO_{3-\delta}$）通常用作 SOEC 阳极材料。它们对应于 p 型半导体，具有高电子导电性的空穴和不可忽略的离子传导氧空位。它们通常比经典的 LSM-YSZ 复合材料更受青睐，即使这些材料具有化学不稳定性，从而限制了其应用。

MIEC 的主要优点在于，氧的释放不局限于 TPBl 附近，而是可以扩展到整个气体 / 电极界面。这导致电极活化过电位显著降低。本小节的目的是对具体的 MIEC 操作过程进行概述。

基本反应途径：从本质上讲，MIEC 的固有特性使其运行机制与之前详细描述的 LSM-YSZ 双相的运行机制截然不同。如图 6.13 所示，整体电化学过程通常分为以下顺序步骤：

1）第一次电荷转移发生在阳极 / 电解质界面上。它对应于从电解液到 MIEC 的直接氧离子交换：

$$2O^{2-}_{\text{electrolyte}} \xleftrightarrow[k_-]{k_+} 2O^{2-}_{\text{MIEC}} \quad (\text{at } z=0) \tag{6.45}$$

式中，$O^{2-}_{\text{electrolyte}}$ 和 O^{2-}_{MIEC} 分别表示电解质内和 MIEC 内的氧离子。在考虑 Kröger-Vink 表示法时，式（6.45）也可以用类似的方式表示：

$$2O^x_O(\text{electrolyte}) + 2V^{..}_O(\text{MIEC}) \xleftrightarrow[k_-]{k_+} 2O^x_O(\text{MIEC}) + 2V^{..}_O(\text{electrolyte}) \quad (z=0) \tag{6.46}$$

式中，$V^{..}_O$ 和 O^x_O 代表氧空位和加入电解质或 MIEC 中的氧原子。

值得强调的是，通过阳极 / 电解质界面的氧转移必须被视为"电化学"反应。实际上，这种反应的能量受到两种材料之间产生的电场的影响。这个电场源于在界面上发生的电荷转移，基本上对应于电极电位 $E(z=0) = \rho_{\text{MIEC}}(z=0) - \rho_{\text{electrolyte}}(z=0)$。换句话说，式（6.46）或式（6.45）涉及电解质和 MIEC 之间的电荷传递，表明其"电化学"性质。因此，式（6.46）的速率必须按照广义的 Butler-Volmer 表达式表示：

$$v_{(46)} = k_+ \exp\left(\frac{4\alpha^{\text{Anode}}FE}{RT}\right)(1-\alpha_{O^x_O})^2 - k_- \exp\left(-\frac{4(1-\alpha^{\text{Anode}})FE}{RT}\right)(\alpha_{O^x_O})^2 \tag{6.47}$$

$$（\text{在阳极 / 电解质界面}: z=0）$$

式中，氧掺入率 $\alpha_{O^x_O}$ 表示 MIEC 中的氧活性。它对应于氧原子浓度与可加入 MIEC 的最大浓度之比（即 $\alpha_{O^x_O} = C_{O^x_O}/C^{\max}_{O^x_O}$）。注意，$C_{O^x_O}$ 与可能参与材料中扩散输运的可移动氧原子有关，例如，当考虑 $La_{1-x}Sr_xCo_yFe_{1-y}O_{3-\delta}$ 时，$C_{O^x_O} = (3-\delta)/V$，其中 V 为晶格单元电池的体积。差值（$C^{\max}_{O^x_O} - C_{O^x_O}$）代表 MIEC 中氧空位的浓度（即 $C^{\max}_{O^x_O} - C_{O^x_O} = \delta/V$）。对于通常的 SOEC 材料，电化学步骤 [式（6.46）] 被认为是快速的，可以假设反应处于热力学平衡。

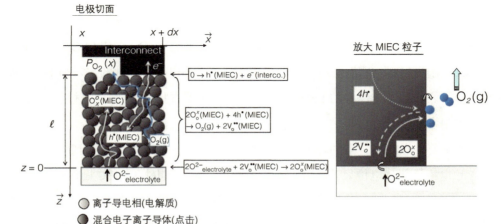

a) 局部坐标系统和 MIEC 中 O₂ 气体、氧原子和空穴的流向
（为了清楚起见，没有描述 MIEC 中氧空位的流动）

b) 放大与电解质接触的 MIEC 粒子

图 6.13　单相 MIEC 阳极的电极片示意图

在此条件下，式（6.47）可简化为式（6.45）：

$$v_{(46)} = 0 \Rightarrow \frac{k_+}{k_-} = K_e = \frac{(1 - \alpha_{O_O^x}^{eq})^2}{(\alpha_{O_O^x}^{eq})^2} \times \exp\left(\frac{4FE}{RT}\right)$$

（在阳极 / 电解质界面：$z = 0$） （6.48）

式中，K_e 是指反应的热力学平衡常数。

2）如图 6.13 所示，整体过程的第二步对应于阳极材料中氧原子和空穴的固态扩散。

3）随后是导致电极孔隙中 O_2 释放的表面反应。这些反应发生在气体 /MIEC 界面上，并可能沿着电极厚度发生。通过利用在 SOFC 模式下进行的研究，表面反应似乎应该由两个基本步骤控制。第一个对应于氧原子 O_O^x 从本体中的吸附，导致 O–s 吸附到 MIEC 表面：

$$2O_O^x(MIEC) + 4h + 2s_{MIEC} \xrightleftharpoons[k_{red}]{k_{ox}} 2V_O^{\cdot\cdot}(MIEC) + 2O - s_{MIEC} \quad (0 > |z| \geq \ell_{FL}) \quad (6.49)$$

值得强调的是，式（6.49）涉及电荷转移，但对应于简单的化学氧化。实际上，式（6.49）中的电荷转移只发生在 MIEC 中，反应不涉及任何界面电荷交换。因此，式（6.49）是纯化学反应，其动力学速率简单表示如下：

$$v_{(49)}(z) = k_{ox}\Gamma^2\theta_s^2(z)(C_{O_O^x}(z))^2 - k_{red}\Gamma^2\theta_{O-s}^2(z)(C_O^{max} - C_{O_O^x}(z))^2 \quad (0 > |z| \geq \ell_{FL}) \quad (6.50)$$

式中，Γ 是指电极表面上可用位点的表面密度；θ 是位点或吸附氧原子的覆盖率（$\theta_s + \theta_{O-s} = 1$）。式（6.49）之后，吸附物脱附，在电极空隙中形成 O_2 气态分子：

$$2O - s_{MIEC} \xrightleftharpoons[k_{ads}]{k_{des}} O_2(g) + 2s_{MIEC} \quad (0 > |z| \geq \ell_{FL}) \quad (6.51)$$

注意，此反应的速度已在前一节中详述，见式（6.40b）。此外，在稳态条件下，氧的释放速率必须等于氧分子的生成速率，即 $v_{(49)} = v_{(51)}$。

4）如图 6.13 所示，该过程的最后一步对应于氧分子在电极孔隙率中的扩散传输。在提出的途径中，人们可能会注意到 MIEC/ 气体 / 电解质 TPB 处的电化学氧化未被考虑。事实上，TPB 被限制在 MIEC/ 电解质界面（$z = 0$），其密度非常低。然而，TPB 的直接氧化可能与之前介绍的机制并行发生：

$$2O_O^x(electrolyte) + 2s_{MIEC} + 4h^{\cdot} \xrightleftharpoons[k_{red}]{k_{ox}} 2V_O^{\cdot\cdot}(electrolyte) + 2O - s_{MIEC}$$

由于这种反应的速率遵循 Butler-Volmer 关系：

$$v_{TPB}(z = 0) = k_{ox}e^{\frac{4\alpha^{Anode}FE}{RT}}\Gamma^2\theta_s^2 - k_{red}e^{\frac{-4(1-\alpha^{Anode})FE}{RT}}\Gamma^2\theta_{O-s}^2$$

它参与整个反应途径，可以在极化下被激活，甚至可以在足够高的阳极电位上普遍存在。

1）M 因子与渗透相有关，因为气体（或电荷）物质只能在连接的网络内流动。然后，它与相体积分数 ε 乘以相连接性 κ 的乘积成正比（得到连接相的体积百分比）。

2）在电极微观结构中，由于扩散截面面积不是恒定的，一些通量收缩效应会产生对气体或电荷转移的附加电阻。这种"瓶颈"现象由一个在 0 和 1 之间变化的"收缩性"参数 δ 来描述 。对于用单个圆柱管描述的理想导体（图 6.14a），该参数可以简单地定义为最小截面积与最大截面积之比。

3）M 因子的第三个贡献与一个通常被称为"几何"弯曲因子 τ^{geo} 的参数有关。它考虑了流动受阻的事实，因为扩散的路径不是笔直的，而是弯曲和纠缠的。对于由一束弯曲但平行的毛细管构成的介质（图 6.14b），几何弯曲系数严格等于有效路径长度 ℓ_{eff} 与样品长度 ℓ 之比的二次方，即 $\tau^{geo} = (\ell_{eff}/\ell)^2$。根据这个定义，弯曲系数总是大于 1。

最后，根据阿尔奇定律推导出的经验关系式，可以将之前电极的微观结构参数表示为 M 因子：

气体扩散系数：
$$M_{gas} = (\kappa_{gas}\varepsilon_{gas}) \times \frac{\delta_{gas}}{\tau_{gas}^{geo}} \qquad (6.57a)$$

电导率：
$$M_i = (\kappa_i\varepsilon_i) \times \frac{\delta_i}{\tau_i^{geo}}, \quad (i = \text{离子或电子导体}) \qquad (6.57b)$$

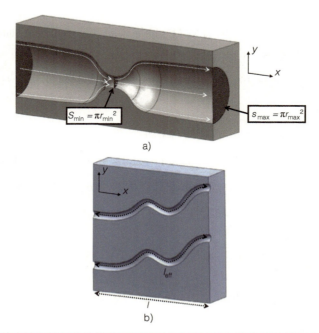

图 6.14 确定流体收缩效应的圆柱形孔隙横截面积的变化和确定几何弯曲系数的弯曲但平行的孔隙的示意图

然而，在 SOEC 电极等复杂的微观结构中，精确定义和确定"收缩性"参数甚至几何曲折系数是很复杂的。此外，SOEC 电极的经验关系式（6.57）的相关性尚未完全确定。从这个角度来看，有必要对定律进行修改，以提高其可预测性范围。为此，可以在唯象定律式（6.57）中引入一些校正系数，如

$$M_i = A(\kappa_i \varepsilon_i)^B \times \delta_i^C / (\tau_i^{\text{geo}})^D \qquad (6.57c)$$

式中，常数 A、B、C 和 D 应符合实际电极微观结构。

为了克服这些困难，一些文献作者提出通过采用一些均匀化技术来直接确定有效系数。这些方法的目的是用具有有效特性的等效均匀介质来取代真实非均相电极的三维（3D）表征。均匀化方法基于对 SOEC 电极的三维表示的数值处理。他们利用 3D 微结构成像的最新进展（通过聚焦离子束断层扫描或同步加速器 X 射线断层扫描），参见第 6.5.1 节。

在这些方法中，局部流动是在导电数字化结构内计算的。为此，在整个三维重构相体积上求解气体扩散或电荷转移的拉普拉斯方程：

气相：
$$\frac{-D_{\text{gas}}^{\text{bulk}}}{RT} \text{div}(\text{grad}(y_i^{\text{Local}} P_{\text{T}}^{\text{Local}})) = 0 \qquad (6.58a)$$

离子或电子相：

$$-\sigma_i^{\text{bulk}} \text{div}(\text{grad}(\varphi_i^{\text{Local}})) = 0 \quad (i = \text{离子或电子导体}) \qquad (6.58b)$$

式中，$y_i^{\text{Local}} P_{\text{T}}^{\text{Local}} / RT$ 和 φ_i^{Local} 表示非均质结构中的局部气体浓度和局部电势。

式（6.58）的计算一般采用格点 - 玻尔兹曼方法（LBM）、有限元方法（FEM）或有限体积方法。在实际应用中，重构的每个阶段都被转换成一个独立的网格。模拟在区域内的界面处以零通量条件进行，而潜在（或通量）边界条件应用于分析域的两个相对边缘。例如，图 6.15 显示了通过有限元模拟确定的商用 Ni-YSZ 支撑孔隙中的气体浓度场。

在"宏观"尺度上，值得记住的是，电极被视为一个连续的均匀介质，由其有效性质表示。从这个角度来看，宏观浓度 $y_i^{\text{Macro}} P_{\text{T}}^{\text{Macro}} / RT$ $\varphi_{\text{e}^-}^{\text{Macro}}$ 可作为边界条件，在"微观"尺度（即非均质区域）上求解式（6.58）。然后通过将宏观均匀通量等同于模拟计算的平均值，从数值分析中推导出有效扩散系数（或有效电导率）：

$$\frac{-D_{\text{gas}}^{\text{eff}}}{RT} \text{grad}(y_i^{\text{Macro}} P_{\text{T}}^{\text{Macro}}) = \frac{-D_{\text{gas}}^{\text{bull}}}{RT} \times \frac{1}{V} \iiint_V \text{grad}(y_i^{\text{Local}} P_{\text{T}}^{\text{Local}}) dV \quad （气相） \qquad (6.59a)$$

$$-\sigma_i^{\text{eff}} \text{grad}(\varphi_i^{\text{Macro}}) = -\sigma_i^{\text{bulk}} \times \frac{1}{V} \iiint_V \text{grad}(\varphi_i^{\text{Local}}) dV \quad (i = \text{离子或电子导体}) \qquad (6.59b)$$

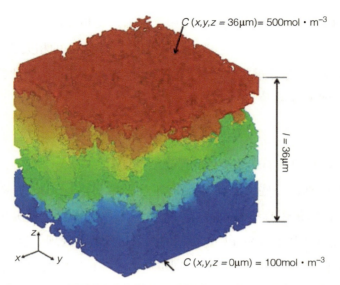

$C(x, y, z = 36\mu m) = 500\text{mol} \cdot \text{m}^{-3}$

$l = 36\mu m$

$C(x, y, z = 0\mu m) = 100\text{mol} \cdot \text{m}^{-3}$

图 6.15　在 Ni-YSZ 金属陶瓷支架的连通孔隙中，通过有限元模拟的气体浓度场，
在下表面（$z = 0$）和上表面（$z = 36\mu m$）应用了两种浓度作为边界条件

在均质化问题中，重建的体积必须足够大，才能在统计上代表所研究的非均质材料。此外，可以看出计算的有效性质取决于边界条件的选择。不过讨论这些细节超出了本节的范围。对这种同质化方法感兴趣的读者可以参考专门的文献。

一旦已知有效输运性质，通常在化学科学工程中通过"表观"弯曲系数来表示结果：

$$\tau_{\text{gas}}^{\text{app}} = (\kappa_{\text{gas}} \varepsilon_{\text{gas}}) \times \frac{D_{\text{gas}}^{\text{bulk}}}{D_{\text{gas}}^{\text{eff}}} \quad (\text{气相}) \tag{6.60a}$$

$$\tau_i^{\text{app}} = (\kappa_i \varepsilon_i) \times \frac{D_i^{\text{bulk}}}{D_i^{\text{eff}}} \quad (i = \text{离子或电子导体}) \tag{6.60b}$$

在这种方法中，相位体积分数和连通性也通过直接几何分析从三维重建中推导出来。尽管"表观"弯曲因子是广泛用于 SOEC/SOFC 电极的参数，但它对应于微观结构形态的纯现象学表征。事实上，它包含几何扭曲度和"收缩度"参数。

微观结构对固有努森扩散率的影响：到目前为止，人们一直认为气体和固体的"固有"性质与电极微观结构无关。这一说法显然是正确的，因为大部分电导率只取决于材料的物理性质。分子扩散率也证实了这一点，因为该系数完全由分子之间的相互作用控制。

与电导率或分子扩散系数不同，努森扩散率取决于孔隙度的局部几何形状，因为这种气体传输机制是由气体物质与孔壁的碰撞控制的。因此，在气体动力学理论的框架下，已经证明"固有"努森系数基本上与结构参数 K_0 成正比，通常取平均孔隙半径 r：

$$D_{i,k}^{\text{bulk}} = \bar{r}\frac{2}{3}\sqrt{\frac{8RT}{\pi M_i}} \quad (i = H_2, \ H_2O, \ \text{等}) \tag{6.61}$$

对于收缩系数和弯曲系数,复杂连通网络的平均孔隙半径也很难准确定义。然而,可以使用不同的几何概念从三维电极重建中推断出该参数。

如果将平均孔径视为气相的特征长度,则可以使用两点相关或协方差函数等数学形态学工具来计算。此外,根据孔隙大小分布对重建进行分析,可以估计该参数。

微观结构对电化学反应速率的影响:FL 的形态特征也直接影响电化学反应速率。事实上,通过为电化学反应提供或多或少的活性位点,电极微观结构是促进材料电催化活性的关键参数之一。在该框架中,根据电极多步机制,必须考虑两个主要的微观结构参数。

在由电子导体和离子导体(即 Ni-YSZ 金属陶瓷或 LSM-YS)制成的复合电极中,电荷转移的基本步骤只能发生在"活性"TPBl 上。这些位置简单地由与离子、电子和气体可以有效相遇的三个渗透相线性接触。必须将其与总 TPBl 区分开,总 TPBl 包括与非连接相关的"无效"线路。对于复合电极,电荷转移的动力学常数直接与"活性"TPBl 的密度按比例增加,见式(6.37)或式(6.62):

$$k_{\text{ox}}\text{和}k_{\text{red}} \propto \xi_{\text{TPBl}}^{\text{Actif}} \tag{6.62}$$

对于 MIEC 电极,可以注意到与 MIEC/电解质/气体 TPB 直接氧化相关的动力学常数也与 TPB 的密度成正比(见第 6.3.2.4 节)。在几种电极反应途径中,气体吸附/脱附步骤构成了常见的限速反应,尤其是在高极化条件下(参见第 6.3.2.3 节)。在这种情况下,吸附/脱附动力学常数取决于气态物质可接近的电极表面积。该参数对应于电极比表面积 S_p,经典定义为通过气相体积归一化的开孔率的表面积。

对于阳极 MIEC,电荷转移可能发生在整个单相材料的表面。在这种情况下,表面反应的动力学常数,对应于氧从本体中释放 [见式(6.49)] 和随后的氧气脱附 [见式(6.51)] 与电极材料的比表面积明显成正比:

$$k_{\text{ox}} \ \text{和} \ k_{\text{red}} \propto S_p,\text{用于式(6.49)反应} \tag{6.63a}$$

$$k_{\text{des}} \ \text{和} \ k_{\text{ads}} \propto S_p,\text{用于式(6.51)氧脱附反应} \tag{6.63b}$$

然而,对于复合电极,在电子导体和离子导体表面的吸附或脱附步骤可能是不同的。这种情况下,应该区分两个导体的动力学常数,并通过它们各自与气体接触的表面积来放大。例如,如前文对 LSM-YSZ 阳极所述,氧吸附物似乎优先附着在 LSM 颗粒表面

（图 6.12）。根据该反应途径，脱附步骤 [式（6.40a ）] 的动力学常数必须与 LSM/ 气体界面表面积成正比。在获得 3D 电极重建能力之前不久，TPB 只能通过间接方法进行估计。目前，总 TPBl 的密度可以通过计算与三相接触的所有节段，从 3D 重建中确定（文献中给出了不同的方法，从中可以找到简短的综述）。人们可能会注意到，如果分析仅限于连接相，则可以很容易地获得它们的活性部分。最后，还可以使用特定算法或数学形态学工具从三维重建中推断出电极比表面积。

典型电极微观结构参数：表 6.2 和表 6.3 总结了最近在典型 SOEC/SOFC 电极上确定的一些微观结构参数。即使考虑相同的电极组成，数据上也可以观察到很大的发散。微观结构特征的这种明显差异，必须归因于不同的 SOEC/SOFC 电池制造路线。此外，即使是相同的加工方法，烧结温度、初始粉末的尺寸特性、成孔剂的百分比等条件也不同，也代表了许多对最终电极微观结构有深刻影响的关键参数。

表 6.2　一些典型 Ni-YSZ 阴极微观结构参数的比较

Ni-YSZ				
	电极活性层或功能层		小室支撑	
相体积分数（%）	Ni	28.2|21.8|24.5|24.5|36.9|28.5	Ni	21.7|24.6
	YSZ	49.0|28.4|26.0|26.0|40.1|49.3	YSZ	31.7|41.4
	孔洞	22.8|49.8|49.5|49.5|23.0|22.2	Pores	46.6|34.0
连通性（%）	Ni	97.1|92.82|n/a|86.7|99.3|98.5	Ni	96.7|94.8
	YSZ	99.7|97.16|n/a|96.6|100|99.9	YSZ	99.2|99.3
	孔洞	88.0|99.82|n/a|100|98.8|77.6	Pores	99.2|96.9
"显性"扭曲因子	Ni	5.50|12|6.94|11|n/a|n/a	Ni	8.65|n/a
	YSZ	2.28|7.5|9.84|6.58|n/a|n/a	YSZ	3.63|n/a
	孔洞	10.1|2.0|1.83|1.95|n/a|n/a	Pores	2.22|n/a
比表面积 /（$\mu m^2 \cdot \mu m^{-3}$）	Ni	6.54|n/a|n/a|3.83|4.11|2.17	Ni	5.87|1.34
	YSZ	5.50|n/a|n/a|7.79|6.01|3.11	YSZ	6.01|2.17
	孔洞	9.09|n/a|n/a|4.25|7.56|2.28	Pores	4.24|1.82
TPBls 的密度 /（$\mu m \cdot \mu m^{-3}$）	全活性	4.63|2.05|2.55|2.44|3.06|4.36	全部	3.46|2.14
		3.30|n/a|1.65|n/a|2.89|n/a	活性	2.61|n/a
平均孔径 /μm		0.94|n/a|n/a|n/a|n/a|0.378		2.6|0.541
参考文献 [a]		[9]|[80]|[79]|[89]|[90]|[91]		[9]|[91]

a）所有扭曲系数均针对一个方向给出。

表 6.3　典型 LSM-YSZ 和 LSCF 阴极的微观结构参数比较

	LSM-YSZ			LSCF	
相体积分数（%）	LSM	24|23.1|34		LSCF	51.7|63.2
	YSZ	26|26.3|32		孔洞	48.3|36.8
	孔洞	50|50.6|34			
连通性（%）	LSM	90|76.2|98.2		LSCF	n/a|>99%
	YSZ	100|98.2|99.8		孔洞	n/a|>99%
	孔洞	100|100|98.2			
"显性" 扭曲因子	LSM	n/a|n/a|n/a		LSCF	2.06|1.56
	YSZ	3.5|n/a|n/a		孔洞	1.92|2.32
	孔洞	1.6|n/a|n/a			
比表面积 /（$\mu m^2 \cdot \mu m^{-3}$）	LSM	[a]|9.51|n/a		孔洞	4.4|7.83
	YSZ	[a]|12.6|n/a			
	孔洞	[a]|7.86|n/a			
TPBls 密度 /（$\mu m \cdot \mu m^{-3}$）	全部	7.5|10.2|6.6		n/a	
	活性	5|6.73|6.0			
平均孔径 /μm		n/a|n/a|0.34		—	
参考文献		[88]|[90]|[92]		[93]|[94]	

a）LSM/YSZ/ 孔表面积按照样品体积（μm^{-1}）1.9/3/4 归一化。

6.3.3　温度在 SOEC 运行中的作用

6.3.3.1　电池热状态

　　如第 1 章所述，水分解成氢气和氧气是一种需要能量输入的吸热反应。这种能量需求对应于正焓项：$\frac{i}{2F}\Delta H_{H_2O}(T)>0$，这必须是带系统的正焓项。高温下，水以蒸汽的形式存在，然后，$\Delta H_{H_2O}(T)$ 表示蒸汽生成的焓，单位为 $J \cdot mol^{-1}$。

　　在电解过程中，反应吸收的能量基本上由电功提供，电功对应于自由能的变化，$\Delta G = U \times i < 0$。由于蒸汽电解的不可逆性，这种对蒸汽电解的电能需求在运行中增加。在低极化状态下，电功不足以用于蒸汽电解，因此，总能量需求的一部分是以热量的形式提供。相反，在高极化状态下，电力供应超过了水分解所需的能量。在这种情况下，只有一部分电功用于蒸汽电解，另一部分作为热量散发。

　　吸热和放热操作模式：电解过程导致系统熵 ΔS 的变化。电解槽的整体能量平衡如下：

$$\Delta Q = T\Delta S = \frac{i}{2F}\Delta H_{H_2O} + U \times i \qquad (6.64)$$

热源 = 蒸汽分解焓（>0）+ 电功（<0）

系统熵的整体变化伴随着热源可以是吸热的，也可以是放热的。如果放热，热量会释放到电解槽中（$\Delta Q < 0$），并且必须从电解槽中排出。如果是吸热的，热量会被电池吸收（$\Delta Q > 0$）并且必须被带到电解槽。

当在电池极化过程中施加电流密度（$i < 0$）时，热状态将从低小室电压下的吸热区域转变为高小室电压下的放热区域。

实际上，在电解槽高度极化的情况下（$|i| \gg 0$ 和 $|\eta| \gg 0$），其绝对值高于蒸汽电解所需的焓：$\dfrac{i}{2F}\Delta H_{H_2O} < |U \times i|$。换句话说，与不可逆性相关的熵项高于蒸汽还原的吸热性质。由此产生的热源是放热的（$\Delta Q < 0$）并会导致电池升温。

相反，在低电池极化（$|i| \to 0$ 和 $|\eta| \to 0$）下，电功的绝对值低于蒸汽电解所需的焓：$\dfrac{i}{2F}\Delta H_{H_2O} > |U \times i|$。在这种情况下，由于蒸汽减少，不可逆性释放的能量低于热沉。由此产生的热源（$\Delta Q > 0$）是吸热的，会导致电池冷却。

在这两种状态之间，"热中性"状态（$\Delta Q = 0$）被定义为水分解焓，等于提供的电功：$\dfrac{i}{2F}\Delta H_{H_2O} = |U^{\Delta Q=0} \times i|$。在这种情况下，由于不可逆性而放出的热量被蒸汽电解反应所需的焓完全抵消。人们可能会注意到，"热中性"条件与电流密度无关，并在以下定义的给定小室电压下满足：$U^{\Delta Q=0} = \dfrac{\Delta H_{H_2O}(T)}{2F}$。例如，在 $T = 800\ ℃$ 时，热中性电压为 $U^{\Delta Q=0} \approx 1.28V$。

电解槽温度： 预计蒸汽电解的热状态将对 SOEC 温度产生较大的影响。然而，值得注意的是，电池温度水平也很大程度上取决于系统设计和相关的热边界条件。例如，当考虑在试验台上运行单个电池时，SOEC 加热（或冷却）将通过控制炉温来缓解。在这种情况下，可以大致假定电解槽在等温条件下运行（温度由熔炉控制设定点施加）。

现在我们考虑由两个互连板之间夹住的单元构成的基本单元。如果装置位于电堆的中心部分，则可以认为锁紧方向上的热流可以忽略不计。因此，可以在连接两个相邻基本单元的表面上存在绝热条件（图 6.16a）。然后，热边界条件由引入电解槽的气体温度和电堆绝缘外壳的温度给出（图 6.16a）。

1）首先，热量可以通过阳极和阴极气流排出（或带入）。这相当于沿气体通道分布发生的对流换热。

2）此外，由于 SOEC 运行的高温，辐射是两个固体表面之间的主要传热方式。因此，热量也可以通过电解槽边缘（即电堆轮廓定义的自由表面）和电堆绝缘外壳壁之间的辐射热交换进行传递（图 6.16a）。

如图 6.16b 所示，在典型平面 SOEC 电堆中心部分计算的温度与电流密度和小室电压的关系图。为了计算，电解槽中引入的气体温度和电堆外壳的温度应该控制并保持在800℃。正如预期的那样，当电池在热中性电压（1.28V）下运行时，电池温度约为800℃。低于该电压，吸热槽会导致电池冷却。然而，可以注意到，在这种热状态下，温度下降仍然相当低。相反，一旦电压超过热中性电压，就会发现温度急剧升高。换句话说，放热操作模式下的电堆加热远高于单电池环境下的加热。

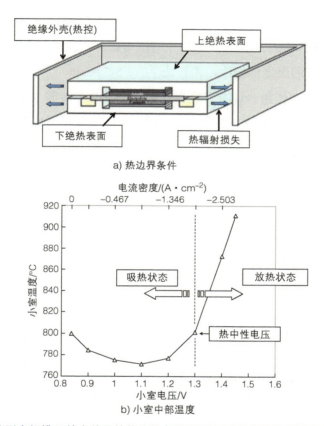

a) 热边界条件

b) 小室中部温度

图 6.16 典型电解槽组基本单元的热边界条件和取自阴极支撑的电解槽中部的温度随着电流密度和小室电压的变化曲线，电解槽和进气温度固定为 800℃

6.3.3.2 电池温度对极化曲线的影响

温度改变可能会对电池性能产生很大影响。事实上，蒸汽电解所涉及的大多数过程都与温度有关。作为一般规则，必须牢记温度的任何升高都伴随着电池性能的提高。

温度对电解质电导率的作用： 固体电解质的离子电导率，表现出热活化的物理性质。一般来说，当温度升高时，SOEC 电解质电阻会显著降低。常用 8YSZ 电解质的电特性已得到广泛研究，并表现出强烈的温度依赖性。尽管如此，该材料的报告值在公开文献中呈现出很大的分散性。事实上，固态电解质的离子电导率是一种物理性质，它在很大程度上取决于材料的微观结构，以及随后的电解质制造条件。尽管如此，值得强调的是，离子电导率的热演化可以用阿累尼乌斯定律的形式表示，该定律具有与温度成反比的指数前因子：

$$\sigma_{io}^{electrolyte} = \frac{\sigma_0}{T} \times \exp\left(\frac{-E_{\sigma_{io}}}{RT}\right) \tag{6.65}$$

式中，$E_{\sigma_{io}}$ 是指氧离子迁移率的活化能。对于 8YSZ 电解质，在 SOEC 工作温度范围内必须考虑 $83kJ \cdot mol^{-1}$ 数量级的活化能。温度从 800℃ 增加到 850℃ 会导致电导率提高 51%。离子电导率的增加直接降低了电池极化曲线中的欧姆损耗，参见第 6.3.1.2 节中的式（6.5）。这构成了解释了 SOEC 的温度依赖性，尤其是厚的 ESC 设计。

温度在基本反应中的作用：涉及反应机理的大多数基本步骤也是热活化的。因此，电荷转移的动力学常数通过修正的阿累尼乌斯定律表示，该定律明确考虑了指数前因子的温度依赖性：

$$k_{red} \text{ 和 } k_{ox} \propto \left(\frac{T}{T_0}\right)^{\beta} \times e^{\frac{-\Delta H_{ox}}{RT}} \tag{6.66}$$

式中，T_0 是参考温度；β 是温度指数（在实践中取 1 或 0）。值得注意的是，电荷转移的动力学通常呈现出高活化能，对于 Ni-YSZ 金属陶瓷中的蒸汽还原，其活化能在约为 $200kJ \cdot mol^{-1}$，在 LSM-YSZ 复合材料中生成 O_2 的活化能约 $294kJ \cdot mol^{-1}$。

此外，气体分子在材料表面的吸附或脱附也可能是一个热活化过程，其动力学常数遵循与前一个相同的表达式。举例来说，文献报道了在镍催化剂上蒸汽脱附 $H_2O - s_{Ni} \longrightarrow H_2O(g) + s_{Ni}$ 的活化能为 $60 \sim 63kJ \cdot mol^{-1}$；氢的脱附 $2H - s_{Ni} \longrightarrow H_2(g) + 2s_{Ni}$ 活化能在 $80 \sim 100kJ \cdot mol^{-1}$ 的范围内。这些报告值是测量 H_2 分子在单 Ni 晶体表面上的吸附，即

Ni（1 1 1）和 Ni（1 0 0）平面上的 $E_a = 95 \sim 96kJ \cdot mol^{-1}$，以及在 Ni（1 1 0）平面上的 $E_a = 89kJ \cdot mol^{-1}$。与吸附不同，值得一提的是，氢在镍表面上的离解吸附没有势垒能。

最后，可以注意到吸附原子在活性位点上的表面扩散也是一个热活化过程。事实上，吸附物质的运动必须克服能量障碍才能从一个位置跳到另一个位置。然而，值得一提的是，人们对这种传质模式仍然知之甚少（即使它可能构成 TPBs 的一个关键过程）。因此，关于 SOEC 材料的表面扩散系数的文献数据很少，并且通常依赖于密度泛函理论（DFT）模拟来确定活化能，总结了吸附在 Ni 或 YSZ 表面的物质的扩散系数。例如，据报道，氢原子在 Ni 上扩散的活化能范围为 $11 \sim 19kJ \cdot mol^{-1}$，而在 YSZ 上吸附水的活化能为 $55kJ \cdot mol^{-1}$。

温度在整体电化学过程中的作用：FL 中发生的整体电化学反应受基本反应顺序控制，

但也受离子导体主体中氧离子传输的控制。由于所有这些现象都是热活化的，因此产生的电极交换电流密度可以用阿累尼乌斯（Arrhenius）定律表示：

$$i_0 = i_{00} \times e^{\frac{-E_a}{RT}} \qquad (6.67)$$

整体电极活化能 E_a 包括电化学反应路径的势垒和离子氧电导率的贡献。据报道，对于典型的 Ni-8YSZ 金属陶瓷，活化能为 120kJ·mol⁻¹。它结合了对 O²⁻ 传导的贡献（约 83kJ·mol⁻¹）和顺序基本反应的最高能垒的贡献（约 200kJ·mol⁻¹ 的电荷转移）。因此，电池温度会从 800℃ 升高到 850℃，使 Ni-8YSZ 的交换电流密度从 530mA·cm⁻² 的典型值显著增加到 965mA·cm⁻²。

随着两个电极交换电流密度的温度升高，相应的活化过电位降低，参见第 6.3.1.3 节中的式（6.16）。这种电极极化温度的降低明显导致电池性能的显著提高。特别是 CSC 的设计，电极活化过电位是对整体电池极化的起主要作用（因为欧姆损耗较低：见图 6.6 中的分解）。

温度在气体输送中的作用：值得一提的是，气体通过多孔电极的传输不是一个热激活过程。相反，气体扩散率对温度的依赖性很弱。因此，任何合理的 SOEC 温度升高都不会显著促进气体在电极上的传输。

事实上，如式（6.61）所示，努森系数与温度的平方根成正比：$D_{i,k}^{bulk} \propto \sqrt{T}$。二元扩散系数在 $T^{3/2}$ 或 $T^{1.75}$ 中表现出温度依赖性（根据 Boltzmann 方程的 Chapman-Enskogg 程序或 Fuller 理论的解）。

查普曼 - 恩斯科格（Chapman-Enskogg）模型：

$$D_{i,j} = \frac{0.0018583\sqrt{1/M_i + 1/M_j}}{P_T \Omega \sigma_{i,j}^2} \times T^{3/2} \qquad (6.68a)$$

富勒（Fuller）模型：

$$D_{i,j} = \frac{0.00143}{P_T(V_i^{1/3} + V_j^{1/3})^2 \sqrt{\dfrac{2}{1/M_i + 1/M_j}}} \times T^{1.75} \qquad (6.68b)$$

式中，Ω 表示碰撞积分（无量纲）；$\sigma_{i,j}$ 为平均碰撞直径（单位为 Å，1Å = 0.1nm）；V_i 表示摩尔扩散体积。值得注意的是，从 Chapman–Enskogg 和 Fuller 表达式推导出的扩散率值在 SOEC 操作的温度范围内非常相似，从实用角度来看，这两种模型可以无差别地使用。

Knudsen 的热行为和分子气体扩散率意味着相关的浓度过电位（见第 6.3.1.3 节）不受

温度的显著影响。换言之，由于通过电极的传质限制，电解槽的任何合理温度改变都不会改变电池极化损失。

温度对电池性能的影响：本节旨在深入了解温度变化对电解槽整体性能的影响。为此，在 $T = 800℃$ 的等温条件下，计算了典型电池的极化曲线。由此产生的 U-i 曲线如图 6.17 所示，并与考虑图 6.16a 所示的电堆热边界条件得到的曲线进行比较。在这种情况下，只有气体入口和电堆外壳的温度是固定的（在本例中为 800℃）。在极化过程中，电池温度可以自由变化，得到的温度分布如图 6.16b 所示。

在热中性电压下，也就是在吸热工作模式下，电堆中的电池温度降至 800℃ 以下（图 6.16b）。如图 6.17 所示，与等温情况相比，电解槽冷却会导致额外的电压损失，从而导致电解槽性能的整体恶化。在 $i = 0.5A \cdot cm^{-2}$ 时，温度下降大致等于约 29℃（图 6.16b），使小室电压下降约 50mV。如前所述，这种热效应必须归因于电解质欧姆电阻和电极活化过电位对温度的依赖性。

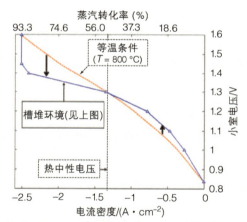

Ni-8YSZ//8YSZ//LSM-8YSZ，$T = 800℃$，$R_C = 5 \times 10^{-2} \Omega \cdot cm^2$，阳极侧进空气，阴极侧入口气体成分：90%$H_2O$ + 10%H_2，电极微观结构之间，支撑阴极厚度 1mm，电解质厚度 10μm，阳极厚度 40μm，连接厚度 10mm

图 6.17　计算阴极支撑电池的极化曲线，考虑 800℃ 等温条件或图 6.16（电解槽环境）中给出的热边界条件和小室温度

在热中性电压下，两条极化曲线相交（图 6.17），因为在这两种情况下，电池温度都等于 800℃；高于热中性电压，急剧的温度升高导致电池极化损耗显著降低。然而，在高蒸汽转化率下，根据电堆环境假设计算的极化曲线达到了一个极限电流密度，使得电池性能在这两种情况下变得越来越相似。这种操作条件意味着电流密度受电化学活性位点蒸汽不足引起的极化损耗的限制。这是两个因素共同作用的结果：由于传质限制导致的阴极浓度过电位和与高蒸汽转化率相关的"可逆"极化（参见第 6.3.1.3 节）。必须记住，前一种现象不是热激活的，而"可逆"极化本质上与温度无关。因此，极限电流密度的出现不受温度的显著影响。

6.3.4 总结

如本节所述，HTSE 的运行电力需求随着电流密度和相关产氢速率的增加而增加。整体电解槽效率的损失来自于不同的现象。首先，气体转化发生在整个电池中，并导致小室电压升高。如果蒸汽完全转化为氢气，这种增加会导致极限电流密度。除了这种"可逆极化"之外，在运行中还会出现一些不可逆损耗，并伴随着电力需求的增加。它们分为三个贡献：欧姆极化、活化和浓度过电位。欧姆极化源于电解质的离子电阻，在较小程度上源于电极的电阻率。因此，对于厚 ESC 设计，欧姆损耗占主导地位。在这个框架中，CSC 几何结构被设计成通过制造更薄的电解质来减少欧姆极化。

浓度过电位是由于气体难以通过多孔电极扩散而引起的。在氢气和蒸汽的环境下，这些贡献通常很低。然而，如果 CSC 在高电流密度下工作，它们可能会导致较大的过电位。

活化过电位对应于触发电化学反应所需的补充能量势垒。除了浓度过电位中已经考虑的气体扩散限制，活化过电位还包括所有阻碍电化学反应速率的现象。这些现象与控制整体反应的潜在局部机制有关。在这方面，活化过电位在很大程度上取决于材料的性质和电化学过程的速率决定步骤。目前，理解蒸汽电解中的基本反应途径是提高电池效率和耐久性的重要问题。

此外，电极微观结构在电池性能中也起着重要作用。事实上，电极微观结构特性是直接影响气体扩散和材料电化学活性的关键参数。从这个角度来看，电解模式下电池微观结构的优化是 SOEC 进一步发展的战略轴心。

最后，欧姆极化和活化过电位是热活化过程，因此电池的电化学性能高度依赖于温度。此外，SOEC 操作根据极化情况呈现三种热状态：吸热、热中性或放热。电池的这种固有的热行为可能会导致管理电解槽温度的一些技术困难（见第 6.4.3 节）。

6.4 性能和耐久性

如前所述，HTSE 的成熟度低于 SOFC。然而，世界各地的几个团队正在进行实验，以评估这项技术在性能和耐久性方面的潜力。考虑了几种尺度，首先，在单电池水平上进行实验，电池可以是纽扣电池（几平方厘米的有效面积）或更大的电池（约 $100cm^2$ 的有效面积）。这种类型的测试通常在带有陶瓷外壳和执行网格 CC 的测试台上进行，以确定电池的固有特性。其次，测试在单个重复单元水平进行测试，电池尺寸约为 $100cm^2$，但在具有代表性的电堆环境中进行，也就是说使用互连和密封。最后，进行电堆级进行测试，通常使用几个电池（3～5个电池），但最近使用更多的电池（10个以上，一些测试使用60个单元电堆）。最后一种类型的测试允许验证技术的扩展。必须注意的是，对于更大的功率，电堆的大小不会无限增加，而是考虑了具有多个电堆的模块布置。最后，只进行了少量的系统级测试。

本节将介绍不同测试规模下的性能和耐久性结果。

6.4.1　性能

图6.18显示了与其他水电解技术（碱性和聚合物电解质膜（PEM）水电解）相比，HTSE技术获得的典型 i-V 曲线范围。从图6.18可以看出，与其他技术相比，HTSE典型电压更低，这与分解蒸汽分子所需的能量低于分裂蒸汽分子所需的能量这一事实直接相关，具有较低的超电势。因此，HTSE的功耗（电压 V 与电流 I 的乘积）将更低，从而提高效率。此外，图6.18中以电流密度（电流除以有效面积）表示的电流通过法拉第定律 $Q_{H_2} = I/2F$ 与制氢直接相关，Q_{H_2} 是产生氢气的流速，I 是电流，F 是法拉第常数。因此，电流（或电流密度）越高，产氢量就越大。图6.18表明，HTSE是一种提高制氢速率的有效方法。由于高产氢率和低电压，资本支出（CAPEX）和运营支出（OPEX）都很有前景。

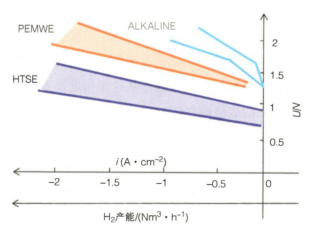

图6.18　与其他水电解技术（碱性水电解和 PEM 水电解）相比，HTSE 技术获得的 i-V 曲线代表的典型性能范围

电池或电池组的性能取决于所考虑的电池设计。如第3.2节所述，ESC和CSC是考虑的两种主要设计，它们的主要区别在于电解质厚度，这是造成主要欧姆损耗的原因。

因此，在相同温度下，预计ESC的性能将远低于相同温度下的CSC；这就是通常ESC在较高温度下运行的原因。一般来说，标准ESC在800℃时，在1.3V时达到 $-0.5A \cdot cm^{-2}$ 的最大电流密度，在850℃时在1.3V时可以达到 $-0.6A \cdot cm^{-2}$。只有针对低温操作的高级 ESC 才能达到更高的性能，如图 6.19a 所示。事实上，由于 LSC 氧电极等针对低温操作定制的材料，在 800℃ 和 1.3V 时，电流密度可达到 $-0.6A \cdot cm^{-2}$。

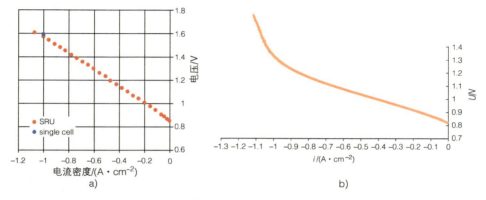

图 6.19　ESC 在 800℃，氢侧 90%H₂O/10%H₂，氧侧空气的
工作条件下的极化曲线和 CSC 在工况条件下的极化曲线

相反，CSC 提高了性能。Hauch 等人用 LSM 氧电极在 850℃ 下，性能为 $1A \cdot cm^{-2}$@1.3V。在 800℃ 下，使用 LSCF 氧电极也可实现相同的电流密度。使用先进的 CSC 在 800℃ 的热中性电压下可以实现高达 $2A \cdot cm^{-2}$ 甚至更高的电流密度，主要区别在于使用 LSC 氧电极（图 6.20）。

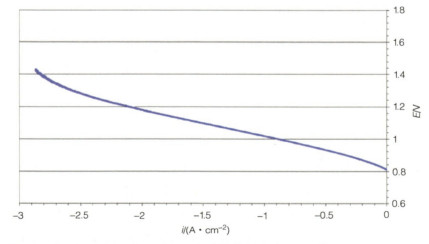

图 6.20　由 Ni-YSZ/YSZ/GDC/LSC 组成的高级 CSC 在 800℃、90%H₂O/10%H₂
中测试的 i-V 曲线；在 2.5A $\cdot cm^{-2}$ 的电流密度下，蒸汽转换率 SC = 68%

此外，必须指出的是，不同结果之间的直接比较是非常困难的，因为实验条件差异很大，试验台不同，操作参数也不同，主要是温度、气体成分和气体流速，这些参数预计将对性能起主要作用。

电堆级别的性能较少。大多数已发表的结果都涉及 3～6 个单元格的电堆。O'Brien

报告了在 800℃ 的热中性电压以下，在 −0.4A·cm⁻² 范围内，10 个电池叠加的电堆的性能。Ebbesen 报告了一个 6 单元电堆的结果，在 850℃ 下，在热中性电压下，性能最差的为 −0.25A·cm⁻²，而其他电池在 −0.5A·cm⁻² 以上。Diethelm 报告了 6 单元电堆在 700℃ 的热中性电压下的电流密度在 −0.52 ~ −0.32A·cm⁻² 之间。Petitjean 强调了 5 单元电堆在 800℃ 的热中性电压下高于 −1A·cm⁻² 的性能。Ebbesen 报告了 6 单元电堆级别的性能结果。在 850℃ 时，含有 6 个 Ni-YSZ /YSZ/ LSM-YSZCSC 薄膜的电流密度约为 −0.25A·cm⁻²，在 1.3V 时，最佳电池的电流密度在 −0.6A·cm⁻² 以上。

在大多数结果中，可以注意到电堆的不同单元的测试数据有一定的发散。只有很少的论文报告了不同电池之间数据发散性很小的电堆测试结果。Reytier 报告在 800℃ 的热中性电压下的性能为 −1.9A·cm⁻²，如图 6.21 所示，短电池组的三个电池的数据不发散。

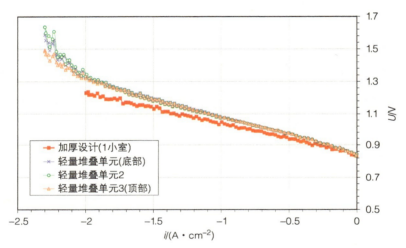

图 6.21 两种设计在 800℃、90% 体积分数时的性能比较。氢侧为 H_2O + 10vol% H_2，氧侧为空气，对于低重量电解堆，在 i = −2A·cm⁻² 时 SC = 85%，对于厚且坚固的电解堆，在 i = −2A·cm⁻² 时 SC = 54%

如前所述，单电池测试的目的主要是了解电池的内在行为。因此，比较单电池和电堆结果很有趣的，尽管这并不总是容易的，因为实验条件可能会有所不同。然而，当可以做到这一点时，结果往往表明，电堆性能通常低于单电池性能，甚至低于 SRU 性能。正如 Petitjean 等人和 Reytier 等人所报告的那样，只有几篇论文将电堆性能与相同条件下的单电池性能进行了比较。图 6.22 展示了在相同测试条件下单节电池、SRU 和 5 个电池组的比较。可以看到，在这三种情况下获得的 i-V 曲线几乎是叠加的，这表明电堆设计相当优化。图 6.21 展示了另一个电堆上的相同陈述，并将 3 单元电堆与 SRU 进行了比较，该电堆的性能稍差。

大型电堆的测试要少得多。我们可以引用 INL 在美国对多个电池组进行的测试，包括 60 个电池组的大电池组和多个电池组的模块，总共有 720 个电池组，功率为 15kW。就公布的结果而言，这个是已知的最大的测试。虽然没有报告性能结果，但报告了氢气产量，相当于 $5.7Nm^3 \cdot h^{-1}$，对于整个系统，给人的印象是性能相当低。2012 年，同一团队报告了一个 4kW 的电池组的研究结果，该电池组由两组 40 个电池组成，在热中性电压下电流密度为 $-0.4A \cdot cm^{-2}$。

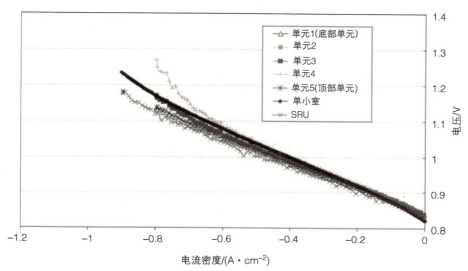

图 6.22　单电解小室、SRU 和五小室堆的 *i-V* 曲线，800℃，
90% 体积分数 H_2O + 10% 体积分数 H_2，SC = 50%，*i* = 0.8A · cm⁻²

Li 等人报告了 30 单元电堆的最新结果。在 800℃的热中性电压下，并在由 Ni-YSZ / YSZ/LSM 构成的薄膜下，可实现略高于 $0.2A \cdot cm^{-2}$ 的平均电流密度。

Reytier 等人报告了 10 个电池组的性能，其性能超过 $-1.2A \cdot cm^{-2}$，在 800℃的热中性电压下以及最近在 10 单元和 25 单元电堆规模上的其他结果（图 6.23）。从图中可以看出，在 800℃温度下，两种尺寸的堆叠均实现了高于 $-1.6A \cdot cm^{-2}$ 以上的性能表现，并使电池之间的散射较低。

最后，我们可以强调，在文献中，性能通常是通过 *i-V* 曲线根据电流密度来限定的。然而，另一个重要的参数是氢出口流速。事实上，如果电堆气密性不好，通过电堆的电流产生的氢气（和氧气）就不能在排气管中回收，因此电解槽的效率较低。氢气（和氧气）出口流量的测量是最重要的，只有少数论文考虑了这个参数。例如，Mougin 等人的研究结果表明，在电堆完全气密性时，在假设效率为 100% 的情况下，从出口测得的氢气流量完全等于法拉第定律计算出的氢气流量。

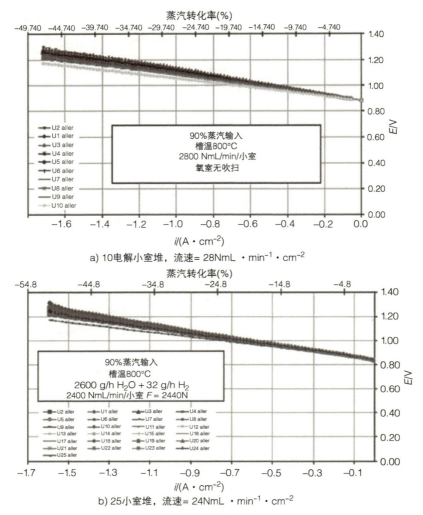

a) 10电解小室堆，流速= 28NmL · min⁻¹ · cm⁻²

b) 25小室堆，流速= 24NmL · min⁻¹ · cm⁻²

图 6.23　在 800℃下，在 90% H$_2$O + 10%H$_2$ 中的 i-V 曲线

6.4.2　耐久性

进行前面提到的性能测量的团队经常进行耐久性测试。以不同的规模（单电池、SRU 或电堆）报告了从几百小时到 9000h 的测量结果。至于性能结果，在所有可用数据之间进行直接比较是困难的，因为不同测试的操作参数可能不同。

此外，耐久性试验得出的衰减率可以用不同的方式表示，可以用表示一个参数（电压或电流）随时间变化的耐久性曲线，也可以用耐久性试验前后的 i-V 曲线。如果测试在固定电流下进行，则单位为 mV · h⁻¹ 或 mV/1000h；如果测试在固定电压下进行，则单位为 mA · h⁻¹ 或 mA/1000h；如果测试结果取自 i-V 曲线，则单位为 mΩ · cm² · h⁻¹ 或 mΩ · cm²/1000h。这些衰减率除以初始值都可以转换为 %/h 或 %/1000h 的衰减率。如果所

有值均以 %/1000h 表示，则可以对它们进行比较，但这种比较可能是危险的，因为不同参数随时间的演变本质上并不相似。此外，在大多数情况下衰减随时间的变化不是线性的，以 %/1000 h 为单位的表达式表示近似值。尽管如此，还是可以说明一些趋势。

在本节的第一部分，我们将考虑静态耐久性测试，也就是说，在整个过程的操作参数是固定的测试，即使在某些情况下，测试台或实验室中的一些不受控制的事件会导致无意的瞬态操作（负载循环、关机等）。

首先，HTSE 的衰减率似乎高于 SOFC。事实上，当 SOFC 中的衰减率低于 1%/1000h 时，即使是在堆叠水平上，HTSE 研究报告的衰减率也高于 2%/1000h。

图 6.24 显示了 Schefold 在 CSC 上获得的超过 9000h 的耐久性曲线。在 5600h 的第一个固定耐久期内，相应的衰减率介于 2.4%/1000h 和 1.7%/1000h 之间，并有随时间的推移减少的趋势。

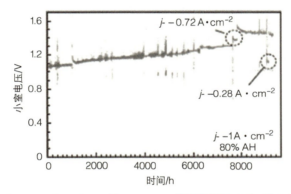

图 6.24　在第一个 5600h 内，在 780℃、1A·cm⁻² 下测试的 CSC 的电压随时间的演变，相应的蒸汽转换率为 36%，之后电流密度降低

最近，有报道称某些衰减率低于 1%/1000h，但它们通常对应于电堆中的最佳电池和 / 或在温和的测试条件下获得（主要是低电流密度）。例如，Fu 等人报告了 6 个电池组中最佳电池的衰减率为 0.4%/1000h，而其他电池的衰减率约为 2%/1000h，测试在以下条件下进行：700℃，-0.6A·cm^{-2}。此外，在电池组中多次观察到小室电压的一些强烈不稳定性，这使得任何降解衰减率的测量都很困难。阮等人报告了在 $0.3 \sim 0.875\text{A·cm}^{-2}$ 之间运行 9000h 的 2 单元短堆的耐久性测试。在整个 9000h 的测试期间，平均衰减率约为 1.5%/1000h。

表 6.4 以一种非详尽的方式总结了从文献中获得的一些耐久性结果，而且作者并未以衰减率 %/1000h 来表示一些耐久性结果。它强调了测试条件可能因一项测试而异，可能正因为如此，关于测试类型（电池或电堆）和不同操作参数（温度、电流密度或蒸汽）的影响没有明确的趋势转换率，可以很容易地说明。只有少数几个参数研究，改变一个参

数（T、i 或 SC），而另一个参数保持不变，这些研究往往表明，温度、电流密度和蒸汽转化的增加是有害的（电流密度和 SC 的影响见图 6.25）。然而，为了阐明运行参数对耐久性的影响，并了解相关的衰减机制，需要进行更系统的研究，如过去几年在 SOFC 中所做的研究。

表 6.4　文献中报告的一些耐久性试验结果总结

测试类型	温度 /℃	测试时长 /h	操作点 （i/A·cm^{-2} 或 U/V）	蒸汽转化率 SC（%）	降解速度 （%/1000h）	参考文献
CSC	850	1316	-0.5A·cm^{-2}	28	2	[129]
CSC	850	800	-0.5A·cm^{-2}	70	5	[130]
CSC	750	1000	-0.5A·cm^{-2}	—	1.7	[131]
CSC	780	9000	-1A·cm^{-2}	36	3.8	[126]
CSC	800	1000	-0.5A·cm^{-2}	17，34，69，83	6.0～14.4，随SCC升高	[115]
ESC SRU	8000	4000	-0.4A·cm^{-2} -0.6A·cm^{-2} -0.8A·cm^{-2}	25， 37.5 50	1.6 2.4 2.7	[112]
MSC	800	2000	-0.3A·cm^{-2}	—	3.3	[132]
CSC and SRU	800	1000	-0.5A·cm^{-2}	25	6	[112]
CSC SRU	700	700	-0.5A·cm^{-2}	32	1.8	[133]
6-CSC 堆	650	1160	-0.26A·cm^{-2}	50	0.4～5.1	[117]
5-CSC 堆	800	2700	-0.5A·cm^{-2}	25	7～13	[26]
3-CSC 堆	700	700	-1A·cm^{-2}	40	1.9～3.6	[119]
10-ESC 堆	800	2500	1.29V/cell	—	8.15	[111]
5-CSC 堆	850	2651	$-0.4\sim-0.6$A·cm^{-2}	39～58	～3	[124]
5-ESC 堆	850	4050	-0.4	39	～5	[124]
5-CSC 堆	850	3250	$-0.8\sim-1$A·cm^{-2}	52	～4～5	[124]

6.4.3　电堆电化学和热管理

如前文所述，根据电压的不同，电堆可以采用几种热模式：吸热模式、热中性模式或放热模式。

根据热状态，电堆的理论效率是不同的。事实上，在热中性电压下，电解反应所需的热量正好由欧姆损耗（焦耳热）补偿，从而使电效率达到100%。在放热模式下，电压高于热中性电压，因此，热量需求完全由过量的焦耳热来满足。多余的热量以热能的形式散发到环境中，尤其是反应气体中，会导致温度升高。因此，电效率降低到100%以下。最后，在吸热模式下，小室电压低于热中性电压，反应所需的热量仅部分被焦耳热覆盖。因此，必须从外部提供一些热量。得注意的是，如果有高于 HTSE 工作温度的高温源，则电效率可能高于 100%。

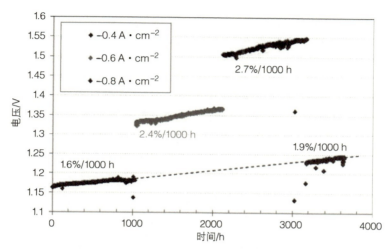

图 6.25 在 800℃和恒定流速下，针对三个电流密度值，在 SRU 中测试的 CSC 的电池电压随时间的演变，蒸汽转化率的三个值分别为：0.4A·cm⁻²，SC = 25%；0.6A·cm⁻²，SC = 37.5%；0.8A·cm⁻²，SC = 50%

通常，由于以下几个原因，电堆不会在放热模式下运行：①最大化提高电效率；②避免强烈加热（见图 6.13）；③尽量减少衰减，预计在这种操作模式下会更高。接近热中性电压的操作还具有使热管理更容易的优点。

由于 Laurencin 等人开发的 HTSE 模型，在给定的操作条件（T、阳极和阴极气体流量）下，可以绘制出氢气产出率与电池/堆电压之间的关系。图 6.26 给出了堆内电池中间的温度（图 6.26a）、产氢速率（图 6.26b）和电效率（即氢的能量含量与产生它的电能的比率）的模拟图。在图 6.26a 中，温度升高可能对电池/电堆完整性造成危险的区域以红色突出显示，可被视为禁止区域。我们在图 6.26b 和 c 中看到，它对应于产氢速率最高，但效率较低。这些图中可以看出，将 HTSE 运行在接近热中性电压的位置确实代表了热管理、产氢速率和电力效率之间的良好折中（见图 6.26b 中的绿色圆圈）。

此时，与前面的实验结果一致，在 1.3V 时电流密度约为 −1.5A·cm⁻²，可以计算出 96% 的低热值（LHV）的电效率（考虑"自由"热源）。相比之下，碱性和 PEM 水电解的效率分别为 62% 和 68%。

在系统级别，预计电气转换器和热辅助设备都会有一些损失。考虑到所有情况下 8% 的损失，HTSE 的效率等于 89%，碱性电解为 58%，PEM 水电解为 63%。这些数值与碱性和 PEM 电解槽制造商所声称的数值一致，也与 Ni 等人的计算结果一致。对于 HTSE，目前还没有真正的生产和测试，但预期效率会显著提高，并且应该得到证明。

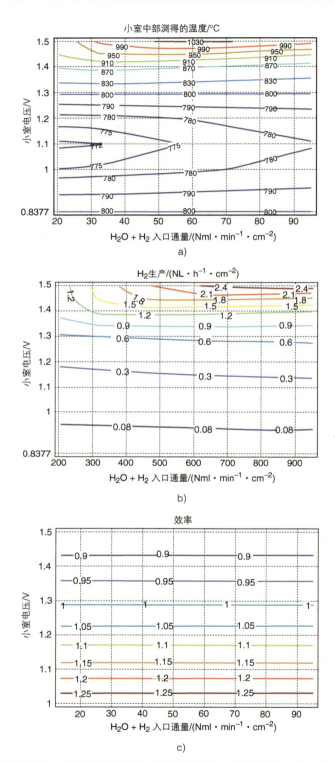

图 6.26　堆内电池中间的温度、氢产生速率和电效率的模拟图，模拟条件：90% H_2 电极上为 H_2O + 10% H_2，氧气电极上为空气，两个电极上的气体流速相同，气体入口和热轴温度固定在 800℃

6.5 限制和挑战

前面几节已经说明了 HTSE 提高了性能和效率，以及耐久性。

然而，很明显，要达到像该技术的目标那样的长时间作业（超过 25000h），衰减率仍然是一个问题。此外，如前所述，已经在电池和短电池组水平上进行了大量研究，只有几项在电池组水平上进行，电池组为 5~25 个，对于更大的电池组研究很少，而系统开发才刚刚开始。因此，该技术的成熟度远低于碱性和 PEM 水电解技术，系统集成还需要进一步的工作。在本节中，将讨论这两个主题，首先讨论需要解决的衰减问题，然后讨论系统集成以及相关的经济考虑。

6.5.1 衰减问题

HTSE 运行过程中遇到的衰减问题可以分为两类：第一类是稳态运行期间出现的现象，第二类是循环期间出现的现象。本节将简要介绍这两种情况。在 HTSE 模式下的稳态运行期间，电池和其他电堆组件会出现衰减现象。与 SOFC 相比，关于 SOEC 衰减的研究较少。一般来说，可以认为 SOEC 模式下的衰减现象与 SOFC 模式下的衰减现象非常接近，尽管存在一些特殊性，并且 SOEC 中的衰减率高于第 3.3 节中提到的 SOFC。

图 6.27 给出了在单元和电堆组件级别可能遇到的不同衰减现象的概述，从图中可以看出，大多数衰减问题与热活化的化学、物理化学或电化学现象有关。但其他一些与机械现象有关，可能部分与先前的化学 / 物理化学现象有关。

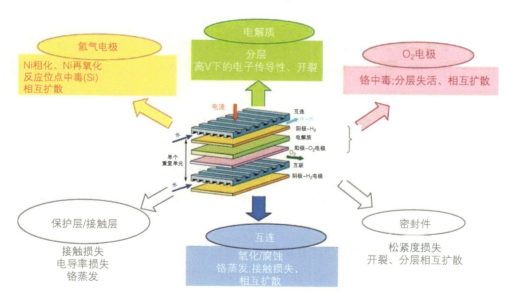

图 6.27 可能发生在单元和电堆组件层面的不同衰减现象示意图

此处的目的不是描述其他地方详述的所有衰减机制，本文仅简要介绍 HTSE 运行的主要机制。

关于氢电极（Ni-YSZ 金属陶瓷），我们可以特别引用其微观结构的变化，例如 Ni 粗化。与 SOFC 运行相比，SOEC 运行中的高蒸汽含量被认为是一个加速因素，这至少可以部分解释 SOEC 模式下较高的衰减率。在氧电极方面，经常报道 LSCF 钙钛矿的分解及分层。在 SOEC 模式下，后一种现象与该电极上氧的形成有关，而 SOFC 中不存在氧气。电解质不稳定也是一个关键问题。

在互连方面，SOEC 模式下的氧化剂气氛比 SOFC 模式下的氧化剂气氛更多，由于氧气的形成，使得氧化现象更加严重，对有效保护的要求也更加关键。

最后，可能需要注意的是，一个组件上发生的衰减现象可能会影响其他组件，例如从互连中蒸发的铬会引起氧电极的铬中毒，或密封部件可能会加剧互连的腐蚀或毒害电池，或改变 Ni-YSZ 微观结构，甚至可能导致电解质开裂。

必须注意的是，一些衰减机制也可能源于外部原因，如进气污染或辅助系统部件污染。例如，Ebbesen 报告说，阴极气体中的杂质会导致金属陶瓷中毒，有效的气体清洁可以显著降低衰减速率。

因此，解决衰减问题需要在电堆甚至系统级别上进行全局考虑，以考虑各个组件之间的交互。无论如何，需要对衰减机理进行进一步研究，以了解发生了什么，并降低第 3.3 节中报告的衰减率，因为该衰减率仍然太高，无法应用。

循环操作也是衰减的潜在原因。对于 SOFC 而言，SOEC 电堆的热循环是一个薄弱环节。即使预测的运行模式不经常考虑启动和关闭，在系统的整个生命周期内仍需一些热循环，其中一些被编程为定期维护，可能会添加意外的循环，例如由于建筑物或电网关闭。与稳态运行相比，对这些循环相关的衰减现象的研究要少得多。很容易理解，相当刚性的金属互连板和脆性陶瓷电池之间的复杂组装，以及玻璃陶瓷密封剂连接在一起，使得从 700 ~ 800℃到室温的转变相当复杂，热膨胀系数（TEC）更是如此，即使尽可能仔细地选择，也不完全相似。因此，阴极/电解质/阳极也呈现不同的 TEC 值，可以预期在电堆层面以及电池内部的热应力问题。对于 SOFC 堆，已经进行了一些优化设计，以允许热循环。类似的改进预计将有利于 SOEC。在 SOEC 模式下报告的热循环结果很少，但我们可以引用 Mougin 等人的工作，他们在单电池组上报告了三个热循环，在三电池组上报告了一个热循环，对性能或气密性都没有影响。这些热循环现象会影响电池的微观结构，特别是电极的微观结构，以及随着循环而演变的 TEC。需要进一步研究了解其对衰减率的影响。

前面提到的衰减现象发生在不同的尺度上，其中一些是局部的，不容易检测到。因此，在大多数情况下，需要结合经典技术和先进的表征方法。对于微观结构分析，我们可以引用不同的微观技术的组合，例如传统的扫描电子显微镜（SEM）、电子探针显微分析（EPMA）和用于透射电子显微镜（TEM）的聚焦离子束（FIB）制备技术，这允许在多尺度级别进行事后分析。这些互补技术可用于表征大且具有代表性的样品区域（微尺度）以及选定样品细节的纳米级水平的结构和化学变化。对于电极等多孔结构，三维图像分析是表征微观结构的重要工具。然而，所研究的体积必须足够大，才能代表非均质介质。Laurencin 等人开发了一种基于同步辐射 X 射线纳米层析测量的方法，该方法可以获得 SOFC/SOFC 电池的多孔支撑的 3D 重建。该方法已应用于研究典型 Ni-8YSZ 金属陶瓷基体的微观结构，优化了实验条件，计算了 $42\mu m \times 42\mu m \times 105\mu m$ 的三维重建，体素尺寸为 60nm。此外，借助于 X 射线纳米全息层析成像，在大量 Ni-YSZ 金属陶瓷上进行了定量相位对比。对电极 FL 和 ECC 进行了三维表征。X 射线纳米全息层析成像的体素大小为 $25nm \times 25nm \times 25nm$，视场约为 50mm。这种技术是非破坏性的，用于局部层析模式。经过滤波和阈值分割后，三维重构的分割可以精确分离电极各相（金属、陶瓷和孔隙）的网络，给出微观结构的代表性特征。运行期间，除了经典的 i-V 曲线测量或随时间变化的电压或电流监测外，原位诊断通常很有用，尤其是在了解缓慢和逐渐衰减的现象方面。电化学阻抗谱（EIS）是最常用的方法之一，广泛应用于 SOFC 和 SOEC 中，尽管后者的研究较少。此外，SOEC 模式中等效电路的建模和描述可能与 SOFC 模式不同，需要具体研究。我们可以引用 Jensen 等人的研究，他们利用阻抗谱描述了 SOEC 模式下的电池衰减现象。阻抗谱的分析方法已被开发，以促进识别机理。我们可以引用 Ivers-Tiffee 等人为 SOFC 开发的松弛时间分布函数（DRT）方法，该方法可以更有利地用于 SOEC。

6.5.2　系统集成和经济考虑

如第 3.3 节所述，HTSE 的成熟度低于 SOFC。此外，必须注意的是，与 SOFC 提供的小型机组（微型热电联产约 1kW）市场不同，HTSE 市场需要更大的机组。因此，构建一个如此规模的完整系统的挑战更大。就公共信息而言，到目前为止，还没有一个综合系统被设计、建造和运行。我们只能引用美国爱达荷国家实验室的工作，该实验室测试了一个由三个电解模块组成的 15kW 系统，每个模块由四个 60 块电池组成的电堆，每个模块产生 240 块电池，总共 720 块电池，包括热交换器。该设施的峰值氢气产能为 5700NL·h^{-1}。15kW 的系统运行了 1080h，但观察到性能显著下降。

德国和丹麦也在进行一些示范项目也在，规模为几十千瓦，目标是与合成气或燃料生产装置耦合，用于电力到天然气市场。最后，经济方面的考虑也是一个关键点。实际上，HTSE 技术在制氢成本方面必须与低温碱性或 PEM 电解竞争。没有商业系统可用，而且实验室示范装置的成本不能代表这种技术大规模生产时的潜在成本。这就是为什么根据实际性能和耐用性数据进行了一些技术经济评估，但将电堆和系统设计外推到更大的单元，包括对这些单元的大规模生产成本的估计，以更具代表性。

美国的一项研究考虑了 HTSE 制氢装置与超高温核反应堆（VHTR）的耦合，该反应堆向 HTSE 提供电能和热能（用于蒸汽生产和过热以及电解反应的热量）。这项经济分析表明，HTSE 可以以 3.23 美元 /kg 的成本输送氢气（假设内部收益率为 10%，则为氢的 1%）。与低温电解液相比，该氢气成本更低。这甚至与广泛使用的蒸汽甲烷重整（SMR）技术生产氢气的成本相差不远，该技术生产氢气的成本约为 2.50 美元 /kg。

然而，发现这种高温热源并不容易，目前还不存在 VHTR，因此有可能在较低温度下使用热源运行 HTSE 系统，这对于早期的市场渗透是必要的。Rivera Tinoco 等人研究了在较低温度下使用热源的方案，他们证明，中温热能源可以与高温电解过程耦合，而不会产生大的过度成本。

最后，由于短期内无法提供达到数兆瓦功率的高温超导发电厂，而且在可能有兴趣存在热源的地点使用分散制氢的小型装置，因此 Reytier 等人对小型装置进行了成本分析，包括重量较轻的、经过实验验证的电堆设计。基于这些数据，针对 100kg H_2/ 天的生产能力，对 SOEC 系统和低温热源（仅用于蒸汽生成）进行了建模。电解被认为是在 700℃下 13bar 的压力下进行的，蒸汽转化率为 60%。

为了将 SOEC 系统与基于同等市场成熟度的传统水电解技术进行比较，考虑到 100 个系统 / 年的制造规模、30% 的制造成本利润率和 20% 的意外事件，进行了成本分析。计算得出 SOEC 系统的产氢价格：11.2 欧元 · Nm^{-3} · h^{-1}。相比之下，碱性电解为 6.5 欧元 · Nm^{-3} · h^{-1}；PEM 系统为 11 欧元 · Nm^{-3} · h^{-1}。值得注意的是，PEM 目前仅以小批量生产，公布的价格应与较低的生产规模相对应。尽管价格较高，但与传统技术相比，SOEC 系统保持了合理的竞争地位。考虑到电堆在耐久性、性能和设计方面取得的进展，以及大规模生产的影响，该售价可能降至 5 欧元 /h。图 6.28 显示了与碱性和 PEM 电解质相比，SOEC 的氢气平准化成本与电力成本。由图 6.28 可知，SOEC 的能源效率高于其更高的投资，并且在高运行率、更好的摊销以及超过 100 欧元 /MW · h 的电价方面与碱性电池具有竞争力，这与许多欧洲国家有关。此外，先进的 SOEC 显示了正在进行的发展的巨大的潜力。无论电价如何，与 PEM 水电解相比，SOEC 生产的氢气更便宜。

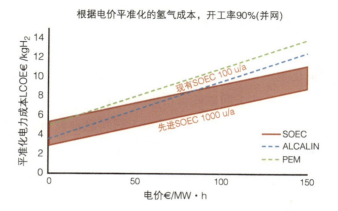

图 6.28　氢气平准化成本与电价对比，**SOEC** 与碱性电解法和质子交换膜电解法的比较

6.6　具体操作模式

6.6.1　加压运行

无论采用何种电解技术，产生的氢气在使用前都需要储存。由于其体积密度较低，需要在 10bar 至几十巴的压力下储存，以便注入天然气管网，并在 350bar 或 700bar 的压力下运输。氢气压缩不容易，并且会消耗氢气中所含的部分能量，从而降低整体工艺效率。相反，液态水的压缩要容易得多，这就是为什么碱性和 PEM 水电解考虑在几巴到几十巴的加压操作，有些尝试超过 100bar。为了与这些技术竞争，并在全球效率上获得一些得分，在压力下运行 HTSE 是一件有趣的事，并且已经开展了一些研究，尽管它们并不多。据报道，在 INL 的工作中，有一个测试站，可以在堆栈水平操作超过 50bar。关于 10 芯堆叠的实验结果已经发表，最高可达 15 条，突出了在压力下操作 HTSE 堆叠的可能性。尽管 OCV 较高，但 *i-V* 曲线的斜率会随着压力的增加而减小，这表明由于在高压下多孔电极中的气体扩散得到改善，因此与高压操作相关的面积比电阻（ASR）值较低。因此，压力具有双重好处，提高了电池／堆的性能和更好的整体工艺效率。丹麦技术大学（DTU）和法国原子能委员会（CEA）也在该领域开展工作。

6.6.2 可逆操作

如第 3.1 节所述，SOEC 与 SOFC 类似，因此本质上可以在两种模式下运行，而其他两种最先进的电解技术，即碱性电解和 PEM 水电解则不同，这两种技术在燃料电池和电解模式中需要不同的催化剂或活性材料。这种特殊性对于可再生能源存储市场的应用尤其有趣。事实上，如第 5 章所述，间歇性可再生能源需要被存储，而氢是一种存储选择，当有多余的电力可用时通过电解产生，需要时用于燃料电池发电。因此，需要一个电解槽和一个燃料电池，两者都只能部分时间运行。可逆系统将是有利的，因为只需购买一个系统，从而最大限度地降低投资成本，此外还可以全天运行，从而最大限度地提高投资回报。

最近开始了一些研究瞬态运行和可逆运行的工作。首先已经证明，瞬态运行（从零电流到规定值的周期，导致电压低于、等于或高于热中性电压）是可能的。

虽然在 SOEC 和 SOFC 模式下绘制的可逆性能曲线（i-V 曲线）很常见，无论是使用相同的气体混合物（通常为 50%H_2O/50%H_2）还是不同的混合物（SOEC 中的蒸汽中的富氢气体和 SOFC 中的氢中的富氢气体），但使用多个 SOEC-SOFC 循环进行的长期试验数量较少。Nguyen 报告了几个长周期，而 Borglum 在 2013 年提出的周期要短得多，更能代表这种可逆操作。在试验持续时间为 900h 的 28 电堆规模下获得的这些结果，证明了在大型电堆规模下的可行性，并表明此类循环不会加速降解。

6.6.3 共电解

由于操作温度高，HTSE 技术也可能电解不同的化合物，而不仅仅是蒸汽。例如，二氧化碳也可以被电解，水和二氧化碳的混合物也可以被电解，产生合成气，也就是 H_2 + CO。根据入口处的 H_2O/CO_2，可以获得出口处的 H_2/CO，这些可能会进一步转化为合成气态（如甲烷）或液态合成燃料（甲醇、二甲醚等）。催化反应器中合成燃料通过电转气概念补充了氢气，用于储存间歇性可再生能源，目前正在引起越来越多的兴趣。

图 6.29 为两种不同的 H_2O/CO_2 比共电解时，25 单元电堆规模下的性能曲线。可以注意到，共电解模式的性能与纯蒸汽电解的性能非常接近，验证了这种操作模式。出口处的气体成分已通过气相显微色谱法测量，结果符合预期。因此，产生的气体的成分可以完全按照以下生产合成燃料的催化反应器的要求进行调整。

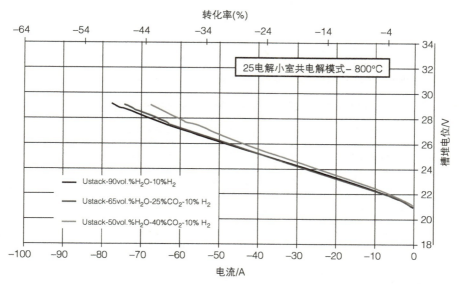

图 6.29 在 800℃ 的纯蒸汽电解和两种 H₂O/CO₂ 比的共电解条件下运行的 25 单元电堆的 *i-V* 曲线

参考文献

1. Atkins, P.W. (2002) *Physical Chemistry*, 5th edn, Oxford University Press, Oxford, p. 331.

2. Laguna-Bercero, M.A. (2012) Recent advances in high temperature electrolysis using solid oxide fuel cells: a review. *J. Power Sources*, **203**, 4–16.

3. Chauveau, F., Mougin, J., Bassat, J.M., Mauvy, F., and Grenier, J.C. (2010) A new anode material for solid oxide electrolyser: the neodymium nickelate Nd 2NiO 4+ δ. *J. Power Sources*, **195**, 744–749.

4. Khedim, H., Nonnet, H., and Méar, F.O. (2012) Development and characterization of glass-ceramic sealants in the (CaO-Al₂O₃-SiO₂-B₂O₃) system for solid oxide electrolyzer cells. *J. Power Sources*, **216**, 227–236.

5. Dey, T., Singdeo, D., Bose, M., Basu, R.N., and Ghosh, P.C. (2013) Study of contact resistance at the electrode-interconnect interfaces in planar type solid oxide fuel cells. *J. Power Sources*, **233**, 290–298.

6. Morel, B., Reytier, M., and Oresic, B. (2010) Experimental study of mechanical load effects on contact resistance between interconnectors and electrodes in SOFC or HTE stacks. Proceeding of the 9th European Solid Oxide Fuel Cell Forum, Lucerne, Switzerland, Chapter 12, pp. 12–14.

7. Gellings, P.J. and Bouwmeester, H.J.M. (eds) (1997) *The CRC Handbook of Solid State Electrochemistry*, CRC Press.

8. Déportes, C., Duclot, M., Fabry, P., Fouletier, J., Hammou, A., Kleitz, M., Siebert, E., and Souquet, J.L. (1994) *Electrochimie des Solides*, Presses Universitaires de Grenoble.

9. Usseglio-Viretta, F., Laurencin, J., Delette, G., Villanova, J., and Cloetens, P. (2014) Quantitative microstructure characterization of a Ni-YSZ bi-layer coupled with simulated cathode polarisation. *J. Power Sources*, **256**, 394–403.

10. Bard, A.J. and Faulkner, L.R. (2001) *Electrochemical Methods, Fundamentals and Applications*, 2nd edn, John Wiley & Sons, Inc..

11. Ackmann, T., deL.G.J., Haart, Lehnert, W., and Thom, F. (2000) Proceeding of the 4th European Solid Oxide Fuel Cell Forum, Lucerne, Switzerland, Modelling of mass and heat transport in thick substrate thin electrolyte layer SOFCs, p. 431–438.

12. Jiang, Y. and Virkar, A.V. (2003) Fuel composition and diluent effect on gas transport and performance of anode-supported SOFCs. *J. Electrochem. Soc.*, **150** (7), A942–A951.

13. Kim, J.W., Virkar, A.V., Fung, K.Z., Metha, K., and Singhal, S.C. (1999) Polarisation effects in intermediate temperature, anode-supported solid oxide fuel cells. *J. Electrochem. Soc.*, **146** (1), 69–78.

14. Mawdsley, J.R., Carter, J.D., Kropf, A.J., Yildiz, B., and Maroni, V.A. (2009) Post-test evaluation of oxygen electrodes from solid oxide electrolysis stacks. *Int. J. Hydrogen Energy*, **34**, 4198–4207.

15. Udagawa, J., Aguiar, P., and Brandon, N.P. (2007) Hydrogen production through steam electrolysis: model-based steady state performance of a cathode-supported intermediate temperature solid oxide electrolysis cell. *J. Power Sources*, **166**, 127–136.

16. Ni, M., Leung, M.K.H., and Leung, D.Y.C. (2007) Parametric study of solid oxide steam electrolyzer for hydrogen production. *Int. J. Hydrogen Energy*, **32**, 2305–2313.

17. Laurencin, J., Kane, D., Delette, G., Deseure, J., and Lefebvre-Joud, F. (2011) Modelling of solid oxide steam electrolyser: impact of the operating conditions on hydrogen production. *J. Power Sources*, **196**, 2080–2093.

18. Aicart, J., Laurencin, J., Petitjean, M., and Dessemond, L. (2014) Experimental validation of two-dimensional H_2O and CO_2 Co-electrolysis modeling. *Fuel Cells*, **14** (3), 430–447.

19. Horita, T., Yamaji, K., Sakai, N., Yokokawa, H., Weber, A., and Ivers-Tiffée, E. (2001) Electrode reaction of $La_{1-x}Sr_xCoO_{3-d}$ cathodes on $La_{0.8}Sr_{0.2}Ga_{0.8}Mg_{0.2}O_{3-\gamma}$ electrolyte in solid oxide fuel cells. *J. Electrochem. Soc.*, **148** (5), A456–A462.

20. Simwonis, D., Tietz, F., and Stöver, D. (2000) Nickel coarsening in annealed Ni/8YSZ anode substrates for solid oxide fuel cells. *Solid State Ionics*, **132**, 241–251.

21. Aruna, S.T., Muthuraman, M., and Patil, K.C. (1998) Synthesis and properties of Ni-YSZ cermet: anode material for solid oxide fuel cells. *Solids State Ionics*, **111**, 45–51.

22. Stiller, C., Thorud, B., Seljebø, S., Mathisen, Ø., Karoliessen, H., and Bolland, O. (2005) Finite-Volume modeling and hybrid-cycle performance of planar and tubular solid oxide fuel cells. *J. Power Sources*, **141**, 227–240.

23. Mizusaki, J., Mori, N., Takai, H., Yonemura, Y., Minamiue, H., Tagawa, H., Dokiya, M., Inaba, H., Naraya, K., Sasamoto, T., and Hashimoto, T. (2000) Electronic conductivity, Seebeck coefficient, defect and electronic structure of nonstoichiometric $La_{1-x}Sr_xMnO_3$. *Solids State Ionics*, **132**, 167–180.

24. Koch, S. and Hendriksen, P.V. (2004) Contact resistance at ceramic interfaces and its dependence on mechanical load. *Solid State Ionics*, **168**, 1–11.

25. Sasaki, K., Wurth, J.P., Gschwend, R., Gödickemeier, M., and Gauckler, L.J. (1996) Microstructure-property relations of solid oxide fuel cell cathodes and current collectors. *J. Electrochem. Soc.*, **143**, 530–543.

26. Petitjean, M., Reytier, M., Chatroux, A., Bruguiere, L., Mansuy, A., Sassoulas, H., Di Iorio, S., Morel, B., and Mougin, J. (2011) Performance and durability of high temperature steam electrolysis: from single cell to short-stack scale. *ECS Trans.*, **35** (1), 2905–2913.

27. Lay-Grindler, E., Laurencin, J., Delette, G., Aicart, J., Petitjean, M., and Dessemond, L. (2013) Micro-modelling of solid oxide electrolysis cell: from performance to durability. *Int. J. Hydrogen Energy*, **38**, 6917–6929.

28. Cai, Q., Adjiman, C.S., and Brandon, N.P. (2011) Investigation of the active thickness of solid oxide fuel cell electrodes using a 3D microstructure model. *Electrochim. Acta*, **56**, 10809–10819.

29. Primdhal, S. and Mogensen, M. (1997) Oxidation of hydrogen on Ni/Yttria-Stabilized Zirconia cermet anodes. *J. Electrochem. Soc.*, **144** (10), 3439–3418.

30. Juhl, M., Primdahl, S., Manon, C., and Mogensen, M. (1996) Performance/structure correlation for

composite SOFC cathodes. *J. Power Sources*, **61**, 173–181.

31. Kong, J., Sun, K., Zhou, D., Zhang, N., Mu, J., and Qiao, J. (2007) Ni–YSZ gradient anodes for anode-supported SOFCs. *J. Power Sources*, **166**, 337.

32. Kast, W. and Hohenthanner, C.R. (2000) Mass transfer within the gas-phase of porous media. *Inter. J. Heat Mass Transfer*, **43**, 807–823.

33. Veldsink, J.W., van Damme, R.M.J., Versteeg, G.F., and van Swaaij, W.P.M. (1995) The use of the dusty gas model for the description of mass transport with chemical reaction in porous media. *Chem. Eng. J.*, **57**, 115–125.

34. Vural, Y., Ma, L., Ingham, D.B., and Pourkashanian, M. (2010) Comparison of the multicomponent mass transfer models for the prediction of the concentration overpotential for solid oxide fuel cell anode. *J. Power Sources*, **195**, 4893–4904.

35. Suwanwarangkul, R., Croiset, E., Fowler, M.W., Douglas, P.L., Entchev, E., and Douglas, M.A. (2003) Performance comparison of Fick's, dusty-gas and Stefan-Maxwell models to predict the concentration overpotential of a SOFC anode. *J. Power Sources*, **122**, 9–18.

36. Kong, W., Zhu, H., Fei, Z., and Lin, Z. (2012) A modified dusty gas model in the form of a Fick's model for the prediction of multicomponent mass transport in a solid oxide fuel cell anode. *J. Power Sources*, **206**, 171–178.

37. Mason, E.A. and Malinaukas, A.P. (1983) *Gas Transport in Porous Media: The Dusty-Gas Model*, Elsevier, Amsterdam.

38. Menon, V., Janardhanan, V.M., and Deutschmann, O. (2014) A mathematical model to analyse solid oxide electrolyzer cells (SOECs) for hydrogen production. *Chem. Eng. Sci.*, **110**, 83–93, (2013).

39. Grondin, D., Deseure, J., Ozil, P., Chabriat, J.-P., Grondin-Perez, B., and Brisse, A. (2011) Computing approach of cathodic process within solid oxide electrolysis cell: experiments and continuum model validation. *J. Power Sources*, **196**, 9561–9567.

40. Mizusaki, J., Tagawa, H., Saito, T., Yamamura, T., Kamitani, K., Hirano, K., Ehara, S., Takagi, T., Hikita, T., Ippommatsu, M., Nakagawa, S., and Hashimoto, K. (1994) Kinetic studies of the reaction at the nickel pattern electrode on YSZ in H_2-H_2O atmospheres. *Solid State Ionics*, **70-71**, 52–58.

41. Dasari, H.P., Park, S.-Y., Kim, J., Lee, J.-H., Kim, B.-K., Je, H.-J., Lee, H.-W., and Yoon, K.J. (2013) Electrochemical characterization of Ni-yttria stabilised zirconia electrode for hydrogen production in solid oxide electrolysis cells. *J. Power Sources*, **240**, 721–728.

42. Bessler, W.G., Vogler, M., Störmer, H., Gerthsen, D., Utz, A., Weber, A., and Ivers-Tiffée, E. (2010) Model anodes and anode models for understanding the mechanism of hydrogen oxidation in solid oxide fuel cells. *Phys. Chem. Chem. Phys.*, **12**, 13888–13903.

43. Vogler, M., Biberle-Hütter, A., Gauckler, L., Warnatz, J., and Bessler, W.G. (2009) Modelling study of surface reactions, diffusion, and spillover at the Ni/YSZ patterned anode. *J. Electrochem. Soc.*, **156** (5), B663–B672.

44. Zhu, H., Kee, R.J., Janardhanan, V.M., Deutschmann, O., and Goodwin, D.G. (2005) Modelling elementary heterogeneous chemistry and electrochemistry in solid-oxide fuel cells. *J. Electrochem. Soc.*, **152** (12), A2427–A2440.

45. Adler, S.B. (2004) Factors governing oxygen reduction in solid oxide fuel cell cathodes. *Chem. Rev.*, **104**, 4791–4843.

46. Mitterdorfer, A. and Gauckler, L.J. (1998) $La_2Zr_2O_7$ formation and oxygen reduction kinetics of the $La_{0.85}Sr_{0.15}Mn_yO_3,O_2(g)$/YSZ system. *Solid State Ionics*, **111**, 185–218.

47. Deseure, J., Bulter, Y., Dessemond, L., and Siebert, E. (2005) Theoretical optimisation of a SOFC composite cathode. *Electrochim. Acta*, **50**, 2037–2046.

48. Shin, E.-C., Ahn, P.-A., Seo, H.-H., Jo, J.-M., Kim, S.-D., Woo, S.-K., Yu, J.H., Mizusaki, J., and Lee, J.-S. (2013) Polarization mechanism of high temperature electrolysis in a Ni-YSZ/YSZ/LSM solid oxide cell by parametric impedance analysis. *Solid State Ionics*, **232**, 80–96.

209

49. Yokokawa, H., Tu, H., Iwanschitz, B., and Mai, A. (2008) Fundamental mechanisms limiting solid oxide fuel cell durability. *J. Power Sources*, **182**, 400–412.

50. Endler-Schuck, C., Leonide, A., Weber, A., Uhlenbruck, S., Tietz, F., and Ivers-Tiffée, E. (2011) Performance analysis of mixed ionic-electronic conducting cathodes in anode supported cells. *J. Power Sources*, **196**, 7257–7262.

51. Adler, S.B., Lane, J.A., and Steele, B.C.H. (1996) Electrode Kinetics of porous mixed-conducting oxygen electrodes. *J. Electrochem. Soc.*, **143** (11), 3554–3564.

52. Adler, S.B. (1998) Mechanism and kinetics of oxygen reduction on porous $La_{1-x}Sr_xCoO_{3-\delta}$ electrodes. *Solids State Ionics*, **111**, 125–134.

53. Svensson, A.M., Sunde, S., and Nişancioğlu, K. (1998) Mathematical modeling of oxygen exchange and transport in air-perovskite-yttria stabilised zirconia interface regions, II. Direct exchange of oxygen vacancies. *J. Electrochem. Soc.*, **145** (4), 1390–1400.

54. Deseure, J., Bultel, Y., Dessemond, L., and Siebert, E. (2005) Modelling of dc and ac responses of a planar mixed conducting oxygen electrode. *Solid State Ionics*, **176**, 235–244.

55. Svensson, A.M., Sunde, S., and Nişancioğlu, K. (1997) Mathematical modeling of oxygen exchange and transport in air-perovskite-yttria stabilised zirconia interface regions, I. Reduction of intermediately adsorbed oxygen. *J. Electrochem. Soc.*, **144** (8), 2719–2732.

56. Coffey, G.W. Pederson, L.R. Rieke, P.C. (2003) Competition between bulk and surface pathways in mixed ionic electronic conducting oxygen electrodes, *J. Electrochem. Soc.*, **150** (8), A1139–A1151.

57. Katsuki, M. Wang, S. Dokiya, M. Hashimoto, T. (2003) High temperature properties of $La_{0.6}Sr_{0.4}Co_{0.8}Fe_{0.2}O_{3-\sigma}$ oxygen nonstoichiometry and chemical diffusion constant, *Solid State Ionics*, **156**, 453–461.

58. Rüger, B., Weber, A., and Ivers-Tiffée, E. (2007) 3D-modelling and performance evaluation of mixed conducting (MIEC) cathodes. *ECS Trans.*, **7** (1), 2065–2074.

59. Carraro, T., Joos, J., Rüger, B., Weber, A., and Ivers-Tiffée, E. (2012) 3D finite element model for reconstructed mixed-conducting cathodes: I. Performance quantification. *Electrochem. Acta*, **77**, 315–323.

60. Virkar, A.V., Chen, J., Tanner, C.W., and Kim, J.-W. (2000) The role of electrode microstructure on activation and concentration polarizations in solid oxide fuel cells. *Solid State Ionics*, **131**, 189–198.

61. Cai, Q., Adjiman, C.S., and Brandon, N.P. (2011) Modelling the 3D microstructure and performance of solid oxide fuel cell electrodes: computational parameters. *Electrochim. Acta*, **56**, 5804–5814.

62. Berbei, A., Nucci, B., and Nicolella, C. (2013) Microstructural modelling for prediction of transport properties and electrochemical performance in SOFC composite electrodes. *Chem. Eng. Sci.*, **101**, 175–190.

63. Tanner, C.W., Fung, K.-Z., and Virkar, A.V. (1997) The effect of porous composite electrode structure on solid oxide fuel cell performance. *J. Electrochem. Soc.*, **144** (1), 21–30.

64. Kenny, B. and Karan, K. (2007) Engineering of microstructure and design of a planar porous composite SOFC cathode: a numerical analysis. *Solid State Ionics*, **178**, 297–306.

65. Duong, A.T. and Mumm, D.R. (2012) Microstructural optimisation by tailoring particle sizes for LSM-YSZ solid oxide fuel cell composite cathodes. *J. Electrochem. Soc.*, **159** (1), B39–B52.

66. Zhu, W.Z. and Deevi, S.C. (2003) A review on the status of anode materials for solid oxide fuel cells. *Mater. Sci. Eng.*, **A362**, 228–239.

67. Weber, A. and Ivers-Tiffée, E. (2004) Materials and concepts for solid oxide fuel cells (SOFCs) in stationary and mobile applications. *J. Power Sources*, **127**, 273–283.

68. Tietz, F., Buchkremer, H.P., and Stöver, D. (2002) Component manufacturing for solid oxide fuel cells. *Solid State Ionics*, **152-153**, 373–381.

69. Menzler, N.H., Tietz, F., Uhlenbruck, S., Buchkremer, H.P., and Stöver, D. (2010) Materials and manufacturing technologies for solid oxide fuel cells. *J. Mater. Sci.*, **45**, 3109–3135.

70. Ackmann, T., de Haart, L.G.J., Lehnert, W., and Stolen, D. (2003) Modelling of mass and heat transport in planar substrate type SOFCs. *J. Electrochem. Soc.*, **150**, A783–A789.

71. Berg, C.F. (2012) Re-examining Archie's law: conductance description by tortuosity and constriction. *Phys. Rev. E*, **86**, 046314 (1–9).

72. Lanzi, O. and Landau, U. (1990) Effect of pore structure and potential distributions in a porous electrode. *J. Electrochem. Soc.*, **137** (2), 585–593.

73. Holzer, L., Wiedenmann, D., Münch, B., Keller, L., Prestat, M., Gasser, P., Robertson, I., and Grobéty, B. (2013) The influence of constrictivity on the effective transport properties of porous layers in electrolysis and fuel cells. *J. Mater. Sci.*, **48**, 2934–2952.

74. Epstein, N. (1989) On tortuosity and the tortuosity factor in flow and diffusion through porous media. *Chem. Eng. Sci.*, **44**, 777–789.

75. Laurencin, J., Quey, R., Delette, G., Suhonen, H., Cloetens, P., and Bleuet, P. (2012) Characterisation of SOFC Ni-8YSZ substrate by synchrotron X-ray nano-tomography, from 3D reconstruction to microstructure quantification. *J. Power Sources*, **198**, 182–189.

76. Delette, G., Laurencin, J., Usseglio-Viretta, F., Villanova, J., Bleuet, P., Lay, E., and Le Bihan, T. (2013) Thermo-elastic properties of SOFC/SOEC electrode materials determined from three-dimensional microstructural reconstructions. *Int. J. Hydrogen Energy*, **38**, 12379–12391.

77. Wilson, J.R., Kobsiriphat, W., Mendoza, R., Chen, H.-Y., Hiller, J.M., Miller, D.J., Thornton, K., Voorhees, P.W., Adler, S.B., and Barnett, S.A. (2006) Three-dimensional reconstruction of a solide-oxide fuel-cell anode. *Nat. Mater.*, **5**, 541–544.

78. Joos, J., Carraro, T., Weber, A., and Ivers-Tiffée, E. (2011) Reconstruction of porous electrodes by FIB/SEM for detailed microstructure modelling. *J. Power Sources*, **196** (17), 7302–7307.

79. Iwai, H., Shikazono, N., Matsui, T., Teshima, H., Kishimoto, M., Kishida, R., Hayashi, D., Matsuzaki, K., Kanno, D., Saito, M., Muroyama, H., Eguchi, K., Kasagi, N., and Yoshida, H. (2010) Quantification of SOFC anode microstructure based on dual beam FIB-SEM technique. *J. Power Sources*, **195**, 955–961.

80. Kanno, D., Shikazono, N., Takagi, N., Matsuzaki, K., and Kasagi, N. (2011) Evaluation of SOFC anode polarization simulation using three-dimensional microstructures reconstructed by FIB tomography. *Electrochem. Acta*, **56**, 4015–4021.

81. Grew, K.N., Chu, Y.S., Yi, J., Peracchio, A.A., Izzo, J.R., Hwu, Y., De Carlo, F., and Chiu, W.K.S. (2010) Nondestructive nanoscale 3D elemental mapping and analysis of a solid oxide fuel cell anode. *J. Electrochem. Soc.*, **157** (6), B783–B792.

82. Gunda, N.S.K., Choi, H.-W., Berson, A., Kenney, B., Karan, K., Pharoah, J.G., and Mitra, S.K. (2011) Focused ion beam-scanning electron microscopy on solid-oxide fuel-cell electrode: image analysis and computing effective transport properties. *J. Power Sources*, **196**, 3592–3603.

83. Vivet, N., Chupin, S., Estrade, E., Piquero, T., Pommier, P.L., Rochais, D., and Bruneton, E. (2011) 3D microstructural characterization of a solid oxide fuel anode reconstructed by focused ion beam tomography. *J. Power Sources*, **196**, 7541–7549.

84. Torquato, S. (2001) *Random Heterogeneous Materials, Microstructure and Properties, Interdisciplinary Applied Mathematics*, vol. 16, Springer.

85. Kanit, T., Forest, S., Galliet, I., Mounoury, V., and Jeulin, D. (2003) Determination of the size of the representative volume element for random

composites: statistical and numerical approach. *Int. J. Solids Struct.*, **40**, 3647–3679.

86. Haas, A., Matheron, G., and Serra, J. (1967) Morphologie mathématique et granulométrie en place. *Ann. Mines*, **11**, 736–753, (1967), **12**, 768–782.

87. Holzer, L., Münch, B., Iwanschitz, B., Cantoni, M., Hocker, T., and Graule, T. (2011) Quantitative relationships between composition, particle size, triple phase boundary length and surface area in nickel-cermet anodes for solid oxide fuel cells. *J. Power Sources*, **196**, 7076–7089.

88. Wilson, J.R., Cronin, J.S., Duong, A.T., Rukes, S., Chen, H.-Y., Thornton, K., Mumm, D.R., and Barnett, S. (2010) Effect of composition of (La0.8Sr0.2MnO3-Y2O3-stabilized ZrO2) cathodes: correlating three dimensional microstructure and polarization resistance. *J. Power Sources*, **195**, 1829–1840.

89. Kishimoto, M., Iwai, H., Saito, M., and Yoshida, H. (2011) Quantitative evaluation of solide fuel cell porous anode microstructure based on focused ion beam and scanning electron microscope technique and prediction of anode overpotentials. *J. Power Sources*, **196** (10), 4555–4563.

90. Cronin, J.S., Chen-Wiegart, Y.C.K., Wang, J., and Barnett, S.A. (2013) Three dimensional reconstruction and analysis of an entire solid oxide fuel cell by full-field transmission X-ray microscopy. *J. Power Sources*, **233**, 174–179.

91. Joos, J., Ender, M., Rotscholl, I., Menzler, N.H., and Ivers-Tiffée, E. (2014) Quantification of double-layer Ni/YSZ fuel cell anodes from focused ion beam tomography data. *J. Power Sources*, **246**, 819–830.

92. Nelson, G.J., Harris, W.M., Lombardo, J.J., Izzo, J.R., Chiu, W.K.S., Tanasini, P., Cantoni, M., Van Herle, J., Comminellis, C., Andrews, J.C., Liu, Y., Pianetta, P., and Chu, Y.S. (2011) Comparison of SOFC cathode microstructure quantified using X-ray nanotomography and focused ion

beam-scanning electron microscopy. *Electrochem. Commun.*, **13**, 586–589.

93. Joos, J., Ender, M., Carraro, T., Weber, A., and Ivers-Tiffée, E. (2012) Representative volume element size for accurate solid oxide fuel cell cathode reconstructions from focused ion beam tomography data. *Electrochim. Acta*, **82**, 268–276.

94. Lay-Grindler, E., Laurencin, J., Villanova, J., Kieffer, I., Usseglio-Viretta, F., Le Bihan, T., Bleuet, P., Mansuy, A., and Delette, G. (2013) Degradation study of the La0.6Sr0.4Co0.2Fe0.8O3 Solid Oxide Electrolysis Cell (SOEC) anode after high temperature electrolysis operation. *ECS Trans.*, **57** (1), 3177–3187.

95. Yamamoto, O. (2000) Solid oxide fuel cells: fundamentals aspects and prospects. *Electrochem. Acta*, **45**, 2423–2435.

96. Zhang, C., Li, C.-J., Zhang, G., Ning, X.-J., Li, C.-X., Liao, H., and Coddet, C. (2007) Ionic conductivity and its temperature dependence of atmospheric plasma-sprayed yttria stabilised zirconia electrolyte. *Mater. Sci. Eng., B*, **137**, 24–30.

97. Chen, X.J., Khor, K.A., Chan, S.H., and Yu, L.G. (2002) Influence of microstructure on the ionic conductivity of yttria-stabilized zirconia electrolyte. *Mater. Sci. Eng., A*, **335**, 246–252.

98. Badwal, S.P.S. (1995) Grain boundary resistivity in zirconia-based materials: effect of sintering temperatures and impurities. *Solid State Ionics*, **76**, 67–80.

99. Steil, M.C. and Thevenot, F. (1997) Densification of yttria-stabilised zirconia. Impedance spectroscopy analysis. *J. Electrochem. Soc.*, **144** (1), 390–398.

100. Gewies, S., Bessler, W.G., Sonn, V., and Ivers-Tiffee, E. (2007) Experimental and modeling study of the impedance of Ni/YSZ cermet anodes. *ECS Trans.*, **7** (1), 1573–1582.

101. Asnin, L.D., Chekryshkin, Y.S., and Fedorov, A.A. (2003) Calculation of the sticking coefficient in the case of the linear adsorption isotherm. *Russ. Chem. Bull., Int. Ed.*, **52** (12), 2747–2749.

102. Hecht, E.S., Gupta, G.K., Zhu, H., Dean, A.M., Kee, R.J., Maier, L., and Deutschmann, O. (2005) Methane reforming kinetics within a Ni-YSZ SOFC anode support. *Appl. Catal. Gen.*, **295**, 40–51.

103. Lapujoulade, J. and Neil, K. (1972) Chemisorption of hydrogen on the (111) plane of Nickel. *J. Chem. Phys.*, **57** (8), 3535–3545.

104. Christmann, K., Schober, O., Ertl, G., and Neumann, M. (1974) Adsorpion of hydrogen on nickel single crystal surfaces. *J. Chem. Phys.*, **60** (11), 4528–4540.

105. Jiang, S.P. and Badwal, S.P.S. (1997) Hydrogen oxidation at the nickel and platinum electrodes on yttria-tetragonal zirconia electrolyte. *J. Electrochem. Soc.*, **144** (11), 3777–3784.

106. Marrero, T.R. and Mason, E.A. (1972) Gaseous diffusion coefficients. *J. Phys. Chem. Ref. Data*, **1** (1), 3–118.

107. Fuller, E.N., Schettler, P.D., and Giddings, J.C. (1966) A new method for prediction of binary gas-phase diffusion coefficients. *Ind. Eng. Chem.*, **58** (5), 18–27.

108. Chan, S.H., Khor, K.A., and Xia, Z.T. (2001) A complete polarization model of a solid oxide fuel cell and its sensitivity to the change of cell component thickness. *J. Power Sources*, **93**, 130–140.

109. Todd, B. and Young, J.B. (2002) Thermodynamic and transport properties of gases for use in solid oxide fuel cell modelling. *J. Power Sources*, **110**, 186–200.

110. Graves, C., Ebbesen, S., Mogensen, M., and Lackner, K. (2011) Sustainable hydrocarbon fuels by recycling CO_2 and H_2O with renewable or nuclear energy. *Renew. Sustain. Energy Rev.*, **15**, 1–23.

111. O'Brien, J.E., Stoots, C.M., Herring, J.S., Condie, K.G., and Housley, G.K. (2009) The high-temperature electrolysis program at the idaho national laboratory: observations on performance degradation. International Workshop on High Temperature Water Electrolysis Limiting Factors, INL/CON-09-15564.

112. Mougin, J., Chatroux, A., Couturier, K., Petitjean, M., Reytier, M., Gousseau, G., and Lefebvre-Joud, F. (2012) High temperature steam electrolysis stack with enhanced performance and durability. *Energy Procedia*, **29**, 445–454.

113. Hauch, A., Ebbesen, S., Jensen, S., and Mogensen, M. (2008) Highly efficient high temperature electrolysis. *J. Mater. Chem.*, **18**, 2331–2340.

114. Brisse, A., Schefold, J., and Zahid, M. (2008) High temperature water electrolysis in solid oxide cells. *Int. J. Hydrogen Energy*, **33**, 5375–5382.

115. Mougin, J., Mansuy, A., Chatroux, A., Gousseau, G., Petitjean, M., Reytier, M., and Mauvy, F. (2013) Enhanced performance and durability of a high temperature steam electrolysis stack. *Fuel Cells*, **13** (4), 623–630.

116. O'Brien, J.E., Zhang, X., Housley, G.K., Moore-McAteer, L., and Tao, G. (2012) High Temperature Electrolysis 4 kW Experiment Design, Operation, and Results. INL/EXT-12-27082. Idaho National Laboratory.

117. Diethelm, S., Van Herle, J., Montinaro, D., and Bucheli, O. (2012) 10th European Fuel Cell Forum, Lucerne, Switzerland, June 26–29, 2012, p. A1104.

118. Ebbesen, S., Høgh, J., Nielsen, K.A., Nielsen, J.U., and Mogensen, M. (2011) Durable SOC stacks for production of hydrogen and synthesis gas by high temperature electrolysis. *Int. J. Hydrogen Energy*, **36**, 7363–7373.

119. Reytier, M., Cren, J., Petitjean, M., Chatroux, A., Gousseau, G., Di Iorio, S., Brevet, A., Noirot-Le Borgne, I., and Mougin, J. (2013) *ECS Trans.*, **57** (1), 3151–3160.

120. Stoots, C.M., Condie, K.G., Moore-McAteer, L., O'Brien, J.E., Housley, G.K., and Herring, J.S. (2009) Integrated Laboratory Scale Test Report, INL/EXT-09-15283. Idaho National Laboratory.

121. Li, Q., Zheng, Y., Guan, W., Jin, L., Xu, C., and Wang, W.G. (2014) *Int. J. Hydrogen Energy*, **39**, 10833–10842.

122. Reytier, M., Di Iorio, S., Petit, J., Chatroux, A., Gousseau, G., Aicart, J., Petitjean, M., and Laurencin, J.

(2014) 11th European Fuel Cell Forum, Lucerne, Switzerland, July1–4, 2014, p. B1307.

123. Reytier, M., Di Iorio, S., Chatroux, A., Petitjean, M., Cren, J., and Mougin, J. (2014) Stack performances in high temperature steam electrolysis and co-electrolysis. WHEC2014, Gwangju, Korea, June 15–20, 2014.

124. Brisse, A. and Schefold, J. (2012) High temperature electrolysis at EIFER, main achievements at cell and stack level. *Energy Procedia*, **29**, 53–63.

125. Moçoteguy, P. and Brisse, A. (2013) A review and comprehensive analysis of degrada-tion mechanisms of solid oxide electrolysis cells. *Int. J. Hydrogen Energy*, **38**, 15887–15902.

126. Schefold, J., Brisse, A., and Tietz, F. (2012) Nine thousand hours of operation of a solid oxide cell in steam electrolysis mode. *J. Electrochem. Soc.*, **159** (2), A137–A144.

127. Fu, Q., Schefold, J., Brisse, A., and Nielsen, J.U. (2014) Durability testing of a high-temperature steam electrolyzer stack at 700 °C. *Fuel Cells*, **14** (3), 395–402.

128. Nguyen, V.N., Fang, Q., Packbier, U., and Blum, L. (2013) Long-term tests of a Jülich planar short stack with reversible solid oxide cells in both fuel cell and electrolysis modes. *Int. J. Hydrogen Energy*, **38**, 4281–4290.

129. Hauch, A. (2007) *Solid Oxide Electrolysis Cells, Performance and Durability*, Thèse Risoe National Laboratory, Denmark.

130. Ouweltjes, J.P., van Tuel, M., van Berkel, F.S (2009) Bert rietveld. European Fuel Cell Forum, Lucern, Switzerland, p. B0904.

131. Brian, Borglum (2011) *presentation at 220th ECS Meeting*, Electrochemical Processes for Fuels, Boston, MA.

132. Schiller, G., Ansar, A., Lang, M., and Patz, O. (2009) High temperature water electrolysis using metal supported solid oxide electrolyser cells (SOEC). *J. Appl. Electrochem.*, **39**, 293–301.

133. Chatroux, A., Couturier, K., Petitjean, M., Reytier, M., Gousseau, G., Mougin, J., and Lefebvre-Joud, F. (2012) Enhanced performance and durability of a high temperature steam electrolysis stack. 10th European Fuel Cell Forum, Lucerne Switzerland, June 26–29, 2012, p. A1103.

134. Petipas, F., Brisse, A., and Bouallou, C. (2014) Benefits of external heat sources for high temperature electrolyser systems. *Int. J. Hydrogen Energy*, **39**, 5505–5513.

135. Usseglio-Viretta, F., Laurencin, J., Loisy, F., Delette, G., and Leguillon, D. (0000, to be published in) *Int. J. Hydrogen Energy*.

136. Ni, M., Leung, M.K.H., and Leung, D.Y.C. (2008) Technological development of hydrogen production by solid oxide elecrolyzer cell (SOEC). *Int. J. Hydrogen Energy*, **33**, 2337–2354.

137. Sohal, M.S., O'Brien, J.E., Stoots, C.M., Herring, J.S., Hartvigsen, J.J., Larsen, D., Elangovan, S., Carter, J.D., Sharma, V.I., and Yildiz, B. (2009) Critical Causes of Degradation in Integrated Laboratory Scale Cells During High-Temperature Electrolysis, INL/EXT-09-16004. Idaho National Laboratory.

138. Sohal, M.S. (2009), Degradation in Solid Oxide Cells During High Temperature Electrolysis. INL/EXT-09-15617. Idaho National Laboratory.

139. Ebbesen, S.D. and Mogensen, M. (2010) Exceptional durability of solid oxide cells. *Electrochem. Solid-State Lett.*, **13** (9), B106–B108.

140. Wiedenmann, D., Hauch, A., Grobety, B., Mogensen, M., and Vogt, U.F. (2010) Complementary techniques for solid oxide electrolysis cell characterisation at the micro- and nano-scale. *Int. J. Hydrogen Energy*, **35**, 5053–5060.

141. Villanova, J., Laurencin, J., Cloetens, P., Bleuet, P., Delette, G., Suhonen, H., and Usseglio-Viretta, F. (2013) 3D phase mapping of solid oxide fuel cell YSZ/Ni cermet at the nanoscale by holographic X-ray nanotomography. *J. Power Sources*, **243**, 841–849.

142. Jensen, S.H., Hauch, A., Knibbe, R., Jacobsen, T., and Mogensen, M. (2013) Modeling degradation in SOEC impedance spectra. *J. Electrochem. Soc.*, **160** (3), F244–F250.

143. Schichlein, H., Müller, A.C., Voigts, M., Krügel, A., and Ivers-Tiffée, E.

(2002) Deconvolution of electro-chemical impedance spectra for the identification of electrode reaction mechanisms in solid oxide fuel cells. *J. Appl. Electrochem.*, **32**, 875–882.

144. Darowicki, K. (1998) Differential analysis of impedance data. *Electrochim. Acta*, **43**, 2281–2285.

145. Sonn, V., Leonide, A., and Ivers-Tiffée, E. (2008) Combined deconvolution and CNLS fitting approach applied on the impedance response of technical Ni/8YSZ cermet electrodes. *J. Electrochem. Soc.*, **155** (7), B675–B679.

146. Leonide, A., Sonn, V., Weber, A., and Ivers-Tiffée, E. (2008) Evaluation and modeling of the cell resistance in anode-supported solid oxide fuel cells. *J. Electrochem. Soc.*, **155** (1), B36–B41.

147. Stoots, C.M., O'Brien, J.E., Condie, K.G., and Hartvigsen, J.J. (2010) High-temperature electrolysis for large-scale hydrogen production from nuclear energy – Experimental investigations. *Int. J. Hydrogen Energy*, **35**, 4861–4870.

148. Sohal, M.S., O'Brien, J.E., Stoots, C.M., McKellar, M.G., Harvego, E.A., and Herring, J.S. (2008) Challenges in Generating Hydrogen by High Temperature Electrolysis Using Solid Oxide Cells. INL/CON-08-14038. Idaho National Laboratory.

149. Manage, M.N., Hodgson, D., Milligan, N., Simons, S.J.R. and Brett, D.J.L. (2011) *Int. journal of hydrogen energy*, **36**, 5782–5796.

150. Rivera-Tinoco, R., Mansilla, C., and Bouallou, C. (2010) Competitiveness of hydrogen production by High Temperature Electrolysis: impact of the heat source and identification of key parameters to achieve low production costs. *Energy Convers. Manage.*, **51**, 2623–2634.

151. O'Brien, J.E., Zhang, X., Housley, G.K., DeWall, K.,Moore-McAteer, L., and Tao, G. (2012) 10th European SOFC Forum, Lucerne, Switzerland, June 26–29, 2012, p. A1108.

152. O'Brien, J.E., Zhang, X., Housley, G.K., DeWall, K., Moore-McAteer, L., and Tao, G. (2012) High Temperature Electrolysis Pressurized Experiment Design, Operation, and Results. INL/EXT-12-26891. Idaho National Laboratory.

153. Petipas, F., Brisse, A., and Bouallou, C. (2013) Model-based behaviour of a high temperature electrolyser system operated at various loads. *J. Power Sources*, **239**, 584–595.

154. Petipas, F., Fu, Q., Brisse, A., and Bouallou, C. (2013) Transient operation of a solid electrolysis cell. *Int. J. Hydrogen Energy*, **38**, 2957–2964.

155. Nguyen, Van Nhu Fang, Qingping, Packbier, Ute and Blum, Ludger (2013) *Int. journal of hydrogen energy*, **38**, 42814290.

156. Borglum, B. and Ghezel-Ayagh, H. (2013) Development of solid oxide fuel cells at versa power systems and fuel cell energy. *ECS Trans.*, **57** (1), 61–66.

157. Nielsen, J. and Hjelm, J. (2014) Impedance of SOFC electrodes: a review and a comprehensive case study on the impedance of LSM:YSZ cathodes. *Electrochim. Acta*, **115**, 31–45.

158. Graves, C., Ebbesen, S.D., and Mogensen, M. (2011) Co-electrolysis of CO_2 and H_2O in solid oxide cells: performance and durability. *Solid State Ionics*, **192**, 398–403.

第**7**章

储氢方案面对的限制和挑战

阿加塔·戈杜拉-乔佩克

7.1　导言

作为一种有效的能量载体，因商业上可行且能够广泛应用，氢储存技术被认为是最具技术挑战性关键障碍之一。氢气可以使用六种不同的方法来储存：①使用高压气瓶存储气态氢（高达 800bar）；②使用低温（21K）储罐存储液态氢；③在 $T < 100K$ 时，在具有大比表面积（SSA）的材料上吸附氢；④在常温常压下，物理吸附在金属的间隙点位上；⑤常压下，化学吸附于共价化合物和离子化合物中；⑥使用水氧化活性金属，例如锂、钠、镁、铝、锌。表 7.1 说明了上述方法的参数。

表 **7.1**　储氢方法及相关参数

存储方法	重量密度（wt%）	体积密度 /（kg H$_2$·m^{-3}）	T/℃	压力 /bar
高压气瓶	13	< 40	25	800
低温储罐中的液态氢	尺寸相关	70.8	−252	1
吸附氢	≈ 2	20	−80	100
吸附氢（间隙位置）	≈ 2	150	25	1
复杂化合物	< 18	150	> 100	1
金属和络合物与水	< 40	> 150	25	1

资源来源：Wiley VCH。

如今，经证实、测试和商业上可用的最成熟的氢储存方式是采用气态（压缩）或液态存储。为了在压缩气体存储系统中达到令人满意的能量密度，运行压力已提高到 70MPa（700bar）。液态氢只能在低于 33.25K（−239.9℃）的临界温度下存在。其他关键参数包括压力和体积，p_c 为 1.28MPa，V_c 为 64.99cm^3·mol^{-1}。事实上，液态氢通常储存在 20K（−253℃）的较低温度下，因为在 20K 时，它可以在常压下储存，而在 33K 时，需要 13bar

的加压储存。为移动应用场景而开发的可行的储氢装置，给出了一系列科学和技术方面的挑战。这些制约和挑战包括但不仅限于：氢的密度特性导致的装备在空间尺寸上的约束、出于安全考虑的低运行压力、快速的加载和卸载、可逆性、$-50 \sim 150℃$ 范围内的操作温度，以及储氢系统的成本。

对于固定的应用场景，对于空间的约束就不是那么重要了，并且有可能在更高的压力和温度下工作。最具有成本效益优势的气态氢储存方法，是利用类似于目前用于储存天然气的地下空腔（主要有两种类型的空腔：空心型空腔，如矿山和洞穴；多孔渗透型空腔）。由于氢的体积热值较低，相同类型、相同能量含量的氢气储存系统将比天然气储存系统的成本高约 3 倍。除了每年 1% ~ 3% 的工作气体损失外，地下储氢不会有更多的技术问题。就氢气而言，目前有相当数量的氢气储存在地下，如英国的蒂赛德（由英国萨比克石油化工公司经营），三个盐洞在 45bar 的恒定压力下运行，其中一个盐穴用于平衡短期需求，每个盐穴的工作气体容量为 1.5×10^5 scm [⊖]。另一个是位于美国德克萨斯州的 Spindletop 的一个干盐洞，由 Air Liquide Phillips 和 Praxair 公司运营，工作体积为 8.5×10^7 scm，缓冲气体量为 5.8×10^7 scm。目前，在德国基尔市有一个盐洞，存储含氢量约为 60% ~ 65% 的城镇煤气，洞室深度 1330m，几何体积约 $3.2 \times 10^4 m^3$，自 1971 年以来一直在运行，工作压力为 80 ~ 160bar。法国天然气公司在贝恩斯附近的含水层结构中储存了氢化炼油厂的富氢副产品气体。在固体介质中既安全又紧凑地储氢，这种固体储氢技术被视为优于液体储氢或压缩气态储氢，不过这个技术有一个前提，就是要找到这种合适的固体材料，能够在重量、容量及良好的氢气装载 / 卸载等特性方面符合美国能源部的要求。如果要在聚合物电解质膜燃料电池（PEM）的运行包壳内使用氢气，后者尤为重要。为了开发和演示用于运输、固定和便携式电力的储氢技术，美国能源部定义了以下目标：

1）到 2015 年，开发和验证用于便携式电源应用的一次性储氢系统，实现 $0.7kW \cdot h \cdot kg^{-1}$ 的系统（氢气的重量密度 2.0wt%）和 $1.0kW \cdot h \cdot L^{-1}$ 系统（体积密度为 $0.030kg \cdot L^{-1}$），发电成本为 0.09 美元 /W·h_{net}（氢气存储成本为 3 美元 /g）。

2）到 2017 年，开发和验证车载氢存储系统，实现 $1.8kW \cdot h \cdot kg^{-1}$ 的系统（氢气的重量密度 5.5wt%）和 $1.3kW \cdot h \cdot L^{-1}$ 系统（体积密度为 $0.040kg \cdot L^{-1}$），发电成本为 12 美元 /kW·h（氢气存储成本为 400 美元 /kg）。

3）到 2017 年，开发新型前驱体和转化工艺，能够将高强度碳纤维的大批量生产成本降低 25%，从 13 美元 /lb 降至 9 美元 /lb（$1lb \approx 0.4536kg$）。

⊖ scm 又写作 Sm^3，即基准立方米，与 Nm^3 的差别主要是测量温度不同。

4）到 2020 年，开发和验证可充电氢存储系统，用于便携式电源应用，实现 1.0kW·h·kg⁻¹ 的系统（氢气的重量密度 3.0wt%）和 1.3kW·h·L⁻¹ 系统（体积密度为 0.040kg·L⁻¹），发电成本为 0.09 美元 /W·h$_{net}$（氢气存储成本为 13 美元 /g）。

5）到 2020 年，开发并验证用于 MHE 应用的储氢系统，实现 1.7kW·h·L⁻¹ 系统（体积密度为 0.050kg·L⁻¹），发电成本为 15 美元 /kW·h$_{net}$（氢气存储成本为 500 美元 /kg）。

6）最终实现 2.5kW·h·kg⁻¹ 系统（氢气的重量密度 7.5wt%）和 2.3kW·h·L⁻¹ 系统（体积密度为 0.070kg·L⁻¹）的车载储氢目标，发电成本为 8 美元 /kW·h（氢气存储成本为 266 美元 /kg）。

图 7.1 展示了通过将车辆性能要求应用于存储系统需求而建立的美国能源部储氢系统目标。

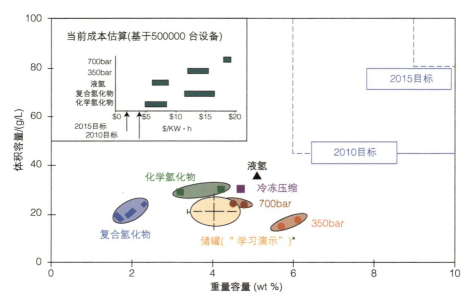

图 7.1　与重量和体积系统目标相比，车辆储氢系统的当前状态，包括成本估算（成本不包括再生 / 处理）

根据 2010 年的目标，一些汽车的续驶里程达到了 300mile（482.8km），以便早日打入市场。原型车辆中已经可以使用高压或低温储氢系统。更有挑战性的目标是在 2015 年实现北美市场轻型汽车全系列的驾驶里程要求。根据要求，可逆储存氢技术指标到 2015 年必须要达到重量密度为 9wt%，体积密度为 81g H$_2$·L⁻¹。图 7.1 可以看出，目前的车载储氢系统都没有达到 2010 年或 2015 年的重量、体积和成本综合目标。

考虑过的储氢方案有几个关键特性还待解决。总的来说，储氢系统的重量、体积和成本太高（尤其是在汽车应用中），并且储氢系统的耐用性不足。用于压缩气体和其他高压元件的高压气瓶在重量、体积、性能和成本限制范围内限制了结构材料和制造技术的选择。

还有，加氢时间太长。此外，还需要研究如何改善氢气排放动力学，简化车载氢气排放所需的反应器（如体积、重量和操作）。对于金属氢化物，重量、系统体积和燃料加注的时间是主要问题。对于高表面积吸附剂，其具有低密度和低氢结合能的特性，因此工作过程中需要极低的温度，体积密度和工作温度在此过程中尤为重要。最终目标是将存储系统与 PEM 燃料电池发电厂集成，尽可能有效地利用可用的废热。除重量容量外，研究还应侧重于了解材料的体积密度、热力学、动力学和潜在耐久性 / 循环性。表 7.2 总结了各种氢储存方法及其性能的预测。

表 7.2　储氢方法的预计 DOE 性能[a]

储氢系统	质量容量（kW · h/kg system）	体积容量（kW · h/L system）	成本（$/kW · h；预计到 500000 件 / 年）	年份
700bar 压缩储罐（type Ⅳ）[b]	1.7	0.9	19	2010
350bar 压缩储罐（type Ⅳ）[b]	1.8	1.6	16	2010
冷冻压缩储罐（276bar）[b]	1.9	1.4	1.2	2009
金属氢化物（$NaAlH_4$）[c]	0.4	0.4	TBD	2012
吸附剂 Ax-21 carbon, 200bar）[c]	1.3	0.8	TBD	2012
化学氢化物（AB liquid）[c]	1.3	1.1	TBD	2012

a）假设可用氢气的存储容量为 5.6kg。

b）基于阿贡国家实验室的性能和 TIAX 成本预测。

c）基于储氢卓越中心的性能预测。来源：DOE 技术计划，储氢，2012。

7.2　液态氢

如前所述，液态氢（LH_2）只能在低于 33.25K（−239.9℃）的临界温度的温度下存在。其他关键参数为压力和摩尔体积，p_c 为 1.28MPa，V_c 为 64.99cm^3 · mol^{-1}。实际上，液态氢通常在 20K（−253℃）这样的低温度下储存，因为在 20K 时它可以在常压下储存，而在 33K 时需要辅助 13bar 的压力，才能储存。温度为 20K 时，液氢的体积密度为 70.79kg · m^{-3}。由于氢的临界温度较低（33K），临界温度以上不存在氢的液相，所以液态氢可以储存在开放系统中。

氢分子由两个质子和两个电子组成。氢分子以两种不同的形式存在，作为对位氢和正位氢，这取决于两个原子的核自旋方向如图 7.2 所示，在正交形式中，两个氢原子的电子朝着相同的方向转动，而在对位形式中，方向相反。

在室温下，氢含有 25% 的对位形式和 75% 的邻位形式，后者不能在纯状态下制备。由于能量的不同，这两种形式的物理性质也不同。在沸点（20K）时，几乎所有的氢都以更稳定的对位形式存在。邻位形式向对位形式的转化是放热的，且与温度有关。

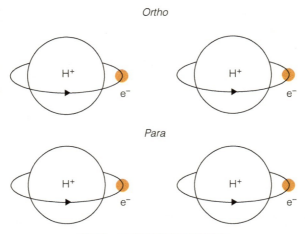

图 7.2　氢的邻位和对位形式

在 300K 时，转化热为 270kJ·kg^{-1}，并随着温度的降低而增加，在 77K 时达到 519kJ·kg^{-1}。在低于 77K 的温度下，转化熵为几乎恒定的 523kJ·kg^{-1}。因此，液氢在储存容器中转化成仿形之前，都有一个热源（转化熵会在容器中释放出来），这就导致液氢的蒸发（汽化效应）。该反应可以由木炭或金属催化剂（如钨、镍或任何顺磁氧化物，如铬或钆氧化物）催化，甚至在氢完全液化之前，加速邻位化合物转化为对位化合物，避免了蒸发损失。由于热泄漏，液氢储存容器中氢气的蒸发率与所用容器的尺寸、形状和隔热性能有关。因此，LH$_2$（液态氢）储存的主要问题是最大限度地减少液体蒸发造成的氢损失。液化过程能耗大，该工艺对已安装装置的典型能耗需求在 36 ~ 54MJ·kg^{-1} 之间，未来效率优化装置的目标应在 25MJ·kg^{-1} 的范围内。1898 年，杜瓦首次成功地实现了液化过程；1900 年，林德提出了第一台压缩液化器的概念；后来克劳德对其进行了改进。液化过程基于两种膨胀过程：一是使用阀门进行的焦耳 - 汤姆逊膨胀；二是使用膨胀涡轮机或膨胀机进行能量提取的膨胀。最简单的液化循环是焦耳 - 汤姆逊循环（林德循环）。在常温下压缩后，气体在热交换器中冷却，然后通过一个节流阀，在节流阀中进行等熵焦耳 - 汤姆逊膨胀，该过程会产生一些液体。冷却后的气体与液体分离，并通过热交换器返回压缩机。焦耳 - 汤姆逊循环适用于氮气等气体。克劳德工艺是通过膨胀涡轮与焦耳 - 汤姆逊膨胀相结合来实现的。冷却后的气体从液体中分离出来，通过热交换器返回到多级压缩机（通常是二级、三级或四级）。柯林斯工艺或改进的克劳德循环最初是为液化氦气而开发的。通常液化器由六个热交换器和两个往复式膨胀机组成。膨胀机产生的制冷效果与气体的质量流量和入口温度成正比，制冷效果的大小直接决定了该装置的功能用途是作为冰箱还是作为液化器。循环中产生的液化与通过焦耳 - 汤姆逊阀膨胀的质量流量成正比。磁热效应（MCE）也可以用于制冷，磁制冷液化过程共分为四个步骤：绝热磁化、等磁熵传递、绝热退磁、等磁熵传递。该技术可以应用于产生低于 1K 的极低温。总之，液化过程是能源密集型的（氢气的液化能耗为 12～15kW·h·kg^{-1}，比压缩能耗大得多，1kg 氢气的压缩至 700bar 的能耗为 3.2kW·h），液化的成本高昂，1kg 氢气的液化成本达 1.61 美元。因此，大型液氢厂的成本主要取决于能源成本。

低压液氢存储系统具有密度高、成本低的特点，但会遭受蒸发损失。液氢储罐可以是球形或圆柱形，圆柱形储罐可以是水平或垂直结构。普遍认为，球形储气罐更适合于船舶运输，而圆柱形储气罐更适合于货车或铁路运输。文献中给出了用于液氢储存的卧式和立式储罐的技术数据，以及取决于其尺寸的储罐数据。德国林德公司为氢动力公交车研制了一种典型的现代液氢储罐（液氢容量 540L，外径 500mm，总长度 5.5m）。据报道，目前液氢罐的重量密度为 0.06kg H$_2$·kg^{-1} 或 0.04kg H$_2$·L^{-1}；体积能量密度分别为 2kW·h·kg^{-1}，或 1.2kW·h·L^{-1}。目前，位于佛罗里达州卡纳维拉尔角的美国宇航局拥有全世界最大的球形储氢罐，能够在 −253℃下储存 3400m^3 的液态氢。2011 年，壳牌石油股份有限公司在位于柏林的"清洁能源伙伴关系"（CEP）范围内开设了第一座示范加氢站。该站主要用于演示和研究目的，容量可以满足每天约 250 辆氢燃料车辆加注。低温压力容器成功通过循环测试和各种附加测试（压力循环和爆破、环境测试、从 3m 下降、从 10m 下降、枪火测试、明火测试以及低温循环和爆破测试）。这些测试都遵循美国运输部（DOT）、汽车工程师协会（SAE）和国际标准化组织（ISO）所规定的程序要求。安装在福特皮卡（第一代原型车）上的低温容器，最大运行压力为 245bar，内部容积为 135L，可以装载 9.3kg 液氢。使用低温储罐（原型 2）的氢燃料试验车也证实了能够安全运行。这辆氢动力混合动力汽车在劳伦斯利弗莫尔国家实验室（LLNL）的典型交通条件下进行了测试，单箱加满液氢可行驶 1050km，这是氢燃料汽车测试得到的最长距离。低温容器制造商并不是多，相关公司有德国林德公司、法国液化空气公司、美国空气产品公司和普莱克斯公司、英国氧气公司、日本神户制钢、俄罗斯 JSC 公司等。

林德公司为城市公交车建造了移动式液态氢储存系统，如图 7.3 所示。图 7.4 所示为林德公司生产的移动加氢装置。

在全球范围内，在加氢站内进行加氢的案例得到了广泛的演示，如在欧盟欧洲清洁城市交通项目中所展示的那样。

在图 7.5 中，我们可以看到位于慕尼黑附近洛霍夫林德工厂的林德加氢站，该站自 2007 年以来一直在运行。通过相应的分配系统，可以从地上的液氢储罐中同时向使用液态氢或气态氢的不同类型的车辆进行加氢作业。氢气储存在一个 17.6L 的超绝热液氢罐中（带有蒸发系统，供 CGH$_2$ 使用）。

图 7.3　林德移动加氢储氢系统

图 7.4　林德移动加氢站

图 7.5　慕尼黑林德加氢站

7.3　压缩氢气

　　压缩氢气仍然是储存和分配氢气的首选方案，特别是对于汽车行业，因为它具有快速加氢能力和完善的压缩基础设施。图 7.6 描述了不同温度范围内压缩氢的体积密度随压力的变化。氢密度不会随着温度的升高而线性增加。在 30MPa 时，氢的密度为 20kg·m⁻³，在 70MPa 时，密度增加到 40kg·m⁻³。将氢气从常压压缩到 30MPa 或更高的压力，需要大量的能量，该过程可以通过绝热或等温压缩来实现。在绝热压缩的情况下，该过程与周围环境之间没有热交换。在等温压缩过程中，温度保持不变，因此必须考虑气体的冷却。绝热和等温压缩所需的功可以用下列反应来描述：

绝热压缩：$W = \dfrac{\gamma}{\gamma-1} RT_1 \left\{ \left(\dfrac{P_2}{P_1} \right)^{\gamma/\gamma-1} - 1 \right\}$

等温压缩：$W = nRT \ln \dfrac{p_1}{p_2}$

式中，W 是所需的功；R 是理想气体常数，$R = 8.3145\text{J·K}^{-1}\text{·mol}^{-1}$；$\gamma$ 是气体的比热，$\gamma = \dfrac{C_{\text{p}}}{C_{\text{v}}}$；$T$ 是温度（K）。

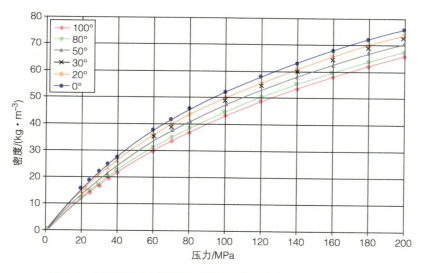

图 7.6　在不同温度范围内，压缩氢气密度与压力的函数关系

　　绝热压缩 1kg 氢气（进口压力 2MPa，出口压力 35MPa），所需功为 5.45MJ·kg⁻¹。等温压缩则需要 3.03MJ·kg⁻¹。压缩可采用机械压缩机（活塞式或膜片式）或非机械压缩机（金属氢化物压缩机、电化学压缩机）来实现。压缩气体必须冷却，该过程等温但非绝热。

　　大部分压缩氢存储在压力高达 30MPa（300bar）的压力容器中。为了在压缩气体存储系统中实现令人满意的能量密度，工作压力已提高到 70MPa，这是当今发展高压缩储罐的最大挑战之一。在选择储罐的材料时，必须特别小心，特别要注意管道、阀门和调节器等设备部件的安全性和平衡。必须考虑氢与储罐材料接触时的特殊特性。这些现象包括氢脆、氢侵蚀、通过金属和非金属的渗透、抗外部腐蚀、抗动态和冲击载荷、防止泄漏以及与静态和循环增压的兼容模式。

除了静态和动态压力负载外，高压气罐在快速充气的过程中还必须能够承受约 140℃的温度。似乎只有采用复合结构才能以经济的方式实现这些极端的结构要求。高达 70MPa 的碳纤维复合材料压力罐可实现 6wt% 的重量储存密度和 30kg·m^{-3} 的体积储存密度。

复合储罐重量轻、耐腐蚀、尺寸稳定，可以在较高的压力下储存气体，但目前还不能保证安全运行。此外，还可以选择复合纤维作为发展方向，以确保材料在给定应用下的最佳用途。复合材料对热力负载敏感（材料的强度和硬度与温度相关），因此，对复合材料储气罐的性能、结构完整性和行为进行了大量研究。其中包括在平面应变和封闭端条件下，对多层玻璃和环氧复合高压气瓶的研究，在瞬态热载荷下对复合储氢气瓶的分析，以及使用有限元模型对高压和局部火焰冲击进行的分析，使用最终差分模型和拉普拉斯变换分析了多层空心圆柱中的热应力，计算了厚壁复合材料各向异性管中的瞬态热弹性应力。对于复合材料储气罐，得出了两种设计类型。

Ⅲ 型完全由碳纤维制成（带有金属里衬，可确保气密性并承受小部分负载），Ⅳ 型具有用于气密性的塑料/合成衬里（衬垫不承受任何结构载荷）。许多 Ⅲ 型和 Ⅳ 型高压储气罐（350bar 和 700bar）可用于汽车应用。根据 Klell 的分析，Ⅲ 型气瓶净容积可从 34L 到 100L，Ⅳ 型气瓶净容积可以从 36L 到 120L。能量密度高于钢瓶，氢重量含量可达 0.049kg·kg^{-1}，重量和体积能量密度分别为 1.633kW·h·kg^{-1} 和 0.533kW·h·L^{-1}（Ⅲ 型，350bar）。在 700bar 压力下，Ⅲ 型气罐的氢重量含量为 0.036kg·kg^{-1}，重量和体积能量密度分别为 1.2kW·h·kg^{-1} 和 0.833kW·h·L^{-1}。对于 700bar 压力下的 Ⅳ 型气罐，最大氢重量含量为 0.055kg·kg^{-1}，相当于重量能量密度为 1.833kW·h·kg^{-1}，体积能量密度为 0.767kW·h·L^{-1}。商用容器（Ⅰ 型）通常由不锈钢制成，额定压力为 200～300bar（20～30MPa），重量和体积能量密度数值相近，约为 0.333kW·h·kg^{-1} 或 0.3kW·h·L^{-1}（罐容积 2.5L），重量和体积能量密度分别高达 0.4kW·h·kg^{-1}、0.367kW·h·kg^{-1} 或 0.4kW·h·L^{-1}、0.533kW·h·L^{-1}（罐容积 50L）。但是，它们相当重，净容积 2.5L 的储气罐的重量为 3.5kg（3.6L），净容积 50L 储气罐的重量为 58～94kg（60.1～64.7L）。Ⅱ 型气罐有一个薄薄的金属衬套，部分带有网格以保持稳定性。据 Klell 称，350bar 的 Ⅲ 型储气罐价格折合为约 40 欧元/kW·h，700bar 的 Ⅳ 型储气罐价格折合为约 150 欧元/kW·h。

7.4 低温压缩氢气

低温下储存的压缩氢（CcH_2）是液态氢和常温下储存压缩气体之间的一种折中方案。CcH_2指的是在低温温度下，将氢气储存在一个可加压到 $250 \sim 350$bar 的容器中，这与目前在常压下的低温容器中储存液态氢的做法相反。低温压缩储氢可包括液态氢、冷压缩氢或两相区的氢（饱和氢液体和氢蒸气）。CcH_2存储利用了液氢的基础设施的优势，可以与 350bar 的 CGH_2 基础设施兼容。低温压缩氢气的密度最大为 71kg · m^{-3}，最大压力为 272bar。CcH_2系统的容量为 $41.8 \sim 44.7$kg · m^{-3}，满足了美国能源部 2015 年的容量目标，即 40kg · m^{-3}，但没有达到 70kg · m^{-3} 的最终目标。带有铝壳的 CcH_2系统的氢重量占比接近美国能源部的最终目标 7.5wt%。涉及低温氢的选项的 WTW（从油井到车轮）效率低于 41%。

低温压缩氢储存技术在加氢站的表现展现出良好的商业前景。值得注意的是，尽管低温压缩的技术风险仍然很高，但迄今为止还没有发现任何阻碍低温压缩的因素。宝马一直致力于并行开发 700bar 的压缩氢气和 350bar 的 CcH_2 车辆存储系统。CcH_2 储罐在汽车上应用的一个标准是结合 CGH_2 压力储罐和液氢储罐的优点同时最小化对两种类型储罐的关键子系统的需求。

宝马林德 CcH_2 泵原型机自 2004 年 4 月开始投入使用，在 300bar 时的性能数据为 80g · L^{-1}，100kg · h^{-1}（最高可达 120kg · h^{-1}），消耗 < 1% 的低热值（LHV）压缩能量。交付的氢气（2012 年 9 月状态）约 45000kg（> 7000 次加氢，带有小尺寸和全尺寸储罐系统）。宝马 CcH_2 加氢站自 2011 年 11 月开始运营。目前正在积极研究和开发低温压缩氢系统（项目包括：Cryosys，Hymod，Cryocode，Cryofuel）。

图 7.7 展示了宝马低温压缩储氢罐的概念（原型 2011 年）。它是基于将液态氢压缩到超临界压力水平，并将其以低温压缩氢气的形式储存在适用于低温温度的绝热加压容器中的想法。低温压缩储罐的设计与液氢储罐的设计相似。

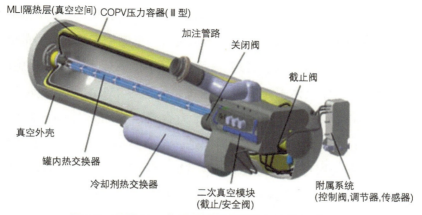

图 7.7 宝马 2011 年设计的超级隔热低温储氢罐原型

它包括一个内部容器（一个带有金属内衬的碳纤维增强复合材料压力容器），一个真空超绝热全封闭层，带有多层辐射屏蔽，以最大限度地减少进入内部容器的热量输入，以及一个用作真空外壳的轻质外部容器。有人强调，宝马 CcH_2 存储的核心部件已通过实验证明符合高密度存储、快速无损耗换料和耐久性的要求。与目前可用的储氢罐相比，低温压缩储氢罐具有最高的基于系统的体积和重量存储密度潜力（对于 350bar 的 CcH_2，$2.0kW \cdot h \cdot kg^{-1}$ 和 $1.2kW \cdot h \cdot L^{-1}$；对于 700bar 的 CGH_2，$1.6kW \cdot h \cdot kg^{-1}$ 和 $0.8kW \cdot h \cdot L^{-1}$；对于 350bar 下的 CGH_2，$2.0kW \cdot h \cdot kg^{-1}$ 和 $0.6kW \cdot h \cdot L^{-1}$）。此外，与锂离子电池（$0.15kW \cdot h \cdot kg^{-1}$ 和 $0.25kW \cdot h \cdot L^{-1}$）相比，储氢罐的体积和重量系统存储密度要高得多。

宝马低温压缩储罐的工作压力可达 35MPa，温度可从 +65℃降至 −240℃，与环境碳纤维增强压力容器相比，低温压力容器的复合材料和金属材料可承受高负荷。宝马坚信，与加压氢气和液氢储存技术相比，在低温压缩罐中储存氢气具有更多优势、机会和潜力。低温压缩氢和压缩氢基础设施使得不同氢供应路径的加气站具有很高的加氢灵活性。研究表明，CcH_2 存储系统可以满足典型的汽车生命周期要求和安全性要求。储存容器和关键部件的安全运行和结构耐久性（压力和温度循环、静压和车辆振动）的验证工作已经成功完成。例如，在 CcH_2 原型罐上进行 1 次和 20 次循环的系列试验，然后在每种情况下进行爆破试验，已证明内罐的静强度没有衰减；但是，还需要进一步的测试。当比较不同储氢系统的绝热膨胀能时，可以得出结论，在发生故障的情况下，氢在低温下的低绝热膨胀能（低于 5～16 倍）提供了高水平的安全性。到目前为止，无须对车辆油箱进行预冷的单流低温压缩换料似乎是最快、最有效的方法。在这种情况下，加氢站只需要一个冷冻泵和液氢储罐；不需要高压罐阵列和额外的设备，如热交换器和气体压缩机。

低温压缩氢储罐系统在汽车领域的应用已经进行了技术评估，包括车载和非车载性能和成本。该评估基于如图 7.8 所示的第三代（Gen-3）储罐设计和由 LLNL 和结构复合材料工业（SCI）建造的原型容器。对 Gen-3 系统概念进行了分析，以确定其满足 2010 年、2015 年和美国能源部对于燃料电池和氢燃料车辆储氢、车辆（车载）所需的储氢系统以及为车载系统（非车载）加氢所需的热管理、燃料循环、能源成本和基础设施的最终目标。原型低温压缩储存容器的储氢体积为 151L（系统总体积为 253L，系统重量为 145kg），可在 20.3K 和 1bar 压力下储存 10.7kg 液态氢。压力容器由 9.5mm 厚的铝制内衬组成，内衬包裹着碳纤维复合材料。纤维缠绕容器周围是一个充满多层隔热层的真空间隙。此外，3mm 不锈钢外壳和平衡装置设备构成系统。该系统充满了气态氢，能够在 272bar 和 300K 的条件下存储 2.8kg 压缩氢。该系统充满液态氢，额定可用体积密度为 $44.5kg \cdot m^{-3}$，重量容量为 7.1wt%（分别为 $1.5kW \cdot h \cdot L^{-1}$ 和 $2.3kW \cdot h \cdot kg^{-1}$）。

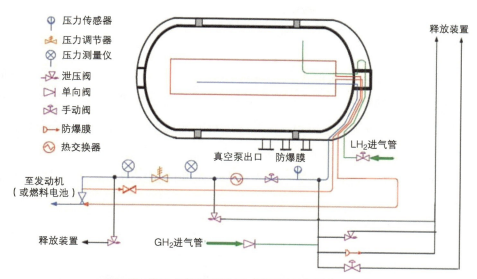

图例：
- 压力传感器
- 压力调节器
- 压力测量仪
- 泄压阀
- 单向阀
- 手动阀
- 防爆膜
- 热交换器

释放装置

LH₂ 进气管

真空泵出口   防爆膜

至发动机
（或燃料电池）

释放装置   GH₂ 进气管

图 7.8　第三代低温压缩 H_2 储罐系统的设计示意图

表 7.3 描述了汽车用低温压缩储氢罐与 2010 年、2015 年和能源部轻型车辆车载储氢最终目标的技术评估。

表 7.3　原型和 LLNL Gen-3 低温压缩 H_2 储存系统的评估结果摘要

性能和成本指标	单位	第三代量产	第三代原型	2010 年目标	2015 年目标	终极目标
可用存储容量（标称）	kg H₂	5.6	10.4	—	—	—
可用存储容量（最大值）	kg H₂	6.6	12.3	—	—	—
系统重量容量	wt%	5.5～9.2	7.1～12	4.5	5.5	7.5
系统体积容量	kg H₂·m⁻³	41.8～44.7	44.5～47.1	28	40	70
储氢系统成本	$kW·h⁻¹	12	8	4	2	TBD
燃料成本	$gge⁻¹	4.80	—	2～3	2～3	2～3
循环寿命	Cycles	18000	18000	1000	1500	1500
最小输送压力	atm	3～4	3～4	4/35	3/35	3/35
系统充氢速率	kg H₂·min⁻¹	1.5～2	1.5～2	1.2	1.5	2.0
最低休眠功率（满罐）	W-d	4～30	7～47			
氢气损耗速率	g·h⁻¹·kg⁻¹H₂	0.2～1.6	—	0.1	0.05	0.05
WTW 效率	%	41.1	—	60	60	60
GHG 排放量（等效 CO₂）	kg·kg⁻¹H₂	19.7				
业主成本	$/mile	0.12				

在重量系统容量方面，冷冻压缩选项超过了美国能源部 2010 年 4.5wt% 的目标（比例为 5.5～9.2wt%，原型为 7.1～12wt%），并满足 2015 年和最终目标。在容积容量和给定的 DOE 目标的情况下，Gen-3 的 41.8～44.7kg H_2·m⁻³ 远远超过 2010 年 28kg H_2·m⁻³ 的目标，并达到 2015 年 40kg H_2·m⁻³ 的目标，但低于 70kg H_2·m⁻³ 的最终目标（Gen-3 达到设定最终目标值的约 60%～64%）。

7.5 固态储氢的材料和系统相关问题

高效紧凑的固态储氢方式似乎是移动应用氢经济中最具挑战性和要求最高的部分（图 7.9），因此，这种储存氢气的方式是业内花费大量精力的领域。目前，缺乏合适的储氢材料限制了氢在汽车领域的广泛应用，尤其是燃料电池汽车。尽管气态或液态氢存储是车载存储的潜在候选者，但上述部分所述的蒸发效应造成的损失以及对高液化能量的要求是主要缺点。因此，当考虑到能源效率、安全性、重量和体积存储容量时，固态氢存储具有潜在的优越性。

Mg₂NiH₄   LaNi₅H₆   H₂(液态)   H₂(200 bar)

图 7.9　储存 4kg 氢气的不同方案与汽车尺寸的比较

关于美国能源部为轻型汽车车载储氢系统设定的技术目标和要求，一些材料在重量和体积储氢能力方面符合标准，但目前看来，它们无法满足系统级别的目标（2017 年为 $0.055kg\ H_2 \cdot kg^{-1}$ 和 $0.040kg\ H_2 \cdot L^{-1}$ 系统），如图 7.10 所示。

此外，还有一些其他因素严重限制或阻碍了它们的实际应用，如不可逆性/循环性、热力学障碍和氢吸收/释放的缓慢动力学。与气体和液体储存相比，这种材料应该是安全的、重量轻的和廉价的储存介质。

根据固体材料或化合物与氢之间形成的键的性质，可以考虑固态储氢的两种类型：化学储氢和物理储氢。在化学储存中，氢以化学方式与固体中的化合物原子结合（形成化学键）。因此，氢的吸收和释放（加载和卸载）涉及在块体表面吸收氢和形成化学键之前的化学吸附步骤。化学储存通常需要高温才能释放氢气。在物理储存过程中，氢分子通过较弱的范德华相互作用与固体表面或多孔固体表面的原子相互作用。这种相互作用包括两个项：

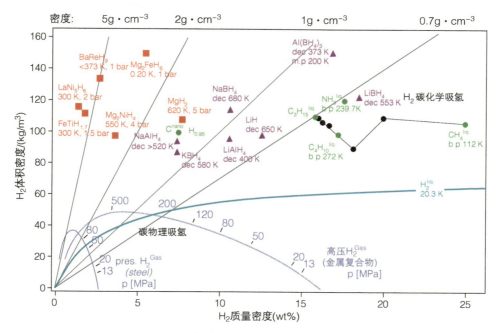

图 7.10 一些选定氢化物的体积和质量密度

一个吸引项，随分子与表面之间距离的负 6 次方而递减，另一个斥力项，随距离的负 12 次方而递减。结果表明，在距离吸附质约 1 个氢分子半径（约 0.2nm）处分子势能最小。能量最小值约为 0.01 ～ 0.1eV（1 ～ 10kJ·mol^{-1}）。由于弱相互作用，只有在低于 273K 的低温和 / 或非常高的压力下才能观察到显著的物理吸附。里尔登等人介绍了固态储氢技术的最新进展，重点是储氢的物理和化学方面。强调了满足固态储氢系统实际需求的新兴途径，包括纳米结构技术在改变动力学和热力学方面的作用，以及无机纳米结构作为物理和化学储氢系统之间不断演变的中间材料的作用。物理和化学储存方式都可以从纳米改性中受益。Dornheim 广泛分析了改变新型轻质氢化物反应焓的作用。破坏氢化物稳定性的经典方法是替换金属晶格，从而形成新的金属间氢化物。这一概念已在传统金属氢化物上成功得到证明，使得大量具有不同热力学性质的氢化物形成，并扩展到复杂和轻质的氢化物。改变单组分氢化物反应焓的一个有吸引力的概念是将它们与适当的反应添加剂混合。用 F 阴离子取代体系取代 H 位的第一个结果表明，对于络合氢化物有很好的结果。研究表明，使用纳米添加剂（如过渡金属）作为催化剂可以提高轻质金属氢化物的吸氢 / 释氢能力。与本体相比，纳米设计方法可以显著改善吸附动力学，增强相互作用强度，从而降低氢释放温度已得到证实。图 7.11 描述了几种储氢材料的吸附 / 解吸焓。可见，化学吸附材料的吸附 / 解吸焓与物理吸附材料的吸附 / 解吸焓不同。对于接近环境温度的氢吸附（15 ～ 25kJ·mol^{-1}H$_2$），化学吸附材料的焓高于理想焓，而物理吸附材料的焓低于理想焓。

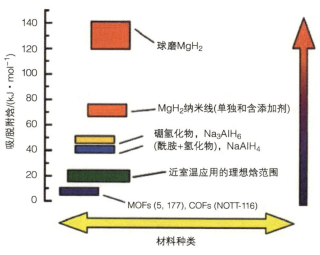

图 7.11　不同类型储氢材料的吸附焓范围

7.5.1　物理储存概述

活性炭（AC）、沸石、石墨烯、金属有机骨架（MOF）、共价有机骨架（COF）等配位聚合物和聚合物等多孔材料都是广泛研究的物理吸附储氢材料。如上所述，在物理吸附机制中，氢仅以分子方式储存在固体材料表面。因此，只有高 SSA 的多孔材料才适合分子储氢。氢的分子吸附是通过弱弥散力（范德华力在 $1 \sim 10kJ \cdot mol^{-1}$ 范围内）发生的，并且是完全可逆的非活化过程，这意味着氢可以在表面吸附和释放，在几个循环中没有任何损失。吸附是一个放热过程，释放热量，由于氢分子的低极化率，吸附热很低。用吸附等温线（如 Langmuir，Brunauer-Emmet-Teller-BET，Henry）描述多孔材料上的吸附过程是最好的。Benard 和 Chahine 讨论了物理吸附作为氢气存储介质的用途和局限性。最佳吸附剂可通过以下优化参数确定：氢分子与材料的特征结合能、吸附过程的可用表面和吸附物的体积密度。结合能是决定以固体为基础的储氢系统工作温度的因素。理想情况下，碳基材料的结合能应该在 $0.2 \sim 0.8eV$（$19.29 \sim 77.1kJ \cdot mol^{-1}$）之间，这样氢气就可以在不施加高压的情况下保持在操作条件下，并在适度加热后释放出来。理想的储氢材料应具有非常高的比表面积，超过 $2000m^2 \cdot g^{-1}$。多孔表面储存氢的量可以用绝对储存容量和过剩储存容量来表示。绝对存储容量由理论计算确定，是指吸附在多孔介质上的氢量，不考虑气相。量吸附是基于实验测量的，被描述为在给定温度和压力下，在含有吸附剂的给定体积中储存的气体量与在没有气固相互作用的情况下在相同条件下储存的气体量之间的差值。过量吸附和绝对吸附之间的差异可表示如下：

$$N_{ex} = N_{ads} - \rho_g(V_0 - V_g) = N_{ads} - \rho_g(V_a)$$

式中，N_{ex} 表示过渡吸附；N_{ads} 表示样品上吸附的气体量；ρ_g 表示气体密度；$V_0 - V_g$ 表示实际自由体积和测量自由体积之间的差异，在没有吸附相的情况下使用氦；V_a 表示被吸附相占据的体积。

在低温和高压条件下，绝对吸附不同于过量吸附。前者在 77K 下对多孔材料的绝对吸附为朗缪尔型（单层：在表面上单层的形成；在平台处，氢的吸收达到最大值），而后者在高压下不会到达平台。在室温下，只有极少量的氢储存在多孔表面上；它可以在低温下增加，通常是在 77K 的液氮中。

碳基纳米多孔材料，如 AC、单壁碳纳米管（SWNTs）、多壁碳纳米管（MWNTs）和石墨，在过去的十年中引起了人们的广泛关注和兴趣，因此许多文献作者都将其作为很有前途的储氢吸附剂进行了研究。纯碳材料的结合能在 4 ~ 15kJ·mol⁻¹ 之间；较低的值通常适用于石墨和 AC，而较高的值通常适用于单壁碳纳米管和多壁碳纳米管。可以观察到，根据所选择的方法和实验条件，碳纳米管上的储氢容量可以从 0.02wt% 到近 10wt% 不等，如图 7.12 所示。

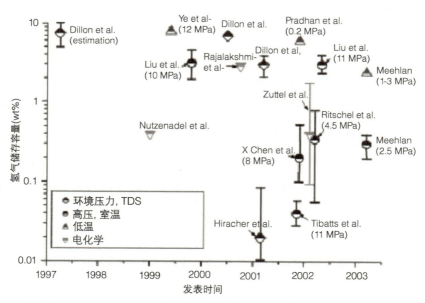

图7.12　不同文献作者报道的单壁碳纳米管储氢容量、方法和操作条件

在低温条件下，Pradhan 等人在单壁碳纳米管上获得了 6wt% 储氢容量；然而，Gundiah 等人报告的数值明显较低，为 0.2 ~ 0.4wt%。Poirier 等人在 77K 和 4MPa 的条件下，达到最大过量吸附（1.5 ~ 2.5wt%），但在室温（压力 4MPa）下，它小于 0.4wt%。Gundiah 等人观察到，通过二茂铁和乙炔热解制备的多壁碳纳米管的最大存储容量为 3.7wt%，另外还进行了酸处理。其他不同方法制备的碳样品的值均较低。例如，通过乙炔热解合成的

多壁碳纳米管仅为 0.2wt%，二茂铁热解法制备的多壁碳纳米管为 1.0wt%，电弧放电法制备的石墨化较好的多壁碳纳米管为 2.6wt%。AC 具有 $500 \sim 2500 m^2 \cdot g^{-1}$ 的高表面积，可以吸附微观孔隙中的氢。它们大多是直径小于 2nm 的强吸附微孔和直径为 $2 \sim 50nm$ 的中孔，主要起传输通道的作用。在直径为 $100 \sim 200nm$ 的大孔中，其表面的吸附过程可以忽略不计，并且与中孔一样，它们充当传输通道。在室温和 6MPa 条件下，在 AC 上的储氢量仅为 0.5wt%，而在 77K 和压力 $4.5 \sim 6MPa$ 下的储氢量显著增加，达到了 5.2wt%。对核桃壳和锯末与磷酸混合炭化得到的活性炭进行的实验表明，在 77K 和 $1.2 \sim 1.5MPa$ 压力下，氢容量为 $2.2 \sim 2.8wt\%$。石墨烯储氢的前景备受关注，石墨烯是由蜂窝状碳原子和石墨烯结构构成的二维单原子厚晶体。文献总结了石墨烯基纳米材料在储能领域的研究进展。大部分研究始于 2008 年，因此，这个领域是年轻的、活跃的和有前途的。从理论上讲，石墨烯是一种理想的材料，可以实现 DOE 的储氢目标。理论研究表明，对于间隔 6Å 的石墨烯层，一个单层氢可以容纳在中间石墨烯结构内（在 5MPa 下产生 $2 \sim 3wt\%$ 的存储容量）。一种很有吸引力的可能性是，通过将两层石墨烯间隔 8Å，将两层氢分子存储在一个石墨烯 - 石墨烯夹层中，这可能导致 H_2 的存储容量为 $5.0 \sim 6.5wt\%$。石墨烯稳定而坚固；另一方面，它具有机械稳定性，因此能够在室温下实现新的装载 / 卸载方式。在高压和低温条件下，化学吸附石墨烯的最大重量密度可达 8.3%，对应于化学计量比为 C∶H = 1∶1 的完全饱和石墨烯片。在室温下，重量密度范围为 $3 \sim 4wt\%$。由于分子氢与石墨 / 石墨烯之间的弱相互作用，人们研究了几种提高结合、重量和体积存储容量的方法。一种途径是碱原子（Li，Na，K）的化学掺入，并且分析金属原子与石墨烯纳米结构之间的结合能将发现，吸附在石墨烯和纳米结构石墨烯上的每个锂原子能够吸附多达 4 个氢分子，使密度增加到 10% 左右。根据密度泛函理论（DFT）计算，吸附在石墨烯和富勒烯上的 Ca 原子可以获得约 8.4wt% 氢储量并在室温下循环利用。通过 DFT 计算，在 300K 和 0.1GPa 条件下，铝掺杂石墨烯（一个铝原子取代一个碳原子）的储氢容量为 5.13wt%，吸附能 E_b 为 $-0.260eV/H_2$。这接近美国能源部规定的目标：在环境温度和适度压力下，存储容量为 6wt%，结合能为 $-0.4 \sim -0.2eV/H_2$，适用于商业应用。研究发现，铝可以改变石墨烯层和氢分子的电子结构。据信，如果更多的金属原子吸附在石墨烯表面，氢的吸收能力将增加，如果在它们之间转移更多的电荷，则重量会得到加强。DFT 模拟表明，将 Ti 原子与 4 个氢分子结合在石墨烯的两侧，可以获得超过 7wt% 的重量容量。将钯原子加入石墨烯后，在 30bar 和室温下，石墨烯的重量密度从 0.6wt% 增加到 2.5wt%。一种有趣的模拟概念是通过石墨烯曲率的变化来控制氢的储存，"必要时，可以通过将凸面变为凹面迫使氢气解吸"。因为这个结构不稳定，氢会自动解吸。由于氢键结合能的变化，石墨烯在凸面处的化学吸附有利于氢的释放，而在凹面处的化学吸附有利于氢的释放。在模拟的基础上，提出了一种多层石墨烯存储系统，它可能导致一个氢系统控制曲率的变化，以吸收和释放氢（图 7.13）。

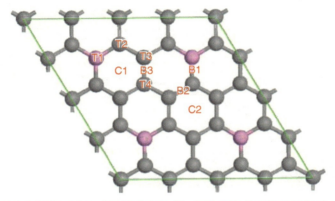

图 7.13　铝掺杂石墨烯上的九个不同吸附位点，灰色和粉红色的球分别是 C 和 Al 原子

　　研究的氢物理吸附存储行为在分级石墨烯基材料上展示，该材料使用基于真空的低温加热工艺，然后进行惰性气体保护热处理，由约 0.8nm 的微孔、约 4nm 的中孔和 50nm 以上的大孔组成，具有高达 $1305m^2 \cdot g^{-1}$ 的 BET 表面积，显示出超过 4.0wt% 的显著容量提高。在实际应用中，可以通过金属掺杂、表面功能化和边缘位置裁剪进一步提高石墨烯材料的储氢能力。对热剥离石墨烯（TEG）的实验研究表明，在 77K 和 1bar 时，$500mg \cdot g^{-1}$ SSA 的表面积约为 0.5wt% H_2，吸氢容量随表面积增加而线性增加。通过有机功能化和三甘醇的交联进一步改善了氢的吸收。与原始 TEG 相比，功能化和交联的 TEG（f-TEG）显示出更高的吸氢能力（在 77K 和 2bar 下，$500m^2 \cdot g^{-1}$ 的 f-TEG 单位表面积的吸氢量约为 1.9wt%）。

　　MOFs（又称配位框架材料、配位网络材料或配位聚合物）是一类近年来被广泛研究用于储氢的物理储氢材料，其比表面积高达 $1000 \sim 6000m^2 \cdot g^{-1}$，密度降至 $0.21g \cdot cm^{-3}$。它们可以被认为是沸石材料的类似合成物，通常具有三维框架。MOFs 由无机团簇组成，通过有机连接剂形成强键。MOF 框架相互连接，形成有序的通道或孔隙网络。MOFs 的多孔性允许小分子气体储存，例如 CO_2、CH_4 和 H_2。气体可以从这些结构的孔隙中捕获和释放，这个过程是可逆的。自 2003 年以来，MOF 成为储氢材料的候选材料，当时合成了由具有立方三维扩展多孔结构的无机成分 Zn_4O（BDC）$_3$（BDC 是 1，4- 苯二羧酸盐）组成的 MOF-5。这种 MOF-5 在 78K 时能吸收 4.5wt% 的氢，在室温和 20bar 时能吸收 1wt% 的氢。在低温下测量了七种 MOF 化合物的吸氢量后发现，最大过量氢密度在 $2.0 \sim 7.5$wt% 之间。MOF-177 为 7.5wt%，IRMOF-20 为 6.7wt%，分别具有 $32g \cdot L^{-1}$ 和 $34g \cdot L^{-1}$ 的高体积密度。研究中发现，MOF 的表面积与氢饱和吸收之间存在线性关系。已在选定的 MOF 上通过实验确定了以下氢重量容量和 77K 下的相应 SSA。MOF-5 表示 4.5wt%（$2000m^2 \cdot g^{-1}$）；

MOF-177 为 7.5wt%；IRMOF-6 为 4.8wt%，50bar（3300m² · g⁻¹）；IRMOF-11 为 3.5wt% （在 35bar，2340m² · g⁻¹ 下）；IRMOF-20 为 6.7wt%（在 20bar，2932m² · g⁻¹ 下）；CU₂（QPTC）为 6.06wt%；HKUST-1 为 3.6wt%（在 10bar，1958m² · g⁻¹ 下）；MIL-101 为 6.1wt%（5550m² · g⁻¹）。图 7.14 和图 7.15 分别描述了选定 MOFs 的重量密度和体积密度。

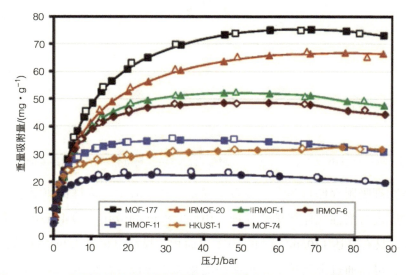

图 7.14　77K 下活化材料的高压等温线，以重量单位表示，代表表面过量吸附，填充的标记代表吸附；空心标记代表脱附

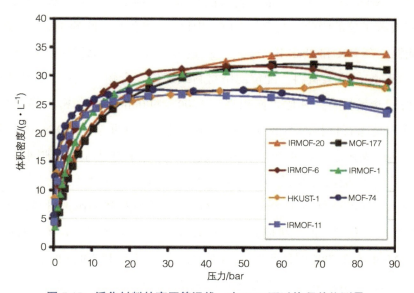

图 7.15　活化材料的高压等温线，在 77K 下以体积单位测量

在低温（77K）下发生高重量吸氢，而在室温下，吸氢量降低至约 1wt%。有人提出，在室温下氢结合能为 15kJ · mol⁻¹，多孔材料可被视为潜在的储氢介质。有人建议，为了有效地输送氢气，在室温和压力范围为 1.5 ~ 30bar，氢气熵应在 22 ~ 25kJ·mol^{-1} 的范围内，研究了几种通过改性纳米结构来提高热熵的策略。Reardon 等人对此进行了总结，它们包括暴露于氢结合的金属位置、用金属离子掺杂 MOF、涉及插入另一个骨架或非挥发性客体的浸渍、涉及氢在金属表面上的解离步骤的氢溢出、当两个单独的 MOF 骨架在彼此内部自组装时发生的连环化。文献对一种纳米管 MOFs 亚家族的结构分析和气体吸附研究进行了研究。50℃下多孔配位网络 PCN-19 的探索表明，在 77K 和 760Torr（1Torr = 133.322Pa）时，它可以吸收 0.95wt%（过量）。随着压力增加到 48bar，PCN-19 的过量重量吸氢量在 77K 时达到 1.67wt%，而获得的绝对重量吸氢量为 2.20wt%。这些值低于 MOF，这可以归因于 PCN-19 比 MOF 低得多的表面积。最近，COFs（有机结构构建单元通过强共价键结合在一起，例如，C-C、C-O、B-O 和 Si-C）被发现是很有前途的储氢候选物，因为它们的低密度和超高孔隙率。利用巨正则蒙特卡罗（GCMC）模拟对原型 COFs 的理论研究表明，三维 COFs 是最有希望用于实际储氢的候选材料。已经证明，有序 COF 的合成是可能的，并且可以通过在制备过程中选择元素和条件来实现预先设计的结构和性能。在 77K 下，COF-105 在 8MPa 下的最高预测过量吸氢量为 10.0wt%，而 COF-108 在 10MPa 下的最高预测过量吸氢量为 10.0wt%。根据该值，COF 比代表性 MOF 好得多，MOF-177 的最高测得吸氢量为 7.5wt%。根据总吸附等温线，COF-108 在 77K 和 10MPa 下可储存高达 18.9wt% 的氢，其次是 COF-105 为 18.3wt%，COF-103 为 11.3wt%，COF-102 为 10.6wt%，COF-5 为 5.5wt%，COF-1 为 3.8wt%。COF-102、COF-103、COF-108、COF-105、COF-1 和 COF-5 的最大吸氢量分别为 49.9g·L^{-1}、49.8g·L^{-1}、39.9g·L^{-1}、39.5g·L^{-1}、36.1g·L^{-1} 和 33.8g·L^{-1}。综上所述，COF-105 和 COF-108 是最适合储氢的 COF，在所有材料中结合能储氢值最高。Wu 等人对 MOF 和 COF 的结合特征进行了有趣的研究，他们认为这种结合可以为开发新的多孔材料 "MOCOF" 提供完美的机会，其中 MOF 的配位键和 COF 的共价键可以在混合材料中赋予独特的优势。结果表明，在 77K 和 1bar 条件下，BIF-9-Li 的吸附量为 1.23wt%（体积吸收量为 9.23kg·m^{-3}），而 BIF-9-Cu 的吸附量为 1.06wt%（体积吸收量为 8.58kg·m^{-3}）。此外，还对聚合物进行了研究，并针对气体储存的可能性进行了优化。该聚合物包括聚乙炔、$(C_2H_2)_n$、聚苯胺（PANI）、聚吡咯（PPY）、聚脲（P-尿素）和聚酰胺胺（PAMAM）、聚苯乙烯（PS）和固有微孔聚合物（PIM）。

7.5.2　化学储存概述

在化学储存中，氢以化学方式结合在化合物中。因此，氢气的装载和卸载（吸收 - 释放过程）涉及化学吸附步骤，然后再吸收氢气并形成化学键。因此，在化学储存中，氢的结合相对较强，使用此类材料的许多挑战与脱氢的热力学和动力学有关。由于氢和金属、金属间化合物和合金之间的反应，可以形成固态金属氢化合物。金属氢化物由金属和合金形成，可以可逆地储存（吸收）大量氢气，同时在吸收过程中释放热量。相反，当热量传递到化合物时，氢会被释放（解吸）。这个过程可以用以下等式来描述：

$$Me + \frac{x}{2}H_2 \longleftrightarrow MeH_x$$

金属氢化物是一种重要的储能材料。人们仍在广泛研究车载应用。金属氢化物不仅可以用作潜在的储氢材料，例如 MgH_2，还可以用作未来生产复合氢化物的前驱体，例如，$LiAlH_4$ 可以通过 LiH 与分散在溶剂中的 $AlCl_3$ 反应或通过将 AlH_3 与 NaH 研磨反应来大规模生产。金属氢化物在工业中有广泛的应用。它们用于固定和移动应用中的储氢、电化学（电池、催化剂）、氢气处理中的混合气流分离、净化、同位素分离、压缩和吸杂（例如惰性气体净化或真空维护）。金属氢化物也用于热应用，如储热、热泵、制冷或在材料加工，如磁铁加工。

轻金属如锂、钠、镁、铝、硼、铍形成多种金属氢化物（轻金属氢化物）。它们特别有趣，因为它们重量轻，而且每个金属原子可以容纳一个或多个氢。尽管储氢密度高，但它们的脱附温度高，动力学差，热力学不可逆。简单的二元金属氢化物根据金属-氢键的性质可分为三种类型：离子或盐碱型金属氢化物、共价金属氢化物和金属氢化物。离子或盐碱氢化物包括从钙到钡的所有碱金属和碱土金属的二元氢化物，氢以带负电荷的离子 H^- 存在。共价金属氢化物由氢和非金属组成，一般具有低熔点或低沸点。大多数共价氢化物在室温下呈液态或气态，而固态氢化物通常不稳定，例如硅烷、硼氢化铝、碳氢化合物。含氢的碳氢化合物包括芳香烃，如环己烷、甲基环己烷、癸烷和异芳香烃，如咔唑或苯醌，这种烃类的储氢能力在 $6 \sim 8wt\%$ 范围内。金属氢化物中，氢作为一种金属，由过渡金属形成金属键，包括稀土和锕系元素，例如 TiH_2 或 ThH_2。金属间化合物是通过合金化一种金属形成的，通常是对氢（A）具有高亲和力的稀土或碱土金属，通常与另一种元素（B）形成稳定的二元氢化物，后者通常是对氢亲和力较低的过渡金属，只形成不稳定的氢化物。根据它们的化学计量比，金属间化合物可按表 7.4 所列进行分类。仔细选择 A 和 B 元素可以在很宽的压力范围内提供氢源。氨硼烷（AB_5）氢化物的典型例子是 $LaNi_5$。氢在 $LaNi_5$ 上的吸附-解吸可以用以下公式来描述：

$$LaNi_5 + 3H_2 \longleftrightarrow LaNi_5H_6; \quad \Delta H = -31kJ \cdot mol^{-1}$$

表 7.4　金属间化合物的金属氢化物，包括原型和结构

金属间化合物	原型	氢化物	结构
AB_5	$LaNi_5$	$LaNiH_6$	Haucke 相，六方
AB_2	ZrV_2，$ZrMn_2$，$TiMn_2$	$ZrV_2H_{5.5}$	Laves 相，六方或立方
AB	$TiFe$，$ZrNi$	$Ho_6Fe_{23}H_{12}$	立方，CsCl or CrB type
A_2B	Mg_2Ni，Ti_2Ni	Mg_2NiH_4	立方，$MoSi_2$ or Ti_2Ni type
AB_3	$CeNi_3$，Yfe_3	$CeNi_3H_4$	六方，$PuNi_3$ type
A_2B_7	Y_2Ni_7，Th_2Fe_7	$Y_2Ni_7H_4$	六方，Ce_2Ni_7 type
A_6B_{23}	Y_6Fe_{23}	$Y_2Ni_7H_3$	立方，Th_6Mn_{23} type

资料来源：Wiley VCH。

　　一般来说，除镍、硼外，AB_5 还可以由 Co、Al、Mn、Fe、Sn、Si、Ti 等元素组成。这一家族的现代合金主要是基于镧系混合物与不同的金属，如 Ce+La+Nd+Pr（元素 A）和 Mn+Co+ Al+Fe...（元素 B）。一般而言，AB_5 化合物不显示高重量氢容量，但它们易于活化并且对氢中的少量氧和水具有耐受性。金属氢化物的稳定性通常用范霍夫图表示。可以看出，等温压力 - 成分滞后位于范特霍夫图的下部。用 AB_5 型金属间储氢合金机械研磨少量钯或铂，可显著改善合金的吸氢和解吸性能（图 7.16）。AB_5 家族代表一组 330 种化合物，A_2B 型 103 种化合物和 AB 型 156 种化合物。AB_2 族金属间化合物代表了最广泛的可能材料，有近 509 种化合物。这些 AB_2 合金比其他金属间氢化物更难活化，但一旦活化，它们显示

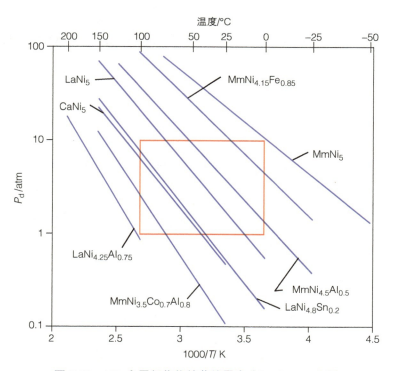

图 7.16　AB_5 金属氢化物的范特霍夫（Van't Hoff）图

出良好的加氢 - 脱氢动力学。A 元素可以来自 IV A 族（例如 Ti、Hf、Zr）和（或）可以包括原子序数为 57 ~ 71 的稀土金属。B 元素以多种过渡金属和非过渡金属为代表。AB_2 重量氢容量一般略高于 AB_5。一些例子包括从 1.5wt%（$ZrFe_{1.5}Cr_{0.5}$）到 2.43wt%（$TiCr_{1.8}$）范围内的化合物。在美国能源部和桑迪亚国家实验室（SNL）的支持下，国际能源署（IEA）的数据库中提供了有关金属间化合物及其储氢特性（包括特定元素、合金和工程特性）的详细信息。

图 7.17 显示了金属氢化物家族树的图示。复杂的化学氢化物在许多方面都显示出比"双体"更多的机会。硼氢化物、铝氢化物（铝酸盐）和酰胺在储存容量、可逆性、成本和毒性方面接近满足美国能源部的目标。Yang 等人概述了主要储氢类别的性质，包括传统金属氢化物（如 $LaNiH_6$）、复合氢化物（如 $NaAlH_4$）、化学氢化物（如 NH_3BH_3）、吸附剂系统（如 MOF-5），以及技术挑战的趋势。关于轻质复合氢化物的综述提供了这些材料的大量详细信息，从合成、晶体结构、加氢 - 脱氢过程的热力学和动力学到储氢能力。所描述的材料包括铝酸盐、硼氢化物、酰胺 - 酰亚胺系统、胺硼烷和铝烷等。人们已经强调，在这种材料中储氢是可再生能源系统的一个新兴和有前途的研究领域。结果表明，丙酸盐，尤其是 $NaAlH_4$，属于复合氢化物体系，其次是硼氢化物和酰胺体系。硼氢化钠 $NaBH_4$ 是一种潜在的储氢材料，已被广泛研究，其理论重量容量为 7.5wt%（物质水平）。经过大量的研究和开发，美国能源部推荐了一种用于车载汽车储氢的硼氢化钠 No-Go，并建议研究另一种有前途的储氢材料 AB。该建议的理由主要集中在存储容量与 DOE 目标、偏硼烷钠、

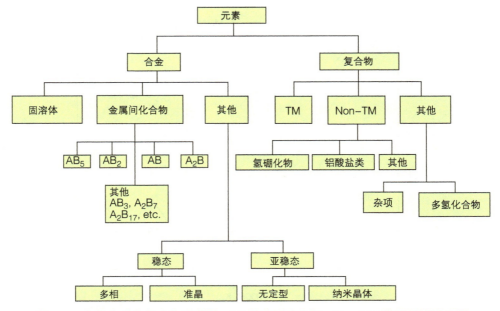

图 7.17　氢化合金和复合物系谱图；TM 代表过渡金属，Non-TM 代表非过渡金属

二氧化二钠副产品的形成，以及由此产生的回收利用，以及最后但并非最不重要的高成本。为了响应这一建议，研究人员继续对 $NaBH_4$ 感兴趣，主要集中在利用其固体形式，而不是水溶液。与传统的催化水解方法相比，这种体系的储氢能力有所提高。2011 年发表了一篇广泛的研究综述，包括贵金属和非贵金属催化剂，以及对几种存储系统替代设计的评价。

以下介绍带电解槽的固态储氢系统。

镁氢化物 MgH_2（6.7wt%）作为一种潜在的储氢材料受到了广泛的关注。2013 年 9 月，法国 McPhy 公司成功展示了世界上第一台将工业规模的电解槽与 100kg 固态储氢装置（能量含量为 3.3MW·h）耦合的装置，该装置以氢化镁 MgH_2 为氢源。

该演示是法国 PUSHY 项目第一阶段的结果，也是商业范围内的第一个。使用氢氢化镁的主要原因是基于几个优点，如完全可逆的氢存储、高循环稳定性、能源成本和维护节省相比现有的氢存储解决方案（约 10%~25% 的能量含量的气体用于压缩）。与压缩或低温存储相比，其安全风险显著降低，最后但并非最不重要的是，PEM 燃料电池或氢燃气轮机进口卸载压力低 2bar。McPhy 氢化镁以圆盘的形式制造，其中一个含有 600L 氢气（图 7.18）。当放在容器中时，通过乘以容器的数量，固体存储可以容纳数百千克甚至几吨。

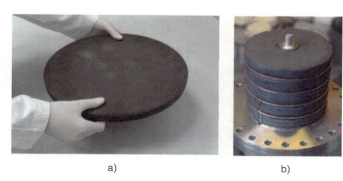

a)   b)

图 7.18 含有 600L 氢气的 McPhy 氢化镁圆盘和压实的 MgH_2 圆盘

2011 年验证了 4kg 的氢储存原型。目前，McPhy 能够提供（高能系统 -HES，基于 McPhy 相变材料 -PCM，作为蓄热提高系统效率，主要用于能源应用）绝热储存 25kg 氢气（275Nm³，相当于 830kW·h）和 HDS（高密度系统，无 PCM 技术，主要用于工业用途，与 HES 相比，能够在相同体积内储存更多氢气）非绝热储存 100kg 氢气（1100Nm³，相当于 3.3MW·h）。McPhy 基于 MgH_2 的固态存储与 McPhy 的碱性电解槽相结合，其制氢能力可从 10Nm³·h⁻¹ 扩展至数千 Nm³·h⁻¹。其特性见表 7.5。

文献展示了一个小型电解槽（12Nm³·h⁻¹）和 McLyzer 60（McPhy 聚合氢气生产单元在 12bar 下创建 60Nm³·h⁻¹ 的更大产能的氢气生产单元）的示例，可以优化成本和能源效率（图 7.19 和图 7.20）。

表 7.5　大型和中小型电解槽的特性

特征	大型电解槽	中小型电解槽
工作压力（bar） 氢气产出	上至 60 个可扩容单元	上至 12
	X000Nm³·h⁻¹	上至 X00 Nm³·h⁻¹
	·大气压，500Nm³·h⁻¹ 到 2MW 模组	·Baby PIEL（0.4Nm³·h⁻¹）
	·上至 60bar，100Nm³·h⁻¹ 到 500kW 模组	·常压 @3bar to 1～12Nm³·h⁻¹
		·中压 @8bar to 3～24Nm³·h⁻¹
	·多兆瓦级工程解决方案	·60Nm³·h⁻¹，20ft container@10bar
氢气纯度（纯化前）	99.9% 饱和水	99.5% 饱和水
电能消耗（kW·h·Nm⁻³H₂）	4.5	5.2
最大用水量（1Nm⁻³H₂）	0.8	0.8

图 7.19　一个 McPhy 小电解槽的例子

图 7.20　McLyzer 60，McPhy 聚合制氢撬装装置，以创建更大输出的制氢装置（12bar，60Nm³·h⁻¹），从而实现优化效率与成本

　　McPhy 的柔性氢气发生器包括碱性电解槽和储氢装置，已在 2013 年进行了演示，如图 7.21 所示。"虽然这样的系统可以为工业现场提供氢气，但它们也标志着向可再生能源过渡的世界首次，使诸如'电转气'和氢气迁移等方法在技术和商业上都成为现实。"——2013 年 9 月 27 日，

图 7.21　McPhy 公司的柔性氢气发生器

法国，McPhy 新闻。

演示固态储氢系统和电解结合的其他项目如下：① INGRID（2012—2016 年）利用可再生电力电解制氢，以固体形式储存，然后再通过燃料电池发电或供应氢气市场；② HyCube 使用 400kW 光伏发电场和氢能储存链平台，包括电解槽、储氢和燃料电池。

7.6　总结

可以区分三种主要的储氢方法：在环境温度下压力高达 700bar 的压缩气体氢气，以及液态氢和固态氢的形式低温储存。上面介绍的每种方式都有其优点和缺点。

高压存储对安装空间要求高，吸氢材料太重，导致复杂的能量和热管理。液氢的储存密度达到最高的重量和体积储存密度。为了进一步利用氢气或将其与可再生能源整合，应以最适合特定应用的方式储存氢气。对于不同的集成场景，应考虑几个关键组件，这些在第 8 章有关"高温蒸汽电解与可再生能源的集成"内容中有详细描述。

表 7.6 比较了压缩、低温压缩氢液体、压缩（300bar 和 700bar）和低温压缩氢和多孔材料（MOF-177）的性能和成本指标，作为参考。

表 7.6　液态、压缩低温压缩氢的性能和成本比较，MOF-177 与能源部 2010 年、2015 年和最终目标

性能和成本指标	单位	CH₂350-T4	CH₂700-T4	LH₂	CcH₂	MOF-177	2010 年目标	2015 年目标	最终目标
储罐	—	1-Tank	1-Tank	—	—	—	—	—	—
可用容积（标称）	kgH₂	5.6	5.6	5.6	5.6	5.6	—	—	—
可用容积（最大）	kgH₂	5.6	5.6	5.6	6.6	5.6	—	—	—
系统重量容积	wt%	5.5	5.2	5.6	5.5～9.2	4.0	4.5	5.5	7.5
系统体积容积	kgH₂·m⁻³	17.6	26.3	23.5	41.8～44.7	34.6	28	40	70
储氢系统成本	$kW·h⁻¹	15.5	18.9	TBD	12	18	4	2	TBD
燃料成本	$gge⁻¹	4.2	4.3	TBD	4.8	4.6	2～3	2～3	2～3
循环寿命（1/4 容量到满容量）	Cycles	NA	NA	NA	5500	5500	1000	1500	1500
最低加氢压力	atm	4	4	4	3～4	4	4/35	4/35	3/35
FC/ICE 系统填充率	kg H₂·min⁻¹	1.5～2	1.5～2	1.5～2	1.5～2	1.5～2	1.2	1.5	2.0
最低休眠功率（满容量状态）	W-d	NA	NA	2	4～30	2.8	—	—	—
氢气损失量（最大）	g·h⁻¹·kg⁻¹H₂	NA	NA	8	0.2～1.6	0.9	0.1	0.05	0.05
WTW 效率	%	56.5	54.2	22.3	41.1	41.1	60	60	60
温室气体排放量（CO₂ 当量）	kg·kg⁻¹H₂	14.0	14.8	TBD	19.7	19.7	—	—	—
业主成本	$/mile	0.13	0.14	TBD	0.12	0.15	—	—	—

参考文献

1. Marnellos, G.E., Athanasiou, C., Makridis, S.S., and Kikkinides, E.S. (2008) Integration of hydrogen energy technologies in autonomous power systems, in *Hydrogen-based Autonomous Power Systems. Techno-Economic Analysis of the Integration of Hydrogen in Autonomous Power Systems* (eds E.I. Zoulias and N. Lymberopoulos [Buchverf.]), Springer-Verlag, London, ISBN: 978-1-84800-246-3.

2. Zuttel, A. (2004) Hydrogen storage methods. *Naturwissenschaften*, **91**, 157–172.

3. Winter, C.-J. (2009) Hydrogen energy – Abundant, efficient, clean: a debate over the energy-system-of-change. *Int. J. Hydrogen Energy*, **34**, S1–S52.

4. Godula-Jopek, A., Jehle, W., and Wellnitz, J. (2012) *Hydrogen Storage Technologies. New Materials, Transport and Infrastructure*, Wiley-VCH Verlag GmbH & Co. KGaA, Weinheim, ISBN: 978-3-527-32683-9.

5. Anders, S. (2007) Thermal loading cases of hydrogen high pressure storage cylinders. International Conference on Hydrogen Safety, San Sebastian, Spain, September 11–13, 2007.

6. Atkins, P.W. (1998) *Physical Chemistry*, 6th edn, Oxford University Press.

7. Sherif, S.A., Barbir, F., and Veziroglu, T.N. (2005) Wind energy and the hydrogen economy – review of the technology. *Solar Energy*, **78**, 647–660.

8. Wackerl, J., Streibel, M., Liebscher, A., and Stolten, D. (2013) Geological storage for the transition from natural to hydrogen gas, in *Transition to Renewable Energy Systems* (eds D. Stolten and V. Scherer [Buchverf.]), Wiley-VCH Verlag GmbH & Co. KGaA, Weinheim, ISBN: 978-3-527-33239-7.

9. US Department of Energy (2012) *http://www1.eere.energy.gov/ hydrogenandfuelcells/mypp/pdfs/storage. pdf* (accessed 5 September 2014).

10. Read, C., Thomas, G., Ordaz, G., and Satyapal, S. (2007) U.S. department of energy's system targets for on-board vehicular hydrogen storage. *Mater. Matter*, **2** (2), 3.

11. Krishna, R., Titus, E., Maryam, S., Olena, O., Sivakumar, R., Jose, G., Rajkumar, A., Sousa, J.M.G., Ferreira, A.L.C., and Campos Gil, J. (2012) Hydrogen storage for energy application, in *Hydrogen Storage* (ed. J. Liu [Buchverf.]), IntachISBN: 978-953-51-0731-6.

12. Atrey, M.D. (1998) Thermodynamic analysis of Collins helium liquefaction cycle. *Cryogenics*, **38**, 1199–1206.

13. Aceves, S.M., Petitpas, G., Espinosa-Loza, F., Matthews, M.J., and Ledesma-Orozco, E. (2013) Safe, long range, inexpensive and rapidly refuelable hydrogen vehicles with cryogenic pressure vessels. *Int. J. Hydrogen Energy*, **38**, 2480–2489.

14. Leon, A. (2008) Hydrogen storage, in *Hydrogen Technology. Mobile and Portable Applications*, Springer-Verlag, Berlin, Heilderberg, ISBN: 978-3-540-79027-3.

15. Tietze, V. and Luhr, S. (2013) Near-surface bulk storage of hydrogen, in *Transition to Renewable Energy Systems* (eds D. Stolten and V. Sherer [Buchverf.]), Wiley-VCH GmbH & Co. KGaA, Weinheim.

16. Larsen, H., Feidenhans, R., and Sonderberg Petersen, L. (2004) Hydrogen and its Competitors. Report 3, Risø National Laboratory, November 2004.

17. Klell, M. (2010) Storage of hydrogen in the pure form, in *Handbook of Hydrogen Storage. New Materials for Future Energy Storage* (ed. M. Hirscher [Buchverf.]), Wiley-VCH Verlag GmbH & Co.KGaA, Weinheim, ISBN: 987-3-527-32273-2.

18. The Linde Group (2011) Shell Opens Hydrogen Service Station with Linde Technology in Germany, *http://www.the-linde-group.com/en/news_ and_media/press_releases/news_2011_06_ 20.html* (accessed 5 September 2014).

19. Benard, P. and Chahine, R. (2007) Storage of hydrogen by physisorption on carbon and nanostructured materials. *Scr. Mater.*, **56**, 803–808.

20. Anders, S. (2007) Thermal loading cases of hydrogen high pressure storage

cylinders. International Conference on Hydrogen Safety, San Sebastian, Spain, September 2007.

21. Hu, J., Sundararaman, S., Chandrashekhara, K., and Chernicoff, W. (2007) Analysis of composite hydrogen storage cylinders under transient thermal loads. International Conference on Hydrogen Safety, San Sebastian, Spain, September 2007.

22. Kaynak, I.H. and Akcay, I. (2005) Analysis of multilayered composite cylinders under thermal loading. *J. Reinf. Plast. Compos.*, **24**, 1169–1179.

23. Hu, J., Chen, J., Sundararaman, S., Chandrashekhara, K., and Chernicoff, W. (2008) Analysis of composite hydrogen storage cylinders subjected to localized flame impingements. *Int. J. Hydrogen Energy.*, **33**, 2738–2746.

24. Lee, Z.Y., Chen, C.K., and Hung, C.I. (2001) Transient thermal stress analysis of multilayered hollow cylinder. *Acta Mech.*, **151**, 75–88.

25. Jacquemin, F. and Vautri, A. (2004) Analytical calculation of the transient thermoelastic stresses in thick walled composite pipes. *J. Compos. Mater.*, **38**, 1733–1751.

26. Ahluwalia, R.K., Hua, T.Q., Peng, J.-K., Lasher, S., McKenney, K., and Sinha, J. (2010) Technical assessment of cryo-compressed hydrogen storage tank systems for automotive applications. *Int. J. Hydrogen Energy*, **35**, 4171–4184.

27. R.K. Ahluwalia, J.-K. Peng, T.Q. Hua (2011) Cryo-compressed hydrogen storage: performance and cost review. Compressed and Cryo-Compressed Hydrogen Storage Workshop, Crystal City Marriott, Arlington, VA, February 2011.

28. Kunze, K. (2012) Performance of a cryo-compressed hydrogen storage. WHEC, Toronto, Canada, 2012.

29. Kircher, O., Greim, G., Burtscher, J., and Brunner, T. (2011) Validation of cryo-compressed hydrogen storage(CCH2) – a probabilistic approach. International Conference on Hydrogen Safety, San Francisco, CA, 2011.

30. Kampitsch, M. (2013) BMW – Status Foerderprojekte, NIP VOLLVERSAMM-LUNG, 17.06.2013.

31. Kunze, K. (2011) *Cryo-Compressed H2-Storage – Recent Advances and Experimental Results*, FCHE, Washington, DC, February 2011.

32. Mandal, T.K. and Gregory, D.H. (2009) Hydrogen storage materials: present scenarios and future directions. *Annu. Rep. Prog. Chem. Sect. A*, **105**, 21–54.

33. Zuttel, A., Wenger, P., Sudan, P., Mauron, P., and Orimo, S.-I. (2004) Hydrogen density in nanostructured carbon, metals and complex materials. *Mater. Sci. Eng.*, **B108**, 9–18.

34. Reardon, H., Hanlon, J.M., Hughes, R.W., Godula-Jopek, A., Mandal, T.K., and Gregory, D.H. (2012) Emerging concepts in solid-state hydrogen storage: the role of nanomaterials design. *Energy Environ. Sci.*, **5**, 5951–5979.

35. Dornheim, M. (2010) Tailoring reaction enthalpies of hydrides, in *Handbook of Hydrogen Storage. New Materials for Future Energy Storage* (ed. M. Hirscher [Buchverf.]), Wiley-VCH Verlag GmbH & Co. KGkA, Weinheim, ISBN: 978-3-527-32273-2.

36. Iniguez, J. (2008) Modelling of carbon-based materials for hydrogen storage, in *Solid-State Hydrogen Storage, Materials and Chemistry* (ed. G. Walker [Buchverf.]), Woodhead Publishing Limited, Cambridge.

37. Panella, B. and Hirscher, M. (2010) Physisorption in porous materials, in *Handbook of Hydrogen Storage. New Materials for Future Energy Storage* (ed. M. Hirscher [Buchverf.]), Wiley-VCH Verlag & Co, KGaA, Weinheim, ISBN: 978-3-527-32273-2.

38. Schimmel, H.G., Kearley, G.J., Nijkamp, M.G., Visser, C.T., de Jong, K.P., and Mulder, F.M. (2003) Hydrogen adsorption in carbon nanostructures: comparison of nanotubes, fibers and coals. *Chem. Eur. J.*, **9**, 4764–4770.

39. Jurewicz, K., Frackowiak, E., and Beguin, F. (2004) Towards the mechanism of electrochemical storage in nanostructured materials. *Appl. Phys. A*, **78**, 981–987.

40. Li, Y., Zhao, D., Wang, Y., Xue, R., Shen, Z., and Li, X. (2006) The mechanism of hydrogen storage in carbon materials. *Int. J. Hydrogen Energy.*, **32**, 2513–2517.

41. Anson, A., Callejas, M.A., Benito, A.M., Maser, W.K., Izquierdo, M.T., Rubio, B., Jagiello, J., Thommes, M., Parra, J.B., and Martinez, M.T. (2004) Hydrogen adsorption studies on single wall carbon nanotubes. *Carbon*, **42** (7), 1243–1248.

42. Becher, M., Haluska, M., Hirscher, M., Quintel, A., Skakalova, V., Dettlaff-Weglikovska, U., Chen, X., Hulman, M., Choi, Y., Roth, S., Meregalli, V., Parrinello, M., Ströbel, R., Jörissen, L., Kappes, M.M., Fink, J., Züttel, A., Stepanek, I., and Bernier, P. (2003) Hydrogen storage in carbon nanotubes. *C.R. Phys.*, **4** (9), 1055–1062.

43. Fichtner, M. (2005) Nanotechnological aspects in materials for hydrogen storage. *Adv. Eng. Mater.*, **7** (6), 443–453.

44. Yamanakaa, S., Fujikane, M., Uno, M., Murakami, H., and Miura, O. (2004) Hydrogen content and desorption of carbon nano-structures. *J. Alloys Compd.*, **366** (1-2), 264–268.

45. Pradhan, B.K., Harutyunyan, A., Stojkovic, D., Zhang, P., Cole, M.W., Crespi, V., Goto, H., Fujiwara, J., and Eklund, P.C. (2002) Large cryogenic storage of hydrogen in carbon nanotubes at low pressures. *Mater. Res. Soc. Symp. Proc.*, **706**, Z10.3.1–Z10.3.6.

46. Gundiah, G., Govindaraj, A., Rajalakshmi, N., and Dhathathreyan, K.S. (2003) Hydrogen storage in carbon nanotubes and related materials. *J. Mater. Chem.*, **13**, 209–213.

47. Poirier, E., Chahine, R., Benard, P., Lafi, L., and Dorval-Douville, G. (2006) Hydrogen adsorption measurements and modeling on metal-organic frameworks and single-walled carbon nanotubes. *Langmuir*, **22** (21), 8784–8789.

48. David, E. (ed.) (2005) An overview of advanced materials for hydrogen storage. *J. Mater. Process. Technol.*, **162-163**, 169–177.

49. Pumera, M. (2011) Graphene-based nanomaterials for energy storage. *Energy Environ. Sci.*, **4**, 668–674.

50. Tozzini, V. and Pellegrini, V. (2013) Prospects for hydrogen storage in graphene. *Phys. Chem. Chem. Phys.*, **15**, 80–89. doi: 10.1039/c2cp42538f

51. Ao, Z.M. and Peeters, F.M. (2010) High-capacity hydrogen storage in Al-adsorbed graphene. *Phys. Rev. B*, **81**, 205406-1–205406-7.

52. Ao, Z.M., Jiang, Q., Zhang, R.Q., Tan, T.T., and Li, S. (2009) Al doped graphene: a promising material for hydrogen storage at room temperature. *J. Appl. Phys.*, **105**, 074307-1–074307-6.

53. Guo, C.X., Wang, Y., and Li, C.M. (2013) Hierarchical graphene-based material for over 4.0 wt. % physisorption hydrogen storage capacity. *ACS Sustainable Chem. Eng.*, **1**, 14–18.

54. Jin, Z., Lu, W., O'Neill, K.J., Parilla, P.A., Simpson, L.J., Kittrell, C., and Tour, J.M. (2011) Nano-engineered spacing in graphene sheets for hydrogen storage. *Chem. Mater.*, **23**, 923–925.

55. Rosi, N.L., Eckert, J., Eddaoudi, M., Vodak, D.T., Kim, J., O'Keeffe, M., and Yaghi, O.M. (2003) Hydrogen storage in microporous metal-organic frameworks. *Science*, **300**, 1127–1129.

56. Wong-Foy, A.G., Matzger, A.J., and Yaghi, O.M. (2006) Exceptional H2 saturation uptake in microporous metal-organic frameworks. *J. Am. Chem. Soc. Commun.*, **128**, 3494–3495.

57. Ma, S., Simmons, J.M., Yuan, D., Li, J.-R., Weng, W., Liu, D.-J., and Zhou, H.-C. (2009) A nanotubular metal-organic frameworks with permanent porosity: structure analysis and gas sorption studies. *Chem. Commun.*, 4049–4051.

58. Uribe-Romo, F.J., Hunt, J.R., Furukawa, H., Klock, C., O'Keeffe, M.l., and Yaghi, O.M. (2009) A crystalline imine-linked 3-d porous covalent organic framework. *J. Am. Chem. Soc. Commun.*, **131** (13), 4570–4571.

59. Han, S.S., Furukawa, H., Yaghi, O.M., and Goddard, W.A. III, (2008) Covalent organic frameworks as exeptional hydrogen storage materials. *J. Am. Chem., Soc. Commun.*, **130**, 11580–11581.

60. Wu, T., Zhang, J., Zhou, C., Wang, L., Bu, X.i., and Feng, P. (2009) Zeolite RHO-type net with the lightest elements. *J. Am. Chem. Soc.*, **131**, 6111–6113.

61. Eigen, N., Keller, C., Dornheim, M., Klassen, T., and Borman, R. (2007) Industrial production of light hydrides for hydrogen storage. *Scr. Mater.*, **56**, 847–851.

62. Eigen, N., Kunowsky, M., Klassen, T., and Bormann, R. (2007) Synthesis of NaAlH4-based hydrogen storage material using milling under low pressure hydrogen atmosphere. *J. Alloys Compd.*, **430** (1-2), 350–355.

63. Sheridan, J.J., Eisenberg, F.G., Greskovich, E.J., Sandrock, G.D., and Huston, E.L. (1983) Hydrogen separation from mixed gas streams using reversible metal hydrides. *J. Less-Common Met.*, **89** (2), 447–455.

64. Huot, J. (2010) Metal hydrides, in *Handbook of Hydrogen Storage. New Materials for Future Energy Storage* (ed. M. Hirscher [Buchverf.]), Wiley-VCH Verlag GmbH & Co. KGaA, Weinheim, ISBN: 978-3-527-32273-2.

65. Zuettel, A. (2004) Hydrogen storage methods. *Naturwissenschaften*, **91**, 157–172.

66. Sandrock, G. (1999) A panoramic overview of hydrogen storage alloys from a gas reaction point of view. *J. Alloys Compd.*, **293-295**, 877–888.

67. Shan, X., Payer, J.H., and Jennings, W.D. (2009) Mechanism of increased performance and durability of Pd-treated metal hydriding alloys. *Int. J. Hydrogen Energy*, **34**, 363–369.

68. Sandrock, G. and Thomas, G. (2001) The IEA/DOE/SNL on-line hydride databases. *Appl. Phys. Mater. Sci. Process.*, **2** (72), 153–155.

69. Sandia National Laboratories (2007) Hydride Information Center for Metal-Hydrogen Systems, Properties, Applications and Activities, September 2007, *http://hydrogenmaterialssearch.govtools.us/pdf/Hydride%20Databases%20Introduction%20GS%202-10-11.pdf*.

70. Yang, J., Sulik, A., Wolverton, C., and Siegel, D.J. (2010) High capacity hydrogen storage materials: attributes for automotive applications and techniques for materials discovery. *Chem. Soc. Rev.*, **39**, 656–675.

71. Jain, L.P., Jain, P., and Jain, A. (2010) Novel hydrogen storage materials: a review of lightweight complex hydrides. *J. Alloys Compd.*, **503**, 303–339.

72. Demirci, U.B., Akdim, O., and Miele, P. (2009) Ten-years effort and a no-go recommendation for sodium borohydride for on-board automotive hydrogen storage. *Int. J. Hydrogen Energy.*, **34**, 2638–2645.

73. Demirci, U.B. and Miele, P. (2009) Sodium borohydride versus ammonia borane, in hydrogen storage and direct fuel cell applications. *Energy Environ. Sci.*, **2**, 627–637.

74. Muir, S.S. and Yao, X. (2011) Progress in sodium borohydride as a hydrogen storage material: development of hydrolysis catalysts and reaction systems. *Int. J. Hydrogen Energy*, **36**, 5983–5997.

第8章

氢：可再生能源的储存方式

西里尔·布尔索，本杰明·吉诺

8.1　导言

与气候变化、环境污染和能源供应安全有关的问题，促使一些国家重新考虑其能源生产方式，并审查其能源对其他国家的依赖。在这种情况下，可再生能源（太阳能、风能、生物质能、地热等）可以被视为这些问题的解决方案。然而，大多数可再生能源的性质是间歇性的，因此很难准确预测此类能源的产量。在第8.2节，我们将讨论在考虑可再生能源的密集整合时，这些特殊性如何对现有电网的运行产生重要影响。我们还将研究不同的解决方案，使可再生间歇能源的普及率高于目前大多数国家的水平。其中，在重点阐述电解制氢作为可再生储能方式的优缺点之前，将进一步详细介绍能量储存和相关储存功能。然而，可再生能源的间歇性和电力特性，在多个层面上对水电解提出了技术和操作要求。为让读者注意到可再生能源与电解系统的耦合所带来的挑战似乎很重要。为此，在第8.3节回顾了相关要求及其对系统设计、电力电子和过程控制的影响。此外，还将从产氢特性、效率和系统寿命等方面，分析间歇性对电解系统性能和可靠性的影响。在此基础上，对系统设计和运行的可实施改进进行展望。根据选定的关键标准，将对质子交换膜（PEM）、碱性和高温蒸汽电解（HTSE）与可再生能源整合的适用性进行定性比较。在第8.4节中，提出了各种应用（包括离网和并网）的集成方案示例。为了说明这些方案，本文介绍了几个可再生能源电解制氢的示范项目。在第8.5节中，从技术经济的角度分析了电解与可再生能源的整合。此外，还讨论了对潜在新市场的回顾，以强调电解可以在由可再生能源主导的能源组合中发挥的作用。其次，我们将讨论为什么将电解用于能源或非能源目的的系统变得越来越复杂，以及建模和模拟如何在评估其经济价值方面发挥重要作用。

8.2　氢气：可再生能源（RE）的储存方式

8.2.1　可再生能源：特点及其对电网的影响

从本质上讲，可再生能源发电与传统发电（如煤炭、核能或天然气发电厂）发电有很大不同。大多数可再生能源（太阳能、风能、潮汐能等）都是间歇性的，我们预测它们行为的能力是有限的。此外，与传统发电厂不同的是，可再生发电厂的规模比传统发电厂要小，导致生产基本上连接到配电网络而不是输电网络（分散生产）。配电网络注入电能，对其管理有重要的影响，因为配电网络最初的设计主要是为了分配来自输电网络的电能。

8.2.1.1　可再生能源生产、电力负荷的间歇性和有限预测

当能源不能持续可用时，电力生产被认为是间歇性的。间歇性电力生产的例子，包括风力发电（陆上和海上）、潮汐发电、光伏发电和径流发电厂。图 8.1 举例说明了一个 $80W_p$ 模块的每日光伏发电量。我们可以在该图中看到重要功率在一天内可能发生的变化。

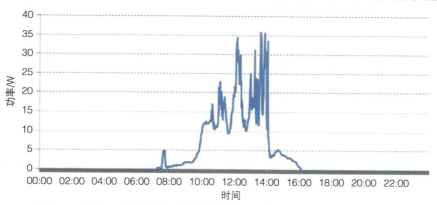

图 8.1　$80W_p$ 光伏组件生产概况示例（2008 年 1 月 7 日，法国南部）

在一般的理解中，间歇性的概念被扩展到包括这样一个事实，由于不可控因素（基本上是气象因素），生产暴露出非受控和不期望的功率水平变化。预测可再生能源发电量的能力取决于能源的性质。例如，潮汐能的产生可能提供了最好的机会，它是完全可预测的，因为海岸的海平面变化是众所周知的。可再生能源发电量的预测是一个被深入研究的课题。特别是，随着电网上光伏和风力发电产品的增加，人们对光伏和风力发电的预测越来越感兴趣。预测光伏和风力发电量，需要估计光伏和风力发电场可以使用的可再生能源（分别是入射太阳辐射和风速）。根据所需要的时间尺度，可以区分不同的预报水平。

例如，光伏和风力发电通常可以提前几分钟到几个月进行预测。这些不同的时间尺度通常针对不同的需求，并基于不同的预测方法。长期预测每月评估能源的可用性，以确定

给定发电厂的潜在发电量。在谈判长期能源合同时，这些信息尤其有用。24～48h 的预测适用于参与日前电力市场的发电厂。根据每小时能源量和价格建立市场报价，确实需要对未来一天每小时的潜在产量进行良好估计。

最后，短期预测（提前几小时到几分钟）对于特定情况是必要的，例如孤立电网和微电网，其中必须预测可再生能源生产的快速变化，以便促进和优化对不同生产方式的实时控制（详见第 8.2.1.2 节）。

需要指出的是，并非所有能源都需要对能源（风速、太阳辐射等）进行完全准确的预测。光伏组件在发电生产过程中没有惯性。换句话说，一旦太阳被云层遮住，发电量立即下降。对于大型光伏发电厂（兆瓦级）来说，这可能代表着一个重要的生产变化。另一方面，现如今制造的风力涡轮机的转子更大、更重。它们具有更大的惯性，并且较少受到风速快速变化的干扰。因此，提前几分钟预测能源，对光伏发电厂可能很重要，但对风力发电厂来说就不那么重要了。遇到难以完美预测风速变化的困难时，惯性的优势是不可忽视的，因为风速变化比预测入射太阳辐射的变化更为复杂。间歇性和预测能力决定了可再生能源发电的可调度程度。当生产不能被控制时，被称为不可调度。值得一提的是，所有的生产技术，包括可再生能源的生产装置，都可以向下调度。换言之，可以有意地减少发电量。例如，风力涡轮机可以依靠桨距控制来调整其功率输出（调整气流和叶片之间的迎角）。同样，电力电子技术也可以通过改变光伏组件的工作点来减少其电力产量。

8.2.1.2 不可调度电源对电网的影响

将间歇性电源的电力生产整合到电网中并不是没有后果的。当这种能源生产方式在全球能源结构中所占的份额变得重要时，情况尤其如此。给定的组合中，间歇源的最大份额在很大程度上取决于网络的特性、其他生产方式（数量、灵活性等）和气象条件。通常给出 30% 的上限值，但没有具体的个案评估。

在每一时刻，注入电网的总发电量和总耗电量（从电网中提取的电力）必须相等。当这两个量之间出现差异时，会导致网络频率的变化，偏离额定频率（50Hz 或 60Hz，取决于使用频率）。频率不断偏离，直到再次达到平衡（例如，产量等于消耗量），如图 8.2 所示。

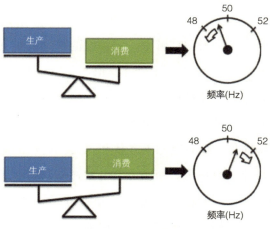

图 8.2 生产和消费不平衡对电网频率的影响

必须提到的是，电气设备是设计成在给定频率（额定频率）下工作的。以不同频率操作电气设备可能会导致设备过早疲劳和故障。因此，保持频率非常接近其额定值是至关重要的，是提供电能所需的质量点的一部分。电力网络自建成以来一直面临的困难之一是，电力消耗无法完全预测——没有人被要求通知网络运营商即将开灯！这意味着，为了将频率保持在其额定值附近（换句话说，为了保持生产与消费相等），生产水平需要在每一时刻跟随消费。因此，需要完全可调度的发电机组。这些机组必须能够根据负荷水平迅速增加或减少其发电量。根据之前提供的信息（见第 8.2.1.1 节），很明显，间歇性发电不能随用电量的变化而变化，将这种电力生产整合到电网中，在很大程度上取决于其他生产单位的处理能力，处理这种缺乏灵活性的能力。如前所述，大多数可再生能源发电机组因其功率水平与配电网相连。关于一个电力生产单位是应该连接到配电网络还是输电网络的决定，除其他方面外，取决于它的最大功率水平。值得一提的是，大部分海上风电场和一些大型陆上风电场都接入了输电网络。从历史经验看，生产集中在大型发电厂，需要大容量线路来"疏散"所产生的能量（传输网络）。例如，装机容量超过 200 万 kW 的发电厂在世界范围内广泛分布（主要是核电厂、煤电厂和水力发电厂）。输电网络在高压（110kV 或以上）下运行，以降低传输强度，从而降低欧姆损耗。它们被连接到电压较低的配电网络（电压水平接近电器所需的电压水平）。图 8.3 说明了电网的结构，从图中可以看出，当配电网通常采用放射状结构设计时，为了管理输电线路的突然损耗，输电网采用网状结构设计。

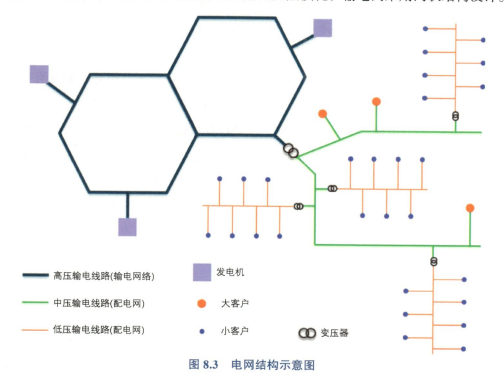

图 8.3 电网结构示意图

越来越多的电力注入配电网络引发了技术问题。这里列出了一些例子，影响通常是自上而下的电力传输。如果本地注入的电力比本地需求更多，那么额外的电力将不得不流向传输网络。这凸显了对双向设备的需求。具体包括：对网络规划、控制和运营的影响、功率注入/消耗对电压分布的影响、对配电网保护方案的影响。

值得一提的是，将可再生能源注入输电网络也并非没有后果。输电系统运营商（TSO）面临以下新问题：

1）可再生能源注入力度大的地区拥堵。

2）降低整个生产园区的运营利润率。

3）由于气象预报误差，有重大和突然停电的风险。

8.2.1.3 提高可再生能源普及率的解决方案

如前所述，全球范围内越来越多的可再生能源注入电网，降低了运营灵活性。为了确保电气系统的可靠性，必须保持现有的灵活性。已经确定了几种解决方案，可以分为以下几类：对电网结构采取的行动、电源和电力负荷的管理、引入储能系统。

第一种解决方案包括加强和进一步发展电网基础设施。主要目标是在不同气象条件覆盖的广泛地区（例如欧洲）实现可再生能源生产的相互促进。在这样的区域内，当风不在一个地方吹的时候，它可能在其他地方吹，或者在另一个地方可能有太阳能，等等。只有通过加强现有的电网基础设施（增加输电线路容量）和增加国家之间的互联能力（通过使用高压直流输电线路），才能实现所有这些资源的共同利用。这种大规模互联网络的设想通常被称为"超级网格"。

提高电网运行灵活性的另一种方法，是对电源和电力负荷采取措施。如前所述（见第8.2.1.2节），当前常采用的解决方案是，对电源采取措施，使电力系统工作。可再生能源（太阳能、风能）的发电通常是根据现场的气象条件提供最大的电能。在这种情况下，唯一可能的控制是有意地降低发电量水平。例如，可以通过控制光伏组件所连接的逆变器来改变光伏组件的工作点，这使得光伏组件的发电量低于实际可能的发电量。与之类似，可以改变风力涡轮机叶片的桨距角，以降低其效率并降低其发电量。为了使基于可再生能源的发电机组像传统发电厂一样可调度，一种可能是有可能以部分功率运行它们。这将允许在每个时刻，根据负载的波动增加或减少产量。但是，这将导致给定站位置的部分势能损失。通信技术的发展，为调整生产和消费提供了新的视角。如前所述，电力系统几乎完全依赖于"供电侧管理"。然而，一些研究和示范项目旨在进一步探索"需求侧管理"。当某一时刻的功耗可以在另一时刻发生时，一些负载被称为"可延迟的"。对于许多用电来说，情况显然并非如此。例如，如果我们考虑照明，没有人会接受打开后必须等待一会儿灯才亮。然而，"需求侧管理"可以适用于其他几种类型的住宅、商业和工业负荷。在用电密集的国家，广泛使用的最普遍的例子是用电阻加热的家用热水器。这种情况下，电力消费最好被推迟到夜间，以利用更好的价格。因此，电力负荷管理可以成为增加电力网络灵活性的另一个有价值的选择。

第三种选择是在我们的电网中引入储能。为了应对电力产量的增加或消耗的减少，储能系统可用于吸收可用电力，从而维持生产水平。反之，当能耗增加或电力产量减少时，储能系统将以放电模式运行，以提供所需的能量，以完全满足连接负载的要求。插电式电动汽车的引入，无疑在电网中增加了新的电力消耗。然而，如果它们的电池也可以在放电模式下用于向电网供电，那么它们也可以被视为一种新的存储容量。

8.2.2　电网储能

如前所述，储能被认为是提高可再生能源和间歇性能源进入电网的一种手段。然而，当面临市场上，或目前正在开发的存储技术的多样性时，第一个困难就出现了。此外，即使在可再生能源整合的狭隘范围内，储能的可能用途也是多种多样的。从这两点出发，就产生了为给定的存储应用场景选择正确技术的实际问题。

8.2.2.1　技术特点

自从电力的使用在全世界范围内普及以来，电能存储技术的发展几乎一直在进行。随着可再生能源和间歇性能源的快速发展，它正受到越来越多的关注。因此，当今存在着大量的存储技术。对这些技术进行分类的第一种方法，是区分物理技术和电化学技术。在物理技术中，有基于重力的技术、超导磁储能技术、压缩气体技术、惯性技术和热力学蓄热技术。在电化学技术中，我们可以提到所有的电池技术（铅酸、锂、钒、钠 - 硫等）和超级电容器，最后是氢技术。然而，从电网整合的角度来看，控制不同技术的物理化学过程并不重要，在应用中部署储能系统时，通常会根据真正需要关注的评价标准对所有这些技术进行比较。相关标准包括：能源容量、最大充电和放电功率、自放电、效率、老化（时间和循环次数）、成本（投资、运营、维护、更换）、比能量 / 功率（每单位质量、体积或表面积）、响应时间、灰色能量（制造和运输组件所需的能量）以及成熟度。

在这些标准的基础上，可以创建几个二维图表，以便根据两个标准的选择来可视化不同技术之间的比较。参考文献提供了一个基于技术成熟度及其对电力或能源应用的适用性的二维图表的例子。

8.2.2.2 过去、现在和未来的技术选择

存储技术已被集成到电力网络中，主要是为了增加操作的灵活性。主要原因是当时的电网还没有像现在这样相互连接。如前所述，互连可以将大量电能从一个地区输送到另一个地区。它们还有另一个主要优势，通过将所有发电机组互连，可以实现每个发电机组对频率调节的贡献的共同化。这种调节能力的共享，使互连的电力网络能够面对更严重的计划外事件，例如间歇性发电量突然减少，或几个常规生产装置的损失。一个有趣的历史例子是 1986 年安装在德国西柏林的储能装置，由 Bewag 公司运营。该 17MW/14MW·h 储能装置基于铅酸蓄电池，用于频率调节（西柏林电网与东德隔离）。西柏林到西欧的电力连接两年后，由于相互连接起来的生产装置的共同化提供了足够的灵活性，能够保证电力网络运行的可靠性，该储能设施退役。

几十年来，抽水蓄能（PHS）技术和铅酸蓄电池一直是首选技术。如今，抽水蓄能（PHS）技术是全球最流行的技术，其装机容量远远超过所有其他技术的总和，它实际上占总存储容量的 99%（图 8.4）。最近，通过安装基于该技术的多个系统，钠硫电池的研发工作已经具体化。还值得一提的是，飞轮储能技术的发展和飞轮装置的增加。最后，锂基电池被认为是在不久的将来最有前途的技术之一，并且关于该技术的发展对其电化学竞争对手的影响存在许多不确定性。

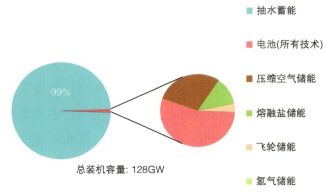

图 8.4　2012 年全球每种储能技术安装的总量

8.2.2.3 储能在电网中可能的作用

鉴于电力网络的运行限制和可再生能源整合的后果，有必要研究储能在这些电网中可能发挥的作用。储能提供的服务可以被视为技术功能和目标之间的关联。然后，我们可以将给定的服务定义为功能 - 目标组合。例如，在电力需求较低的时期，如果风电场所连接的当地电网不能"疏散"所产生的电力，该风电场可能会被关闭。为了提高该风电场的年

发电量（目标），可在附近安装一个储能装置，在电网无法吸收时储存所产生的能量（功能）。每个技术行动（功能）可以满足几个目标，相反，一个给定的目标可以通过几个功能来实现。

几项工作旨在详尽地定义储能技术电气网络中可能具有的所有功能和目标。值得指出的是，并非所有的储能功能 - 目标组合都与可再生能源相关。所有功能的详细概述 - 目标耦合不在本书范围内，因此我们只描述与可再生能源整合直接相关的一些功能。

下图说明了四种存储功能。调峰（图 8.5）包括将产出的电力存储在给定功率阈值之上。为了重用前面给出的风电场连接到受限网络的例子，功率注入阈值可能取决于当地的电力需求，功率注入阈值还可以表示当地电网能够处理的最大功率水平。在这种情况下，该功能的目标可能是最大限度地提高风电场的年产量（否则可能会损失的产量），同时推迟对新电网输电容量的投资，如果投建了，可能导致新容量使用不足。

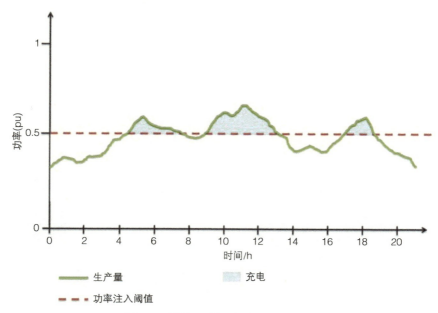

图 8.5　储能系统调峰功能的示意图

生产平滑（图 8.6）包括交替使用存储系统进行充电和放电，以避免快速波动的风电或光伏发电注入电网。这一功能的目的，可能是减轻其他电力生产设备提供电力储备的义务。

生产转移（图 8.7）包括在给定的时间存储生产出来的能量，以便在当天晚些时候、一周晚些时候或一年晚些时候（季节性存储）释放这些能量。在以大量可再生能源为基础的能源组合方面，这一功能将特别有用。例如，大部分光伏能源可在光伏发电量最大的夏季储存，而在光伏发电量较少的冬季使用。

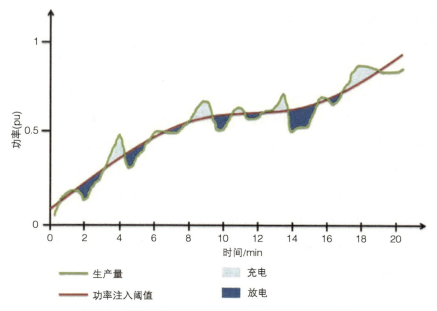

图 8.6　储能系统通过充放电实现生产平滑的示意图

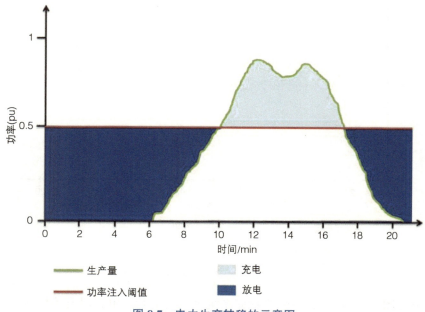

图 8.7　电力生产转移的示意图

　　生产保证（图 8.8）包括与可再生发电厂联合使用存储系统，使这种组合相当于传统的可调度发电厂。在这种情况下，可以提前向电网运营商或能源市场利益相关者公布生产概况，可再生能源生产商可以使用存储系统履行其合同约定。图 8.8 显示了光伏发电厂每天向电网注入的梯形的功率分布图的情况。

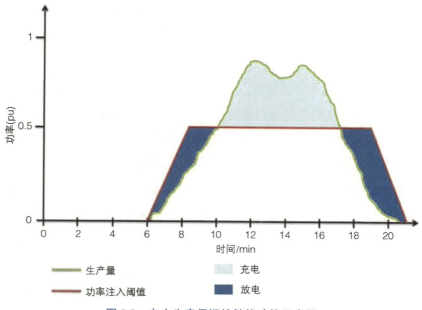

图 8.8 电力生产保证的储能功能示意图

8.2.3 储能用氢气

前面描述的储能功能通常与电池、抽水蓄能（PHS）、压缩空气储能等技术相关联。然而，氢也可以被看作是一种储存能量的手段，而且，由于它也可以用来发电，它可以被视为一种可逆的电能转换储存手段。

8.2.3.1 氢动力：利用电解储存电能

储存电能需要一个能量载体，以保持电能的部分能量含量。所有存储技术，包括电池、抽水蓄能（PHS）等，都使用这种能量载体。例如，压缩空气是一种能源载体，用于多种工业应用（气动锤、牙钻等）。通常，只考虑易于运输的能量载体。例如，储存在一个高度的水（势能）不被认为是能量载体，因为它需要在离地面几米高的地方运输，以不失去它的能量。

今天使用的能源载体基本上是电力本身、天然气和石油产品（汽油、柴油、煤油等）。值得指出的是，天然气和石油通常被认为是能源（尽管如果假设唯一的能源是阳光和地热，这一点可能会引起很大争议）。重要的是要明白，这种辩论并不适用于电和氢，它们只是能量载体，因为它们必须被生产出来，在自然界中并不存在。

使用天然气和石油产品作为能源载体会导致众所周知的环境问题（二氧化碳排放导致的全球变暖、细颗粒物污染等）。从环境的角度来看，如果由清洁能源（可再生能源）生产电力和氢，就构成了有趣的替代品。然而，电不能被储存起来，因此需要转化成另一种形式的能量（包括氢），以便以后及时使用。

电解可以用来将可用的电能转化为化学能（在所谓的电能转化为氢的过程中）。它从水和电中产生氢气和氧气。然后氢通常以气态、液态或固态储存。大多数情况下，氧气会被释放到大气中，但也可以储存起来以备后用。

与电池技术不同，电解和氢气提供了充电能量和存储能量分离的优势。例如，如果铅酸电池被用作一个存储单元，那么可以通过串联或并联几个单独的铅酸电池来满足某些特定应用的电力和能源需求。每个电池都有最大充电功率和能量容量。因此，通过增加电池数量来增加存储容量必然会增加充电功率。根据应用的不同情况，所需的功率和能量需求之间的平衡，可能与单个电池获得的平衡不同。因此，要么是能量需求，要么是充电功率需求，将决定所需电池的数量。这将导致充电容量或存储容量过大。电解和氢气依赖于两个不同的物体。这允许将充电功率（通过电解槽尺寸）和储能（通过储氢罐尺寸）解耦。在充电功率和储能需求截然不同的应用中，这种解耦具有很大的经济优势。此外，电池通常会遇到一个重要问题，即充电状态和可存储能量之间的联系。在几乎所有的电池技术中都可以观察到，当施加较高的充电电流强度时，电池电压很快达到充电结束的指标值，这需要停止充电。这就导致了在低充电电流强度的情况下，储存的能量没有那么重要。电解槽不存在这一缺点，除了工作点的效率不同之外，生产的氢的数量不取决于功率点，而只取决于消耗的能量。与大多数电池技术不同，氢气罐没有自放电（或非常有限）。此外，以气态氢的形式存储能量可以受益于现有的气体运输和分配网络。虽然这些气体运输和分配网络最初是为天然气设计的，但目前正在进行研究，以确定氢气在多大程度上可以混合到天然气中，并通过天然气管道运输。目前还在研究的另一个步骤是，将产生的氢气和二氧化碳转化为合成甲烷（转化为甲烷，或者更一般地说，通过所谓的电力转化为气体的概念）。如果开发成功，合成甲烷可以利用管道的巨大体积和它们的可变压力，这构成了一个非常大的能量储存能力。最后，氢气和二氧化碳也可以结合起来生产合成液态烃，例如柴油或煤油。这一整套电化学反应通常被称为"电力到液体"。

8.2.3.2 氢的吸引力：不仅仅是能量载体

在所有能转化电能的能量载体中，氢特别有趣的一点是，除了它能再次转化为能量外，它还可以用于几种不同的应用（表 8.1），而它的能量含量不是唯一感兴趣的因素。其中，氨生产是世界范围内的主要氢气用途（55%），其次是精炼（25%）（图 8.9）。这两项活动约占全球氢使用量的 80%。

表 8.1 氢气的不同用途总览

行业	应用	氢气用途
化工	炼油厂	加氢处理：与氢气反应除去杂质
		加氢裂化：以天然油气为原料，在氢气存在下生产喷气燃料、柴油、汽油煤油等产品
	化工产品合成	制氨：氢与氮反应生成氨
		制甲醇：一氧化碳或二氧化碳与氢反应生成甲醇
	实验室分析	气相色谱法：用于气相色谱仪的气体载体
食品	固体脂肪合成	氢化：氢气用于将液体植物油转化为固体或半固体脂肪（人造黄油）
	山梨醇的合成	山梨醇：纤维素与氢反应生成山梨醇
制玻璃	玻璃的熔化 / 结晶	氢氧火焰：氢和氧反应产生高温火焰，用于玻璃加工
	浮法玻璃生产	保护气氛：氢气与氮气结合使用，以创造保护气氛，防止氧化
电子	外延膜的生长	外延：用于生长半导体材料的高质量晶体的方法。氢用于基于气相外延的外延硅生长（氢与四氯化硅反应）
	石英融化	氢氧火焰：氢和氧反应产生高温火焰，用于熔融石英
冶金	焊接 / 切割 / 钎焊	氢氧火焰：氢与氧反应产生高温火焰，用于不同金属的焊接、切割和钎焊
	热处理	保护气：氢气与氮气结合使用，为退火热处理创造保护气氛
能源	核反应堆	保护气：氢气与氮气结合使用，以创造保护气氛，防止氧化
	发电机组冷却	冷却剂：氢气在涡轮发电机（联合循环燃气轮机）中用作冷却剂

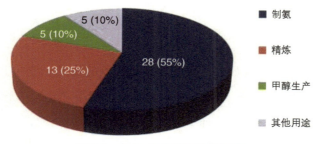

图 8.9 2008 年世界氢的使用量

在表 8.1 中提到的氢气的不同用途中，氢氧焰特别好地说明了氢气应用的多样性。例如，它被用于冶金、管道、玻璃制造、电子和珠宝。氢氧焰还具有在水下工作的优势，因此在潜艇上有着广泛的应用。

值得指出的是，这些工业应用在所需的氢气规格方面有所不同。决定氢气特性的三个主要因素是纯度、质量流量（随时间的最小和最大波动）和压力水平。例如，在电子应用中通常需要非常纯的氢。如果氢气用于流动性的应用场景，则通常要求其具有较高的密度，即每单位占用体积或每单位质量的储存材料的储存氢气质量。在这种情况下，以尽可能高的压力储存，可以增加密度。

8.2.3.3 使用氢气发电

氢与氧结合可以产生电能、机械能和热能。在燃料电池中使用氢直接产生电和热。电解槽、储氢装置和燃料电池的联系常被称为氢链。该链构成了一个完全可逆的储能装置。在燃料电池中使用氢气可视为放电阶段。氢还可以用于发动机或涡轮机，以产生机械能和热能（氢燃料飞机、火箭推进剂）。对于氢涡轮机来说，机械能反过来可以驱动交流发电机发电。

先前关于电解将充电功率和存储能量解耦的能力的评论也适用于此。放电功率（在燃料电池或氢涡轮中产生的功率）完全与储存在氢罐中的能量无关。这是使用氢链作为能量储存装置的另一个优点。三个主要部件（电解槽、储氢装置、燃料电池）的尺寸可以单独确定。凭借这种能力，氢链可以解决对充电功率、放电功率和存储能量的需求可能非常不同的多种存储应用。

与其他技术（如锂离子电池 90%，铅酸电池 80%）相比，使用氢链作为能量存储设备的主要缺点是整体效率相对较低（不含氢压缩的效率为 25% ~ 35%）。然而，在大多数应用中，不能仅基于效率开展比较，因为它不是唯一的影响标准，包括自放电、占地面积、寿命、可靠性和成本也可能是决定因素。

8.3　间歇能源供电的电解：技术挑战以及对性能和可靠性的影响

如前几章所述，液态水电解如今已被视为一项成熟的技术。事实上，碱水电解已经在工业上使用了几十年，PEM 电解器已经在商业上使用了很多年，尽管尺寸有限。长期以来，人们一直认为氢和电解水作为一种生产手段可以应用于能源领域。如前一节所述，电解制氢在储能应用中具有很大的优势，因为它可以在广泛的范围内应用，并且适合长期储存。只要电解由可再生电力提供动力，氢就成为一种清洁能源载体；这就是水电解与可再生能源的整合能引起人们极大兴趣的原因。然而，电解系统的间歇性通电的要求与传统工业应用中的要求有很大不同。事实上，由于这些电源的性质，如前几节所述，将水电解器连接到间歇性电源需要一些特定的系统设计和操作模式。本节旨在描述这些操作模式的特殊性，然后解释它们可能对电解槽性能产生的影响。在本书介绍的不同电解技术中，与低温水电解相比，HTSE 显然没有表现出相同的就绪水平。因此，本章中介绍的大部分材料都与低温电解有关，即碱性电解和 PEM 技术。尽管如此，我们仍讨论了 HTSE 的一些特定要求。最后，对现有的解决方案或改进方案进行了评述，以促进和优化水电解和可再生能源的耦合。本节将有助于理解哪种电解技术更适合可再生能源耦合和间歇运行。

8.3.1 间歇性对系统设计和运行的影响

存在不同的系统配置，以允许水电解产生氢气，其中一些意味着可再生能源直接连接到电解系统，另一些则连接到电网，甚至是这些系统的组合。然而，无论考虑哪种配置，负载使用的可用功率可能是间歇性的，这会影响电解系统的运行及其设计。

一个商业电解系统由三个主要模块组成，如图 8.10 所示：

1）堆栈：这是系统的主要组成部分，水被分解成氢和氧。一个电解系统可以由一个或几个电解堆组成。

2）控制系统：该模块是为过程供电和控制的电气系统。对于控制系统，存在不同的体系结构，对于控制系统，存在不同的架构，但对于大多数系统，每个电解堆都有一个主控制和一些特定的控制。

3）辅助设备（BoP）：这包括由水泵、气液分离装置、冷却系统和所有相关管道和仪表项目等元件组成的系统的其余部分。

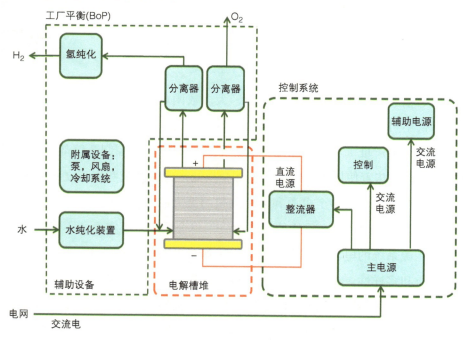

图 8.10 水电解制氢系统示意图

系统的所有组件，不仅是生产堆，都可能受到间歇性和相关操作模式的影响。可再生能源的高效和优化整合，首先需要确定间歇性和可再生能源特性带来的技术挑战。

8.3.1.1 对电力电子和过程控制的影响

正如本书所述，电解过程需要直流电（DC）将水分解为氢气和氧气。由于当今大多数电网使用交流电（AC），当电解槽连接到电网时，需要将交流电转换为直流电。该配置已用于工业应用，是所有电解系统制造商提出的标准配置。

　　然而，每种可再生能源都具有与电解堆和系统需求不匹配的特定电流和电压特性。此外，如 Fingersh 所述，风力涡轮机上可以使用几乎无限多的电力电子设计。因此，电力变换必须针对每一种情况，这会增加复杂性，如图 8.11 所示。

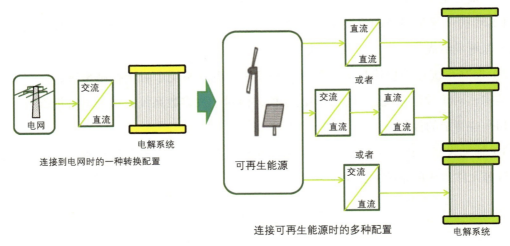

连接到电网时的一种转换配置

连接可再生能源时的多种配置

图 8.11　能源转换的复杂化

　　在匹配电解槽和可再生能源的特性方面，大多数困难可以通过电源变换器来解决，但每一次电源变换不可避免地会导致整个系统的效率损失。此外，电解系统通常是直流供电部件（最重要的是生产堆）和交流供电部件（泵、风扇、通用控制系统部件）的组合。不同供电设备的存在意味着使用一个或多个电源变换器，并在交流和直流之间的选择主母线。当电解系统集成在一个包括多个电源和多个负载的更大的系统中时，这种选择变得更加复杂和关键。系统的电气设计和主母线的性质取决于整个系统。事实上，不仅要考虑电解槽，还要考虑构成能源系统的电源的性质和多样性（如果电力由氢气产生，则包括燃料电池），以及负载的性质和多样性。必须做出选择，以确保提供给负载的电力质量（电压和频率的稳定性，波形的纯度）。这些选择还取决于低成本变换器的可用性。Little 等人描述了决定为 West Beacon Farm 独立电源（包括一个 34kW 的电解槽）提供主直流母线的不同原因。在这篇文章中，还回顾了与使用直流母线相关的缺点。由于可能存在许多不同的配置，这种多样性会使电解系统的标准化复杂化，并影响系统的成本。这就是为什么到今天为止，为了降低系统的总成本，技术选择往往基于现成的可用组件。由于任何电源转换都会降低系统的能效，因此理想情况下应限制转换的数量，并且在选择电源变换器时应格外小心。在处理高度波动的电源时，这一点更为重要，因为变换器效率在很大程度上取决于入口功率特性。通常，AC/DC 变换过程在额定功率下的效率预计在 90% 左右，但在部分负载下，效率可能会显著下降，如图 8.12 所示。DC/DC 变换器的最大效率通常在 90% 以上，但它也与负载和电压输入输出密切相关。由于可再生能源驱动的电解槽大部分时间都在部分负荷下运行，因此电能转换的重要性就不难理解了。

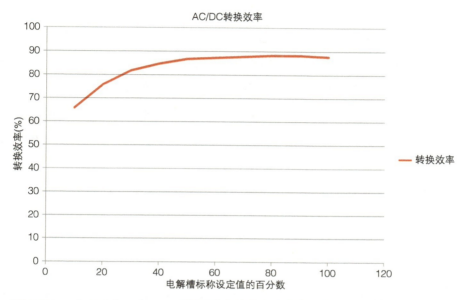

图 8.12　一个 5Nm³·h⁻¹PEM 电解槽的交流转直流电源系统随其功率百分比的效率

电源的拓扑结构对电解堆的能耗也有影响。正如 Ursùa 等人提出的，功率变换器可以分为两大类：基于晶闸管的（ThPC）和基于晶体管的（TrPC）功率变换器。在电解槽电源模拟器上进行的实验表明，与 ThPC 相比，TrPC 供电的电堆能耗更低。使用 ThPC 时，效率提高达 10%。这与电解部件可用的直流和电压的质量有关。Mazloomi 也证明了电解效率取决于施加的电压波形。直流电的质量与电源变换器、可再生能源及其相关的间歇性密切相关，并已观察到它对电解效率有影响。然而，要全面量化这种影响还需要进行更多的研究。

系统过程控制也应与间歇运行兼容。这当然适用于每个单独的控制元件及其特性，也适用于控制方案本身。实际上，控制电解槽的方法有多种。电解系统的主要部件，特别是那些相当小的部件，最初被设计成可控制的，以便它们能保持特定的电堆内部压力或确保给定的氢气出口流量。在这些配置中，过程控制是通过电堆的下游来实现的，即基于氢气需求。这种控制方案非常适合工业应用，其目标是生产氢气，电解过程由需求控制。然而，当直接连接到间歇能源时，电解系统必须通过在电堆中施加适当且可用的电流，或在电堆之间施加电压来控制。大多数电解系统制造商现在提供的都是这种类型的控制方案。电流控制和电压控制之间的选择，将取决于系统的整体架构和电解系统应该实现的功能。如果电解槽是唯一的电力负荷，电流控制的电堆似乎更合适。然后，控制设定点可以是氢气流速或流经堆栈的电流。由于电解槽由波动的可再生能源直接供电，控制回路必须包括可用功率的测量，并处理这一信息，以推断应用的电流，避免电力生产和消费之间的不平等。为了确保快速的功率瞬变，需要快速运行的过程控制。如果电解槽不是唯一的电力负荷，并且不负责确保瞬时平衡，则可以应用电压控制。在这种情况下，母线电压可以由负责瞬时电平衡的电池组施加。电解槽将根据施加在电堆上的电压依次吸取电流。直流母线的电压将根据可再生能源、电池充电状态和负载需求的变化而不断波动。

在考虑可再生能源时，必须考虑到高频电源和电压瞬变以及突然的电源故障。这些特性需要特定的电源设备，如不间断电源系统（UPS），以确保系统和电池组的安全关闭，从而以比电解系统所能保证的更快的速度处理电源瞬变。

电解系统与可再生能源的集成，使得电力适应和控制方案变得非常复杂。尽管现有的电力电子设备能够适应任何配置，但在电解系统的环境设计中必须非常小心，以限制与电力转换相关的损耗，并确保电堆中施加的电流质量。

8.3.1.2　允许动态操作的要求

除了特定的电气特性（电流和电压）适应之外，与可变可再生能源的耦合，还施加了一些强烈的动态约束。当电解槽直接连接到电网，以进行恒负荷的工业应用时，这些限制几乎不存在，因为电解要么在其额定设定点生产，要么停止。由于可再生能源具有间歇性和不规则性的特点，电解槽系统需要具备一些特定的功能，才能跟踪功率波动。

首先，电解槽必须能够处理由于突然断电引起的频繁启动和停止的请求，例如，云层经过（在光伏供电电解的情况下）或风速降低到额定水平以下。只有当可再生能源过剩时才会运行的电解槽，必须能够响应信号迅速启动，以便最大限度地利用可用能源。这一要求往往与电解过程的启动和停止程序不兼容，电解过程通常持续几分钟到几十分钟，具体取决于技术和设备的大小。这种不可压缩的时间可能是由于技术要求（系统加压时间、部件启动验证等）或安全预防措施（缓慢电流增加、氢气泄漏测试、提取流量验证、安全传感器预热时间等）造成的。启动过程中最耗时的似乎是系统的加压，包括电堆、分离器、管道和净化系统。加压时间显然取决于系统的工作压力和体积。图 8.13 给出了 $5Nm^3 \cdot h^{-1}$ PEM 电解槽启动程序的主要步骤，从图中可以看出，大约需要 7min 才能看到系统出口处的第一个氢分子。

其次，为了使用间歇性可再生能源运行电解槽，系统必须能够在较宽的运行范围内工作。

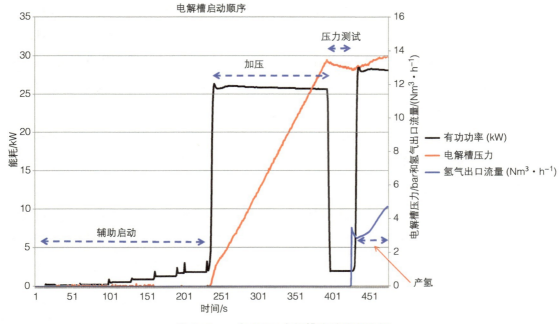

图 8.13 一个 PEM 电解槽启动流程实例

事实上，如果电解槽要能够遵循可再生能源提供的精确曲线，其理想的运行范围将是 0～100%。因此，它将能够完全适应可用的功率，当然，这意味着在低负荷下运行。然而，由于安全要求，目前大多数电解槽的可操作范围都受到限制。无论采用哪种技术（碱性、PEM），都会发生跨膜现象。在电解堆的两侧（阳极和阴极），会产生氧和氢的混合物。出于安全原因，必须确保在任何时刻，气体混合物保持无害。最后，系统必须能够处理快速功率瞬变，并在整个工作范围内保持足够的响应时间。这些要求，通常通过与电力电子密切相关的控制方案和实施的控制回路来处理。快速响应过程的能力取决于许多参数，如电行为、电源变换器技术、信号信息传输、热容量、电化学现象和电堆的设计。当系统运行时，中型 PEM 电解槽单位时间的电流增加大于 $50A \cdot s^{-1}$。与 PEM 系统相比，大型碱性电解系统的响应时间更长。然而，商用碱性电解槽已经能够承受约 $10A \cdot s^{-1}$ 的电流变化，与高级碱性电解相关的开发将有助于展示 PEM 和碱性技术之间的类似性能。然后应该记住，动态操作必须适用于整个系统，而不仅仅是电化学部分，即产氢电堆。事实上，在电解系统中，产氢的电堆环境对于处理流体（水、蒸汽、气体）和电力（功率调节）以及确保适当的热管理至关重要。所有这些组件都具有特定的动态响应，并且它们必须与间歇和动态控制兼容。

8.3.1.3 对下游元件的影响

如前所述，电解系统由一个或多个电堆、一些电源和控制元件以及 BoP 组成。根据所生产的氢气所针对的应用，整个系统还包括其他组件，如压缩系统、储氢系统（气态、液态或固态）、加气站或化学反应器。电源的间歇性不仅影响电解槽的设计和运行，而且影响这些附加部件。所有的元件必须能够承受动态运行，并且需要使系统适应间歇运行。例如，如果应用需要压缩氢气，则可能需要一个缓冲罐来平滑压缩机和气体助推器入口处的压力和流量变化。事实上，这些元件都是机械部件，通常最好是在恒定负载下工作。此外，如果氢气必须满足间歇性的需求（例如氢气储罐 - 加气站），那么所有部件的尺寸确定必须考虑到电源和应用的变化，以尊重合同中规定的负载。当需要较大的操作范围时，适当调整工艺组件的尺寸也可能会变得困难。

确保辅助设备和下游元件的灵活运行，通常需要增加或加大一些设备的尺寸。这导致投资成本增加，因为这些要素只能在其额定点上使用一段有限的时间。这也导致运营成本增加，因为这些元件在不处于其额定点时可能会消耗更多功率，并且由于间歇性运行而过早老化。

8.3.2　动态运行下的系统性能和可靠性

如本章前面所述，间歇性功率约束可能会对电解系统的设计和动态要求产生很大影响。这些设计和操作选择反过来又会对系统的性能和可靠性产生重大影响，因为大多数情况下，系统都不会在额定点上运行。虽然有时很难将技术性能的损失或部件故障与间歇性工作条件明确地联系起来，但本节将讨论间歇性对制氢特性、能源效率和系统可靠性这些方面可能存在的影响。

电解槽与可再生能源的连接已经通过模拟进行了广泛的研究，一些示范项目已经说明了氢气用于储能的潜力。然而，公平地说，周期性和间歇性操作的影响尚未在公开文献中得到充分的论述。对效率的影响很容易评估，但对电堆和系统衰减的影响要复杂得多，且很少受到关注。这可能是由于以下几个原因造成的：

1）迄今为止，工业应用不需要间歇操作（碱性电解尤其如此）。

2）PEM电解历来用于受控的实验室环境。

3）高温电解相对较新。

此外，大多数整合可再生能源和氢气的示范项目侧重于证明不同的组件可以连接在一起，并提高运行的可靠性，但很少有项目的设计或运行时间足够长，足以研究衰减效应。大多数系统都是使用现成的组件，为实现最大可靠性而设计的，但在改进组件、架构和系统效率方面做得很少。

8.3.2.1 对制氢特性的影响

水电解槽产生的氢气，可以通过其流量、压力、温度和纯度来表征。尽管从之前讨论的内容中可以很明显地看出，氢气输出流量与电解可用的功率直接相关，更准确地说，正如前面章节中已经介绍的法拉第定律所说明的那样，虽然通过电堆的电流很重要，但同样重要的是要理解压力、温度和纯度也会受到间歇操作的影响。

温度：频繁的启停和间歇变功率运行，直接影响到电解堆产生的热量，进而影响系统工作温度和氢气温度。尽管它可能不会对所生产氢气的质量产生任何影响，因为下游净化系统通常可以处理温度的变化，但它对系统效率有重要影响，这将在下一节中进行回顾。电解堆产生的热量主要取决于电解液中发生的焦耳效应，焦耳效应是流经电解堆的电流产生的。正如 Ulleberg 所描述的，电解系统的热行为取决于电堆产生的热量以及外部环境和辅助冷却造成的热损失。事实上，为了避免系统在过高的温度下运行，电解槽总是包括一个冷却系统。它的设计基于堆栈系统的大小，通常在最大工作电流下保持最佳温度。然而，在低电流设定点时，产生的热量远低于高设定点时的热量，电堆的温度下降。当受到间歇性电源的影响时，电堆的温度会不断波动，系统通常会在低于额定温度的情况下运行。图 8.14 显示了在多云天气由光伏供电的 25kW 质子交换膜电解槽温度的变化。

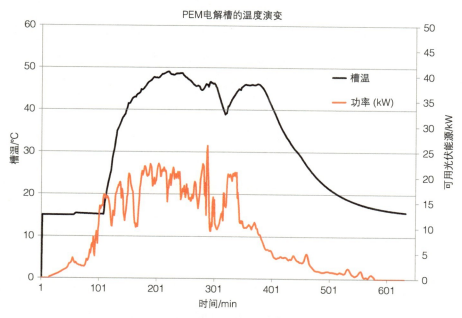

图 8.14　电解槽温度在一天中的变化（多云天气）

电堆温度从 15℃演变到大约 50℃，一般模式在很大程度上受可用光伏电源的影响。

由于基本的技术差异，在相同的给定制氢产能范围内，PEM 和碱性电解系统并不具有相同的热容量。因此，即使它们的供电历程相同的曲线变化，它们也不会显示相同的温度变化。在任何情况下，氢的净化，尤其是去除水污染，在大多数应用中都是必需的。这将需要冷却产生的气体以冷凝水，因此系统出口处的温度将保持恒定并接近环境温度。电堆温度的变化对冷却功率的影响是有限的。

压力： 电解系统中的压力也受流量变化的影响。事实上，为了避免流量增加（或减少）时系统中的压力升高（或降低），产生的气体必须立即被下游元件吸收。由于构成系统的元件的流体动力学，这当然是不可能的，并且系统内的压力会发生变化。使用背压调节器或下游调节元件可以限制这种影响，但无论如何，流量波动将不可避免地意味着压力波动。根据下游储氢技术（压力、液体、固体）或应用（加油站、化学工艺等），可能需要额外的设备，例如缓冲容积来处理压力变化。这会增加系统的复杂性，增加成本。

纯度： 低负荷运行也会影响产氢电堆出口处气体的纯度。事实上，电解槽产生的氢气含有一定量的氧气，而产生的氧气含有一定量的氢气。这是由于无论采用哪种电解技术，气体都会不可避免地渗透到膜中。渗透速率取决于几个参数（膜材料和厚度、工作压力和温度），并且可以解释多达几个百分点的效率损失。在低负荷下，氢或氧通过膜的渗透速度可与分子的生产速度相媲美，从而导致形成不安全的混合物。这就是在较低的工作设定点，大部分时间都是由制造商自愿限制的主要原因。这种现象在碱性技术中比 PEM 技术更为重要，低负荷下氢气的低质量可能会迫使净化系统过大或安装额外的安全装置，与在额定负荷下运行的系统相比，这会导致额外的成本（更高的投资和运行成本）。正如 Ursùa 等人的实验所证明的那样，氢杂质中的氧含量随着电流的减小而迅速增高。适用于 55℃ 的碱性电解槽，从满功率到低工作设定点，氧气中的氢含量将相差 5 倍。

实验还表明，氢和氧中的杂质随着操作温度和压力的增加而增加，这两个参数受到间歇性的强烈影响。

间歇性操作还导致系统和电堆的频繁启停。在电堆的待机过程中，仍然会发生透过薄膜的渗透，如果气体没有排出，则系统内可能存在危险混合物。制造商通常只允许在压力下进行短暂的待机时间，并在一定时间后（通常不到 20min）强制降压来解决这个问题。这些减压也会导致氢的损失，并且在恢复电力后需要很长的重启时间。

安全性： 电解技术所涉及的安全问题与氢分子的固有特性有关，也与碱性或酸性电解质的腐蚀性有关。然而，由于压力和温度波动，间歇性操作的后果便是相关风险会被放大。事实上，压力和温度变化会对电池组、BoP，尤其是确保系统密封性的部件带来高的机械应力，并可能增加气体或液体泄漏的风险。

8.3.2.2 对系统效率的影响

在考虑具有氢系统的可再生能源集成的性能时，由于系统大部分时间都在部分负荷下运行，因此所获得的运行效率比最佳额定效率更为关键。电解系统的实际性能受到压力、温度和工作功率范围等参数的重要影响，这些参数与系统的动态运行密切相关。仅考虑产氢电堆时，由于焦耳效应有限，低电流密度（即低工作水平）下的效率通常较高。然而，当考虑包括辅助设备在内的整个系统时，可以清楚地看到，当工作点降低时，比能耗（通常以 $kW \cdot h \cdot Nm^{-3}$ 表示）增加。如图 8.15 所示，甚至可以观察到，在非常低的负载下，系统的特定功耗会急剧增加。在低负载情况下，系统特定的消耗将是原来的 3～4 倍，这当然对由间歇电源供电的系统的整体效率产生很大的影响。在低负荷下对效率有重大影响的因素之一是对风机、泵和控制系统的高辅助能源需求。PEM 或碱性电解槽的典型辅助需求，在额定设定点运行的大型电解槽中，可占总功耗的 10%，而在低负荷运行的小型系统中，则可占 80% 以上。

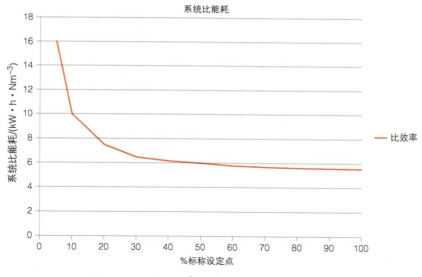

图 8.15 一个 $5Nm^3 \cdot h^{-1}$ 电解槽的比能耗实例

如今，在大多数电解系统中，BoP 功耗在整个工作范围内几乎是恒定的，不依赖于工作点。这导致辅助设备的相对"重量"随着工作电流的降低而大大增加。图 8.16 显示了 $5Nm^3 \cdot h^{-1}$ PEM 电解槽的辅助设备的比能耗，这相当于在全工作范围内的有一个（2kW）恒定功率需求。

频繁的启停也对效率有很大的影响。事实上，每次系统停止运行时，都必须对其进行减压（主要是出于安全考虑，如前所述），并且一些氢气会在排放到大气中时损失掉。氢气损失量与系统的体积直接相关，系统主要由电堆、管道、气液分离器和净化系统组成。因此，部件及其尺寸的适当设计对于限制排放的氢气量至关重要。如本书前文所述，当工作温度较高时，电解效率会提高。然而，大多数系统被设计为在最佳温度下运行，这通常是技术可行性、经济性、性能和衰减之间的折中。碱性电解槽通常可在高达120℃的温度下运行，而PEM电解槽的运行温度可达80℃。由于PEM和碱性电解是一个放热过程，因此电堆需要冷却，冷却系统通常设计用于去除额定功率下产生的热量。因此，当在部分功率下运行或频繁停止时，系统不会在最佳温度下运行，从而表现出性能下降。

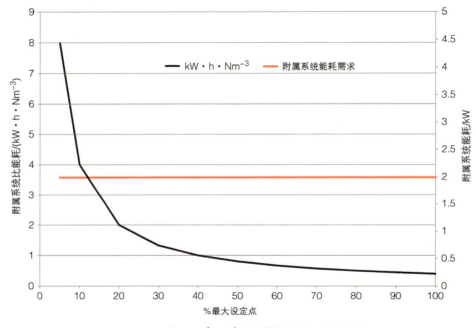

图8.16　一个 $5Nm^3 \cdot h^{-1}$ 电解槽的附属系统比能耗

本书前面提到过，从热力学上讲，压力越低，电化学反应的效率就越高。然而，人们普遍认为，由于其他现象，例如促进碱性电解的电化学反应的气泡尺寸的减小，可以预期系统在高压下的效率会更高。此外，氢气的储存通常是必要的，因为氢气的生产和使用通常不会同时发生。由于这些原因，工作压力对于整个系统的效率非常重要，并且通常认为加压电解（10～30bar）更可取，尽管它的制造成本更高。这是因为氢的体积质量密度非常低，因此加压很困难，而且能量成本很高。例如，将1kg氢气从常压压缩到30bar，需要消耗占到10%氢气低热值（ $33.33kW \cdot h \cdot kg^{-1}$ ）的能量。虽然增压的影响并不仅限于间歇性电源的集成，但在设计整个系统时必须牢记这一点。

电解系统的不良性能，也可能是由于气体通过膜渗透、寄生反应和堆级泄漏电流造成的。在很低的电流密度下，这些现象可以成为主导的反应，超过水分解本身的反应。这导致法拉第效率下降，从而导致每标准立方米氢气生产的能耗增加。低负荷时效率的降低，主要是由于对电堆的概念不清楚以及可供选择的催化剂也有限造成的。为了降低系统的总的投资成本，可以考虑这样一个概念，可以用最少的设计工作来克服这一问题，但这将不可避免地提高系统的成本。图 8.17 显示了低效率电解槽法拉第效率随电流密度的下降情况。

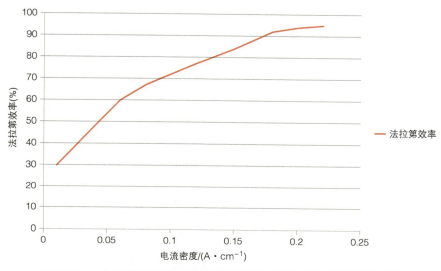

图 8.17　一个低效率碱水电解槽的法拉第效率随电流密度的变化情况

除了温度变化和部分负载运行作对电解效率的直接和量化影响外，Bergen 等人还表明，在电解系统上可以观察到瞬态诱导的性能衰减。与稳态性能相比，开关操作和短时间尺度事件（即动态事件）都证明了电解槽产氢量的大幅降低。当设备休息一段时间（从几小时到几天），或通过电堆维持最小电流时，性能部分恢复。作者认为，活性部位气泡的积累可能是碱性电解槽效率暂时降低的原因。然而，造成这些现象的机理尚未明确，需要进一步研究动态和间歇性电解操作的短期衰减机制。

8.3.2.3　间歇对可靠性和耐久性的影响

虽然过去几年，电解系统在材料、成本降低和效率方面取得了令人印象深刻的进展，但在弄清楚间歇性故障的主要成因和衰减模式方面，仍有很多工作要做。这部分知识相对欠缺的主要原因可以归结为，一方面，稳态（或至少受控）条件对于研究耐久性是必要的（或至少是更可取的），而另一方面，耐久性本质上与间歇性电源不兼容。此外，在工业生产的水平上开展衰减测试是耗时、昂贵和有难度的。只有少数文献研究量化了性能随时间的下降，但没有一项研究明确指出了该种下降与间歇性的相关性，及其加重的机理。

随着时间的推移，电解水系统可能会出现不同类型的衰减，这可能发生在电堆、控制系统或 BoP 上，下文将对此进行描述。本小节的目的不是详细描述衰减机制，因为它已经在每种电解技术的专用部件中讲述清楚了，而是回顾主要因素并确定它们是否可以通过间歇性来加强。

电堆衰减机制和系统故障： 碱性电解液衰减的主要机制是液体电解质本身的腐蚀。选择电解液的性质（KOH 或 NaOH）和浓度始终是性能（与电解液的导电性有关）和材料腐蚀风险之间的折中。碱性电解槽相对较高的工作温度（通常为 70～120℃）大大增加了腐蚀的影响。电解液外泄也会导致电堆过早衰减，当使用大型电化学电池时，风险会更高。电池中隔膜的完整性丧失也是电池组失效的主要原因，尤其是在高压下。隔膜的故障会导致交叉污染，然后由于氢气和氧气的混合而导致爆炸的风险。最后，在碱性环境中电极的磨损是一种观察得到的衰减效应，也会导致电化学性能下降。

根据 Millet 等人的研究，PEM 电解液性能下降的主要原因有两个。第一个是通过管道进入薄膜的微量金属阳离子的掺入到膜中。这些阳离子向阴极的迁移会导致过电压增加和性能降低。第二个来源是不可逆的过程，如由于电流在电池间的不均匀重新分配而形成热点。这可能首先导致膜的破坏，并导致系统本身的失效。其他现象，如膜随时间变薄、钛（双极板材料）因氢而脆化和腐蚀也是导致电堆衰减的可能机制。

无论采用何种技术，电解槽系统的控制系统和 BoP 也会出现故障。至于电池和电堆，值得一提的是，由于较高的工作温度或压力、高电流和电压以及所涉及的液体和气体的性质，这些故障的概率会增加。然而，对于电解系统的 BoP，没有专门关于间歇性对衰减的影响的详细研究。

在任何情况下，大多数电堆和系统衰减和劣化模式首先导致效率下降，然后导致系统故障。然而，文献并未明确提供间歇性运行与部件或系统故障之间的直接联系。可以直观地认为，间歇性操作可能会强化两个劣化因素。一个是由频繁启动和停止、波动的流量和反复的系统减压引起的高机械应力。实际上，电堆是相当脆弱的机械组件，需要电堆内部和外部环境具有完美的密封性。由于持续的压力和温度变化，而产生的机械应力可能会导致密封件和紧固件老化，从而可能导致密封失效和系统故障。

第二个加重因素是间歇性电源可用性和可再生电源特性，引起的堆间电压和电流设定点的高频变化。这些变化还可能对电解堆和电力电子设备产生应力，从而导致这些部件的早期衰减和故障。同样，在电堆上强制重复待机条件可能会对电极老化产生影响，尽管目前还没有明确的证据表明这一点，仍然需要对该主题进行研究。

然而，尽管关于间歇性影响的所有疑问仍有待回答，而且对机制缺乏了解，但人们普遍认为，电解与可再生能源的结合不会导致老化急剧加速。根据相关文献，使用 PEM 电解槽，进行 3000h 以上的间歇试验，未显示任何明显的性能损失。使用快速波动的输入功率对电化学性能没有显著影响。

文献中经常提到，间歇操作条件对碱性电解槽的影响可能更大。Petipas 等人提到了一项使用碱性电解槽进行的试验，该试验表明，老化速率从稳态操作下的 $3\mu V \cdot h^{-1}$ 增加到开关操作下的 $10\mu V \cdot h^{-1}$ 以上，而 PEM 电解在两种稳态下的衰减速度都较慢。尽管这是一个普遍接受的事实，但从电化学和系统的角度来看，还没有系统的研究来证实这一说法。

从现有文献来看，似乎可以公平地说，间歇性运行、频繁启动、输入功率波动和停止以及低负荷运行的不利影响没有得到水电解这一技术界足够的重视。对于任何工业过程，可靠性和耐用性都是至关重要的，以确保设备有足够的使用寿命，从而限制技术解决方案的总拥有成本（TCO）。尽管在这方面仍需开展研究工作，但过去和正在进行的氢示范项目可以让人们了解该领域遇到的主要失败或困难。在一些文献中确实报道了与碱性或质子交换膜电解槽有关的一些问题，尽管在大多数研究中，仍然没有真正的原因分析。在经验反馈中反复提到的各种困难中，可以强调以下几点：

1）堆叠老化和膜老化（没有对根本原因进行系统的分析）。

2）由于泄漏，碱性电解质存在安全问题。

3）间歇性和波动性电源的问题，例如延迟反应。

4）关机后难以启动系统，尤其是在寒冷的天气下。这可能会产生问题，因为直接连接到可再生能源的电解槽，可能不会安装在温度受控的室内，并且在没有电源可用时可能会经常停止。

5）由于系统部件在使用条件下不够成熟，需要进行大量的维护。

6）在冬季 PEM 中的膜会冻结。

7）在某些情况下，电堆衰减非常迅速，限制了供应商所能保证的使用寿命。

以上情况表明组件和系统缺乏可靠性，这可能是由于电解系统和它们与可再生能源的整合不够成熟。尽管大多数问题似乎很容易预防，但它需要技术改进，这将在能源或经济水平上付出成本代价。

8.3.2.4 高温蒸汽电解的特点

尽管 HTSE 仍处于开发阶段，但由于它在 700 ~ 800℃的温度范围内运行，因此它在遇到间歇性电源条件时具有特殊性。至于液态水电解，效率受可变功率输入的影响，系统温度起着关键作用。例如，在系统关闭后，必须将系统从低温加热到工作温度，然后再通电。

如果系统温度下降得相对较低，这个启动阶段可能会很长。一旦达到工作温度，由于电源的可变性，电（由于可再生能源）和热（由于焦耳效应）都会发生间歇性。很容易理解，它所涉及的影响和动力学与低温水电解遇到的影响和动力学非常不同。实际上，如第6章所述，根据工作电压存在以下三种工作模式：

1）吸热模式：工作电压低于热中性电压，不满足热要求，温度降低。

2）热中性模式：工作电压处于热中性电压，因此所需的热量等于焦耳效应产生的热量，并且温度保持稳定。

3）放热模式：工作电压高于热中性电压，焦耳热超过热量需求，温度升高。

因此，系统的热变化将影响操作模式，使系统的控制变得相当困难。与温度变化有关的主要问题是电解槽产生的机械应力。固体氧化物燃料电池（SOFC）显示了热梯度和失效之间的相关性，由于技术之间的相似性，该结论假设该结论适用于HTSE。

三种运行模式的存在，再加上可再生能源的功率变化，对高温电解来说是一个真正的挑战。为了避免衰减和效率损失，电解系统必须在接近热中性电压的情况下运行。为了实现这一目标，必须在系统层面上实施受限的操作范围，或实施智能的操作和控制策略。这不可避免地会对系统、设计和效率产生影响。

影响电极、固体电解质、互连和接触层的主要衰减机制是铬（Cr）中毒、腐蚀、分层、接触损失和密封性损失。尤其是当它引起温度和压力变化时的间歇性。然而，文献表明，在600h的试验期间，固体氧化物电解槽的电压衰减率不受瞬态操作的影响，并且在$40\mu V \cdot h^{-1}$下保持稳定。瞬态操作也得到了验证，因为与稳态操作相比，应用于固体电解槽的不同负载循环不会导致测试条件的额外衰减。

因此，还需要开展进一步的工作来评估能源间歇对电解水制氢系统所产生的影响。实验室环境中的科学研究往往表明，电解槽系统在很长一段时间内都能适应波动的条件。然而，只有在实际条件下，并演示足够长的一段时间，才能充分量化可变操作条件的影响。

8.3.3 通过改进设计和运行管理间歇性

从前文所提供的信息来看，现在很明显，可再生和间歇性电源对电解系统的设计、运行有一些特定的要求，因此对其性能有很大的影响。可以采用堆栈和系统级别的设计选择以及智能操作策略，来减少间歇性的不利影响。

8.3.3.1 系统设计的改进

近年来，业内在改善碱性和PEM电解的电化学性能方面进行了大量研究，例如在电极表面更好地沉积催化剂，或者通过设计高压电堆来提高系统效率。随着高级碱性电解技术的进展，寻求提高电流密度、工作温度和压力。电流密度从 $0.3A \cdot cm^{-2}$ 增加到 $1A \cdot cm^{-2}$，这一点已经在实验室规模这个级别上进行了展示；工作温度从 $80\,℃$ 增加到 $150\,℃$；压力从几个大气压增加到 30bar。当考虑间歇操作时，大多数这些进展也会提高性能。不过，为了适应可再生能源的限制，也可以进行具体的技术创新调整。其中一些已经被电解槽制造商或系统集成商应用。

首先，可以在电气层面上改善电解与可再生能源的整合。如前所述，电源和电堆之间的任何电力转换都会降低系统的整体效率。因此，可以对系统的电气配置和组件的开发进行具体的工作，以限制电力转换的次数，并提高其效率。例如，可以考虑利用光伏板的直流直接供电，以减少电力转换步骤，从而提高性能。这意味着要将太阳能电池板的输出电压调整到电解堆的电压范围。然而，由于每个可再生能源和每个发电厂装置的电气特性（尤其是电压水平）都是特定的，因此，标准化解决方案很快就变得不可能，降低成本也变得非常困难。国家可再生能源实验室（NREL）的 Wind2H2 项目，旨在将风力涡轮机和光伏阵列与电解槽集成在一起，该项目表明，当太阳辐照度较低（低于 $500W \cdot m^{-2}$）时，与光伏直接耦合的效率高于包含了电力电子器件的光伏系统。Fingersh 的研究表明，不需要额外的电力电子设备，就可以将电解系统有效地连接到变速风力涡轮机上，从而实现高效率和成本降低。实际上，在使用标准商用电解槽时，几乎总是需要一个电源变换步骤。当考虑将几个其他组件（负载、电池、燃料电池等）与电解系统集成在一起时，找到最佳的电力方案变得更加重要，选择也更加多。

另一种提高电解系统整体性能的方法是利用其处理过载的能力。如前所述，当连接到可再生能源时，电解槽需要在部分负载下间歇运行，而尺寸调整成为技术经济优化的一个非常重要的因素。与其根据峰值输入调整电解槽的尺寸（这种情况可能很少发生），不如使用能够在短时间（几分钟）超负荷运行的小型电解槽，将投资支出降至最低。碱性电解槽和 PEM 电解槽都可以超负荷运行，只要产生的额外热量可以承受。然而，电力设备和 BoP 的尺寸显然必须适应过载，这意味着加入了额外的成本。

如前所述，在部分负荷下，BoP 对系统总用电量的影响可能变得极其重要。因此，在设计和调整制氢设定值时，必须特别考虑辅助部件的消耗，以减少其在低负荷时的影响。创新设计还可以进一步简化辅助设备，将其功耗降至最低。

如前所述，温度是影响电化学效率的主要参数之一。它也是一个受可用功率间歇性影响较大的参数。因此，在热管理方面进行的具体工作可以提高系统的总体性能。通过对电解槽进行绝缘，可以简单地实现更好的热调节，这在待机模式下或无电源时是有益的。如果可以免费获得高温下的废热，电堆可以保持在其额定温度，以确保最大效率。工业废热回收或与其他氢组件（燃料电池或氢化物存储）的集成可以实现这种优化，但这并不是免费有效的。

由 ITM Power 公司生产的 Hbox solar 是电解系统集成和特定应用优化设计的一个案例。Hbox solar 是一台 1.3kW 的无源质子交换膜电解槽，它在太阳能电池板和电解堆之间采用 DC/DC 变换器，可产生 14bar 的氢气。此外，BoP 的优化设计还包括自增压设计，由此限制了辅助部件的数量和消耗。它还包括一个最大功率点跟踪（MPPT）控制器，用于通过专有控制算法，对可用 PV 输入进行控制。热管理系统限制了电堆在黑暗或恶劣天气后的温度下降，从而提高了启动时的性能。这种设计可实现非常高的整体系统效率，最高可达 $4.5kW \cdot h \cdot Nm^{-3}$。当连接到光伏组件时，该值可以与这种尺寸的传统 PEM 系统的 $6 \sim 7kW \cdot h \cdot Nm^{-3}$ 的效率进行比较。

除了这些设计修改之外，电解系统的模块化概念也是一种相对简单的方法，可以提供一定程度的负载灵活性，而无须修改电堆的概念或环境。在这种情况下，每个电堆都可以设计得非常灵活，整个系统可以根据设定值进行很大范围的调整。这允许在每个电堆的额定点附近操作，然后提高整体效率。然而，这种配置不能提供完全的灵活性，反而使系统负载的逐步增加。

在任何情况下，改进的系统集成都需要以最佳尺寸安装最合适的组件，从电堆本身开始。对于大规模生产系统，即几十兆瓦的电力，需要大规模的电堆来降低制造成本和简化系统。然而，这一阶段的规模扩大可能很困难，截至目前，只有少数几家公司能够提供大型设备。对于 PEM 技术来说尤其如此，因为大型系统通常是由较小尺寸的元件组合而成，这限制了通过规模效应降低成本（尽管它有利于通过体积效应降低成本）。最后，任何电解与可再生能源的集成都需要正确地确定氢系统的功能和目标，以便为每种应用提供最佳的系统。

当然，所有这些系统改进都必须时刻牢记系统的总体拥有成本。为了降低给定应用场景的系统总成本，改进总是在成本和改进的性能之间进行权衡。

8.3.3.2 运营策略的改进

在考虑负荷稳定的电解生产时，通常只有一种方式运行系统，即在额定工作设定点运行。然而，当考虑间歇运行时，系统的运行方式很多，选择变得至关重要。事实上，正如 Gahleitner 所述，运行效率和系统寿命主要受电源管理策略的影响。当要管理的电解堆数量增加时，这一点更为重要。实际上，当有以模块化方式组装的多个电堆时，每个电堆都可以单独控制，当全局系统必须满足一个给定的设定值时，就存在许多不同的组合。图 8.18 说明了电解系统根据其概念提供的多种操作可能性。

例如，Muyeen 等人评估了一种新型的制氢系统切换策略，该系统由变速风力涡轮机供电，由 10 个独立控制的电解单元组成。结果表明，该策略可以帮助机组满负荷工作，从而提高系统的整体性能和寿命。

由于温度对系统效率有很大影响，因此热管理对于提高性能非常重要。例如，运行电堆的高级策略可以考虑电堆的温度，以优化其性能。特别是对于 HTSE，前面提到，操作策略必须与电堆温度紧密相关，以限制老化并确保高效率。

电解间歇操作的重复启动和停止顺序，也为改进待机期间的管理留有一些余地。可以想象具体的策略，以允许快速启动和停止，同时减少引起的电力或氢气损失。例如，多电堆配置的智能管理，包括预测控制，可以通过调整策略来适应电解系统的可用功率预测，从而避免堆栈关闭。

文献中报告的实验工作表明，限制开关顺序，或施加几个小时的最小关闭时间，与重复启动 - 停止操作相比，可能会改善长期性能，因此，对电堆备用管理的工作就显得尤为重要。虽然尚未确定具体机制，但有人认为，通过电解堆施加最小电流似乎可以限制瞬态引起的衰减。研究有效的操作策略，以限制电解堆和系统的衰减，对于提高任何电解系统的耐久性至关重要。还值得一提的是，大多数电解系统制造商都会进行特定的设计工作，以便在压力下延长待机时间。这将允许更快的启动，但需要创新的设计，以避免由于跨膜而导致的氧气和氢气混合的安全问题。

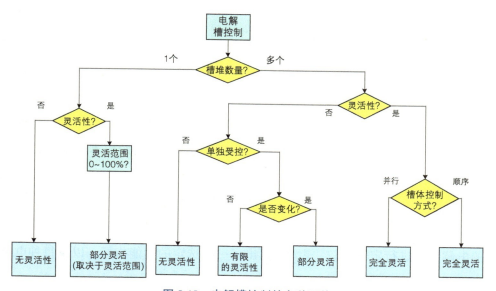

图 8.18　电解槽控制的多种可能

在某些应用中，氢气生产、储存以及最终的使用系统可以与电池等短期储存方式相结合，以提高性能。在这种情况下，随着系统变得越来越复杂，整体能量系统策略变得更加重要。可以采用多种能源管理策略，系统性能优化取决于所涉及的组件（可再生能源、存储技术、要满足的负载）、它们的大小以及整个系统要实现的目标。例如，短期存储容量的大小必须与电解系统的运行要求（如最小电流或最小停止时间等）相匹配。电解系统的尺寸、间歇性和负载功率也会影响电池组的最佳尺寸。经营策略优化是一个复杂的多因素问题。任何情况下，电解槽本身的运行策略都应该针对其集成的整个系统进行优化。在文献中，可以找到以氢和电池为存储介质的可再生混合氢系统的多种不同策略。值得一提的操作模式有以下几种：

1）电力需求满足：总体战略确保电力需求始终得到满足，经济或效率等其他标准是次要的。

2）最大效率：系统试图在任何给定时间以其最大效率点运行每个组件。

3）制氢优先级：应对要满足的负载，任何可用功率都被引导到电解槽。

4）电池保护：此操作模式倾向于保护电池免于过度使用，以防止其过早老化。

5）燃料电池保护：此模式倾向于保护燃料电池免于过度使用，以防止其过早老化。

6）电解槽保护：此模式倾向于保护电解槽免于过度使用，以防止其过早老化。

应用的每个系统策略基于技术经济标准，确定每个组件的单独策略。对于一个给定的应用，运行策略必须在负载满足度和总成本（耗电量、组件保护等）之间找到最佳折中方案。

8.3.3.3　哪种技术最适合间歇性电源

由于在以前的工业应用中不需要动态操作，因此通常认为电解不适合直接耦合到间歇性电源。以前的研究表明，即使存在技术挑战、技术要求或适应需求，也不存在无法克服的问题阻止电解技术与可再生能源结合使用。好几个应用项目演示了电解与可再生能源的结合，这将在下一节中进行说明。然而，在不影响性能的情况下，允许间歇操作可能会导致系统及其运行的复杂性增加，从而导致解决方案的成本更高，并降低整体效率。

关于与间歇性可再生能源的耦合，在各种文献研究中，PEM电解常被认为是首选技术。但由于技术成熟度差异很大，实验反馈也不足，目前仍难以做出明确表述。为了对间歇操作方面的电解技术进行定性比较，表8.2列出了一些选定的性能指标，以及每种电解技术的定位。

表 8.2 电解技术比较

	碱性技术	PEM 技术	HTSE 技术
电解效率	−	+	++
热管理难易度	+	++	−
快速启动	+	++	−
过载能力	+	++	++
低负载能力	+	++	++
附属能耗	+	++	+
槽堆直出氢气纯度	+	++	++
技术成熟度	++	+	
可靠性	++	+	
性能退化	+	+	+
系统投资成本	++	+	

今天，碱性电解和质子交换膜电解都可以被认为适合与可再生能源整合。尽管成熟度、成本和可靠性仍然有利于碱性技术，但从技术角度来看，PEM 电解技术在性能方面以及与可再生能源的集成方面似乎有一点优势。然而，目前还没有多少经验来理解间歇性对每种技术的性能和耐用性的真正影响。此外，集成方案有很多，但什么才是更好的配置，这一点仍然需要进一步的论证，优化的操作策略表明，碱性技术仍然与 PEM 电解一样适用于可再生能源耦合。

HTSE 尚未提供同样的期限。较高的操作温度和相关的热惯性似乎不利于间歇操作。然而，在某些特定情况下，尤其是有适当温度下的废热可用并且基于模块化概念的系统，没有相反的迹象表明 HTSE 不能由可再生能源供电。相关文献中的工作表明，高温电解槽的模块化操作是可能的，因此没有具体问题会阻止间歇性可再生能源供电。最后，与传统水电解相比，HTSE 进入燃料电池模式的预期可逆性，为 HTSE 提供了可再生电力存储的竞争优势。人们通常认为水电解的容量弹性有限，但事实并非如此。然而，动态操作对性能有重要影响，需要进一步研究。为了提高可靠性和耐久性，在系统级别和操作策略上需要进行一些改进，以提高系统的整体效率，并限制衰减和所需的维护。为了获得足够的实验反馈数据，在过去几年中，人们设想并研究了几种演示系统。下文将对这些示例进行概述，并简要描述所研究的系统。

8.4 集成方案和示例

几个将水电解制氢与可再生能源相结合的示范工厂已经实现了，其中一些一直在运行之中，或正在规划中。在 20 世纪 80 年代和 90 年代，许多类似项目在德国启动，最近，示范项目已在全球多国启动。从那些项目中可以看到，氢与可再生能源的整合方案可能非常不同，每个案例研究都可以被认为是独特的。

对于每个被考虑的应用场景，电解与可再生能源的集成需要一些额外的组件才能实现系统设计的功能。这些组件如图 8.19 所示，通常包括以下几个部分：

1）储氢系统：以氢的形式实际储存的能量可以在气相（从环境压力到 700bar）、液相（需要能量来冷却氢）或固相（例如金属氢化物吸收）中进行。

2）燃料电池系统：从储存的氢气中产生电能。

3）电源调节系统：包括电源转换和能源管理系统。

4）与电网的连接。

5）短期储能系统（如电池）。

6）下游氢气处理系统（例如加氢站）。

7）需要满足要求的电气负载。

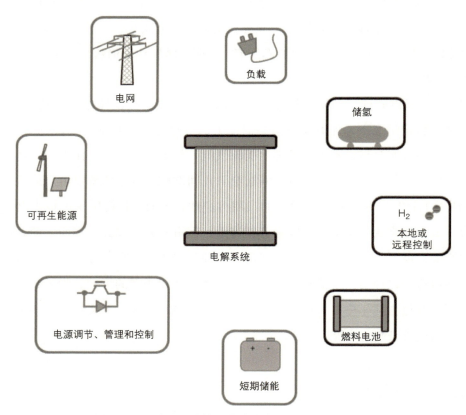

图 8.19　几种可再生能源集成水电解制氢的额外组件

可再生能源制氢的不同应用可分为离网（自主）和并网应用。对于每一个类别，主要的组成部分和特点都会被审查，并提到和简要描述了一些有代表性的项目。

8.4.1　自主应用

离网应用（或自主应用）是指电解槽和可再生能源未连接到主电网的应用。在这些应用中，水电解产生的氢气可以被认为是完全可再生的，因为产生氢气的全部电能都来自可再生能源。

离网应用可以分为两个主要配置，下面进行详细介绍。

8.4.1.1　可再生氢的生产

在第一种配置中（图8.20），生产氢气是为了利用其化学性质，而不是利用燃料电池发电。氢可以在当地用于各种工业应用（例如化学或冶金），也可以直接作为燃料（当地）用于加热或运输。可再生氢还可以以气体、液体或固体形式储存，并运输到偏远的利用地点（工业或氢燃料站），甚至通过管道输送到最终用户。

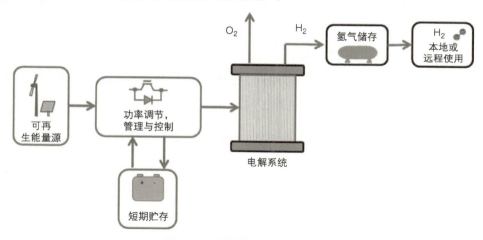

图 8.20　离网制氢流程示意图

这种配置的研发工作主要通过模拟完成，并专注于光伏和风能系统作为可再生能源。在这种情况下，电解槽直接接触可再生能源的可变电源，AC/DC或DC/DC电源变换器必须是系统的一部分，并能够支持快速电源瞬变。由于大多数现有商用电解槽的设计不能处理极快的功率变化，因此系统中通常会添加一个电池组，以便于吸收功率瞬变。

尽管人们对"电转气"的应用越来越感兴趣，可能会促进可再生氢的生产，但目前这种类型的示例相对较少。这种结构确实可以吸引人们越来越多地关注绿色氢气的生产，既可以用于工业应用，以限制其对环境的影响，也可以用于移动应用，以减少对化石燃料重整产生的氢气的依赖。在不久的将来，氢燃料电池汽车的预期部署将会带来氢需求的巨大增长，这需要通过电解（而不是蒸汽甲烷重整）产生的绿色氢气来满足，以保持可持续发展。

在未来，氢还将提供从可持续但孤立的全球可再生资源（特别是近海风能和沙漠太阳能）中获益的新方法。如今，在可用土地有限且相关成本很高的国家，越来越多地考虑开发海上风电平台。然而，在这种情况下，从技术和经济角度来看，电网连接都可能成为问题。当地离岸生产和储存风能氢气，并通过船将其运输到陆地，可以被视为从海洋向岸上输送能源的替代方案。

8.4.1.2 采用氢气作为电能储存的独立电力系统

第二种离网配置（图 8.21）可用于无法接入主电网的自治系统，因此需要在现场发电。独立供电系统已经在世界各地的偏远地区使用，由于燃料价格上涨，可再生能源在这些系统中的使用也在增加。事实上，尽管可以使用传统的柴油发电机供电，但可再生能源加上氢链是一种可行的替代方案，以具有竞争力的成本实现完全自主并减少对环境的影响。无线电信站或高山避难所是典型的偏远地区负荷，可以考虑用于这种独立于电网的安装。根据整个系统的设计，氢气既可以被视为主要能源，也可以被视为可再生能源的备用能源。这些集成氢系统通常包括电解槽、储罐和燃料电池，当可再生能源发电量不足时，燃料电池可以为负载供电。为了确保电能的可用性，从而满足负荷要求，储能势在必行，在某些配置中，储氢可以被视为一种可行的选择。

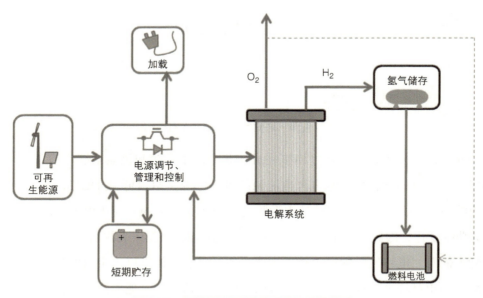

图 8.21 源网荷储制氢用氢系统的示意图

这些可再生能源 - 氢的配置在科学文献中得到了广泛的研究。大多数情况下，为了从技术经济角度优化存储系统的设计，电解槽与电池组等其他存储介质结合使用或进行比较。系统通常相对较小，因为大多数时候认为独立应用的场景是一到几千瓦的小型远程电力负载。

在这些系统中，与负载需求相比多余的可再生能源用于生产氢气。当可再生能源不足时（在阴天或夜间，在低风条件下，以及补偿光伏发电的季节性损失），氢气被储存起来，并在以后通过燃料电池发电，为负载供电。通常添加一个短期电力存储装置（例如电池）来应对快速的电力（负荷或生产）变化。电源调节和管理系统，必须能够控制可再生能源、电解槽、负载、燃料电池以及某些情况下的电池组之间的能量流动。

产生的氢气也可用于其他应用，如本地工业、建筑供暖或通过加氢站用于燃料电池车辆。

在这些配置中，报告的应用表明，主要是风能和光伏电源与电解系统耦合。然而，文献也对小型水力发电站和地热发电站进行了研究。由于风力和太阳能资源的可变性以及负载的间歇性，此类系统的运行条件波动很大。与电源的连接可以通过光伏机箱中的 DC/DC 电源变换器进行，也可以通过风能系统的 AC/DC 或 DC/DC 进行。对于独立的系统来说，与电池的混合组合通常被视为一个可行的机会。电池用于短期储存，而氢储存则用于长期储存（例如，对于光伏能源而言，存在季节性的特点），以克服电池的自放电。在这种情况下，电池也用于瞬态操作。

自 20 世纪 90 年代以来，与此类离网应用相对应的几个示范项目一直在运行，可以预期将继续进行相应的示范项目。表 8.3 列出了一个非详尽但有代表性的示范项目清单，这些示范项目已在不同国家运行或目前正在运行。

表 8.3　一些离网示范项目

项目（起始日期）	可再生能源	电解技术	状态	国家	参考文献
Stralsund 项目（1990s）	风能 光伏发电	碱性（25kW）	正在运行（实验室）	德国	[41]
PHOEBUS（1993）	太阳能	碱性（26kW）	不再运行	德国	[42]
Utsira（2004）	风能	碱性（50kW）	不再运行	挪威	[43]
HARI（2004）	风能 光伏发电 微水力	碱性（36kW）	正在运行	英国	[17]
PURE（2005）	风能	碱性（15kW）	正在运行	英国	[44]

8.4.2　并网应用

对于被视为并网应用的配置，根据集成方案，电解槽（用于电力消耗）和可再生能源（用于电力注入）都可以连接到电网。本节将介绍三个具体案例。

8.4.2.1　在电网协助下生产可再生氢

在第一种配置中（图8.22），电解系统的最终目标是生产氢气。当电网电力可用时，可以通过将可再生电力与来自电网的输入电力相结合来消除与间歇性运行相关的问题。即使电解系统不是以间歇的方式运行，也必须做一些特定的安排，但当电解槽仅连接到电网时可能不需要这些安排。特别是，电力调节和控制系统必须使电解槽能够通过组合来自间歇源的输入和来自电网的输入来接收恒定的功率输入。能源管理系统的设计应便于对整个系统进行控制。

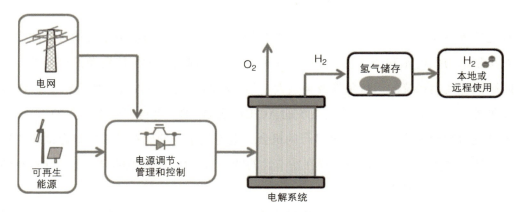

图 8.22　电网辅助水电解制氢

在这种配置中，电解槽可以在恒定的功率下运行，因此不受间歇运行的影响。如果可再生能源提供的电力低于预期的电解功率，那么缺电由电网提供。如果可再生能源提供的电力高于预期的电解功率时，则电解槽仅由可再生能源供电。然而，在这种情况下，必须降低可再生能源的盈余，以符合电力生产和消费之间所需的平衡。这项任务必须由电源管理系统来完成，具体的例子是光伏或风能系统的功率点跟踪组件。降低可再生能源的发电量是有限的，例如，光伏发电的最低发电量通常为30%。理想情况下，电解槽系统的设计和选型是根据可再生能源峰值来完成的，以避免因可再生电力过剩而不得不关闭装置。

这种配置的主要优点是，除了可以避免间歇操作外，电解槽的容量因数可以达到非常接近100%的值，唯一的停机时间可能是由于维护。这将提高经济性，降低氢气的生产成本。另一方面，电网辅助制氢的一个缺点是，所生产的氢气不是100%可再生的，不能作为可再生能源进行销售。在这方面，没有现有的法规或指令给出方法来界定部分由可再生能源产生的氢。为了评估和量化氢的可再生特性，并为绿色氢提供原产地保证，需要并正在采取一些具体的研究和规范化行动。

8.4.2.2　用于可再生能源储存的电解

在第二种配置（图 8.23）中，电解系统仅在电力无法被电网吸收时，即电力过剩（需求低于生产）或电网出现拥堵问题时，才由可再生能源供电。这也被称为可再生能源调峰。在这种配置中，电解槽受到可再生能源的间歇性特性的影响，这在本章前面已经描述过，并且需要短期存储手段来处理快速的功率变化。这不可避免地会对电解系统的容量因数产生影响，从而显著降低容量因数。因此，一个电解厂，按给定的可用电量大小，将在大多数时间在其名义容量下运行。这将影响解决方案的总成本。但是，这未必是不能接受的，特别是如果全球能源效率是整个能源系统或所考虑的地理区域（区域、地区、建筑物）的一个目标。这种配置的一个变体是以恒定功率运行电解槽，并将多余的可再生电力注入电网（基本负载消耗）。这是可能的，假设在任何时候，电网能够吸收剩余的电力。当可再生能源功率低于电解槽额定功率时，制氢系统必须适应其运行设定值并应对功率变化。再次强调，设计和尺寸在该配置中至关重要，相关性取决于电力和氢系统的应用和目标。

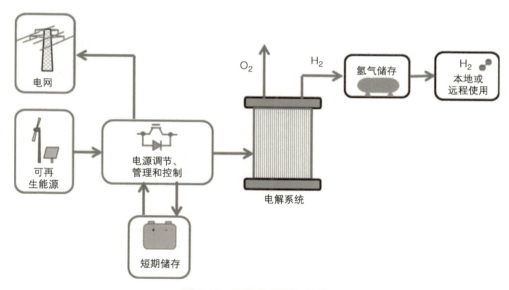

图 8.23　可再生能源氢储能

法国研究项目"固体氢的潜在用途"（PUSHY）是绿色氢价值链的联合参与者，由法国创新机构 Oseo（现称为 BPI France）资助，是用于当地工业应用的绿色氢生产的一个例子。其目的是通过与可再生能源和电网相连的电解系统，证明可再生氢气生产的可行性。根据技术和经济参数，必须决定将电力用于制氢还是向电网注入。

对于前两种并网配置，产生的氢气可以用于任何加热、工业或本地应用。储存时，氢气也可运输至所需的使用点。

8.4.2.3 可再生能源、电网和电解综合能源系统

第三个可再生能源和电解制氢的一体化方案（图 8.24）是利用氢能链（包括生产、储存和燃料电池），以将恒定或受控的功率分布注入电网或任何电力负荷。当需要时，可用的可再生电力（或在某些情况下来自电网）以氢的形式存储，然后再通过燃料电池中的氢和氧产生电力。在这种配置中，电解系统可以通过参与发电厂的电力生产和电网级需要满足的负荷消耗之间的瞬时平衡来帮助电网运行。这样，电解制氢可以为电网运行服务的实施做出贡献。它还可以通过减少间歇性的影响，促进可再生能源与电网的整合。事实上，氢气中储存的电能可用于实现几种不同的功能，如调峰、生产和注入平滑，或支持可再生发电厂满足电网运营商要求的注入功率预测。在这种配置中，电解系统的容量因数取决于氢储能系统应完成的服务。最大化服务可能不是关键，因为所提供的服务即使在短时间内也能产生高收入。

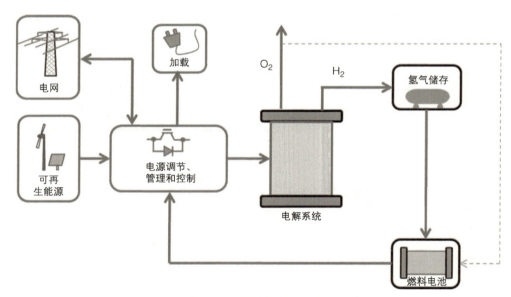

图 8.24　集成化能源系统

在这种配置中，电源调节和控制系统具有极其复杂的功能。根据各种参数，它应该能够将可再生能源的电力直接输送到电网（或当地负荷）或电解系统，并能够在应用和相应的功率注入水平需要时，切换到使用燃料电池系统作为主要电源。某些情况下，如果满足有利条件（例如低电价），电解系统也可以全部或部分由电网供电。

这种配置的一种变体是在局部水平（区域、岛屿或地区）的局部小型电网（通常称为微电网）中使用电解，并独立于主电网运行或部分连接到主电网。根据微电网的特点，与其他短期电力存储系统（如电池氢能系统）相结合，对于季节性存储尤其有用，因为它不

会发生自放电。

电解制氢与可再生能源相结合并接入电网的示范项目相对较少。科西嘉岛的 Myrte 项目由法国政府和欧盟资助，是各种电网应用中在压力下使用氢气储能的一个例子。表 8.4 总结了几个代表并网综合可再生氢系统的示范项目。

表 8.4 并网水电解制氢示范项目

项目（起始日期）	可再生能源	电解槽	状态	国家	参考文献
Res2H2（2007）	风能	碱性（55kW）	正运行	西班牙	[47]
Wind2H2（2007）	风能	碱性（33kW）	正运行	美国	[31]
Myrte（2007）	太阳能光伏	PEM（7kW）PEM（60kW）	自 2012 年运行	法国（科西嘉岛）	[46]
Sotavento（2008）	光伏	碱性（300kW）	正运行	西班牙	[48]
Pushy（2011）	微水力	碱性（60kW）	设计研究	法国	[45]
Ingrid（2013）	风能	碱性（1MW）	设计研究	意大利	[49]

文献中提供了对示范和试验工厂的详尽回顾。自 20 世纪 80 年代以来，在电解制氢与可再生能源整合方面开展的研发工作，以及过去和现在的各种示范项目都验证了这种整合的可行性。尽管没有实现间歇性影响的系统分析，但可以从中吸取一些经验教训：

1）在几乎所有示范项目中，光伏和风能系统都被视为可再生能源。一些示范是用热太阳能实现的，尽管它们的规模可能是重要的，但它们的数量是有限的。

2）在大多数演示中，安装了碱性电解，尽管近年来 PEM 电解越来越受到重视。

3）设计和确定尺寸是节能集成系统的关键。

4）系统的设计取决于其位置、电力需求和负载。

5）辅助装置通常占电力消耗的重要部分，并且往往缺乏可靠性。

6）由于系统的复杂性，控制方案和操作策略起着非常重要的作用。

7）安全是一个重要问题，因为涉及易燃气体，其成本不容忽视。

8）对于所有组件，需要在可靠性、稳健性和成本方面进行改进，尤其是由于系统受到波动运行的影响。

8.4.3 高温蒸汽电解与可再生能源的集成

如前所述，高温电解与碱性电解和 PEM 电解相比，成熟度有限，因此，目前还没有将 HTSE 与可再生能源连接起来的示范项目。

HTSE 的主要特点是需要热源来汽化水，并可能保持较高的工作温度（约 800℃），当有多余的热能可用时，与电源集成将特别有意义。聚光太阳能电源（太阳能塔、太阳能碟、太阳能抛物面和太阳能菲涅耳透镜）以及地热发电厂已被确定为与高温电解相结合的最佳选择。根据可用余热温度的不同，集成方案可能不同，也可能具有不同的复杂性。在电解过程中，热集成对于最大化整个系统的能量效率至关重要（图8.25）。通过前面介绍的方案，也可以考虑将光伏和风能与HTSE集成，但由于必须从其他来源提供热量，因此效率预计会降低。还可以考虑连接到电网或其他可再生能源（没有可用的废热），氢的应用可以与之前介绍的类似。与高工作温度相关的系统复杂性应有利于具有最小间歇性和最大容量因数的应用。

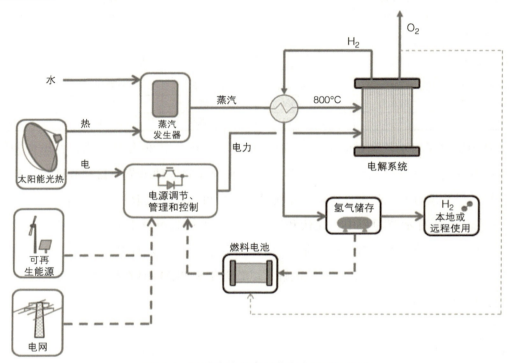

图 8.25　可再生能源高温蒸汽电解制氢集成

由于该技术的技术成熟度不高，目前还没有高温电解与可再生能源结合的示范项目。然而，近年来，已经开展了一些致力于中温蒸汽电解和高温超导的研发项目，其中一些项目专门侧重于与可再生能源的整合。其中值得一提的是欧盟委员会资助的以下项目：

• ADEL（http：//www.adel-energy.eu/）：这个合作研究项目（利用可再生能源生产氢的高级电解槽）专注于基于可再生能源的具有成本竞争力、节能和可持续的氢生产的发展。本项目考虑中温蒸汽电解（约600℃）。

• 雷希（http：//www.relhy.eu/）：该合作项目的重点是开发新型或改进的低成本材料，以便将其集成到下一代高温超导的高效耐用组件中。本项目特别考虑了高温超导与风力涡轮机和核能的集成。随着巩固HTSE性能、稳健性和可靠性的必要研究，其与可再生能源的集成将在不久的将来继续研究。

8.5　技术经济评估

本节的目的是概述电解法可以解决的未来市场，特别是与可再生能源整合时，并对不同的市场规模给出一些见解。此外，还介绍了此类氢基系统的建模和仿真，以突出它们在技术经济评估中的作用。

如第 1 章所述，电解制氢已经解决了几个市场问题。所有这些已确定的市场都依赖于电解过程生产的产品（氢）。目前已经确定了几个新市场，它们不仅依赖于生产的化学品，而且还依赖于使用电力的电解的特殊性。例如，今天，连接到电网的电力消费者确实有潜力评估其在消费方面所能提供的灵活性。接下来简要介绍一些新市场，并对它们的经济潜力提供一些见解。

8.5.1　用于离网应用的氢气

过去，离网地区的电力供应主要由柴油发电机主导。然而，该解决方案在技术（可靠性）、物流（柴油运输）和环境（CO_2、NO_x、PM 细颗粒物排放）方面都面临挑战。柴油价格上涨也可能引发经济问题。随着光伏和风能等可再生能源的成本降低，离网站点的技术解决方案正在转向更绿色的解决方案。如今，将光伏和 / 或风力发电与柴油发电机相结合的系统越来越常见，并已开始引领市场。此外，能源存储技术的成本降低为完全基于可再生能源的新解决方案开辟了道路。根据柴油成本的不同，与光伏 - 柴油或风力 - 柴油解决方案相比，这些解决方案可能更具有经济竞争力。此外，基于 100% 可再生能源的解决方案，可能对难以进入的地区有益。

最近一项基于 Navigant 研究报告的预测，到 2017 年，远程微电网市场将达到 1.1GW。此外，离网基站电力的收入预计，将从 2012 年的 16 亿美元增长到 2020 年的 100 亿美元以上。这表明，离网应用将出现重要的市场增长（7 ~ 8 年内增长 21%）。

在这种情况下，氢可以发挥重要作用。它可以直接在远离风力或光伏发电的地方生产，并以气体或金属氢化物的形式储存。当本地的可再生能源不足以满足负荷需求时，氢可以与氧气（纯氧或空气中的氧气）在燃料电池中结合，用来发电。在这种情况下，氢气可以解决大多数物流问题（不再需要燃料运输），只需要对电解槽和燃料电池进行现场维护。此外，它是一种无污染的解决方案，解决了柴油发电机遇到的环境问题。与也可用作储存电能的电池不同，氢气可以长时间储存而不会或几乎没有能量损失（无自放电）。如今，大多数研究都集中在氢和电池之间的混合解决方案上，目的是利用电池的高效率、氢分离电能的能力以及氢的长期储存特性。挑战在于不同组件的规模优化和优化运营策略的设计。

8.5.2　流动性用氢

几十年来，燃料电池汽车一直备受关注，但尚未有明显的发展。除了此类燃料电池技术的成本外，燃料电池汽车在汽车市场上的低渗透率往往被解释为鸡和蛋的困境（没有人购买氢燃料汽车，因为没有供应氢的基础设施；也没有人建造基础设施，因为没有人驾驶氢燃料汽车）。最近，美国、日本、德国、英国、法国、意大利、挪威、瑞典等国正在研究一些氢迁移计划，目的是克服这一困境。其中，德国的氢移动倡议有望引领欧洲氢燃料补给网络的发展，到 2023 年，德国计划建立 400 多个加氢站。根据一个由汽车制造商、公用事业公司和电解槽公司组成的工作小组的研究，到 2020 年，3 万欧元左右的燃料电池汽车可能会进入市场。本田（Honda）、丰田（Toyota）和现代（Hyundai）发布了更为雄心勃勃的计划。

电解制氢被认为是一项关键技术。从环境和能源独立（国家能源独立于进口）的角度来看，可再生能源电解确实可以确保可持续的氢生产。

8.5.3　氢能源——为电网提供服务的一种方式

如第 8.2.1.2 节所述，将可再生能源和间歇性能源纳入电力网络会产生技术问题，影响电力网络的有效运行。在电网无法进一步吸收当地生产的情况下（当地需求低、输送能力低或饱和），可以使用电解在当地消耗这些能量并生产氢气。如前所述，与其将这种氢气储存在储罐（压力、金属氢化物）中，不如将其注入提供巨大的储存容量的天然气网络。事实上，天然气管道的长度和对天然气压力的灵活性代表了一个重要的存储能力。几个研发项目正在研究将电解生产的氢注入天然气网络的技术可行性，包括天然气中混合氢的含量上限等技术参数。如第 8.2.3.1 节所述，也可以将这种氢转化为合成甲烷（甲烷化）。通过这个额外的步骤，可以提供更大的存储容量。

电解法可以为电网提供服务的另一个例子是频率调节。由于快速响应电解槽的最新发展，它们可以在部分负载下运行，并可以快速提高（或降低）其工作点，以快速消耗更多（或更少）的功率。从电网运营的角度来看，这种电力消费的快速变化类似于生产的快速变化，可以服务于频率调节的目标，是一种可以由电网运营商购买的服务。例如，电解槽制造公司 Hydrogenics HySTAT 就利用电网运营商发送的秒级信号，在安大略省电网上进行频率调节，从而调节其功耗。

8.6 模拟在经济评估中的作用

经济评估决定着投资决策，因此是特定项目生命周期中非常重要的一步。经济评估的结果在很大程度上取决于技术考虑的假设。它们确实决定了对可以提供的服务进行评估的准确性，进而决定了可以预期的收入。技术经济评估具有独创性，因为它们确定了技术和经济方面之间密切的因果关系。

如前所述，今天的能源系统正变得越来越复杂，原因如下：

1）能源生产和分配模式从集中生产转变为分散生产。

2）引入间歇性能源。

3）改进了一些连接迄今为止分离的能源载体（如电力、热力和天然气）的技术。

这些考虑改变了能源生产、传输和消费的现有价值链，并为服务和产品开辟了新的前景。

如第 8.2.2.3 节和第 8.2.3.2 节所示，电解槽可在多个应用中发挥作用（频率调节、工业制氢、可再生能源的季节性储存等）。因此，电解槽系统操作员可以为提供这些不同的服务而获得报酬。此外，电解槽系统可以集成到更复杂的系统中，如图 8.26 所示，该系统还可以提供其他服务（可延迟负荷的管理、电力移动、短期电力存储等）。然而，对全球效益的评估并非微不足道，因为其中一些服务不能同时提供，但也不是完全排他性的。

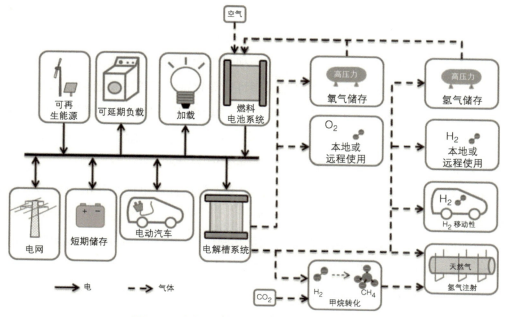

图 8.26 能源系统集成水电解制氢的一个范例

基于这些因素，通过简单的计算来估计费用和收入变得越来越遥不可及。能源系统的建模和模拟可以通过虚拟地将所需系统投入运行条件，在评估给定项目的经济可行性方面发挥重要作用。

8.6.1　模拟的目标

经济评估中的模拟，可以定义为随着时间推移对真实世界过程或系统运行的模拟。

在我们的文中，它是由一个或多个电解槽组成的能源系统的模拟，运行于给定的环境。仿真依赖于整个系统的建模，这需要识别不同的组件（技术）。此外，模拟还必须考虑系统与环境之间的相互作用（气象条件、局部约束等）。最后，为了进行这个建模，必须确定并考虑影响系统运行的业务模型要素。运行模拟的出发点很多，其中，我们将重点关注以下几点：评估系统内给定组件的性能、组件的尺寸、控制策略的设计和优化、产品和技术的比较、商业模式的比较。

首先需要评估集成到系统中的给定组件的性能。例如，我们可能想要研究一个给定的PEM电解系统是如何处理PV电力产量的波动的。模拟可以帮助确定电解槽系统及其主要部件的动力学是否与能源的动力学兼容。模拟还提供了观察如何随时间保持组件性能的可能性，以及操作条件是如何影响其寿命（见第8.2.1节）。

对于一个或多个系统功能，为每个组件选择合适的大小可能是一项困难的任务。重要的是要限制尺寸不当的风险，以避免尺寸过小，这可能会导致无法提供所需服务，或尺寸过大，这可能会导致运行效率低下。倍增模拟有助于测试多个选项，以确定最佳尺寸。

能源系统的运行至关重要。它确实会影响项目生命周期内可能发生的成本和收入。例如，如果操作策略不适合特定的应用场景，则可能导致特定部件过早老化，从而导致巨大的更换成本。运营策略还决定了可以产生的收入，因为它影响所提供的服务的质量。因此，有必要详细阐述和测试几种控制策略，以找到一种以尽可能低的成本使系统创造的价值最大化的控制策略。实际上，控制策略的目标是回答以下问题：

- 我在什么时候使用哪个组件？例如，在由光伏组件、电池和氢链组成的离网系统上，如何在电池充电和电解制氢之间进行仲裁？
- 我如何管理一组类似的组件及如何优化其操作点？例如，在由几个电堆组成的电解槽系统中，如何在不同的电堆之间分配全局可用功率？

采用模拟的方法可以比较由不同组件组成的多个优化系统（规模和操作）。然后，可以在同一应用中比较几个产品（例如，比较不同供应商的PEM电解槽用于频率调节）。还可以比较不同的技术，以确定最适合某项应用场景的技术（例如，比较PEM电解槽和离网应用的碱性电解槽）。

最后，模拟在测试不同的商业模式时会有很大的帮助，否则很难估计这些商业模式的成本和收入。例如，可再生能源生产商可以考虑通过将生产的能源注入电网来稳定其生产；还可以考虑在分散式电解槽中投资，从相同的可再生能源氢中生产氢气，这样就可以与当地工业部门合作；还可以从柔性的电解槽中获益，为电网运营商提供频率调节服务。所有这些商业模式都可以通过模拟和比较来评估。我们也可以使用模拟来决定如何混合这些不同的选择，并希望通过连续和智能地交替这些收入来源来增加整体价值。

8.6.2　模拟的主要输入数据——对结果稳健性的影响

模拟包括将模拟范围（1天、1个月、1年等）划分为时间的基本部分（时间步长）。时间步长可以是相同的（固定时间步长），也可以是不同的，以捕获一些系统组件可能具有快速动态（可变时间步长）的时间段。然后，通过评估每个组件的状态以及组件之间不同的能量和质量传输，模拟将包括评估系统在每个时间步长的状态。对于一个集成了电解槽的能源系统来说，它包括在每个时刻评估电量，例如电堆消耗的电量、系统消耗的电量、电源变换器中的损耗、产生的氢气流量、电堆内的压力和温度等。以下将介绍执行模拟所需的几个要素，这些要素可能对结果的稳健性产生重大影响。

8.6.2.1　组件、架构和组件模型

如第8.6.1节所述，必须根据系统的目标来识别系统的组件。然而，如果不指定系统的体系结构，仅仅选择组件是不够的。该体系结构说明了如何通过电气或流体连接将组件连接在一起。需要确定功率转换器、压缩机、减压阀等的数量和位置。

另一个重要的考虑因素是我们表示系统不同组件的方式。对于给定的组件，还需要一个模型来表示其性能。此外，为了进行技术经济分析，还需要一个老化模型，以便评估性能如何随着时间的推移而保持，并评估某一特定运行策略对组件的影响。为此，需要进行长时间（数年）的模拟，因为组件的老化可能需要数年时间才会影响整个系统的性能。因此，在不同性质的性能模型（2D/3D多物理、准物理、经验、学习）中，有些与技术经济分析不兼容，因为它们在进行数年的模拟时需要太多的计算时间。技术经济模拟偏爱0D模型，这些模型的计算速度更快，例如准物理模型或经验模型。在用于技术经济评估的组件建模中，学习模型（如人工神经网络）的使用并不广泛。它们确实适用于输入和输出之间的联系并非微不足道的现象。通常情况下，单个组件的情况并非如此，因为它们的行为已被充分理解。在准物理和经验模型中，根据给定组件所需的详细信息量或可用信息，有多个级别

的建模。如第 8.3.1 节所述，如果考虑 PEM 电解槽系统，它由一个或多个电解槽组及其辅助设备（水泵等）组成。图 8.27 说明了可能适用于技术经济分析的不同级别性能建模的示例。

建模细节层次和建模方法	基本对象建模	模型输入	方程概述
高级			
U–I/极化曲线	电解槽 辅助设备	• 电池 I–V 曲线参数 • 细胞数量 • 助剂消耗参数	$P_{Syst} = P_{Stack} + P_{Aux}$ $m_{H2} = f_4(I_{Stack})$ $P_{stack} = Nb_{Cells} + P_{Cell}$ $I_{Stack} = f_3(I_{Cell})$ $P_{Cell} = V_{Cell} \times I_{Cell}$ $V_{Cell} = f_1(I_{Cell})$ $P_{Aux} = f_2(P_{Stack})$
多项式效率	电解槽系统	• 多项式系数	$\eta_{Syst} = \sum_{i=0}^{i=n} K_i \times P_{Syst}{}^i$ $\dot{m}_{H2} = f_5(\eta_{Syst}, P_{Syst})$
恒定效率	电解槽系统 系统效率	• 系统效率	$\dot{m}_{H2} = f_6(\eta_{Syst}, P_{Syst})$
低级			

图 8.27　不同级别性能建模的例子

如图 8.27 所示，最基本的方法是将组成电解槽系统的不同元素考虑为一个单一元素，通过一个恒定的效率对其性能进行建模。电解槽产生的氢气质量流量（$Nm^3 \cdot h^{-1}$）仅取决于系统消耗的功率和效率。第二种方法，称为"多项式效率"，该方法考虑到了电解槽系统的功率水平影响其效率这一事实。因此，在给定功率水平下评估系统的效率，并根据计算出的效率确定产生的氢气质量流量。使用这种方法，可以考虑低负荷辅助设备的影响（参见第 8.3.2.2 节）。最后一种方法是分别考虑系统的不同部分，从而独立于辅助设备对电堆进行建模。例如，在这种情况下，电堆性能模型可以由单元模型推导而来，单元模型可以用其极化曲线（i-V 曲线）表示。通过了解构成电堆的串联电池的数量，可以获得电堆级别的特性（电压、氢气流量）。这种方法允许考虑例如辅助设备的启动和停止阶段。然后可以考虑它们的特定功耗和持续时间，以确定电堆何时准备好生产。这种方法还可以将辅助设备的待机功耗（当不生产氢气时）或电堆的加压阶段等综合起来。

从这些解释中理解组件的模型需要参数是很重要的，以便在真实数据上拟合不同模型的规律。例如，电解槽的 i-V 曲线可以用多项式函数表示，这需要多项式系数。最后，用一组精心选择的参数就可以代表给定制造商的给定产品。通常可以使用相同的模型测试不同的产品，但要根据制造商的数据表或在设备上获得的实验表征结果来调整模型参数。老化也是组件完整建模的一个重要部分。正如在相关文献中所强调的，对于表 8.5 中总结的给定组件，有几种考虑老化的方法。

表 8.5　不同的部件老化预测模型的尝试案例

老化建模方法	描述	例子
绝对寿命	一个恒定的寿命被归因于独立于操作条件的组件。当寿命过期时，将发生组件的替换。性能在一段时间内保持不变	电解槽的使用寿命为 10 年
相对寿命	相对生命期归因于组件 此生命期以运行时间表示 组件只有在运行时才会过期，并且在达到最大工作时间后将被替换 性能随着时间的推移而保持不变	一个具有 10000h 运行寿命的电解系统
绝对性能退化	绝对性能下降率归因于组件 退化直接影响系统的性能，但不依赖于操作条件（"绝对"） 必须根据"不可接受的退化水平"制定更换标准，以确定何时必须更换部件 性能和老化模型不是独立的	电解槽每年损失 2% 的制氢效率
相对性能退化	相对性能下降率归因于组件。它们存在于直接影响系统性能的退化机制中 降解强度与组件的操作条件直接相关（"相对"） 替换标准必须根据"不可接受的水平"制定以确定何时部件必须更换 性能和老化模型不是独立的	电解池整个工作范围内的电压每工作一小时就会增加 $10\mu V$

在表 8.5 中提到的不同方法中，可以确定两个系列：寿命衰减和性能衰减。重要的是要强调，"寿命"方法只对系统的经济指标有影响，因为在模拟期间性能保持不变。生命周期方法决定了一个给定部件必须更换的频率，以便评估总的更换成本。对总更换成本进行适当的评估，可以提高经济指标的准确性，这在投资决策中是非常重要的。另一方面，随着仿真过程中性能的变化，"性能衰减"方法也会影响技术指标。然后，模拟可以突出显示出这种降级如何影响组件所必须提供的服务质量。采用这种方法考虑老化不仅有助于完善总费用的估算（通过更换成本），而且还可以精确计算系统的潜在收入，因为这些收入与所提供服务的质量高度相关（模拟开始时提供的服务可能与更换组件前提供的服务不同）。

性能建模的详细程度和考虑老化的方法 可以极大地影响经济评价。例如，参考文献针对某项给定应用研究了 PEM 电解槽系统的两种不同建模水平，考虑其老化的三种方法。本文还给出了一个反面案例，在使用过于简化的模型后，将如何导致电解槽系统尺寸优化的失败；还给出了这种非最佳的电解槽系统尺寸对经济评估的影响，以及它如何导致向决策者提供有关项目盈利能力的错误信息。

8.6.2.2　控制策略

如前所述，控制策略在某个给定能源系统的全局性能中起着至关重要的作用。它们源于系统设计所针对的业务模型，并有目标地运行系统，以尽可能低的成本满足所需的服务。因此，它们必须确保系统将提供所需的服务，以保证系统有足够的收入。此外，与此同时，它们必须以限制组件老化（延长使用寿命）的方式操作组件，以避免过高的更换成本并限制总开支。控制策略对项目盈利能力的影响可能是非常重要的，因此有必要进行模拟，以详细说明、测试和比较几种策略。重要的是要记住，控制策略的最终目标是在系统（例如电解槽系统）中实时运行。因此，控制策略的设计必须考虑实时过程的约束。例如，如果我们考虑一个由光伏模块和氢链（电解槽、存储、燃料电池）组成的能源系统，设计用于为离网站点供电，光伏生产预测系统可能不可用，因为系统集成商通常需要使系统尽可能简单，以提高其稳健性。因此，在运营策略的设计中，只有瞬时光伏发电量才能作为输入变量。例如，在接下来的几个小时内预测 PV 的产量来决定电解槽的启动和关闭是不合适的，因为这不能代表系统在现场安装后的情况。

8.6.2.3 仿真时间特性

仿真的时间特性可归结为时间步长（对于固定时间步长仿真）和仿真视界（开始和停止日期）的选择。由于计算时间的限制，这些可能性基本上是有限的。例如，在 25 年内，时间步长为 1ms 的模拟将很难在标准计算机上执行。然而，根据系统的动态情况，使用过大的时间步长可能会导致重要的信息丢失。对于包含间歇性能源生产（如光伏或风能）的能源系统来说尤其如此。为了说明这一点，图 8.28 显示了在两个不同的日子里，在两个不同的时间步长（1min，1h）上模拟时，集成在光伏存储电网系统中的电能存储设备的征集概况。我们可以看到，对于高度波动的光伏发电，充电和放电能量的平衡在很大程度上取决于所使用的时间步长（1min，1h）。因此，如果在此应用中使用电解槽系统生产氢气（以可用的"电荷"能量供电），以 1h 的时间步长执行模拟将导致对总可用能量的错误估计，从而导致错误估计产生的氢气量。一般来说，当信号高度波动时，必须通过较小的模拟时间步长来捕获。

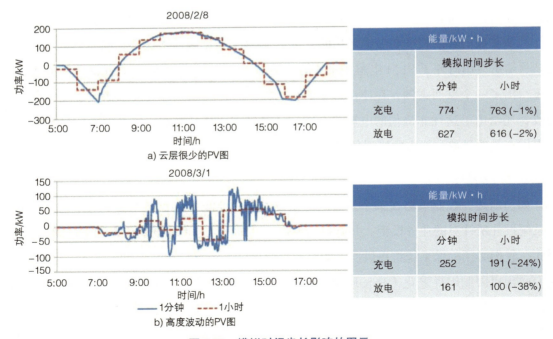

图 8.28 模拟时间步长影响的图示

由于几个原因，模拟范围也可能对经济结果产生重大影响。首先，对于包含可再生能源的能源系统，季节效应通常非常明显，因此需要至少在一整年内进行模拟，以捕捉季节之间的差异（风速、太阳辐射、温度等的变化）。此外，每年的气象条件可能会大不相同。因此，与系统在20年或25年期间看到的气象条件相比，在一个孤立年份进行的模拟可能会导致不具代表性的气象条件。其次，考虑老龄化可能表明，连续几年的模拟对于完善经济计算是必要的。经济指标确实是在20～25年期间计算的（见第8.6.2.4节），但基于模拟期内获得的技术结果。当考虑性能衰减时，必须对1年内获得的衰减进行外推，以确定给定系统部件在运行期间的更换频率。然而，衰减机制通常会导致非线性性能损失，从而导致错误的推断和衍生的更换成本。这两点突出表明，考虑到中所强调的对比气象条件，在理想情况下需要在数年内进行模拟。

8.6.2.4 模拟结果

从模拟中可以得到几种有用的结果。我们将区分与整个系统相关的技术经济性能指标和特定组件信息。

绩效指标：性能指标通常具有技术、经济或环境性质。它们说明了在给定的组件、架构、模型、控制策略和环境（气象条件、电价等）条件下，能源系统是如何运行的。经济指标通常是根据能源系统的运行时间（通常在10～25年之间）计算的，这可能与模拟的范围不同。技术和经济指标的例子见表8.6。

表8.6 与氢基能源系统有关的技术经济指标实例

指标	类型	描述
可再生能源利用率（%）	技术	这一指标说明了该体系相对于其最大潜力的可再生能源的相对利用情况。根据运营条件，可再生能源生产可能会被下调，从而导致其潜力的不完全利用
未满足氢负荷-基于质量（%）	技术	对于一个给定的氢负荷分布（例如，工业过程的氢消耗），模拟可以突出所定义的系统特性（组件尺寸，体系结构，控制策略）不允许完全满足的负载。然后，就可以计算一个指标，说明与总需求相比，未供应的氢的相对量
氢生产的平准成本（€kg^{-1}）	经济	这一指标是根据所有费用计算得出的，（投资、运营和维护置换）在工厂运行时间内和从预计在工厂运行时间内产生的氢的水平化量中进行的水平化。对于一个以生产和销售氢为目标的能源系统（例如风电解槽系统），氢生产的平准化成本是确定这样一个系统的盈利能力的相关指标。它确实可以直接与氢销售价格的假设进行比较，以确定项目的可行性
水平化回报时间（年）	经济	这个指标在经济学中非常常见。它强调了所有收入的平准总和超过费用的平准总和所需的时间

指标是制造商、技术和控制策略之间可以进行比较的数量。它们还用于优化和敏感性分析，以评估组件尺寸、控制策略和模型参数等变化对系统技术和经济性能的影响（见第8.6.3节）。

组件特定信息：从模拟中可以得到的其他重要结果是特定于给定组件的结果。这些结果的主要目的是检查系统中给定组件的请求方式。例如，它们可以查明某一征求制度对组件老化的后果。有几种类型的信息，基本上是时间序列和统计数据，通常是从模拟中得到的。时间序列允许可视化组件属性随时间的演变。对于 PEM 电解系统，观察总功率消耗和产氢质量流量是很有意义的。如果建模允许，也可以观察堆内部的压力是如何建立的，例如，作为输入功率曲线的函数，系统出口处的第一个氢分子在多长时间内可用。

统计信息也会引起人们极大的兴趣。例如，可以知道模拟过程中电解槽系统的启动 / 停止循环次数。可视化电解槽系统的功耗直方图也很有用，以确定与最大容量相比它是否未充分利用或正确使用。

8.6.3　优化和敏感性分析

运行单个隔离模拟可以针对一组定义的参数评估系统性能。但是，常常需要对系统的某些部分进行优化，或评估参数变化对已确定指标的影响。

8.6.3.1　原则

尽管优化和敏感性分析的目标不同（见第 8.6.3.2 节），但它们依赖于相同的原则。其目的是观察模型参数（性能和老化）、部件尺寸和控制策略参数的修改如何影响系统不同技术经济指标的值。例如，如果我们考虑一个风力 PEM 电解氢系统，其中电解氢堆栈是在单元水平上建模的，模拟其行为将需要以下几种类型的信息：极化曲线（性能）、电池活性表面及电池数量（尺寸）、最大电流密度（控制策略）、电池成本。

优化和敏感性分析将包括倍增模拟，以便将这些不同的参数与制氢的平准化成本（欧元 /kg）等指标联系起来。

8.6.3.2　目标

在技术经济分析中，执行优化的主要目标是确定不同部件的最优尺寸，并优化系统控制策略。因此，与尺寸和控制策略相关的参数被视为优化变量。系统的技术经济指标用于量化规模和战略参数变化时优化过程的进度。然后将选定的指标视为优化标准。根据标准的数量，优化可分为单目标（一个标准）或多目标（多个标准）。当使用多个条件时，得到的解属于 Pareto 前沿，然后需要用聚合方法最终选择一个解。

灵敏度分析用于评估从一组定义的系统参数获得的结果的稳健性。它们通常是根据经济假设（投资、运营和维护成本、更换成本、贴现率等）或部件性能和老化（模型参数）进行的。灵敏度分析可用于考虑不确定性，以便不仅将单个指标值作为输出，而是将一系列可能的值作为输出。它们还可用于确定组件的研发工作并确定其优先级，以确定是否应将重点放在降低成本、提高性能或延长寿命上。

8.6.3.3 与仿真相关的主要难点及解决方案

优化通常是非常耗时的任务，这是一个很大的困难。第一种解决方案是减少搜索空间（例如，减少要探索的最小和最大尺寸）或增加连续尺寸调整之间的步长。然而，搜索空间缩小的风险是错过了最优解实际所在的尺寸窗口，或者如果两个连续尺寸之间的步长太大，就会陷入局部最优。此外，对于多组件系统，减小搜索空间的尺寸可能不足以减少计算时间。在这些情况下，可能需要高级的优化算法，比如那些属于启发式和元启发式家族的算法，如遗传算法或粒子群优化。这些技术允许在不测试整个搜索空间的情况下执行优化，从而大大减少计算时间，并使解相对接近全局最优解。

敏感性分析通常一次评估一个参数的影响（所有其他参数的值都是固定的）。在这种特殊情况下，计算时间比优化问题要少。然而，当需要进行多参数敏感性分析时，其计算时间可能与优化中观察到的时间相似。例如，当使用蒙特卡罗方法时，可能会发生这种情况。它们包括设计函数（高斯函数、三角形函数等），说明所研究参数的出现概率，并根据这些函数乘以随机抽样，以获得待测试的不同参数集。

8.6.4 用于氢基系统技术经济评估的现有软件产品示例

有几种商业和学术软件产品专门用于氢基能源系统的技术经济评估。表 8.7 提到了一些例子。正如相关文献中所强调的，软件产品可以根据以下几点进行区分：①组件模型的可用详细程度（性能和老化）；②电气和流体结构定义的灵活性；③可用的运营策略；④可以表示的商业模式；⑤可访问的仿真时间步长和仿真范围。

表 8.7 氢基系统技术经济评估软件产品示例

软件	作者	参考文献
HOMER2	HOMER 能源，美国	[63]
iHOGA	西班牙萨拉戈萨大学电气工程系	[64]
energyPRO	EMD International A/S，丹麦	[65]
ODYSSEY	新能源技术和纳米材料创新实验室，法国原子与替代能源委员会	[59]

如前所述，组件模型的详细程度会对技术经济评估的可靠性产生重大影响。与现实中观察到的情况相比，过于简化的模型确实会导致非代表性行为。大多数软件产品选择依赖简化模型，以便在其工具中提出详尽的技术。因此，氢气技术（电解槽系统、燃料电池系统、氢气储存）通常以近似的方式建模。

如第 8.4 节所述，电气和流体结构变得越来越复杂。直流或交流母线的选择，储氢类型和压力水平都是重要的因素，仍然需要使用模拟和灵活的工具进行评估。不幸的是，大多数工具在架构设计中提供的可能性有限（最多两辆电动公交车、一种压力级别、一种存储类型，等等），导致建模系统不具代表性。

如第 8.6.2.2 节所述，控制策略是能源系统的重要组成部分，因为它们决定了产生的收入和费用。随着能源系统的日益复杂，控制策略必须越来越精细和具体。今天可用的大多数工具依赖于有限的控制策略选择，并且常常无法处理系统的复杂性。此外，这些策略很少被参数化，用户几乎没有空间自定义它们。

第 8.2.3 节详述的电解的不同经济价值（工业用氢、流动性用氢等）通常在可用工具中单独处理。因此，它们很难被用于设计多服务的氢能源系统，以及制定和优化代表复杂商业模式的适当控制策略。

最后，这些工具中的仿真时间步长和仿真范围通常是固定的，依靠 1 年的模拟，时间步长为 1h。如第 8.6.2.3 节所述，这些限制可能会对氢基能源系统的计算经济指标产生重要影响，尤其是当考虑与间歇可再生能源的组合时。

所有这些局限性都经常在文献中被强调，作者解释了他们如何被限制开发自己的模拟工具，以评估给定系统的技术经济性能。例如，在文献中，ODYSSEY 平台的开发是有理由的，因为需要一个更开放和多价工具。通常情况下，Matlab®-Simulink® 等仿真环境因其灵活性而成为首选。这种通用环境的主要缺点是开发组件模型、构建系统以及开发执行模拟、计算指标、执行优化等所需的周围代码所需的时间较长。

8.7　结论

我们在本章中已经看到，可再生能源的特殊性引发了对电网储能的需求。在候选存储技术中，电解制氢呈现出有趣的特征。它确实是一种适用于可再生能源的技术，因为它可以根据可用输入功率调整其功耗。它还具有完全可扩展技术的优势，允许系统在几千瓦到几十兆瓦的范围内。与大多数存储技术（电池、飞轮等）不同，电解可以将充电功率和存储的能量分离，这在设计一个功率和能量需求对比的系统时非常有用。氢本身有一些优点。当用可再生能源电解生产时，它可以被认为是一种低碳足迹的能源载体。此外，氢作为一种产品也被用于一些工业应用中，这些应用为电解提供了多种增值机会。

从历史上看，电解系统被设计为在恒定功率水平下连续运行，为工业应用提供氢气。由于可再生能源的固有特性，与之相连的电解系统的运行模式截然不同。

间歇性、可变性和电压特性增加了电解系统的复杂性，允许频繁的启动-停止操作、动态行为和功率适应。这种复杂性通常不利于系统效率，尤其是在低功率负载下。自20世纪80年代以来一直在运行的几个示范项目突出了在系统设计和运行层面管理间歇性的困难。然而，从这些示例中得到的用于间歇操作的实验反馈仍然有限。控制系统似乎仍然是这种复杂系统的关键组成部分，因为它对效率有很大的影响。此外，需要提高系统和每个单独组件的可靠性和稳健性，尤其是在波动操作方面。进一步的研究需要关注动态运行的改进、整个负载曲线的系统效率、电堆的可靠性、电力电子、BoP和寿命。

除了前面提到的限制，似乎没有绝对的技术障碍阻碍电解与可再生能源的集成。技术解决方案已经存在，以允许电解系统的动态运行和它们与间歇电源的连接。

本章介绍的氢气的现有和未来应用突出了基于电解槽的系统日益增加的复杂性。新的商业模式确实可以成倍增加氢的潜在价值。因此，建模和仿真的需求对于正确评估每个商业案例的经济可行性至关重要。

电解可实现的可再生能源的存储功能具有非常不同的特点（响应时间、灵活性、效率等）。为了优化整体的技术经济性能，每一种存储功能都需要电解槽系统的具体设计。然而，正如前面所强调的，一个单一的电解槽系统结合其生产氢气的首要目标，可以产生多个存储方案。因此，必须找到对系统设计的折中方案来满足技术要求，而不会降低经济性。需要进行深入的性能建模和仿真，以评估给定电解槽系统在给定应用中的技术经济性能。

参考文献

1. Kritharas, P.P. and Watson, S.J. (2010) A comparison of long-term wind speed forecasting models. *J. Sol. Energy Eng.*, **132**, 041008–041008.

2. Parks, K., Wan, Y.-H., Wiener, G., and Liu, Y. (2011) *Wind Energy Forecasting: A Collaboration of the National Center for Atmospheric Research (NCAR) and Xcel Energy*, National Renewable Energy Laboratory.

3. Muljadi, E. and Butterfield, C. (2000) *Pitch-Controlled Variable-Speed Wind Turbine Generation*, National Renewable Energy Laboratory.

4. Bayem, H., Capely, L., Dufourd, F., and Petit, M. (2009) Probabilistic study of the maximum penetration rate of renewable energy in an island network. PowerTech, 2009 IEEE Bucharest, pp. 1–5.

5. World Electric Power Plants Database (2011) Platts, a Division of the McGraw-Hill Companies.

6. Hadjsaid, N. (2010) *La distribution d'énergie électrique en présence de production décentralisée*, Edition Lavoisier.

7. Multon, B., Aubry, J., Haessig, P., and Ben Ahmed, H. (2013) *Systèmes de stockage d'énergie électrique*, Techniques de l'ingénieur.

8. ENEA Consulting (2013) Le stockage de l'énergie – Facts & Figures.

9. Delille, G., Francois, B., Malarange, G., and Fraisse, J.-L. (2009) Energy storage systems in distribution grids: new assets to upgrade distribution network abilities. 20th International Conference and Exhibition on Electricity Distribution – Part 1, 2009. CIRED 2009, pp. 1–4

10. Saupe, R. (1988) The power conditioning system for the energy storage plant of BEWAG. Third International Conference on Power Electronics and Variable-Speed Drives, pp. 218–220

11. SBC Energy Institute, Electricity Storage (2013) FactBook Series Leading the Energy Transition.

12. International Electrotechnical Commission (2011) Electrical Energy Storage – White Paper.

13. Eyer, J., Iannucci, J., and Corey, G. (2004) Energy Storage Benefits and Market Analysis Handbook – A Study for the DOE Energy Storage Systems Program.

14. GDF SUEZ (2013) The GRHYD Demonstration Project, *http://www.gdfsuez.com/en/gdf-suez-at-the-center-of-the-national-debate-on-energy-transition/power-to-gas-an-innovative-solution/the-grhyd-demonstration-project* (accessed 03 April 2014)

15. Carbon Counts Company (UK) Ltd (2010) CCS Roadmap for Industry: High-Purity CO2 Sources. Sectoral Assessment – Final Draft Report, 025 CCS Roadmap for Industry.

16. Fingersh, L.J. (2003) Optimized Hydrogen and Electricity Generation from Wind. NREL Technical Report NREL/TP-500-34364, National Renewable Energy Laboratory, pp. 1–12.

17. Little, M., Thomson, M., and Infield, D. (2007) Electrical integration of renewable energy into stand-alone power supplies incorporating hydrogen storage. *Int. J. Hydrogen Energy*, **32**, 1582–1588.

18. Ursúa, A., Marroyo, L., Gubía, E., Gandía, L.M., Diéguez, P.M., and Sanchis, P. (2009) Influence of the power supply on the energy efficiency of an alkaline water electrolyser. *Int. J. Hydrogen Energy*, **34**, 3221–3233.

19. Mazloomi, S.K. and Sulaiman, N. (2012) Influencing factors of water electrolysis electrical efficiency. *Renew. Sustain. Energy Rev.*, **16**, 4257–4263.

20. Ulleberg, Ø. (2003) Modeling of advanced alkaline electrolyzers: a system simulation approach. *Int. J. Hydrogen Energy*, **28**, 21–33.

21. Ursúa, A., San Martín, I., Barrios, E.L., and Sanchis, P. (2013) Stand-alone operation of an alkaline water electrolyser fed by wind and photovoltaic systems. *Int. J. Hydrogen Energy*, **38**, 14952–14967, *http://www.sciencedirect.com/science/article/pii/S0360319913023082* (accessed 18 October 2013).

22. Bergen, A., Pitt, L., Rowe, A., Wild, P., and Djilali, N. (2009) Transient electrolyser response in a renewable-regenerative energy system. *Int. J. Hydrogen Energy*, **34**, 64–70.

23. Stucki, S., Scherer, G.G., Schlagowski, S., and Fischer, E. (1998) PEM water electrolysers: evidence for membrane failure in 100 kW demonstration plants. *J. Appl. Electrochem.*, **28**, 1041–1049.

24. Millet, P., Ranjbari, A., de Guglielmo, F., Grigoriev, S.A., and Auprêtre, F. (2012) Cell failure mechanisms in PEM water electrolyzers. *Int. J. Hydrogen Energy*, **37**, 17478–17487.

25. Millet, P., Mbemba, N., Grigoriev, S.A., Fateev, V.N., Aukauloo, A., and Etiévant, C. (2011) Electrochemical performances of PEM water electrolysis cells and perspectives. *Int. J. Hydrogen Energy*, **36**, 4134–4142.

26. Millet, P., Grigoriev, S.A., and Porembskiy, V.I. (2013) Development and characterisation of a pressurized PEM bi-stack electrolyser. *Int. J. Energy Res.*, **37**, 449–456.

27. Petipas, F., Fu, Q., Brisse, A., and Bouallou, C. (2013) Transient operation of a solid oxide electrolysis cell. *Int. J. Hydrogen Energy*, **38**, 2957–2964.

28. Nakajo, A., Wuillemin, Z., Van herle, J., and Favrat, D. (2009) Simulation of thermal stresses in anode-supported solid oxide fuel cell stacks. Part II: loss of gas-tightness, electrical contact and thermal buckling. *J. Power. Sources*, **193**, 216–226.

29. Couturier, K., Chatroux, A., Donnier-Maréchal, T., Di Iorio, S., Brevet, A., and Lefebvre-Joud, F. (2014) Electrochemical performances of a Single Repeat unit (SRU) in steady-state and transient electrolysis operation at intermediate temperature. Proceedings of the 11th European SOFC and SOE

Forum, Lucerne, Switzerland, July 1–4, 2014.

30. Marini, S., Salv, P., Nelli, P., Pesenti, R., Villa, M., Berrettoni, M., Zangari, G., and Kiros, Y. (2012) Advanced alkaline water electrolysis. *Electrochim. Acta*, **82**, 384–391.

31. NREL (2010) Hydrogen and Fuel Cell Technical Highlights, Wind2H2 Project, *http://www.nrel.gov/hydrogen/pdfs/48435.pdf* (accessed 18 March 2014)

32. ITM Power (2012) (Hbox Solar, a Solar Powered Electrolyser, *http://www.itm-power.com/wp-content/uploads/2012/04/CaseStudy3-HBoxSolar.pdf* (accessed 18 March 2014).

33. Gahleitner, G. (2013) Hydrogen from renewable electricity: an international review of power-to-gas pilot plants for stationary applications. *Int. J. Hydrogen Energy*, **38**, 2039–2061.

34. Muyeen, S.M., Takahashi, R., and Tamura, J. (2011) Electrolyzer switching strategy for hydrogen generation from variable speed wind generator. *Electr. Power Syst. Res.*, **81**, 1171–1179.

35. Ziogou, C., Ipsakis, D., Seferlis, P., Bezergianni, S., Papadopoulou, S., and Voutetakis, S. (2013) Optimal production of renewable hydrogen based on an efficient energy management strategy. *Energy*, **55**, 58–67.

36. Ulleberg, Ø. (2004) The importance of control strategies in PV–hydrogen systems. *Sol. Energy*, **76**, 323–329.

37. Clarke, D.P., Al-Abdeli, Y.M., and Kothapalli, G. (2013) The impact of renewable energy intermittency on the operational characteristics of a stand-alone hydrogen generation system with on-site water production. *Int. J. Hydrogen Energy*, **38**, 12253–12265.

38. Agbossou, K., Kolhe, M., Hamelin, J., and Bose, T.K. (2004) Performance of a stand-alone renewable energy system based on energy storage as hydrogen. *IEEE Trans. Energy Convers.*, **19**, 633–640.

39. Yumurtaci, Z. (2004) Hydrogen production from excess power in small hydroelectric installations. *Int. J. Hydrogen Energy*, **29**, 687–693.

40. Yilmaz, C. and Kanoglu, M. (2014) Thermodynamic evaluation of geothermal energy powered hydrogen production by PEM water electrolysis, **69**, 592–602.

41. Menzl, F. (2004) Windmill, Electrolyser System for Hydrogen Production at Stralsund. IEA-Report, Germany, *http://ieahia.org/pdfs/stralsund.pdf* (accessed 31 March 2014)

42. Meurer, C., Barthels, H., Brocke, W.A., Emonts, B., and Groehn, H.G. (1999) PHOEBUS—an autonomous supply system with renewable energy: six years of operational experience and advanced concepts. *Solar Energy*, **67**, 131–138.

43. Ulleberg, Ø., Nakken, T., and Eté, A. (2010) The wind/hydrogen demonstration system at Utsira in Norway: evaluation of system performance using operational data and updated hydrogen energy system modeling tools. *Int. J. Hydrogen Energy*, **35**, 1841–1852.

44. Gazey, R., Salman, S.K., and Aklil-D'Halluin, D.D. (2006) A field application experience of integrating hydrogen technology with wind power in a remote island location. *J. Power. Sources*, **157**, 841–847.

45. McPhy Energy (2012) PUSHY Demonstration Project, McPhy website, *http://www.mcphy.com/fr/projets/projets-de-demonstration/pushy/* (accessed 31 March 2014).

46. Plateforme Myrte,Universita di Corsica *http://myrte.univ-corse.fr/downloads/* (accessed 31 March 2014).

47. Del Pilar Argumosa, M., Simonsen, B., and Schoenung, S. (2010) Evaluations of Hydrogen Demonstration Projects. Final Report for IEA, HIA Task 18 Subtask B. Madrid, 2010, *http://ieahia.org/pdfs/Task_18_Final_Report.pdf* (accessed 31 March 2014)

48. Sotavento (2008) Sotavento Project: System to Produce Hydrogen, *http://www.sotaventogalicia.com/en/technical-area/renewable-facilities/hydrogen-plant* (accessed 31 March 2014).

49. McPhy energy (2013) INGRID Demonstration Project, McPhy website, *http://www.mcphy.com/en/projects/demonstration-projects/ingrid/* (accessed 3 September 2014).

50. International Energy Agency (2013) Rural Electrification with PV Hybrid Systems – Overview and Recommendations for Further Deployment, IEA (International Energy Agency). Report IEA-PVPS T9-13:2013 *http://www.iea-pvps.org/index.php?id=1&eID=dam_frontend_push&docID=1590* (accessed 3 September 2014)

51. Nayar, C. (2012) Innovative remote micro-grid systems. *Int. J. Environ. Sustainability*, **1** (3), 53–65.

52. Brinkhaus, M., Jarosch, D., and Kapischke, J. (2011) All year power supply with off-grid photovoltaic system and clean seasonal power storage. *Solar Energy*, **85**, 2488–2496.

53. Li, C.-H., Zhu, X.-J., Cao, G.-Y., Sui, S., and Hu, M.-R. (2009) Dynamic modeling and sizing optimization of stand-alone photovoltaic power systems using hybrid energy storage technology. *Renew. Energy*, **34**, 815–826.

54. Castañeda, M., Cano, A., Jurado, F., Sánchez, H., and Fernández, L.M. (2013) Sizing optimization, dynamic modeling and energy management strategies of a stand-alone PV/hydrogen/battery-based hybrid system. *Int. J. Hydrogen Energy*, **38**, 3830–3845.

55. McKinsey & Company (2011) A Portfolio of Power-Trains for Europe: a Fact-Based Analysis.

56. Weisse, M. (2010) Project RH2-WKA – making wind energy a steady power source. Proceedings of the 18th World Hydrogen Energy Conference, Essen, Germany, May 16–21, 2010

57. (2011) Hydrogenics wraps up Ontario utility-scale grid stabilization trial. *Fuel Cells Bull.*, **2011**, 9 *http://www.sciencedirect.com/science/article/pii/S1464285911702218.*

58. Banks, J., Carson, J.S., Nelson, B.L., and Nicol, D.M. (2000) *Discrete-Event System Simulation*, Prentice Hall.

59. Guinot, B., Bultel, Y., Montignac, F., Riu, D., Pinton, E., and Noirot-Le Borgne, I. (2013) Economic impact of performances degradation on the competitiveness of energy storage technologies – Part 1: introduction to the simulation-optimization platform ODYSSEY and elements of validation on a PV-hydrogen hybrid system. *Int. J. Hydrogen Energy*, **38**, 15219–15232.

60. Guinot, B., Bultel, Y., Montignac, F., Riu, D., and Noirot-Le Borgne, I. (2013) Economic impact of performances degradation on the competitiveness of energy storage technologies – Part 2: application on an example of PV production guarantee. *Int. J. Hydrogen Energy*, **38**, 13702–13716.

61. US Department of Energy (2011) Building Energy Software Tools Directory, *http://apps1.eere.energy.gov/buildings/tools_directory* (accessed 04 April 2014)

62. Connolly, D., Lund, H., Mathiesen, B.V., and Leahy, M. (2010) A review of computer tools for analysing the integration of renewable energy into various energy systems. *Appl. Energy*, **87**, 1059–1082.

63. Homer Energy *http://www.homerenergy.com* (accessed 07 April 2014).

64. iHOGA *http://personal.unizar.es/rdufo/index.php?option=com_content&view=article&id=2&Itemid=104&lang=en* (accessed 07 April 2014).

65. energyPRO *http://www.emd.dk/energypro/frontpage* (accessed 07 April 2014).

第9章

总结与展望

阿加塔·戈杜拉-乔佩克，皮埃尔·米勒

由于国际能源形势需要具有低碳足迹的新型能源载体，为了实施所谓的"氢经济"，人们正在进行大量的研究和开发，这是一个氢将取代天然碳氢燃料的社会趋势。鉴于这种氢经济，电解水已被确定为生产电解级氢的关键技术。以可再生能源为动力，它确实可以从环境和能源独立的角度确保可持续的氢气生产。在过去几十年里，将零碳电源转化为零碳氢气和氧气以供各种最终用途的巨大潜力再次引起人们的关注。水电解仍然是一个快速发展的领域，人们正在进行大量的研发工作，因为工业规模的实施仍然需要更大、更高效的系统。

这本书综合考虑了水电解的主要技术和不同方面，全面回顾了该领域的最新技术。它提供了在材料、制造工艺、性能、技术发展和成本方面的现有技术的详细比较。它包括最先进的技术、全球小型、中型和大型机组的关键参与者，以及针对现有确定的局限性和未来市场应用前景的讨论。

今天，液态水电解可以被认为是一种成熟的技术。碱性水电解已经在工业上使用了几十年，尽管尺寸有限，质子交换膜（PEM）电解槽已经商用了很多年。

碱性水电解可以被归类为一种"老的技术"，因为它在20世纪初成功地在工业规模上进行了演示。碱性水电解的主要优点在于，碱性电解槽可以由大量廉价的材料制成，如铁或镍钢。碱性水电解器简单而耐用。该技术主要用于工业领域，特别是用于氨合成的氢气生产。世界各地已成功开发并实施了可输送高达数百 Nm³ H₂/h 的系统。这项技术的主要优点包括：成本低、高可靠性和耐久性，以及在高压下运行的可能性。另一方面，碱性水电解槽不紧凑，在中等电流密度下运行，不完全适合使用瞬态电源运行。尽管碱性技术已经成熟，但它仍然是研发工作的主题。上一代碱性水电解槽更高效、更可靠，更能满足与波动的可再生能源相结合的应用要求。

PEM 水电解是一种高效、耐用且非常灵活的技术，可以维持连续的通电 / 断电循环，因此不仅适用于使用间歇电源的水电解，也适用于利用非峰值核电生产氢气。与碱性工艺相比，PEM 技术在投资支出方面仍然更昂贵。这部分是由于使用了更昂贵的电池材料，如聚合物电解质和催化剂，但也使用了其他内部电池组件。这种成本还与使用聚合物薄膜有关，这种薄膜对电池组件的尺寸引入了更严格的公差限制，并需要复杂的制造工具。

对于无氧环境中的应用，PEM 具有几个决定性的优势：电解槽更紧凑；由于简化了热管理，在高电流密度下效率更高；它们很好地适应瞬态电力负载的运行；由于无须使用腐蚀性和泄漏的液体电解质，因此操作更安全；最后但并非最不重要的是，它们提供了在船上储存或船外清除氢副产品的压力下更安全操作的可能性。后者已在压力高于 100bar 的原型上成功演示。这是一个有趣的特性，因为移动和季节性储能应用的新兴市场需要压缩气体，所以加压质子交换膜水电解为此类应用提供了一些有趣的额外视角。根据作者的说法，质子交换膜电解水的潜力尚未得到充分证明。有迹象表明，未来的系统将在更高的电流密度下运行。

提高操作温度可以提高电解反应的效率。然后，大多数系统被设计为在最佳温度下运行，这通常是技术可行性、经济性、性能和衰减率之间的折中。碱性电解槽的工作温度通常可达 120℃，PEM 电解槽高达 80℃。由于 PEM 和碱性电解是一个放热过程，堆栈需要适当的冷却基础设施，其设计通常用于去除额定功率下产生的多余热量。当在部分功率下运行或频繁启动 / 停止时，系统没有在最佳温度下运行，因此性能降低。频繁的启动和停止也会对效率产生很大影响。每次系统停止运行时，都必须对其进行减压（主要是出于安全原因），并且在排放到大气中时，产生的部分氢气会丢失。氢气损失量与系统的体积直接相关，系统主要由堆栈、管道、气液分离器和净化系统组成。因此，部件的适当设计和尺寸对于限制排放的氢气量至关重要。此外，储氢是必要的，因为氢的生产和使用通常不会同时发生。工作压力对整个系统的效率非常重要，人们通常认为加压电解更可取，尽管制造成本更高，这是因为氢的体积质量密度非常低，所以它的加压困难且能量昂贵。

对碱性或 PEM 电解槽出现的一些问题进行了仔细的调查和评估，在反复提到的各种困难中，可以强调以下几点：

1）堆栈衰减和膜衰减。

2）由于泄漏，碱性电解质存在安全问题。

3）间歇性和波动的电源问题，如反应延迟。

4）关机后，尤其是在寒冷天气下，系统启动困难。这可能会产生问题，因为直接连接到可再生能源的电解槽可能不会安装在温度受控的室内，并且在没有电源可用时可能会经常停止。

5）由于系统在运行条件下的部件不够成熟，需要进行大量维护。

6）冬季 PEM 中的膜冻结。

7）在某些情况下，堆栈衰减非常快，供应商的保修期有限。

虽然大多数问题似乎很容易预防，但它们需要技术改进，从而可能导致能源或经济方面的费用增加。

高温蒸汽电解（HTSE）技术远不如碱性和质子交换膜技术成熟；事实上，这项技术被认为是相对较新的。系统层面的开发才刚刚开始，系统集成需要进一步广泛的研发工作。HTSE 市场需要更大的单元，因此，以这样的规模构建和运行完整系统所面临的挑战被认为更大，目前还没有商用系统。显然，衰减率仍然是一个有待解决的问题，以便达到 HTSE 目标的长运行持续时间（超过 25000h）。高温超导的工作温度范围也具有挑战性，主要是由于材料的限制，因为高温可能会对耐久性造成损害。与温度变化有关的主要问题是电解槽产生的机械应力。三种运行模式（吸热、热中性和放热）的存在以及可再生能源的功率变化对高温超导来说是一个真正的挑战。为避免衰减和效率损失，电解系统必须在接近热中性电压值的情况下运行。为了实现这一点，必须在系统级实施受限的操作范围和控制策略。这不可避免地会对系统、设计和效率产生影响。这项技术的主要优点在于，与液态水相比，水蒸气的分解消耗更少的电能。此外，当温度升高时，分解水分子所需的部分电能可以被热量所取代。假设热源价格较低，用热能替代电力需求可以提高效率，有助于降低制氢的总体成本。

本书详细讨论和评估了与电解槽系统耦合可再生能源相关的挑战，对相关要求及其对系统设计、电力电子和过程控制的影响进行了全面的回顾，包括从产氢特性、效率和系统寿命方面分析间歇性对电解系统性能和可靠性的影响。

在不同的电力储存技术中，电解制氢的方式呈现出有趣的特点。这是一种适合于可再生能源的技术，因为它可以使其功耗与可用的输入功率相适应。它还具有完全可扩展技术的优势，允许系统在几千瓦到几十兆瓦的范围内运行。与大多数存储技术不同，电解允许充电电源和存储的能量分离，这在设计一个电力和能源需求对比的系统时可能是一个很大的优势。今天，在大多数电解系统中，工厂电力消耗的平衡可以被认为是在整个运行范围内几乎恒定的，而不依赖于运行点。根据精心选择的关键标准，本书对 PEM、碱性和 HTSE 与可再生能源集成的适用性进行了定性比较。通过比较得出结论，今天的碱性电解和 PEM 电解都可以被认为是适合与可再生能源相结合的。尽管成熟、成本和可靠性仍然对碱性技术有利，但从技术角度来看，PEM 电解似乎在性能和与可再生能源的集成方面具有微弱的优势。然而，很少有经验可以了解间歇性对每种技术性能和耐久性的真正影响。更好的配置仍然需要演示和优化的操作策略可能表明，碱性技术仍然适合于 PEM 电解与可再生能源耦合。HTSE 还没有提供同样的成熟度，因此，目前还没有将 HTSE 与可再生能源连接起来的示范试点工厂。HTSE 的主要特点是需要热源使水蒸发并可能保持较高的工作温度，当有多余的热能可用时，与电源集成将特别有吸引力。作者们预计，与传统的电解水相比，固体氧化物燃料电池（SOFC）模式预期的更大可逆性可能为 HTSE 在可再生电力存储方面提供竞争优势。

需要强调的是，有几个市场已经可以通过电解制氢来解决。所有这些市场都依赖于电解过程中的氢气。根据对电解生产成本的洞察以及与其他技术的比较，观察到电解在某些情况下与常规生产手段（如蒸汽甲烷重整）具有竞争力。然而，必须改善组件和系统成本，包括投资和运营成本，以增强电解相对于现有技术的竞争力。此外，氢的现有和未来应用突出了电解槽系统日益复杂的特点。

以下部分详细、全面地比较了水电解技术、技术发展现状和主要制造商，以及放在最后但并非最不重要的材料和系统路线图规范。

9.1　水电解技术的比较

表 9.1 比较了本书中考虑的三种水电解技术的主要特点（在电池材料、最新性能、容量和成本方面）。

表 9.1　主要水电解技术的比较

	碱性	PEM	固体氧化物
技术状态	商业成熟技术	商业成熟技术	研发阶段
运行温度范围 /℃	室温 –120	室温 –90	700 ~ 1000
电解质	25 ~ 30wt%KOH 水溶液	PFSA	Y_2O_3-ZrO_2，Sc_2O_3-ZrO_2，MgO-ZrO_2，CaO-ZrO_2
载荷子	OH^-	H_3O^+	O^{2-}
阴极催化剂（HER）	泡沫镍 /Ni-SS	铂	Ni-YSZ or Ni-GDC 金属陶瓷
阴极载体	泡沫镍 /Ni-SS Ni-Mo/ZrO_2-TiO_2	碳	
阳极催化剂（OER）	Ni_2CoO_4，La-Sr-CoO_3，Co_3O_4	Ir/Ru 氧化物	（La，Sr）MnO_3 （La，Sr）（Co，Fe）O_3
阳极载体	无载体	无载体	掺钆氧化铈
小室分隔	石棉，PAM[a)]，ZrO_2-PPS[b)]，NiO，Sb_2O_5-PS[c)]	电解质膜	电解质膜

（续）

	碱性	PEM	固体氧化物
密封件	金属	合成橡胶或氟塑料	玻璃与微晶陶瓷铁素体不锈钢
集流板	镍	钛	（Crofer APU）
双极板	镍	钛	铁素体不锈钢 / 镍 200
最大活性面积 /cm²	15000 ~ 18000	600 ~ 1000	
结构材料	镀镍钢板	不锈钢	不锈钢
运行压力区间 /bar	1 ~ 200	1 ~ 350（700）	1 ~ 5
传统电流密度/（A·cm⁻²）	0.2 ~ 0.5	0.8 ~ 2.5	1.0 ~ 2.0
额定工况效率（%）	60 ~ 80	80	100
i（A·cm⁻²）/u_{cell}（V）/T（℃）	0.2 ~ 0.5/2.0/80	1.0/1.8/90	3.6/1.48/950
产氢量/（N·m³·h⁻¹）	1 ~ 700	1 ~ 100	1 ~ 10
耐久度 /h	100000	10000 ~ 50000	500 ~ 2000
水质要求	$\rho > 10 M\Omega$ cm	$\rho > 10 M\Omega$ cm	蒸汽
载荷循环	中	优	无数据
启停循环	弱	优	差
成本 /（€/kW）	1300 ~ 800	2000 ~ 1200	—

a）聚砜键合的聚锑酸。

b）ZrO，在聚苯硫醚（PPS）上。

c）用 Sb₂O₅ 多氧化物浸渍的聚砜。

HER—析氢反应；YSZ—氧化钇稳定氧化锆；GDC—钆掺杂氧化铈；OER—析氧反应。

9.2 技术发展现状及主要生产厂家

9.2.1 碱性水电解

表 9.2 列出了商用碱性水电解槽的供应商及其部分产品的主要特点。碱水电解是一项成熟的技术，用于大规模生产电解氢，用于工业部门。从经济角度来看，这是生产电解级氢气最便宜的方法。成本（包括投资和能源费用）为 1200 ~ 1300 欧元 /kW 范围，努力达到 800 欧元 /kW。目前的碱性电解槽设计用于在稳定功率条件下运行，接近额定工作电流密度。它们很难在极低的电流密度下运行，而且这种技术在能源领域新兴市场所要求的负载跟踪条件下运行的灵活性有限。

表 9.2 一些厂家生产的碱性电解槽及系统特点

制造商	国家	产品名	产氢量/（Nm³/h）	压力/（bar g）	能耗/（kW·h·N·m⁻³）[（ΔH efficiency（%）]
IHT	中国		760	30	~4.6（~65）
NEL Hydrogen	挪威		480	1	~4.5（~70）
Wasserelektrolyse Hydrotechnik	德国	EV150	225	1	~5.3（~55）

（续）

制造商	国家	产品名	产氢量 /（Nm³/h）	压力 /（bar g）	能耗/（kW·h·N·m⁻³） [（ΔH efficiency（%）]
Erredue s.r.l	意大利	G256	170	30	~5.3（~55）
Hydrogenics	加拿大/欧洲	HyStat60	60	Oct-25	~5.2（~60）
Mc Phy	法国		60	10	~5.2（~60）
Teledyne Energy	美国	SLM1000	56	10	N/A（N/A）

9.2.2 PEM 水电解

PEM 是一种新兴的商业技术。由于其在高电流密度下工作的能力（在几个 $A \cdot cm^{-2}$ 范围内），它已被用于厌氧环境（水下和空间应用）数十年。能源领域的新兴市场正在呼吁更灵活的电解水技术。PEM 具有很强的灵活性，大多数电解水技术制造商都在投资兆瓦级 PEM 系统的开发，考虑到只有 PEM 能够解决这类市场。表 9.3 提供了一些商业供应商的列表，显示了其产品的成熟度水平和主要特征。效率与碱性水电解槽没有太大区别，但工作电流密度通常是碱性水电解槽的两倍。就成本而言，低容量系统（交付小于 $100Nm^3 \cdot h^{-1}$）接近 2000 欧元/kW。目前的研发目标是开发兆瓦规模的电解槽，成本范围在 1200 ~ 1400 欧元/kW。2020 年以后的目标成本为 700 ~ 800 欧元/kW。

表 9.3 部分厂家生产的 PEM 水电解槽及系统特点

制造商	国家	产品名	产氢量/（Nm³/h）	压力/（bar g）	能耗/（kW·h·N·m⁻³） [（ΔH efficiency（%）]
Siemens	德国	E60	60	30	~4.9（~60）
Aréva H2Gen	法国	E60	60	30	~4.9（~60）
Proton on-site	美国	Hogen C30	30	30	~5.8（~50）
ITM	英国	HPac40	2.4	15	~4.8（~60）

9.2.3 固体氧化物水电解

HTSE 是一种更先进的技术，仍在开发中，有时还会伴有二氧化碳减排（用于合成气生产）。从技术角度看，它起源于固体氧化物燃料电池技术，该技术在高温（最初 800 ~ 1000℃，现在为 650 ~ 800℃）下使用氧化离子导电陶瓷作为固体电解质。这项技术的主要优点是，可以利用其他工业过程（如电转气和电转液技术）的余热来实现水的蒸发焓。目前，HTSE 技术还不被认为是一个灵活的过程，特别是从热学的观点来看。这项技术还处于研发阶段，很少有商业应用。在 2016 年，一些正在开发的商业产品的主要特性汇编在表 9.4 中。

表 9.4 HTSE 电解槽的一些制造商和正在开发的系统的特点

制造商	国家	功率范围 /kW	压力 /（bar g）	能耗 /（kW·h·N·m⁻³）[ΔH efficiency（%）]
Ceramatec	美国	20 ~ 100	10	~ 3.0（~ 60）
SunFire	德国	200	< 30	~ 3.0（~ 60）

9.3 材料和系统路线图规范

电解水技术是为了提高生产能力、改善性能、降低生产成本而进行的大规模研究开发的对象。这些工作包括材料开发、电池设计工程和制造工艺。表 9.5 ~ 表 9.7 为正在考虑的三种电解水技术提供了与改善现有材料和操作条件有关的暂定路线图。在稳定的性能和耐用性水平下，提高工作电流密度被认为是减少投资支出的最佳方法，并在大规模实施低温技术（PEM 和碱性）时达到 800 欧元/kW 的目标。如果工作温度不提高（150℃似乎是理想的目标），则这些目标将难以实现，这就需要创新材料。关于 HTSE，方法是降低操作温度，以更好地管理腐蚀和热稳定性问题。同样，需要创新的材料。更高的运行压力是氢储存和运输的另一个目标，特别是在汽车行业的应用。

表 9.5 碱性水电解槽的规格

性质	最先进（2014）	目标（2020—2030）	终极目标
电流密度 /（A/cm²）	0.2 ~ 0.5	≈ 0.8	1.0 ~ 1.2
工作温度 /℃	环境温度 ~ 120	环境温度 ~ 150	环境温度 ~ 150
工作压力 /bar	1 ~ 30	1 ~ 100	1 ~ 200
耐久度 /h	10^5	> 10^5	> 10^5
可循环度	差	提升的	差
产氢率 /（kg/h）	上至 50（≈ 500Nm³·h⁻¹）	> 100（≈ 1000Nm³·h⁻¹）	> 1000（≈ 10000Nm³·h⁻¹）
成本 /（€/kW）	1300	1000	800

表 9.6 PEM 电解槽的规格

性 质	最先进（2014）	目标（2020—2030）	终极目标
电流密度 /（A·cm⁻²）	0 ~ 2	0 ~ 2.5	0 ~ 5
工作温度 /℃	50 ~ 80	80 ~ 100	100 ~ 120
工作压力 /bar	1 ~ 50	1 ~ 350	1 ~ 700
热焓效率（铂族贵金属催化剂）	80% at 1A·cm⁻²	80% at 2·A·cm⁻²	80% at 4·A·cm⁻²
热焓效率（非贵金属催化剂）（% at 1A·cm⁻²）SPE	30 ~ 40	60	60
电压降 /（mV at 1A·cm⁻²）	150	100	70
阴极铂族贵金属载量 /（mg/cm²）	1.0 ~ 0.5	0.5 ~ 0.05	< 0.05
阳极铂族贵金属（Ir，Ru）载量 /（mg/cm²）	1.0 ~ 2.0	0.5 ~ 0.1	< 0.1
耐久度 /h	10^4	10^4 ~ $5 × 10^4$	> 10^5
产氢率 /（kg/h）	1 ~ 10（10 ~ 100Nm³·h⁻¹）	> 10（> 100Nm³·h⁻¹）	> 100（≈ 1000Nm³·h⁻¹）
能耗 /（kW·h/kg@80℃，1A·cm⁻²）	56	< 50	48
成本 /（€/kW）	2000	1300	800

表 9.7　固体氧化物电解槽的规格

性质	最先进（2014）	目标（2020—2030）	终极目标
工作温度 /℃	800～950	700～800	600～700
工作压力 /bar	1～5	1～30	1～100
电流密度 /（A·cm^{-2}）	0～0.5	0～1	0～2
面积电阻率 /（Ω·cm^2）	0.3～0.6	0.2～0.3	—
热焓效率	100% at 0.5 A·cm^{-2}	100% at 1 A·cm^{-2}	100% at 2 A·cm^{-2}
小室电压退化（at 1 A·cm^{-2}）	> 10%/1000h	< 1%/1000h	< 0.1%/1000h
耐久度 /h	10^3	10^4	10^5
电调制	—	0～100	0～100
载荷	—	10000	> 10000
启动时间 /h	12	1～6	< 1～6
关机时间	几小时	几分钟	几分钟
启停循环	< 10	100	1000
产氢率 /（kg/h）	< 1（≈10Nm^3·h^{-1}）	10（≈100Nm^3·h^{-1}）	100（≈1000Nm^3·h^{-1}）
能耗 /（800℃，1A·cm^{-2}）	待决策	—	—

9.3.1　碱性水电解

碱性水电解技术已经成熟，但要满足新兴能源市场的需求，还需要进一步改进。表 9.5 提供了技术改进的初步路线图。主要的研究工作是开发具有适应电极 / 催化剂的先进隔膜，以及与可再生能源耦合的间歇性操作。挑战涉及系统的寿命和维护成本。一种可能的选择是使用羟基离子导电氟聚合物来代替液体电解质，从而更接近 PEM 技术。

9.3.2　PEM 水电解

PEM 水电解技术被认为具有很大的改进潜力。尽管商业装置的运行电流接近 1A·cm^{-2}，但众所周知，该技术能够在数个 A·cm^{-2} 大小的电流范围内运行。为了在恒定的电池效率性能下达到这一目标，可能需要将现有系统中的工作温度从 60～70℃提高到 120～150℃范围。但这样的发展，将需要开发合适的聚合物电解质和催化剂结构，目前还没有。此类材料的开发，将需要在公共层面做出强有力的研发承诺。表 9.6 给出了改进 PEM 电解槽的初步路线图。

9.3.3　固体氧化物水电解

为提高耐用性，材料科学是 HTSE 未来发展的核心。虽然低温水电解技术被认为有希望用于分散和灵活的应用场景，但需要高温热量的 HTSE（可用于核电站或太阳能发电厂），可以为低温电解技术提供一些补充特性。表 9.7 给出了改进 HTSE 电解槽的初步路线图。

参考文献

1. Stolten, D. and Krieg, D. (2010) Alkaline electrolysis: introduction and overview, in *Hydrogen and Fuel Cells, Fundamentals, Technologies and Applications*, Wiley-VCH Verlag GmbH, Weinheim.

2. Millet, P., Durand, R., and Pineri, M. (1989) New solid polymer electrolyte composites for water electrolysis. *J. Appl. Electrochem.*, **19**, 162–166.

3. Zahid, M., Schefold, J., and Brisse, A. (2010) *Hydrogen and Fuel Cells, Fundamentals, Technologies and Applications*, Wiley-VCH Verlag GmbH, Weinheim, pp. 227–242.

4. Vandenborre, H., Leysen, R., Nackaerts, H., Van der Eecken, D., Van Asbroeck, P., Smets, W., and Piepers, J. (1985) Advanced alkaline water electrolysis using inorganic membrane electrolyte (I.M.E.) technology. *Int. J. Hydrogen Energy*, **10** (11), 719–726.

5. Marshall, A., Børresen, B., Hagen, G., Tsypkin, M., and Tunold, R. (2009) Hydrogen production by advanced proton exchange membrane (PEM) water electrolyzers-Reduced energy consumption by improved electrocatalysis. *Int. J.*

6. Millet, P., Ngameni, R., Grigoriev, S.A., Mbemba, N., Brisset, F., Ranjbari, A., and Etiévant, C. (2010) *Int. J. Hydrogen Energy*, **35**, 5043–5052.

7. Jensen, S.H., Larsen, P.H., and Mogensen, M. (2007) Hydrogen and synthetic fuel production from renewable energy sources. *Int. J. Hydrogen Energy*, **32**, 3253–3257.

8. Lefebvre-Joud, F., Petitjean, M., Ouweltjes, J.-P., Brisse, A., Schefold, J., Bowen, J.R., Ebbesen, S. D., Ehora, G., Bernuy-Lopez, C., and J.-U. Nielsen (2010) High temperature steam electrolysis performance and durability in the RelHy project. Proceeding of the 9th European Solid Oxide Fuel Cell Forum, Lucerne, Switzerland, June 29–July 2, 2010.

9. Cerri, I., Lefebvre-Joud, F., Holtappels, P., Honegger, K., Stubos, T., and Millet, P. (2012) Scientific Assessment in support of the Materials Roadmap enabling Low Carbon Energy Technologies: Hydrogen and Fuel Cells. JRC Scientific and Technical Reports, EUR 25293 EN–2012, JRC 69375

Hydrogen Energy, **34**, 4974–4982.

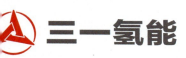

三一氢能

一氢能有限公司是三一集团全资子公司，为全球客户提供 GW 级超大规模风／光绿电制氢总体解决方案。
一氢能业务聚焦于制氢装备与加氢装备，及其核心零部件的研发、制造和销售及运营，实现绿电 - 氢能 - 终
全生态产业链闭环，助推第三次能源革命，构建零碳未来。

电解水制氢装备

制氢装备：具备 200-3000 标方碱性电解槽、3-200 标方 PEM 电解槽、多合一分离纯化系统、产品研发及制造能力。

适应大规模制氢场景，特别是化工、冶金，配合风光储配套，满足市场多合一电解水制氢装置产品需求。

碱性电解槽优势 >>>

 稳定性高　　 功率波动范围宽

 电耗低　　冷启动时间短

PEM 电解槽优势 >>>

 体积小　　 效率高　　 超安全

 扩展性强　　 响应快

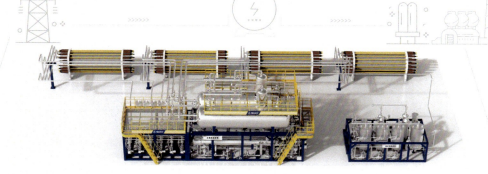

多合一电解水制氢装备优势 >>>

 便安装
- 模块设计，方便安装拆卸，减少现场管路

 易操作
- 操作检修方便，设计人机工程及平台

 低能耗
- 多对一，综合能耗更低

 超智能
- 智能化，自动化控制

 小体积
- 标准化生产，结构紧凑，占地面积小

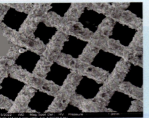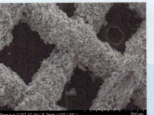

苏州月莫新材料有限公司
Suzhou Yuemo New Material Co.,Ltd

企业简介
Business Profile

月莫新材料

　　苏州月莫新材料有限公司，作为一家能批产 ALK 制氢 PPS 隔膜产品的供应商，专注于绿氢产业的基础设施发展，聚焦于新能源领域先进材料的研发及制造，致力成为全球领先的隔膜产品供应商。在技术创新与产品研发领域，我司目前主要产品碱性水电解制氢用 PPS 隔膜研发已迭代至三代产品（普适型 - 低电阻型 - 高气密型），均具备在保证优异气密效果的同时，保持良好的离子电导率的特性；在产品生产领域，我司 PPS 隔膜产品生产线齐全完备，年产能达 40 万 m²，日均生产 1400m²；在产品性能检测领域，我司已拥有功能完备的隔膜性能检测中心，检测能力范围涵盖隔膜产品三大项 6 小项，检测水准业内领先。

生产设备展示

隔膜外观和基础参数检测

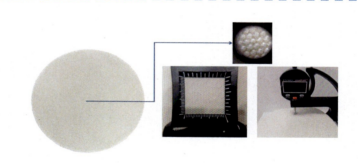

电镜视角下的月莫 PPS 隔膜

月莫 PPS 隔膜性能参数

	月莫低电阻型	月莫高气密型	参考标准
气密性	≥ 500mmH$_2$O	≥ 650mmH$_2$O	JC/T211-2009
面电阻	≤ 0.16Ω.cm²	≤ 0.22Ω.cm²	SJ/T10171.5-1991

注：气密性测量误差±50mmH$_2$O，面电阻测量误差±0.02Ω.cm²

有品质才有市场，
有改善才有进步。

地址： 江苏省苏州市常熟市辛庄镇富丽路 15 号　**电话：** 13812343864（微信同号）

邮箱： xuwei951013@126.com　　　**微信公众号：** yuemoxincailiao

高温高压、耐碱腐蚀、温度交变
ALK、PEM、AEM密封解决方案
Fulon®640 · Fulon®680
福达氟塑–Fulon®

企业介绍
COMPANY PROFILE

氟达氢能源科技（镇江）有限公司

　　氟达氢能——福达旗下全资子公司，20年专业研发ALK、PEM、AEM电解水制氢复合密封垫片系统与非金属极框设计、生产、安装。公司先后取得了高新技术企业、ISO9001质量管理体系认证、IATF16949汽车体系认证、ISO45001职业健康安全管理体系、ISO14001环境管理体系、DEKRA目击实验室、DEKRA密封产品认证及PICC中国人保承保产品责任险等荣誉资质。氟达Fulon系列突破解决电解槽泄漏、蠕变等众多行业难点、痛点问题。公司Fulon系列是通过DEKRA德凯（世界知名第三方专业检测认证机构）认证的绿氢密封产品。

　　研发至今已得到全球ALK、PEM、AEM、炼油、石化、航天以及军工等行业高温高压耐腐蚀领域的广泛应用。其中Fulon®640和Fulon®680系列专为ALK（碱性电解制氢）、PEM（质子交换膜制氢）和AEM（阴离子交换膜制氢）的高温高压密封设计，它们已经在ALK、PEM工况中得到非常成功的应用。

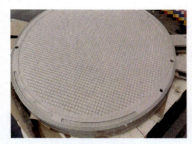

公司简介

    常德沣源电镀合伙企业（有限合伙）是常德市经济技术开发区为促进氢能产业发展招商引资的企业。

    我司成立于 2023 年 3 月，位于常德表面处理产业园内，专门从事碱性水电解制氢槽极板电镀及零部件加工。

    目前企业已投资 1000 多万元，经过充分的市场调研，结合自身多年电镀经验，经过专家团队指导，采用了定制化设备，制订了独特工艺，建成了目前市场上设计合理、自动化程度高、产品质量稳定的生产线，也是华中地区领先的极板电镀生产线。

    企业组织机构完善，人员配备合理，现已取得 ISO9001 质量管理体系认证证书。

    目前已签约三一氢能，成为三一氢能战略合作供应商。

    我们秉承诚信为本，质量第一，客户至上的经营理念，努力做好氢能装备中零部件机加及电镀配套加工，为壮大各氢能相关企业和中国氢能事业助一臂之力。

洽谈联系人：龚德祥

电话：18973617156

COMPANY ROFILE

企业简介

靖江市中环化机设备有限公司
Jingjiang Zhonghuan Chemical & Machinery Equipment Co., Ltd.

靖江市中环化机设备有限公司主要产品有：第三类低中压容器制造、中低压凝结水精处理、ASME U2 钢印产品设计与制造、制氢及纯化系统压力容器、锅炉补给水、循环水设备、化工防腐设备、橡胶防腐蚀衬里、工业用橡胶制品、橡胶膨胀节等。

本公司是制氢、电力、化工、核电水处理领域设备生产厂，先后为泰州电厂（2×1000MW）、外桥电厂（2×1000MW）等国家重点工程配套了成套的水处理设备，成套供应了迪拜哈翔2×660MW机组的全套原水及除盐水处理设备及150m³、400m³、1500m³、3000m³原水箱、除盐水箱、凝结水箱的设计及供货。并为巴基斯坦塔尔电厂、乌兹别克斯坦项目配套了超滤和反渗透水处理系统设备，收获颇多赞誉。2007年以来生产配套了广东岭澳核电、红沿河核电、宁德核电、阳江核电、台山核电、防城港核电、海阳核电、三门核电、方家山核电、福清核电、石岛湾核电、国和一号、太平岭核电、三澳核电凝结水精处理设备、化水设备及相关管道。

自2020年开始，我公司在开发氢能配套设备（制氢容器）上取得了突破，先后为台积电台南、新竹工厂配套了1000标方分离及纯化容器设备5套，共计168台容器（ASME U钢印，并取得NB注册），国内1000标方的6套设备，共计186台，并为中石化4000方制氢、8000方纯化；三一氢能吉林大安4000标方分离及纯化提供了整套容器设备。

目前，靖江市中环化机设备有限公司现有高、中级技术人员12名，主要生产、检测设备300余台套，固定资产5010余万元，具有完善的质量保证体系，检测手段齐全：有探伤室、理化室、力学试验室，其中RT、MT、PT无损检测项目齐全，理化试验、力学试验实行全过程控制。

选 择 我 们 ， 相 信 我 们 ， 携 手 并 进

公司地址：江苏省靖江市公所桥路38号　　　联系电话：052384611018，13805260148

重庆川仪自动化股份有限公司
CHONGQING CHUANYI AUTOMATION CO.,LTD

股票代
6031C

工业自动化解决方案提供者

完善的自动化仪表产品体系和自动化整体解决方案

自动化仪表及控制装置

电子信息功能材料及器件

基于工业互联网的行业解决方案

汇聚工业大数据 提供管理"云"平台 服务智慧工厂建设

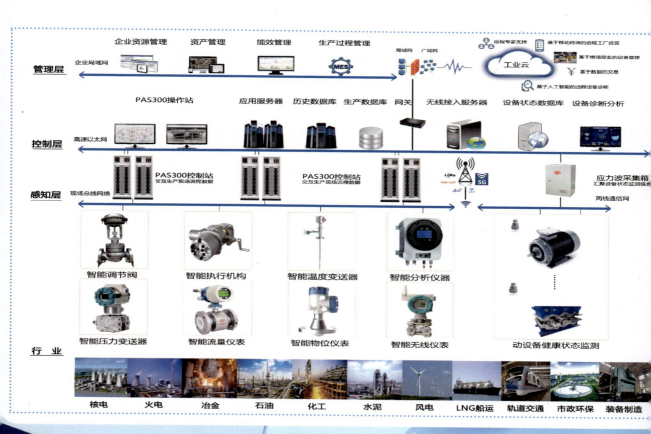

深圳通微新能源科技有限公司
Shenzhen Twil Energy Co.,Ltd

公司简介

　　深圳通微新能源科技有限公司是一家致力于 ALK 碱性电解槽复合隔膜、固体氧化物燃料电池（SOFC-SOEC）技术及相关领域的研发、生产和销售的公司。公司的 Spongi 系列复合隔膜，具备可媲美进口复合隔膜的超强稳定性和耐久性，已经通过多家业内头部客户测试验证。公司目前拥有 2m 宽幅 Spongi 系列复合隔膜生产线，可稳定量产 200μm、450μm 厚度标准化复合隔膜。

　　通微的创始团队在复合隔膜领域有 15 年研发经验，掌握复合隔膜核心技术，具备从基础研究、产品工程化到产品应用的全流程开发和服务经验。通微研发团队在隔膜的工作机理、成型机理、失效机理和不同构造碱槽的适配性上做了大量的基础研究工作，可以为复合隔膜的应用方提供完整的技术解决方案。

2m宽幅 450 μm 复合隔膜

隔膜截面电镜照片

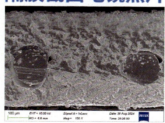

1.6m宽幅 220μm 厚度隔膜

电话：13811877223（微信同号）郑先生
邮箱：sales@towillenergy.com
地址：广东省深圳市龙华区福城街道华富鹏产业园C栋

微信公众号